轻松学电脑教程系列

Photoshop CC 2015 图像处理

王璐　主编

东南大学出版社
·南京·

内 容 简 介

本书是《轻松学电脑教程系列》丛书之一，全书以通俗易懂的语言、翔实生动的实例，全面介绍了中文版 Photoshop CC 2015 图像处理的相关知识。本书共分 11 章，涵盖了初识 Photoshop CC 2015、Photoshop 基本操作、选区的创建与编辑、图层的应用、图像的修饰与美化、图像影调与色彩的调整、绘图功能的应用、路径和形状工具的应用、通道与蒙版的应用、文字的应用、滤镜的应用等内容。

本书内容丰富，图文并茂，附赠的光盘中包含书中实例素材文件、15 小时与图书内容同步的视频教学录像以及多套与本书内容相关的多媒体教学视频，方便读者扩展学习。此外，我们通过便捷的教材专用通道为老师量身定制实用的教学课件，并且可以根据教学需要制作相应的习题题库辅助教学。

本书具有很强的实用性和可操作性，是一本适合于高等院校及各类社会培训学校的优秀教材，也是广大初中级计算机用户和不同年龄阶段计算机爱好者学习计算机知识的首选参考书。

图书在版编目(CIP)数据

Photoshop CC 2015 图像处理/王璐主编. —南京：东南大学出版社，2017.7

ISBN 978-7-5641-7221-3

Ⅰ. ①P…　Ⅱ. ①王…　Ⅲ. ①图像处理软件　Ⅳ. ①TP391.413

中国版本图书馆 CIP 数据核字(2017)第 136914 号

出版发行：东南大学出版社
社　　址：南京市四牌楼 2 号　　**邮编**：210096
出 版 人：江建中
网　　址：http://www.seupress.com
电子邮箱：press@seupress.com
经　　销：全国各地新华书店
印　　刷：江苏徐州新华印刷厂
开　　本：787 mm×1092 mm　1/16
印　　张：17.5
字　　数：436 千字
版　　次：2017 年 7 月第 1 版
印　　次：2017 年 7 月第 1 次印刷
书　　号：ISBN 978-7-5641-7221-3
定　　价：39.00 元

丛书序

熟练使用电脑已经成为当今社会不同年龄层次的人群必须掌握的一门技能。为了使读者在短时间内轻松掌握电脑各方面应用的基本知识，并快速解决生活和工作中遇到的各种问题，东南大学出版社组织了一批教学精英和业内专家特别为计算机学习用户量身定制了这套《轻松学电脑教程系列》丛书。

丛书、光盘和教案定制特色

选题新颖，结构合理，为计算机教学量身打造

本套丛书注重理论知识与实践操作的紧密结合，同时贯彻“理论＋实例＋实战”3 阶段教学模式，在内容选择、结构安排上更加符合读者的认知习惯，从而达到老师易教、学生易学的目的。丛书完全以高等院校、职业学校及各类社会培训学校的教学需要为出发点，紧密结合学科的教学特点，由浅入深地安排章节内容，循序渐进地完成各种复杂知识的讲解。

版式紧凑，内容精炼，案例技巧精彩实用

本套丛书在有限的篇幅内为读者奉献更多的电脑知识和实战案例。丛书内容丰富，信息量大，章节结构完全按照教学大纲的要求来安排。书中的案例通过添加大量的“知识点滴”和“实用技巧”的注释方式突出重要知识点，使读者轻松领悟每一个案例的精髓所在。

书盘结合，素材丰富，全方位扩展知识能力

本套丛书附赠多媒体教学光盘包含了 15 小时左右与图书内容同步的视频教学录像，光盘采用真实详细的操作演示方式，紧密结合书中的内容对各个知识点进行深入的讲解。附赠光盘收录书中实例视频、素材文件以及 3～5 套与本书内容相关的多媒体教学视频。

在线服务，贴心周到，方便老师定制教案

本套丛书精心创建的技术交流 QQ 群(101617400、2463548)为读者提供 24 小时便捷的在线交流服务和免费教学资源。便捷的教材专用通道(QQ：22800898)为老师量身定制实用的教学课件。此外，我们可以根据您的教学需要制作相应的习题题库辅助教学。

读者定位和售后服务

本套丛书为所有从事电脑教学的老师和自学人员而编写，是一套适合于高等院校及各类社会培训学校的优秀教材，也可作为电脑初中级用户和电脑爱好者学习电脑的首选参考书。

如果您在阅读图书或使用电脑的过程中有疑惑或需要帮助，可以通过我们的邮箱(E-mail：easystudyservice@126.net)联系。最后感谢您对本丛书的支持和信任，我们将再接再厉，继续为读者奉献更多更好的优秀图书，并祝愿您早日成为电脑应用高手！

《轻松学电脑教程系列》丛书编委会

2017 年 7 月

前言

《Photoshop CC 2015 图像处理》是《轻松学电脑教程系列》丛书中的一本，该书从读者的学习兴趣和实际需求出发，合理安排知识结构，由浅入深、循序渐进，通过图文并茂的方式讲解运用 Photoshop CC 2015 进行图像处理的各种方法及技巧。全书共分为 11 章，主要内容如下：

第 1 章：介绍了 Photoshop CC 2015 工作区的设置以及常用命令、图像编辑辅助工具的设置使用等。

第 2 章：介绍了图像文档处理的基本操作方法，以及图像的查看等常用操作方法和技巧。

第 3 章：介绍了在 Photoshop 中，选区的创建、编辑的操作方法与技巧。

第 4 章：介绍了在 Photoshop 中，创建不同类型图层的方法，以及图层基础编辑的操作方法及技巧。

第 5 章：介绍了在 Photoshop 中，图像的修饰与美化方法及操作技巧。

第 6 章：介绍了在 Photoshop 中，图像影调、色彩调整命令的操作方法及技巧。

第 7 章：介绍了在 Photoshop 中，绘图工具的使用与设置方法及技巧。

第 8 章：介绍了在 Photoshop 中，各种路径和形状工具的使用，以及路径的创建与编辑操作技巧和路径面板的运用。

第 9 章：介绍了在图像文档编辑操作中，通道与蒙版的运用方法及技巧。

第 10 章：介绍了在图像文档中，文本内容的创建与编辑，以及变换的操作方法与技巧。

第 11 章：介绍了在 Photoshop 中，主要滤镜的使用方法与技巧。

本书附赠一张精心开发的 DVD 多媒体教学光盘，其中包含了 15 小时与图书内容同步的视频教学录像。光盘采用情景式教学和真实详细的操作演示等方式，紧密结合书中的内容对各个知识点进行深入的讲解，让读者在阅读本书的同时，享受到全新的交互式多媒体教学。

此外，本光盘附赠大量学习资料，其中包括多套与本书内容相关的多媒体教学演示视频，方便读者扩展学习。光盘附赠的云视频教学平台能够让读者轻松访问上百 GB 容量的免费教学视频学习资源库。

本书由王璐主编，参加本书编写的人员还有王毅、孙志刚、李珍珍、胡元元、金丽萍、张魁、谢李君、沙晓芳、管兆昶、何美英等人。由于作者水平有限，本书难免有不足之处，欢迎广大读者批评指正。

编　者

2017 年 7 月

目录

第 11 章 滤镜的应用

第 1 章

初识 Photoshop CC 2015

Photoshop 是一款世界顶级的图像设计软件，它是由美国 Adobe 公司所开发的图形图像处理软件中最为专业的一款。该软件集图像设计、编辑、合成以及高品质输出功能于一体，具有十分完善且强大的功能。本章主要介绍了 Photoshop CC 2015 的工作界面、工作区的设置，以及辅助工具的运用等内容。

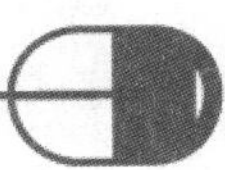

对应的光盘视频

例 1-1　自定义工作区
例 1-2　创建快捷键
例 1-3　设置菜单命令
例 1-4　使用【标尺】工具
例 1-5　自定义工作环境

1.1 熟悉 Photoshop CC 2015 工作界面

启动 Adobe Photoshop CC 2015 应用程序后，打开任意图像文件，即可显示如图 1-1 所示的工作界面。其工作区由菜单栏、工具选项栏、工具箱、面板、文档窗口和状态栏等部分组成。下面将分别介绍工作区中各个部分的功能及其使用方法。

图 1-1 Photoshop CC 2015 工作界面

1.1.1 菜单栏

菜单栏是 Photoshop 中的重要组成部分。Photoshop CC 按照功能分类，提供了【文件】、【编辑】、【图像】、【图层】、【文字】、【选择】、【滤镜】、【3D】、【视图】、【窗口】和【帮助】11 个命令菜单，如图 1-2 所示。

Ps 文件(F) 编辑(E) 图像(I) 图层(L) 文字(Y) 选择(S) 滤镜(T) 3D(D) 视图(V) 窗口(W) 帮助(H)

图 1-2 菜单栏

用户单击其中任意一个菜单，就会出现相应的下拉式命令菜单，如图 1-3 所示。在弹出的菜单中，如果命令显示为浅灰色，则表示该命令目前状态为不可执行；命令右方的字母组合代表该命令的键盘快捷键，按下该快捷键即可快速执行该命令；命令后面带省略号，则表示执行该命令后，工作区中将会显示相应的设置对话框。

图层(L) 文字(Y) 选择(S) 滤镜(T) 3D(D) 视图(V) 窗口(W) 帮助(H)

上次滤镜操作(F)	Ctrl+F
转换为智能滤镜(S)	
滤镜库(G)...	
自适应广角(A)...	Alt+Shift+Ctrl+A
Camera Raw 滤镜(C)...	Shift+Ctrl+A
镜头校正(R)...	Shift+Ctrl+R
液化(L)...	Shift+Ctrl+X
消失点(V)...	Alt+Ctrl+V

图 1-3 下拉菜单

实用技巧

有些命令只提供了快捷键字母，要通过快捷键方式执行命令，按下 Alt 键 + 主菜单的字母，再按下命令后的字母，即可执行该命令。

1.1.2 工具箱

在 Photoshop 工具箱中，包含很多工具图标，依照功能与用途大致可分为选取、编辑、绘图、修图、路径、文字、填色以及预览类工具。

用鼠标单击工具箱中的工具按钮图标，即可选中并使用该工具。如果某工具按钮图标右下方有一个三角形符号，则代表该工具还有弹出式的工具，如图 1-4 所示。单击该工具按钮则会出现一个工具组，将鼠标移动到工具图标上即可切换不同的工具，也可以按住 Alt 键单击工具按钮图标以切换工具组中不同的工具。选择工具还可以通过快捷键来执行，工具名称后的字母即是该工具的快捷键。

工具箱底部还有三组设置，如图 1-5 所示。填充颜色控制支持用户设置前景色与背景色；工作模式控制用来选择是以标准工作模式还是以快速蒙版工作模式进行图像编辑；更改屏幕模式控制用来切换屏幕模式。

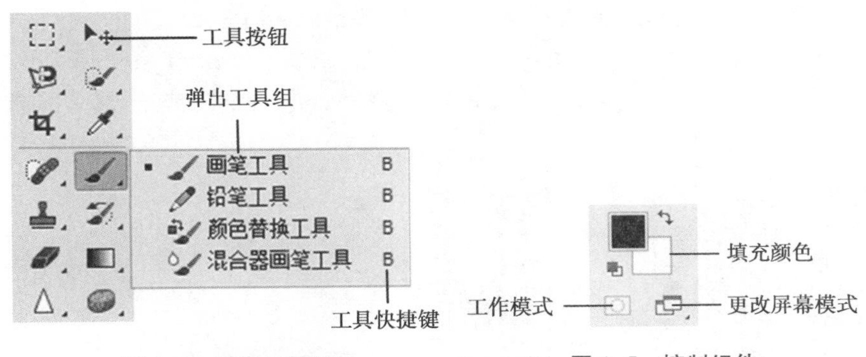

图 1-4 弹出工具组　　图 1-5 控制组件

1.1.3 工具选项栏

选项栏在 Photoshop 的应用中具有非常关键的作用，它位于菜单栏的下方，当选中工具箱中的任意工具时，选项栏就会显示相应工具的属性设置选项，用户可以很方便地利用它来设置工具的各种属性，如图 1-6 所示。

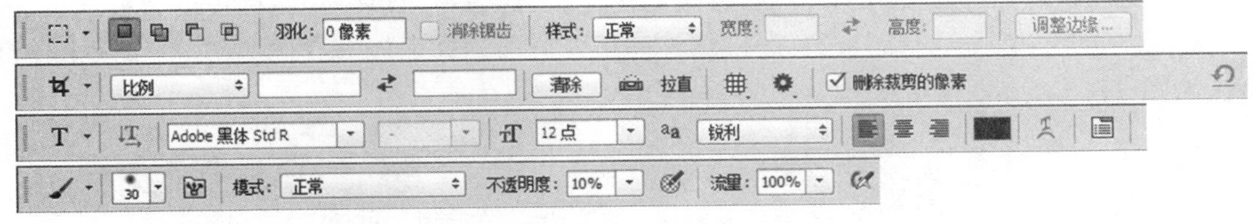

图 1-6 工具选项栏

在选项栏中设置完参数后，如果想将该工具选项栏中的参数恢复为默认，可以在工具选项栏左侧的工具图标处右击鼠标，在弹出的菜单中选择【复位工具】命令，即可将当前工具选项栏中的参数恢复为默认值；如果想将所有工具选项栏的参数恢复为默认设置，可以选择【复位所有工具】命令，如图 1-7 所示。

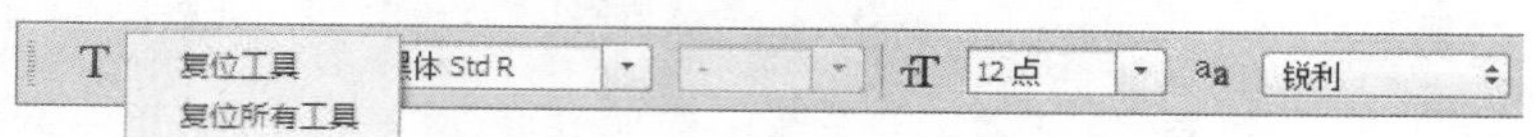

图 1-7　复位工具

 1.1.4　面板

面板是 Photoshop 工作区中最常使用的组成部分。通过面板可以完成图像编辑处理时命令参数的设置和图层、路径、通道编辑等操作。

1. 打开、关闭面板

打开 Photoshop 后，常用面板会停放在工作区右侧的面板组堆栈中。一些未显示的面板，可以通过选择【窗口】菜单中相应的命令使其显示在操作窗口内。

对于暂时不需要使用的面板，可以将其折叠或关闭以增大文档窗口显示区域的面积。单击面板右上角的▶▶按钮，可以将面板折叠为图标状，如图 1-8 所示。单击面板右上角的◀◀按钮可以再次展开面板。

要关闭面板，用户可以通过面板菜单中的【关闭】命令进行操作，或选择【关闭选项卡组】命令，如图 1-9 所示。

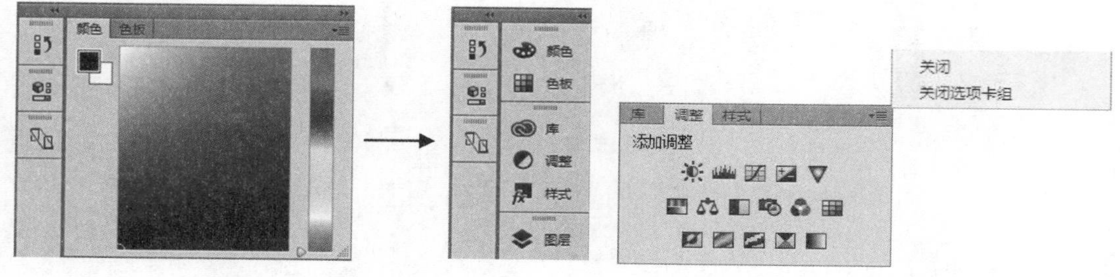

图 1-8　折叠面板

图 1-9　关闭面板

2. 拆分面板

Photoshop 应用程序中将二十几个功能面板进行了分组。显示的功能面板默认会被拼贴在固定区域。如果要将面板组中的面板移动到固定区域之外，可以使用鼠标单击面板选项卡，并按住鼠标左键将其拖动到面板组以外，将该面板变成浮动式面板，即可放置在工作区中任意位置，如图 1-10 所示。

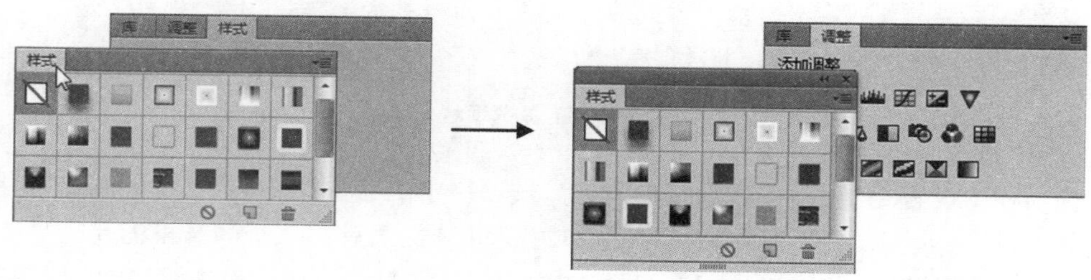

图 1-10　拆分面板

3. 组合面板

在一个独立面板的选项卡名称位置处单击并按住鼠标，然后将其拖动到另一个面板上，当目标面板周围出现蓝色的方框时释放鼠标，即可将两个面板组合在一起，如图 1-11 所示。

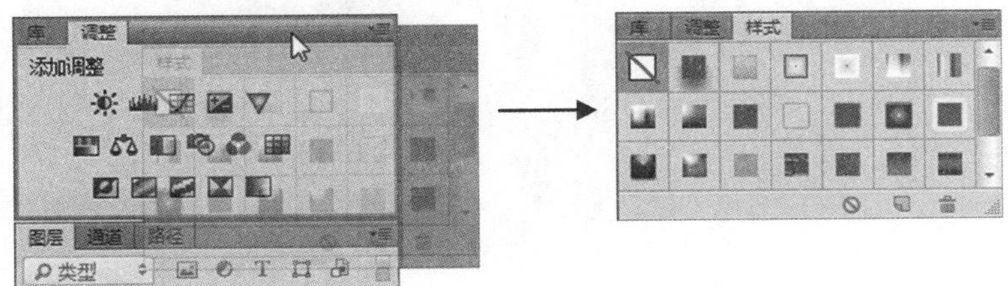

图 1-11　组合面板

4. 停靠面板组

为了节省空间，可以将组合的面板停靠在右侧工作区的边缘位置，或与其他的面板组停靠在一起。

拖动面板组上方的标题栏或选项卡位置，将其移动到另一组或另一个面板边缘位置，当看到一条垂直的蓝色线条时，释放鼠标即可将该面板组停靠在其他面板或面板组的边缘位置，如图 1-12 所示。

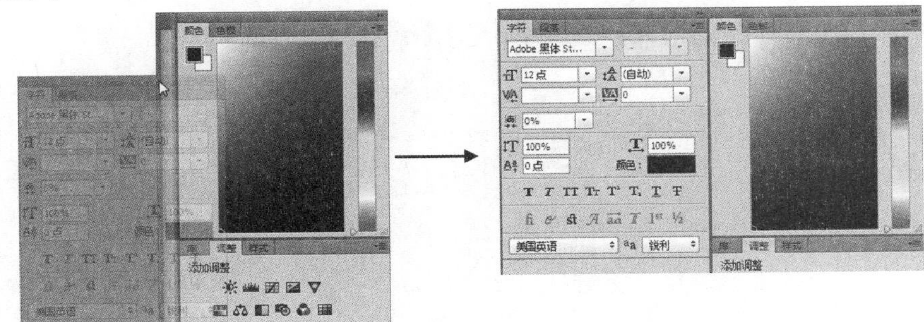

图 1-12　停靠面板

1.1.5　文档窗口

文档窗口是图像内容的所在。打开的图像文件默认以选项卡模式显示在工作区中，其上方的标签会显示图像的相关信息，包括文件名、显示比例、颜色模式和位深度等。

在 Photoshop 中可以对文档窗口进行调整，以满足不同用户的需要，如浮动或合并文档窗口、缩放或移动文档窗口等。

1. 浮动或合并文档窗口

默认状态下，打开的文档窗口处于合并状态，可以通过拖动的方法将其变成浮动状态。将光标移动到文档窗口选项卡位置，按住鼠标向外拖动，然后释放鼠标即可将其由合并状态变成浮动状态，如图 1-13 所示。

如果当前文档窗口处于浮动状态，也可以通过拖动将其变成合并状态。当文档窗口处于浮动状态时，将光标移动到文档窗口标题栏位置，按住鼠标将其向工作区边缘靠近，当工作区边缘出现蓝色边框时，释放鼠标，即可将文档窗口由浮动状态变为合并状态。

图 1-13　浮动文档窗口

除了使用拖动的方法来浮动或合并文档窗口外，还可以使用菜单命令来快速合并或浮动文档窗口。选择【窗口】|【排列】命令，在其子菜单中选择【在窗口中浮动】、【使所有内容在窗口中浮动】或【将所有内容合并到选项卡中】命令，可以快速使单个或所有文档窗口在工作区中浮动，或将所有文档窗口合并到工作区中。

2. 移动文档窗口的位置

为了操作方便，在 Photoshop 中可以将文档窗口随意移动，但文档窗口不能处于选项卡模式下或最大化状态。将光标移动到文档窗口的标题栏位置，按住鼠标将文档窗口向需要的位置拖动，到达合适的位置后释放鼠标即可完成文档窗口的移动，如图 1-14 所示。

图 1-14　移动文档窗口

3. 调整文档窗口大小

为了操作的方便，在 Photoshop 中可以调整文档窗口的大小，将光标移动到文档窗口边框处，当光标变成双向箭头时，向外拖动可以放大文档窗口，向内拖动可以缩小文档窗口，如图 1-15 所示。

图 1-15　调整文档窗口大小

1.1.6　状态栏

状态栏位于文档窗口的底部，用于显示诸如当前图像的缩放比例、文件大小以及当前使用工具的简要说明等信息，如图 1-16 所示。

在状态栏最左端的文本框中输入数值，然后按下 Enter 键，可以改变图像在窗口的显示比例。单击右侧的按钮，从弹出的菜单中可以选择状态栏显示的说明信息，如图 1-17 所示。

50%　文档:3.71M/3.71M

图 1-16　状态栏

图 1-17　状态栏显示说明信息

1.2　设置工作区

在 Photoshop 中，根据使用用途提供了多种预设工作区配置。用户还可以根据个人的使用习惯需求，调配工作区设置，并将其保存为预设工作区。

1.2.1　使用预设工作区

启动 Photoshop CC 2015 后，系统默认显示的是【基本功能】工作区。选择【窗口】|【工作区】命令，在该菜单中可以选择系统预设的其他的工作区，如【动感】工作区、【绘画】工作区、【摄影】工作区、【排版规则】工作区等，用户可以根据需要选择适合的工作区。也可以在工具选项栏的右侧，单击【选择工作区】按钮，从弹出的下拉列表中选择适合的工作区，如图 1-18 所示。

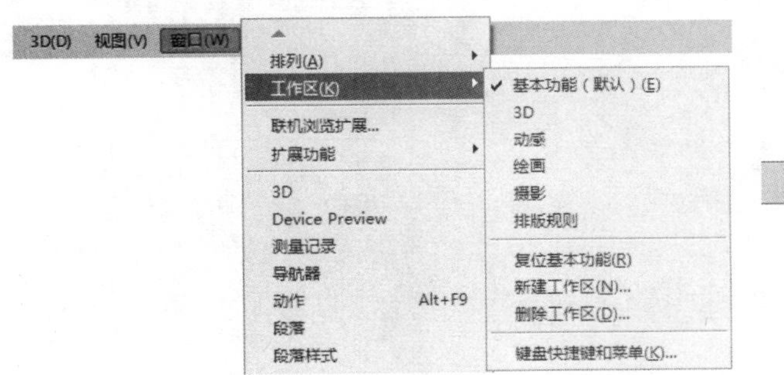

图 1-18　选择预设工作区

1.2.2 自定义工作区

在图像处理过程中，用户可以根据需要调配工作区中显示的面板及位置，并且将其存储为预设工作区，以便下次使用。

【例 1-1】 在 Photoshop 中，自定义工作区。视频

STEP 01 启动 Photoshop CC 2015，在工作区中调配好所需的操作界面，如图 1-19 所示。

STEP 02 选择【窗口】|【工作区】|【新建工作区】命令，打开【新建工作区】对话框。在对话框的【名称】文本框中输入"自定义工作区"，并选中【键盘快捷键】和【菜单】复选框，然后单击【存储】按钮，如图 1-20 所示。

图 1-19 调配工作区

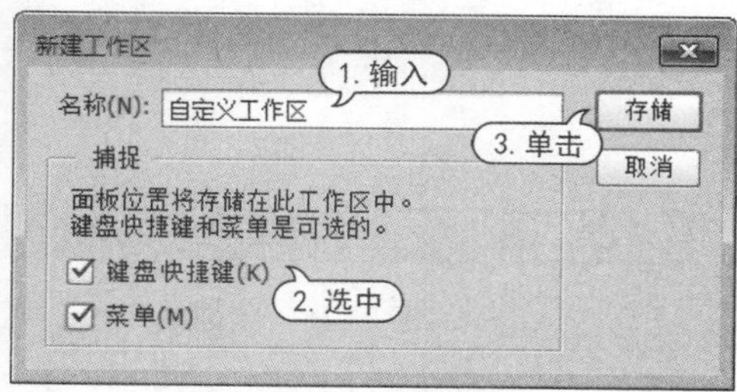

图 1-20 自定义工作区

STEP 03 重新选择【窗口】|【工作区】命令，即可看到刚存储的"自定义工作区"已包含在菜单中，如图 1-21 所示。

知识点滴

选择【窗口】|【工作区】|【删除工作区】命令，打开【删除工作区】对话框。在对话框中的【工作区】下拉列表中选择需要删除的工作区，然后单击【删除】按钮，即可删除存储的自定义工作区，如图 1-22 所示。需要注意的是，现用工作区不可删除。

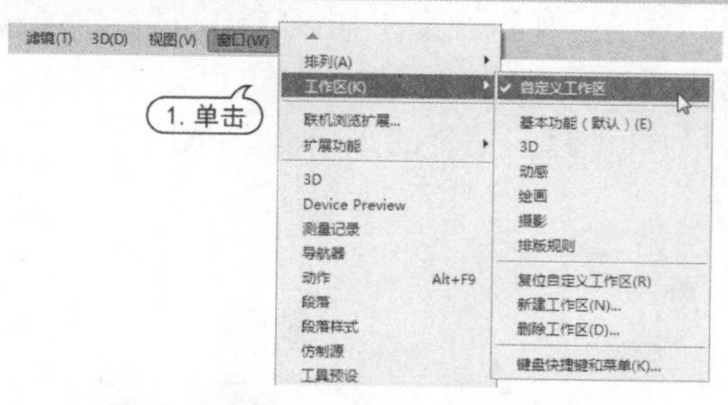

图 1-21 查看存储的自定义工作区

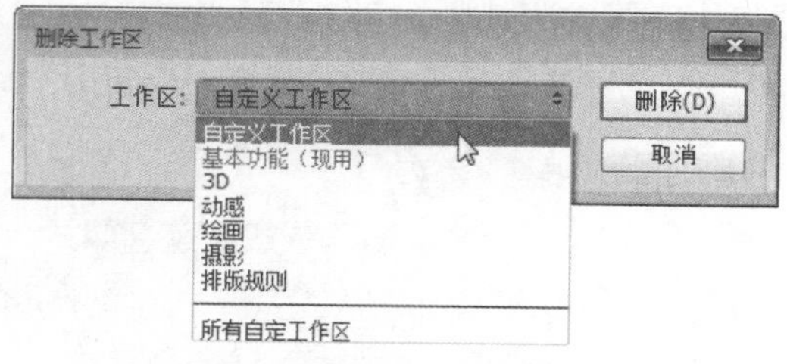

图 1-22 删除工作区

1.3 设置快捷键

Photoshop 给用户提供了自定义修改快捷键的权限，用户可根据自己的操作习惯来定义菜单快捷键、面板快捷键以及【工具】面板中各个工具的快捷键。选择【编辑】|【键盘快捷键】命令，打开【键盘快捷键和菜单】对话框，如图 1-23 所示。在【快捷键用于】下拉列表框中提供了

【应用程序菜单】、【面板菜单】和【工具】3 个选项。

选择【应用程序菜单】选项，在下方列表框中单击展开某一菜单后，再单击需要添加或修改快捷键的命令，即可输入新的快捷键，如图 1-24 所示。选择【面板菜单】选项，可以对某个面板的相关操作定义快捷键，如图 1-25 所示。选择【工具】选项，则可对【工具】面板中的各个工具的选项设置快捷键，如图 1-26 所示。

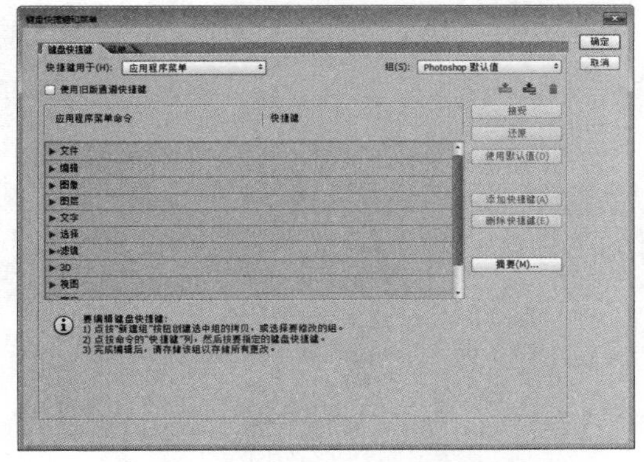

图 1-23　【键盘快捷键和菜单】对话框

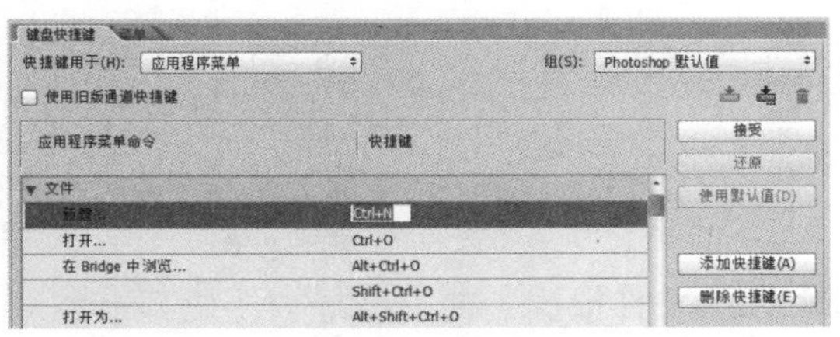

图 1-24　选择【应用程序菜单】选项

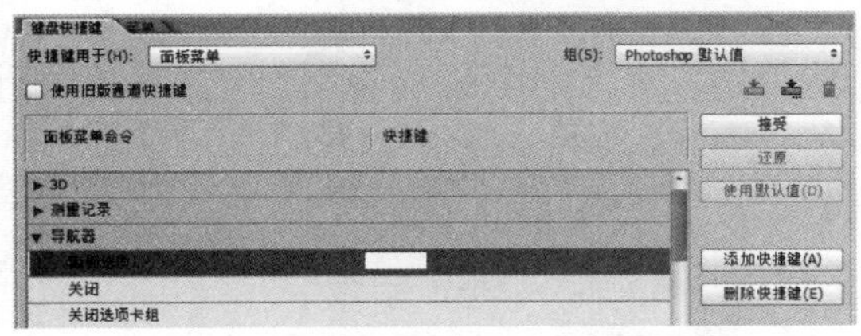

图 1-25　选择【面板菜单】选项

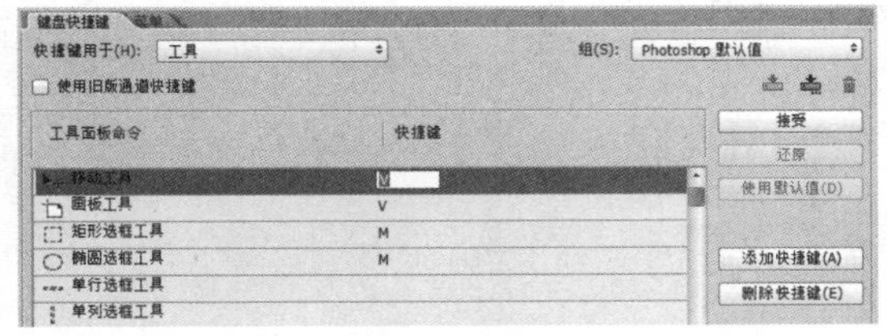

图 1-26　选择【工具】选项

【例 1-2】 在 Photoshop 中，创建快捷键。视频

STEP 01 启动 Photoshop CC 2015，选择菜单栏中【编辑】|【键盘快捷键】命令，或按 Alt + Shift + Ctrl + K 键，打开【键盘快捷键和菜单】对话框，如图 1-27 所示。

STEP 02 选中【应用程序菜单命令】列表的【图像】菜单组下的【调整】|【亮度/对比度】命令。此时，会出现一个用于定义快捷键的文本框，如图 1-28 所示。

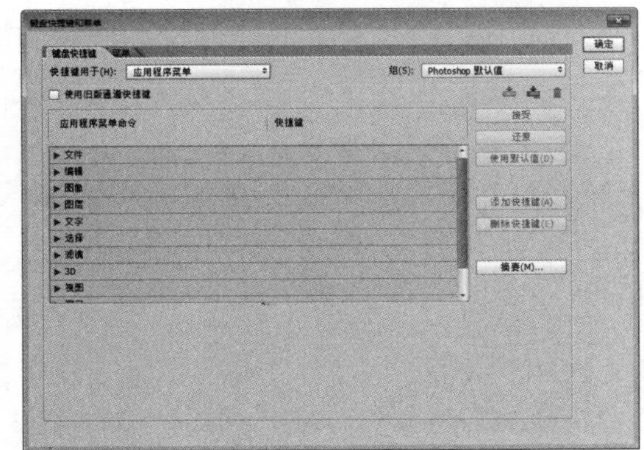

图 1-27　打开【键盘快捷键和菜单】对话框

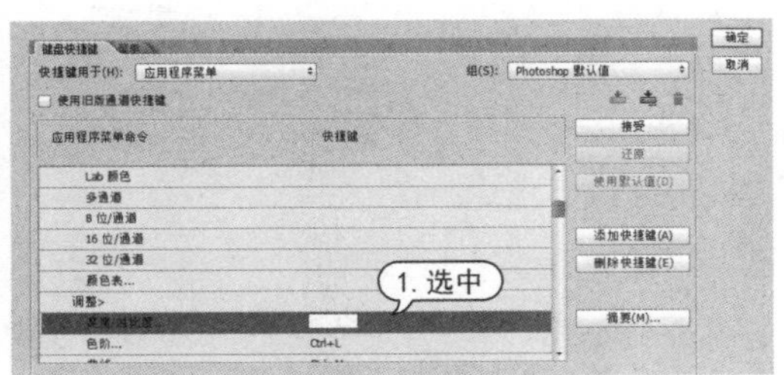

图 1-28　选择应用程序菜单命令

STEP 03 同时按住 Ctrl 键和 /键，此时文本框中就会出现 Ctrl + /组合键，然后在对话框空白处单击添加快捷键，如图 1-29 所示。

STEP 04 在【快捷键用于】选项下拉列表中选择【工具】选项，在【工具面板命令】列表中选中【单行选框工具】选项，并在定义快捷键文本框中设置快捷键为 M，如图 1-30 所示。

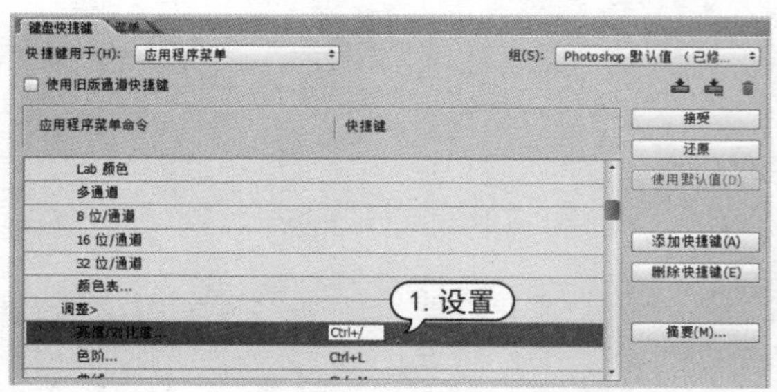

图 1-29　添加应用程序菜单命令快捷键

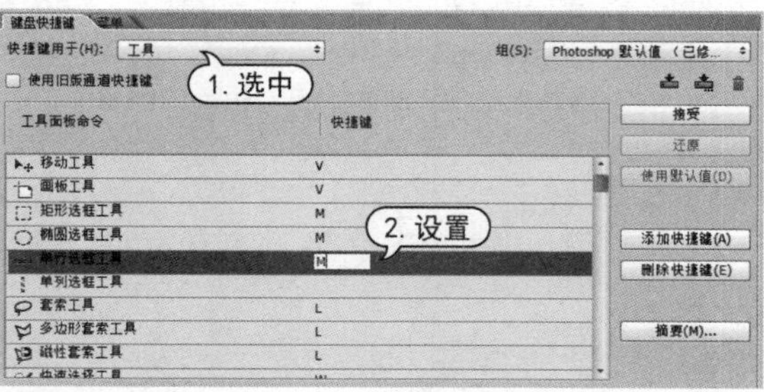

图 1-30　添加工具快捷键

STEP 05 单击【根据当前的快捷键组创建一组新的快捷键】按钮，在打开的【另存为】对话框的【文件名】文本框中输入“Photoshop 默认值(修改)”，并单击【保存】按钮关闭【另存为】对话框，如图 1-31 所示。

STEP 06 设置完成后，单击【确定】按钮关闭【键盘快捷键和菜单】对话框。此时，选择【图像】|【调整】|【亮度/对比度】命令，就可以看到命令后显示了刚设定的快捷键，如图 1-32 所示。

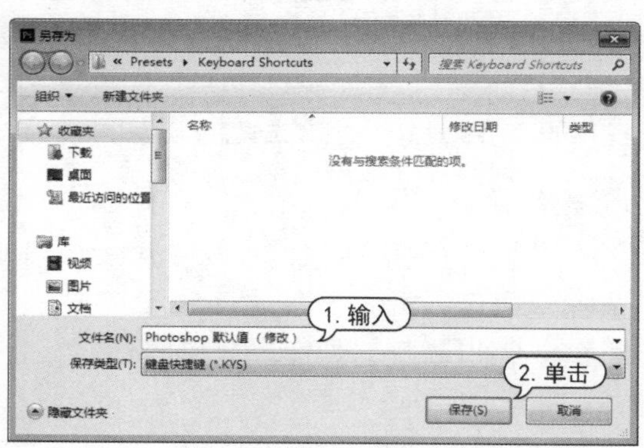

图 1-31　保存快捷键设置

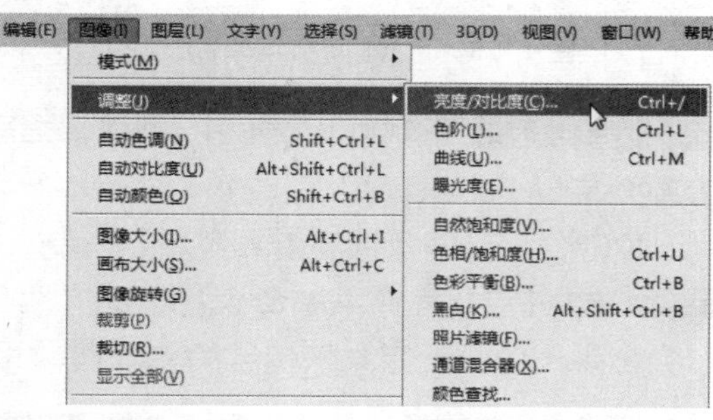

图 1-32　查看设置的快捷键

实用技巧

在设置键盘快捷键时，如果设置的快捷键已经被使用或禁用该种组合的按键方式，会在【键盘快捷键和菜单】对话框的下方区域中显示警告文字信息进行提醒，如图 1-33 所示。

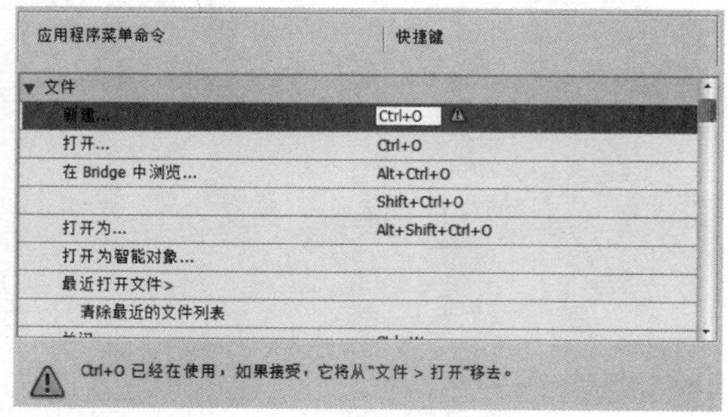

图 1-33　警告信息

1.4 设置菜单

在 Photoshop 中，用户可以为常用菜单命令定义一个显示颜色，以便快速查找。

【例 1-3】 在 Photoshop 中，设置菜单命令。 视频

STEP 01 启动 Photoshop CC 2015，选择【编辑】|【菜单】命令，或按 Alt + Shift + Ctrl + M 键，打开【键盘快捷键和菜单】对话框，如图 1-34 所示。

STEP 02 在【应用程序菜单命令】选项组中，单击【文件】菜单组前的三角图标，展开其子命令，如图 1-35 所示。

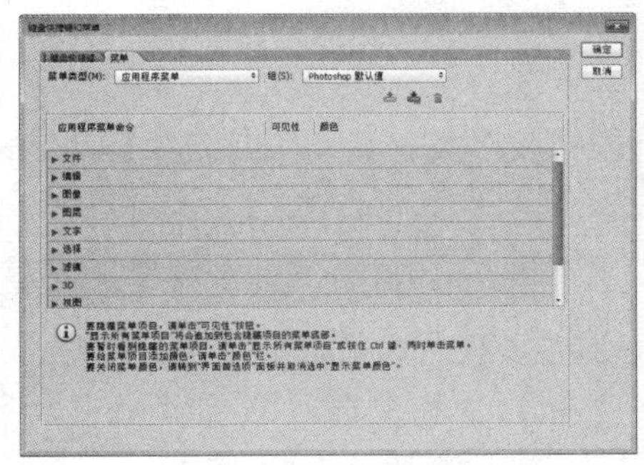

图 1-34　打开【键盘快捷键和菜单】命令

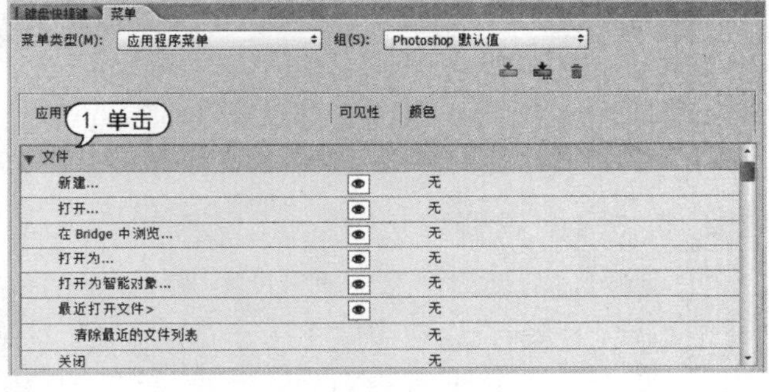

图 1-35　展开菜单组

STEP 03 选择【新建】命令，单击【颜色】栏，在下拉列表中选择【红色】选项，如图 1-36 所示。

STEP 04 单击【根据当前菜单组创建一个新组】按钮，在打开的【另存为】对话框的【文件名】文本框中输入"Photoshop 默认值(修改)"，单击【保存】按钮关闭【另存为】对话框，如图 1-37 所示。

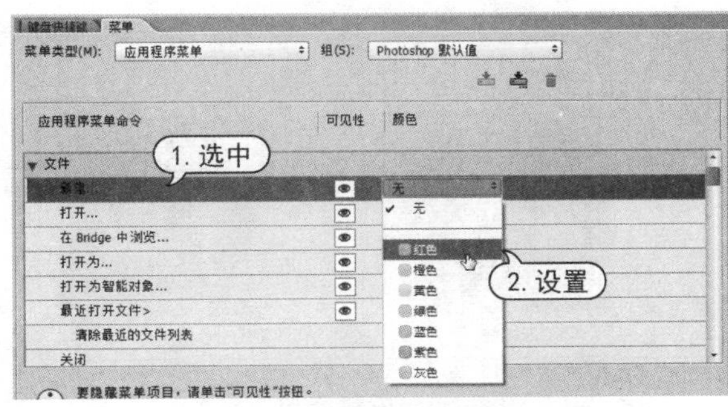

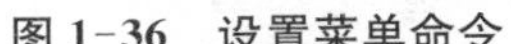

图 1-36　设置菜单命令

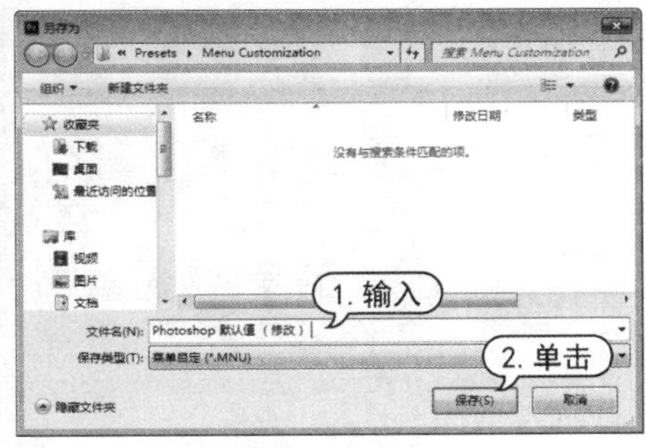

图 1-37　保存菜单设置

STEP 05 设置完成后，单击【确定】按钮关闭【键盘快捷键和菜单】对话框。此时，选择菜单栏中的【文件】|【新建】命令，即可看到【新建】命令添加了所选颜色，如图 1-38 所示。

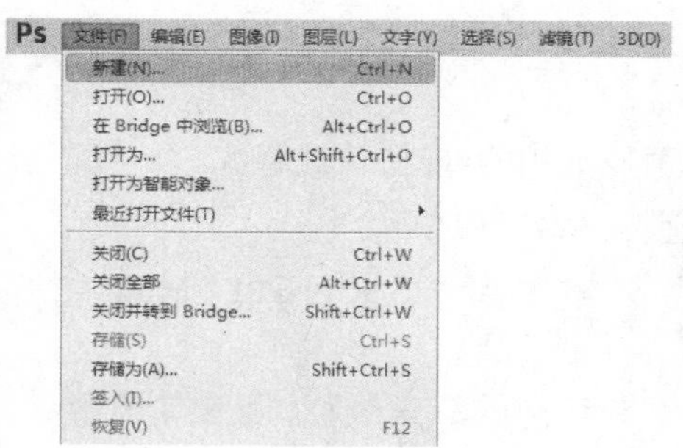

图 1-38 查看菜单设置

> **实用技巧**
>
> 如果要存储对当前菜单组所做的所有更改，可在【键盘快捷键和菜单】对话框中单击【存储对当前菜单组的所有更改】按钮；如果存储的是对 Photoshop 默认组所做的更改，会弹出【另存为】对话框，用户可以为新组设置一个名称。

1.5 图像编辑的辅助设置

在 Photoshop 中，使用辅助工具可以快速对齐、测量或排布对象。辅助工具包括标尺、参考线、网格和【标尺】工具等，它们的作用和特点各不相同。

1.5.1 设置标尺

标尺可以帮助用户准确地定位图像或元素的位置，添加参考线。选择【视图】|【标尺】命令或按 Ctrl+R 键，可以在图像文件窗口的顶部和左侧分别显示水平和垂直标尺，如图 1-39 所示。此时移动光标，标尺内的标记会显示光标的精确位置。

默认情况下，标尺的原点位于文档窗口的左上角。修改原点的位置，可从图像上的特定位置开始测量。将光标放置在原点上，单击并按下鼠标向右下方拖动，画面中会显示十字线，将它拖动到需要的位置，然后释放鼠标即可定义原点新位置，如图 1-40 所示。定位原点的过程中，按住 Shift 键可以使标尺的原点与标尺的刻度记号对齐。将光标放在原点默认的位置上，双击鼠标即可将原点恢复到默认位置。

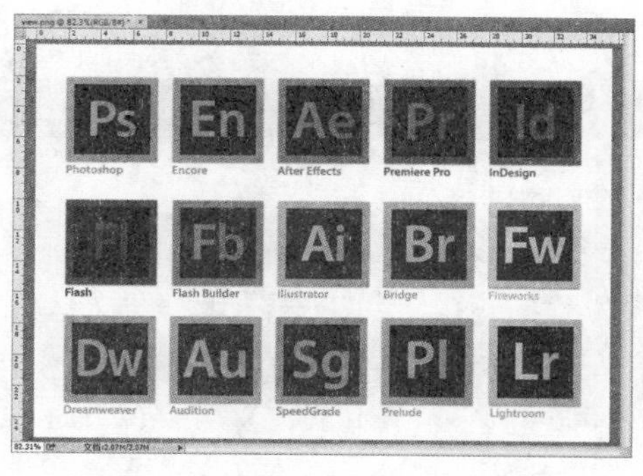

图 1-39 显示标尺

图 1-40 设置标尺原点

双击标尺，打开【首选项】对话框，在对话框的【标尺】下拉列表中可以修改标尺的测量单位；在标尺上右击鼠标，在弹出的快捷菜单中也可选择标尺的测量单位，如图 1-41 所示。

1.5.2 使用【标尺】工具

【标尺】工具主要用来测量图像中点到点之间的距离、位置和角度等。在工具箱中选择【标

尺】工具，在选项栏中可以观察到【标尺】工具的相关参数，如图 1-42 所示。

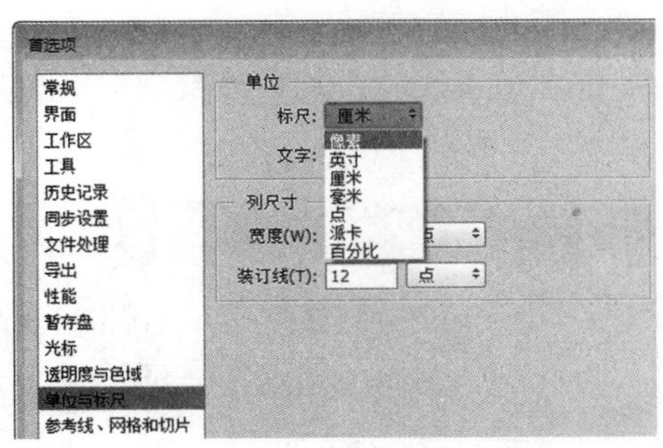

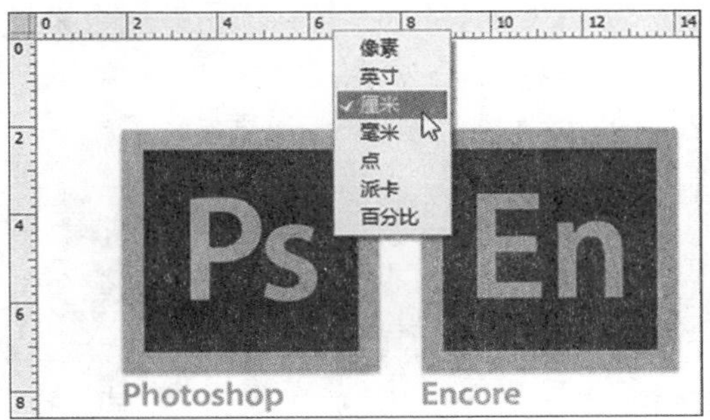

图 1-41　更改标尺测量单位

图 1-42　【标尺】工具选项栏

- X/Y：测量的起始坐标位置。
- W/H：在 X 轴/Y 轴上移动的水平（W）/垂直（H）距离。
- A：相对于轴测量的角度。
- L1/L2：使用量角器时，测量角度两边的长度。
- 【使用测量比例】复选框：选中该复选框后，将会使用测量比例进行测量。
- 【拉直图层】按钮：单击该按钮，绘制测量线后，图像将按照测量线进行自动旋转。
- 【清除】按钮：单击该按钮，将清除画面中的标尺。

1. 测量长度

使用【标尺】工具在图像中需要测量长度的开始位置单击鼠标，然后按住鼠标拖动到结束的位置释放即可。测量完成后，从选项栏和【信息】面板中可以看到测量的结果，如图 1-43 所示。

2. 测量角度

使用【标尺】工具在要测量角度的一边按下鼠标拖动出一条直线，绘制测量角度的其中一条边，然后按住 Alt 键，将光标移动到要测量角度的测量线顶点位置，当光标变成 形状时，按下鼠标拖动绘制出另一条测量线，两条测量线形成一个夹角。测量完成后，从选项栏和【信息】面板中可以看到测量的角度信息，如图 1-44 所示。

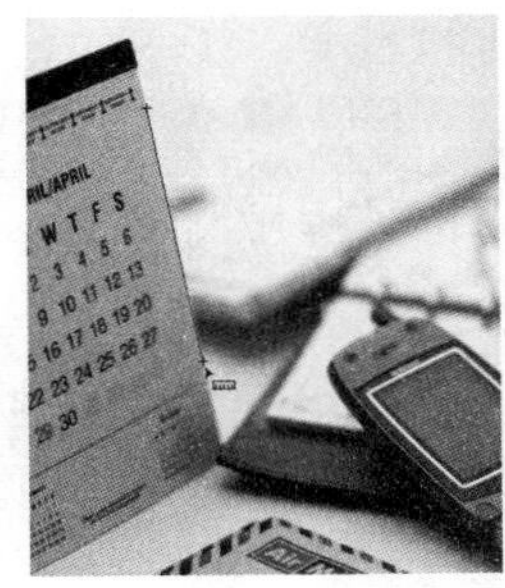

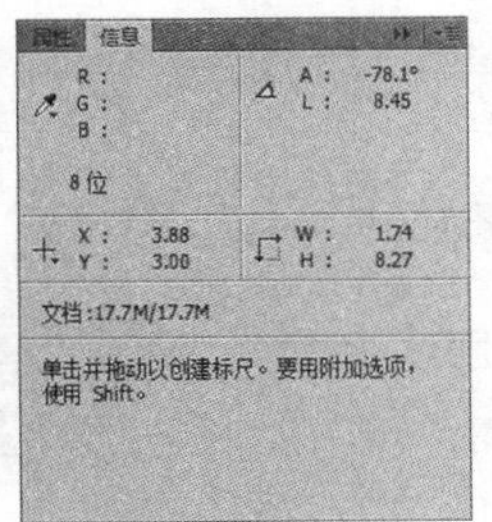

图 1-43　测量长度

图 1-44　测量角度

【例 1-4】 使用【标尺】工具校正图片角度。视频+素材

STEP 01 选择【文件】|【打开】命令，打开一个素材图像文件，如图 1-45 所示。

STEP 02 选择【标尺】工具，在图像的左下角位置单击，根据地平线向右侧拖动绘制出一条具有一定角度的线段，如图 1-46 所示。

图 1-45 打开素材图像文件

图 1-46 使用【标尺】工具

STEP 03 选择【图像】|【图像旋转】|【任意角度】命令，打开【旋转画布】对话框。在对话框中，保持默认设置，单击【确定】按钮，即可以【标尺】工具拖拽出的线段角度来旋转图像，如图 1-47 所示。

STEP 04 选择【裁剪】工具，将图像中间部分选中，然后按下 Enter 键，即可裁剪图像多余部分，如图 1-48 所示。

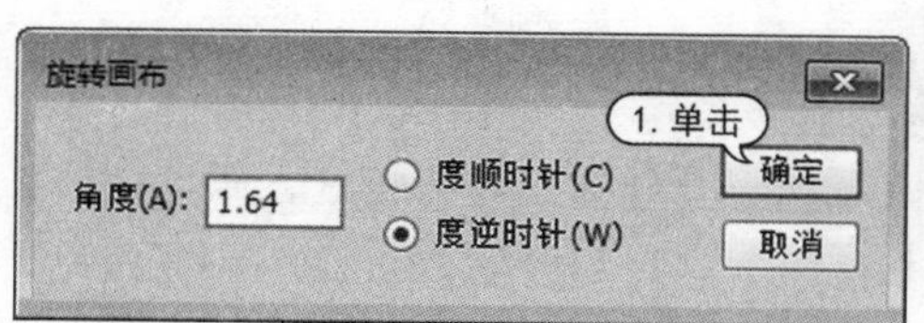

图 1-47 旋转画布

图 1-48 裁剪图像

1.5.3 设置参考线

参考线是显示在图像文件上方的不会被打印出来的线条，可以帮助用户定位图像对象。创建的参考线可以移动和删除，也可以锁定。

在 Photoshop 中，可以通过以下两种方法来创建参考线。一种方法是按 Ctrl+R 组合键，在图像文件中显示标尺，然后将光标放置在标尺上，按下鼠标左键不放并向图像中拖动即可，如图 1-49 所示。如果要使参考线与标尺上的刻度对齐，可以在拖动时按住 Shift 键。

图 1-49　创建参考线

知识点滴

选择【视图】|【显示】|【智能参考线】命令可以启用智能参考线。利用智能参考线，可以轻松地将对象与窗口中的其他对象靠齐。此外，在拖动或创建对象时，会出现临时参考线，如图 1-50 所示。

另一种方法是选择【视图】|【新建参考线】命令，打开【新建参考线】对话框，如图 1-51 所示。在对话框的【取向】选项区中选择需要创建参考线的方向；在【位置】文本框中输入数值，此值代表了参考线在图像中的位置，然后单击【确定】按钮，可以按照设置的位置创建水平或垂直的参考线。

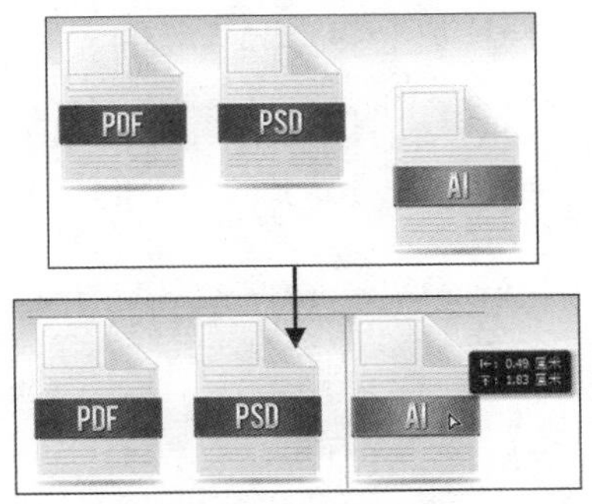

图 1-50　显示智能参考线

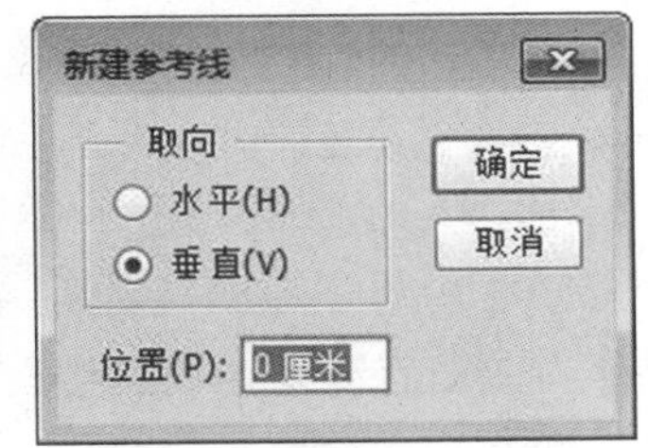

图 1-51　【新建参考线】对话框

创建参考线后，将鼠标移动到参考线上，当鼠标显示为✥图标时，单击并拖动鼠标，可以改变参考线的位置。选择【视图】|【显示】|【参考线】命令，或按快捷键 Ctrl+“;”键可以将当前参考线隐藏。

1.5.4　设置网格

默认情况下，网格显示为不可打印的线条或网点。网格对于对称布置图像和图形的绘制都十分有用。选择【视图】|【显示】|【网格】命令，或按快捷键 Ctrl+'键可以在当前打开的文件窗口中显示网格，如图 1-52 所示。

用户可以通过【编辑】|【首选项】|【参考线、网格和切片】命令打开【首选项】对话框，调整网格设置，如图 1-53 所示。

图 1-52　显示网格

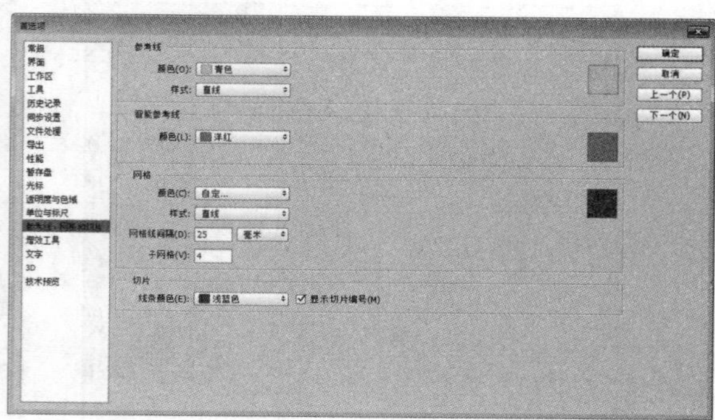

图 1-53　【首选项】对话框

知识点滴

对齐功能有助于精确地放置选区，裁剪选框、切片、形状和路径。如果要启用对齐功能，需要首先选中【视图】|【对齐】命令，然后在【视图】|【对齐到】命令子菜单中选择一个对齐项目，命令前带有√标记表示启用了该对齐功能，如图 1-54 所示。

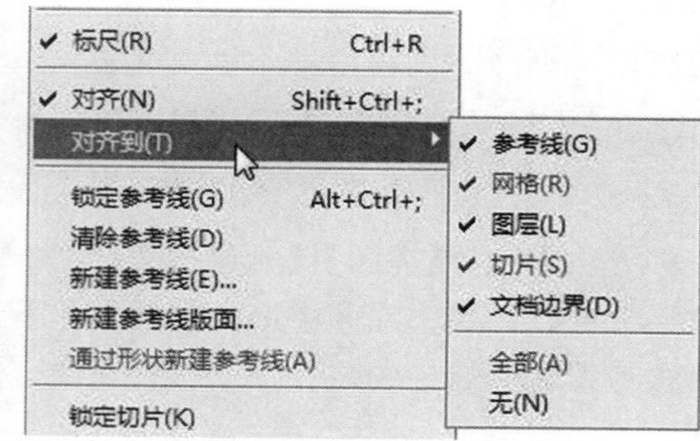

图 1-54　【对齐到】命令

1.6　案例演练

本章的案例演练为设置 Photoshop CC 2015 工作环境、设置菜单和使用辅助工具的综合实例操作，用户通过练习可以巩固本章所学知识。

【例 1-5】 在 Photoshop 中，自定义工作环境。视频+素材

STEP 01 启动 Photoshop CC 2015，打开一个素材图像文件，如图 1-55 所示。

STEP 02 选择【视图】|【显示】|【网格】命令，在图像窗口中显示网格，如图 1-56 所示。

图 1-55　打开图像文件

图 1-56　显示网格

STEP 03 按 Ctrl+R 键在文档窗口中显示标尺。将光标移动到标尺上，并在标尺上单击鼠标右键，在弹出的菜单中选择【毫米】选项，如图 1-57 所示。

STEP 04 选择【编辑】|【首选项】|【参考线、网格和切片】命令，打开【首选项】对话框。在【智能参考线】选项区的【颜色】下拉列表中选择【洋红】选项，在【网格】选项区中设置【网格线间隔】为 100 毫米，【子网格】数值为 5。单击网格颜色色板，打开【拾色器（网格颜色）】对话框，设置网格颜色为 R: 231 G: 31 B: 25，然后单击【确定】按钮关闭【首选项】对话框，如图1-58 所示。

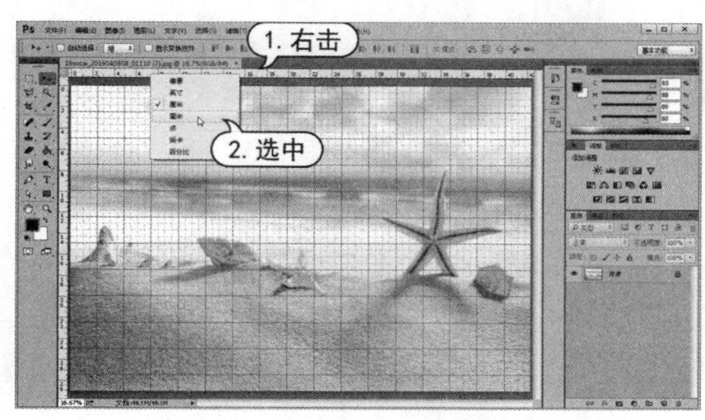

图 1-57　设置网格

图 1-58　设置标尺单位

STEP 05 选择【编辑】|【菜单】命令，打开【键盘快捷键和菜单】对话框。在【应用程序菜单命令】选项组中单击【窗口】菜单组，展开其子命令，如图 1-59 所示。

STEP 06 选择【工作区】命令，单击【颜色】栏中的选项，在下拉列表中选择【红色】，如图 1-60 所示。

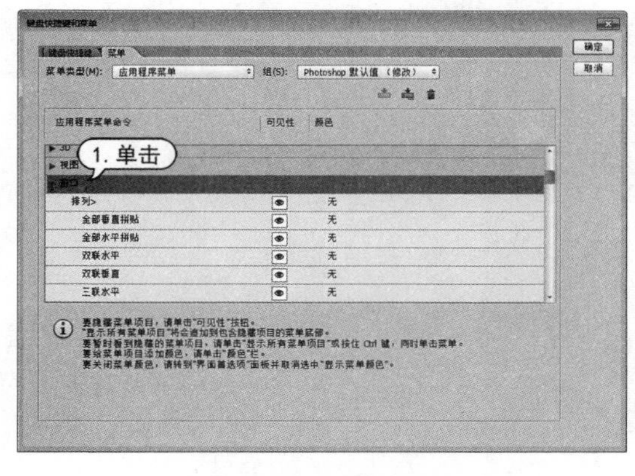

图 1-59　选择【窗口】菜单组

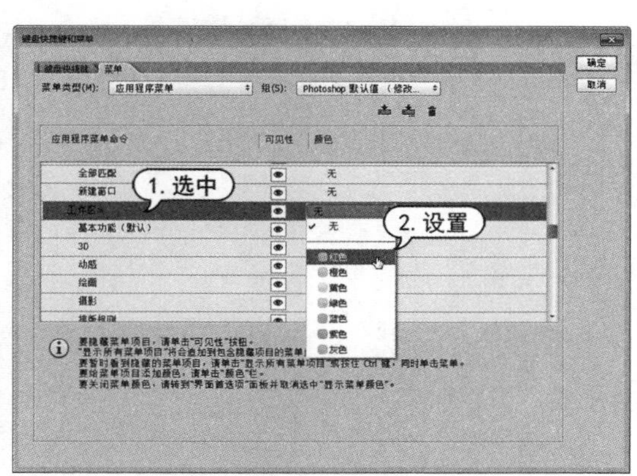

图 1-60　设置菜单颜色

STEP 07 选择【工作区】命令下的【新建工作区】命令，单击【颜色】栏中的选项，在下拉列表中选择【绿色】，然后单击【确定】按钮关闭对话框。如图 1-61 所示。

STEP 08 选择【窗口】|【工作区】|【新建工作区】命令，在【名称】文本框中输入“我的工作区”，选中【菜单】复选框，然后单击【存储】按钮，即可进行存储，如图 1-62 所示。

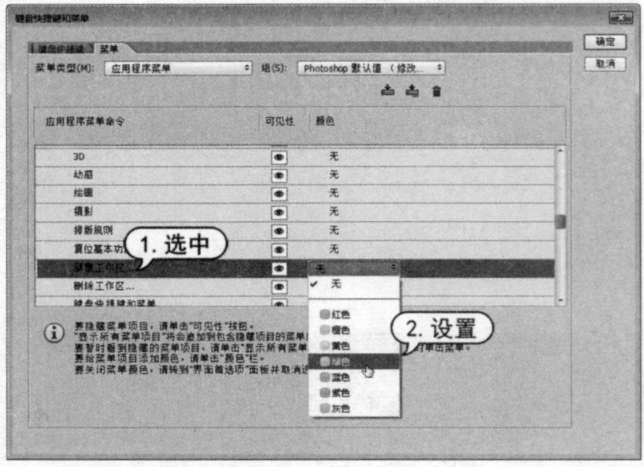

图 1-61　设置菜单命令颜色

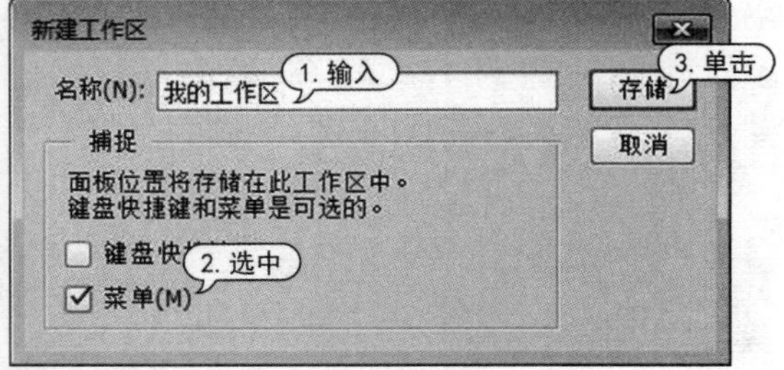

图 1-62　新建工作区

第 2 章

Photoshop 基本操作

使用 Photoshop 编辑处理图像文件之前，必须先掌握图像文件的基本操作。本章主要介绍了 Photoshop CC 2015 中常用的文件操作命令，图像文件的显示、浏览和尺寸的调整，使用户能够更好、更有效地绘制和处理图像文件。

对应的光盘视频

例 2-1　新建图像文件
例 2-2　打开图像文件
例 2-3　打开、另存图像文件
例 2-4　置入智能对象
例 2-5　编辑智能对象
例 2-6　替换智能对象内容
例 2-7　使用【导航器】面板
例 2-8　使用【缩放】工具
例 2-9　更改图像的排列方式
例 2-10　更改图像文件大小
例 2-11　更改图像文件画布大小
例 2-12　使用【选择性粘贴】命令
例 2-13　使用【历史记录】面板
例 2-14　制作图像拼贴效果

 2.1 图像文件的基本操作

在 Photoshop 中，图像文件的基本操作包括新建、打开、置入、存储和关闭等命令，执行相应命令或使用快捷键，可以使用户便利、高效地完成操作。

2.1.1 新建图像文件

启动 Photoshop CC 2015 后，用户还不能在工作区中进行任何编辑操作。因为 Photoshop 中的所有编辑操作都是在文档的窗口中完成的，所以用户可以通过一个现有的图像文件或新建一个全新的空白图像文件进行编辑操作。

要新建图像文件，可以选择菜单栏中的【文件】|【新建】命令，或按 Ctrl+N 键，打开如图 2-1所示的【新建】对话框。在【新建】对话框中可以设置文件的名称、尺寸、分辨率、颜色模式和背景内容等参数，完成后单击【确定】按钮即可新建一个空白文件。

- 【名称】:设置文件名称，默认文件名为“未标题-1”。
- 【预设】:选择预设常用尺寸。【预设】下拉列表中包含【剪贴板】、【默认 Photoshop 大小】、【美国标准纸张】、【国际标准纸张】、【照片】、【Web】、【移动应用程序设计】、【胶片和视频】、【图解】、【画板】和【自定】11 个选项，如图 2-2 所示。

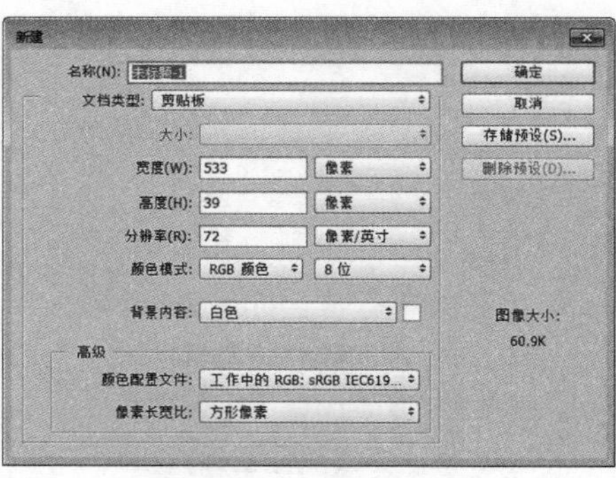

图 2-1 【新建】对话框

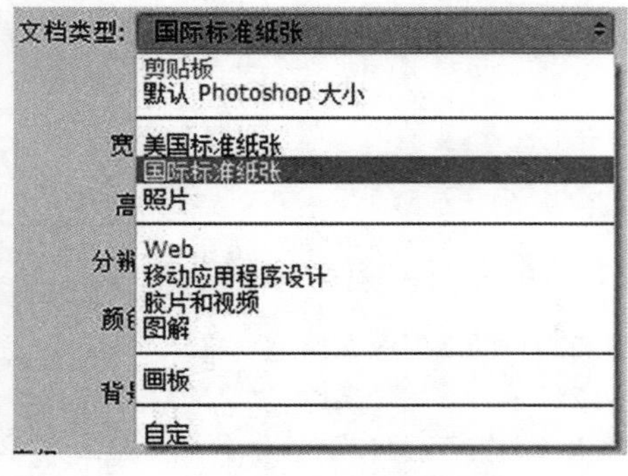

图 2-2 【预设】选项

- 【大小】:用于设置预设类型的大小。在设置【预设】为【美国标准纸张】、【国际标准纸张】、【照片】、【Web】、【移动应用程序设计】、【胶片和视频】、【图解】和【画板】时，【大小】选项才可用。
- 【宽度】/【高度】:设置文件的宽度和高度，其单位有【像素】、【英寸】、【厘米】、【毫米】、【点】、【派卡】和【列】7 种。
- 【分辨率】:用来设置文件的分辨率大小，其单位有【像素/英寸】和【像素/厘米】两种。一般情况下，图像的分辨率越高，图像质量越好。
- 【颜色模式】:设置文件的颜色模式以及相应的颜色位深度，如图 2-3 所示。
- 【背景内容】:设置文件的背景内容，有【白色】、【背景色】、【透明】和【其它】4 个选项。
- 【高级】选项:其中包含【颜色配置文件】和【像素长宽比】2 个选项，如图 2-4 所示。在【颜色配置文件】下拉列表中可以为文件选择一个颜色配置文件；在【像素长宽比】下拉列表中可以选择像素的长宽比。一般情况下，保持默认设置即可。

图 2-3　【颜色模式】选项

图 2-4　【高级】选项

【例 2-1】 在 Photoshop 中设置新建图像文件。视频

STEP 01 打开 Photoshop CC 2015，选择【文件】|【新建】命令，或按快捷键 Ctrl + N 键，打开【新建】对话框，如图 2-5 所示。

STEP 02 在对话框的【名称】文本框中输入“32 开”，在【宽度】和【高度】单位下拉列表中选中【毫米】，然后在【宽度】数值框中设置数值为 185，【高度】数值框中设置数值 130。在【分辨率】数值框中设置数值为 300，单击【颜色模式】下拉列表选择【CMYK 颜色】，在【背景内容】下拉列表中选择【白色】，如图 2-6 所示。

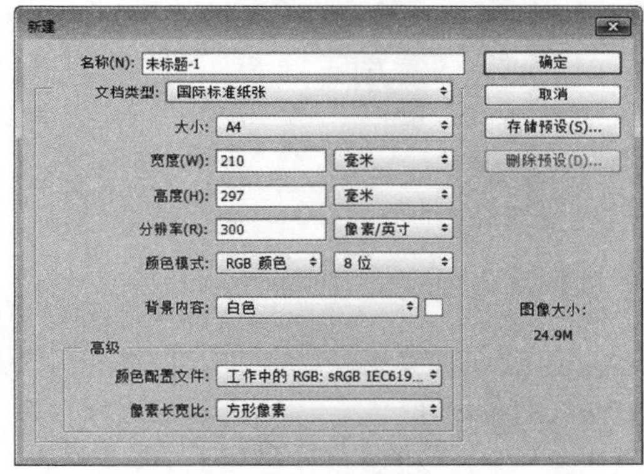

图 2-5　打开【新建】对话框

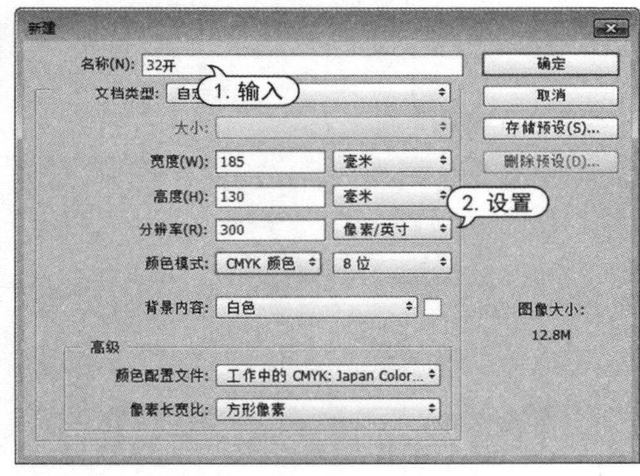

图 2-6　设置文档参数

STEP 03 单击【新建】对话框中的【存储预设】按钮，打开【新建文档预设】对话框。在对话框的【预设名称】文本框中输入“32 开”，然后单击【确定】按钮关闭【新建文档预设】对话框，如图2-7 所示。

STEP 04 此时，单击【新建】对话框的【文档类型】下拉列表可以看到刚存储的文档预设，如图 2-8 所示。

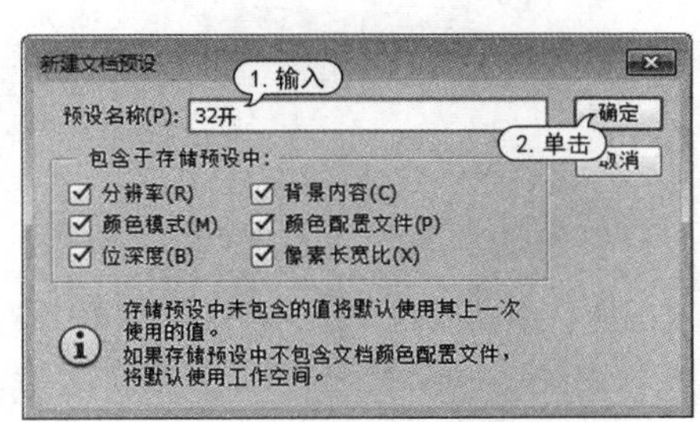

图 2-7　存储预设

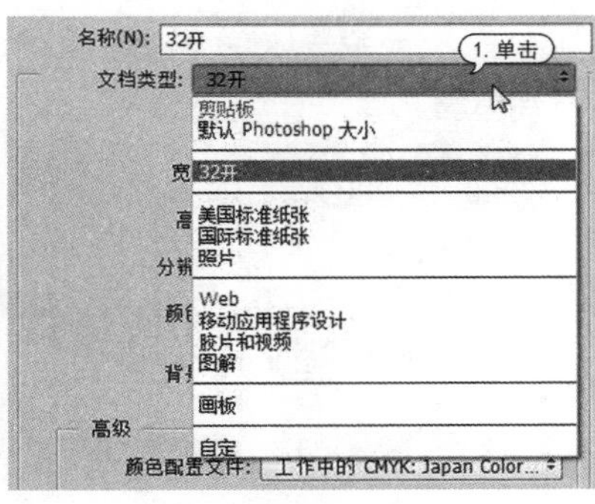

图 2-8　查看存储预设

STEP 05 设置完成后，单击【确定】按钮，关闭【新建】对话框，创建新文档完成。

2.1.2　打开图像文件

需要在 Photoshop 中处理已存在文件时，必须先将文件打开。在 Photoshop 中，有多种方法可以打开已存在的图像文件。

1. 使用【打开】命令

选择选择菜单栏中的【文件】|【打开】命令，或按快捷键 Ctrl+O 键，或双击工作区中的空白区域，打开【打开】对话框，选择需要打开的图像文件。

【例 2-2】 在 Photoshop 中，打开图像文件。视频+素材

STEP 01 选择【文件】|【打开】命令，打开如图 2-9 所示的【打开】对话框。

STEP 02 在【打开】对话框的【组织】列表框中选中所需打开图像文件所在的文件夹，如图 2-10 所示。

图 2-9　打开【打开】对话框

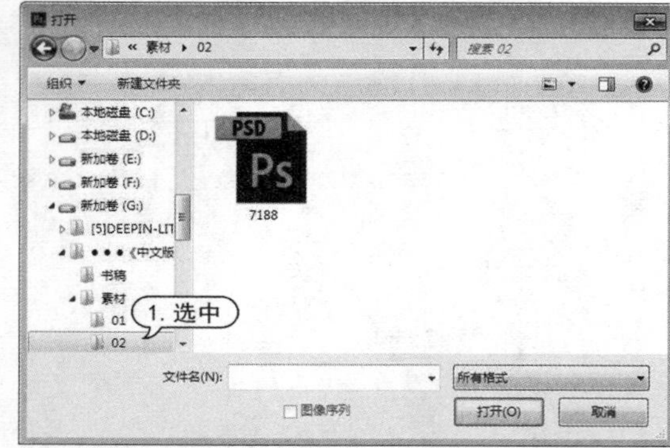

图 2-10　选择文件所在文件夹

STEP 03 在【文件类型】下拉列表中选择要打开图像文件的格式类型，选中 PSD 图像格式，然后选中要打开的图像文件，如图 2-11 所示。

STEP 04 单击【打开】按钮，关闭【打开】对话框。此时，选中的图像文件在工作区中打开，如图 2-12 所示。

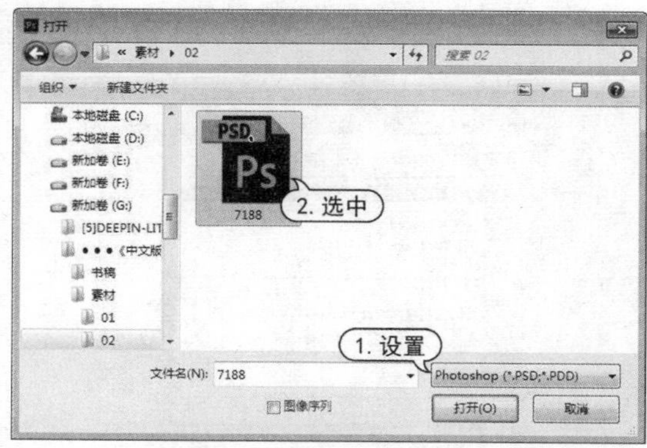

图 2-11　选中文件

图 2-12　打开图像文件

2. 使用【打开为】命令

如果使用与文件的实际格式不匹配的扩展名存储文件，或者文件没有扩展名，则 Photoshop 可能无法确定文件的正确格式，导致不能打开文件。

遇到这种情况，可以选择【文件】|【打开为】命令，打开【打开】对话框，选择文件并在【文件类型】列表中为它指定正确的格式，然后单击【打开】按钮将其打开。如果这种方法也不能打开文件，则选取的文件格式可能与文件的实际格式不匹配，或者文件已损坏。

3. 使用快捷方式打开

在 Photoshop 中除了可使用菜单命令打开图像文件外，还可以使用快捷方式打开图像文件。打开图像文件的快捷方式主要有以下 3 种方式。

- 选择一个需要打开的文件，然后将其直接拖拽到 Photoshop 的应用程序图标上释放即可。
- 选择一个需要打开的文件，右击鼠标，在弹出的快捷菜单中选择【打开方式】| Adobe Photoshop CC 2015 命令即可。
- 打开 Photoshop 工作界面后，直接在 Windows 资源管理器中将文件拖拽到 Photoshop 的工作区中释放即可。

4. 打开最近使用过的文件

在【文件】|【最近打开文件】命令菜单中保存了用户最近在 Photoshop 中打开的文件，选择其中一个文件即可直接将其打开。如果要清除该目录，可以选择菜单底部的【清除最近的文件列表】命令。

2.1.3 保存图像文件

新建文件或对打开的图像文件进行编辑处理后，应及时保存编辑结果，以免因 Photoshop 出现意外程序错误、计算机出现程序错误或突发断电等情况导致编辑效果丢失。

1. 使用【存储】命令

在 Photoshop 中，对于第一次存储的图像文件，可以选择【文件】|【存储】命令，或按 Ctrl+S 键打开【另存为】对话框进行保存，如图 2-13 所示。在打开的对话框中，可以指定文件保存位置、保存名称和文件类型。

图 2-13 【另存为】对话框

> **知识点滴**
>
> 如果对已打开的图像文件进行编辑后，想要将修改部分保存到原文件中，也可以选择【文件】|【存储】命令，或按 Ctrl+S 键。

轻松学电脑教程系列

2. 使用【存储为】命令

如果编辑后的图像文件想以其他文件格式或文件路径进行存储，可以选择【文件】|【存储为】命令，或按 Shift+Ctrl+S 键打开【另存为】对话框进行设置，在【保存类型】下拉列表框中选择另存图像文件的文件格式，然后单击【保存】按钮即可。

【例 2-3】 在 Photoshop CC 2015 中，打开已有的图像文件，并将其以 JPEG 格式进行存储。 视频+素材

STEP 01 在 Photoshop 中，选择【文件】|【打开】命令。在【打开】对话框中，选中需要打开的图像文件，单击【打开】按钮，将图像在 Photoshop 中打开，如图 2-14 所示。

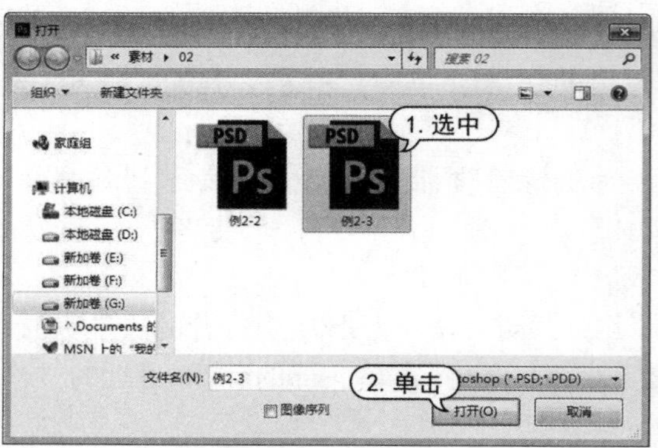

图 2-14　打开图像文件

STEP 02 选择【文件】|【存储为】命令，打开【另存为】对话框。在【文件名】文本框中输入“单页”，单击【保存类型】下拉列表，选择 JPEG（*.JPG；*.JPEG；*.JPE）格式，然后单击【保存】按钮以设定名称、格式存储图像文件，如图 2-15 所示。

STEP 03 在弹出的【JPEG 选项】对话框中设置保存图像的品质，然后单击【确定】按钮存储图像文件，如图 2-16 所示。

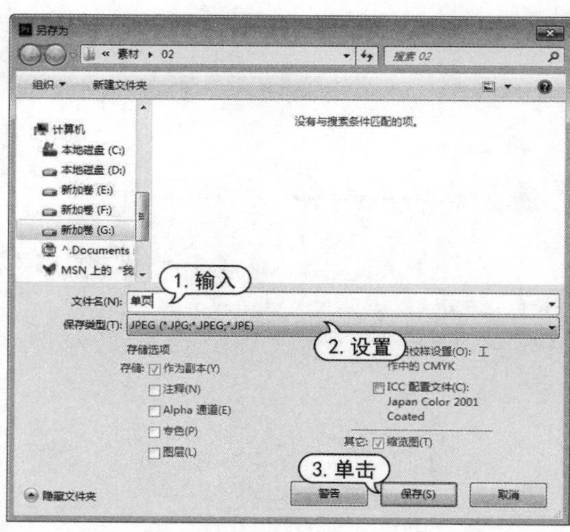

图 2-15　存储文件

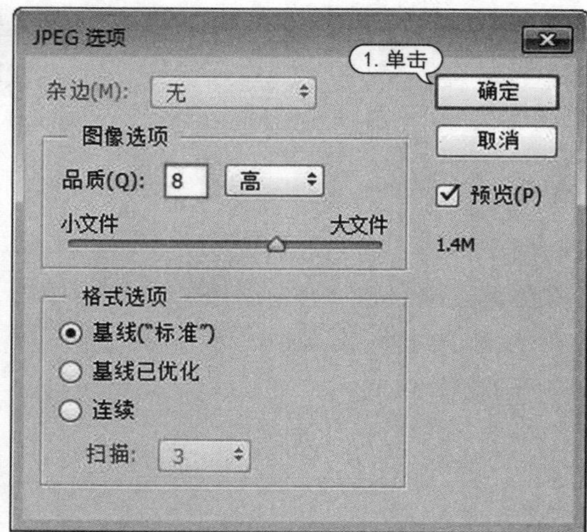

图 2-16　设置【JPEG 选项】

知识点滴

在【另存为】对话框下部的【存储】选项中，选中【作为副本】复选框可另存一个文本副本，副本文件与源文件存储在同一位置。【注释】、【Alpha 通道】、【专色】或【图层】复选框用于选择是否存储注释、Alpha 通道、专色和图层。

2.1.4　使用智能对象

在 Photoshop 中，可以通过打开或置入的方法在当前图像文件中嵌入包含栅格或矢量图像数据的智能对象图层。智能对象图层将保留图像的源内容及其所有原始数据，从而可以使用户对图层执行非破坏性的编辑。

1. 创建智能对象

在图像文件中要创建智能对象，可以用以下几种方法。

- 使用【文件】|【打开为智能对象】命令，可以将选择的图像文件作为智能对象打开。
- 使用【文件】|【置入嵌入的智能对象】命令，可以选择一个图像文件作为智能对象置入到当前文档中。
- 使用【文件】|【置入链接的智能对象】命令，可以选择一个图像文件作为智能对象链接到当前文档中。
- 在打开的图像文件的【图层】面板中选中一个或多个图层，使用【图层】|【智能对象】|【转为智能对象】命令，可以将选中图层对象转换为智能对象。

【例 2-4】 在图像文件中，置入智能对象。 视频+素材

STEP 01 选择【文件】|【打开】命令，选择一个图像文件打开，如图 2-17 所示。

STEP 02 选择【文件】|【置入链接的智能对象】命令，在【置入链接对象】对话框中选择 phone. tif 文件，然后单击【置入】按钮，如图 2-18 所示。

图 2-17　打开图像文件

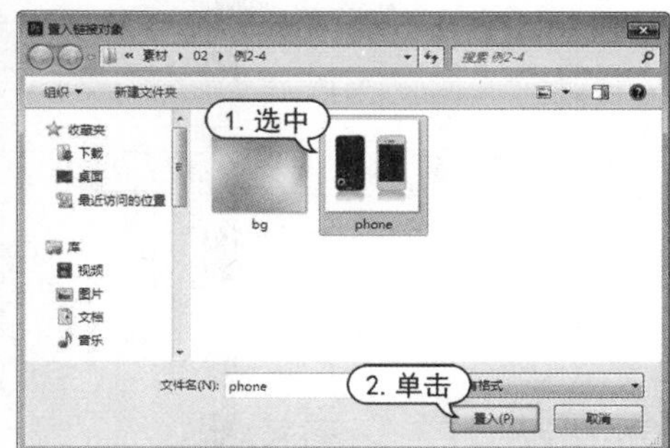

图 2-18　置入链接对象

STEP 03 将文件置入文件窗口后，可直接在对象上按住左键来调整位置，也可拖曳角落的控制点来缩放对象大小。调整完毕后，按 Enter 键即可置入智能对象，如图 2-19 所示。

2. 编辑智能对象

创建智能对象后，可以根据需要修改它的内容。若要编辑智能对象，可以直接双击智能对象图层中的缩览图，则智能对象便会打开关联软件进行编辑。在关联软件中修改完成后，重新存储，就会自动更新 Photoshop 中的智能对象。

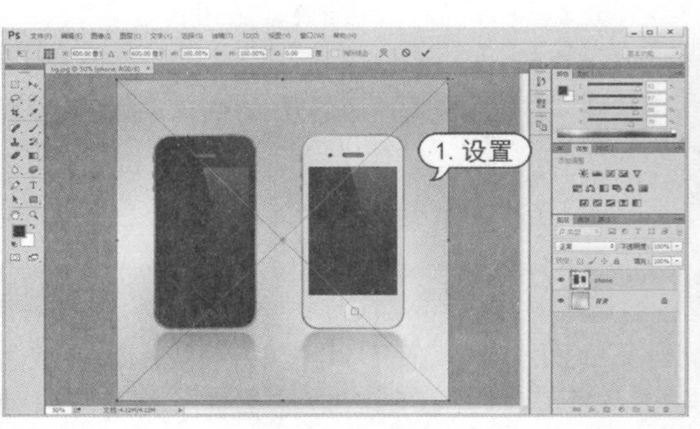

图 2-19　置入智能对象

【例 2-5】 在图像文件中，编辑智能对象。视频+素材

STEP 01 使用【例 2-4】中的图像文件，双击智能对象图层缩览图，在 Photoshop 应用程序中打开智能对象源图像，如图 2-20 所示。

STEP 02 在【图层】面板中，选中 W Phone 图层，选择【文件】|【置入嵌入的智能对象】命令打开【置入嵌入对象】对话框。在对话框中，选中 W Screen 图像文件，然后单击【置入】按钮，如图 2-21 所示。

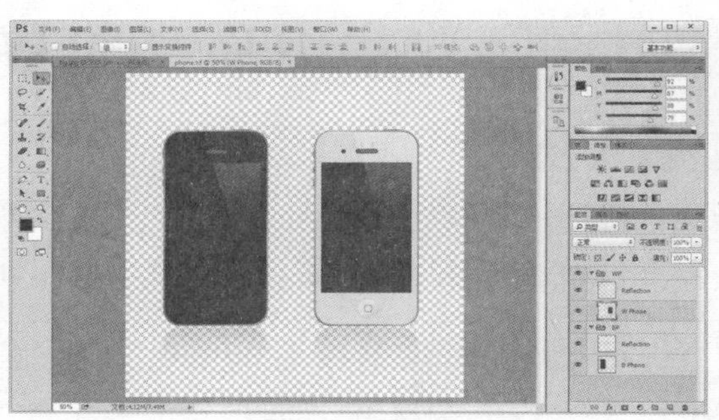

图 2-20　打开智能对象源图像

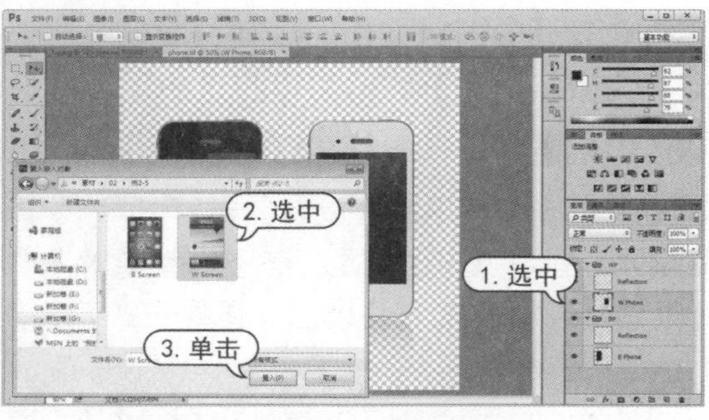

图 2-21　置入对象

STEP 03 将文件置入文件窗口后，直接在对象上按住鼠标左键来调整位置，调整完毕后按 Enter 键即可置入智能对象，如图 2-22 所示。

STEP 04 在【图层】面板中，选中 B Phone 图层，使用 STEP02、STEP03 的操作方法置入另一智能对象，如图 2-23 所示。

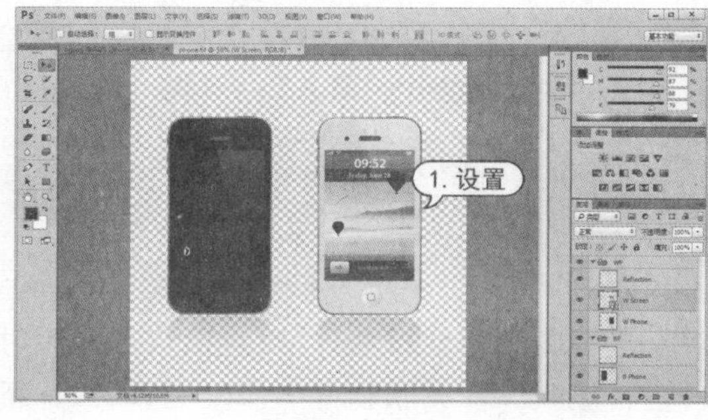

图 2-22　调整置入对象

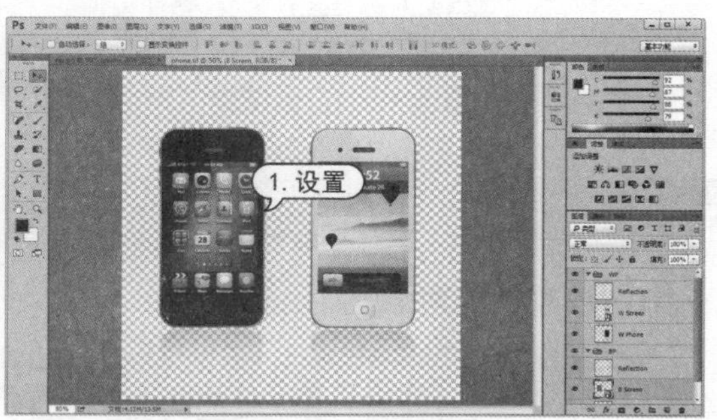

图 2-23　置入对象

STEP 05 按 Ctrl + S 键存储文件的修改。返回【例 2-4】图像文件可查看修改后效果，如图 2-24 所示。

图 2-24　查看修改后效果

知识点滴

选择【图层】|【智能对象】|【栅格化】命令可以将智能对象转换为普通图层。转换为普通图层后，原始图层缩览图上的智能对象标志会消失。

3. 替换对象内容

创建智能对象后，如果不是很满意，可以选择【图层】|【智能对象】|【替换内容】命令，打开【替换文件】对话框，重新选择文档替换当前的智能对象。

【例 2-6】 替换智能对象内容。视频+素材

STEP 01 选择【文件】|【打开】命令，打开一个包含智能对象的图像文件。在【图层】面板中，选中 SCREEN 智能对象图层，如图 2-25 所示。

STEP 02 选择【图层】|【智能对象】|【替换内容】命令，打开【替换文件】对话框。在对话框中选择替换文件，然后单击【置入】按钮，如图 2-26 所示。

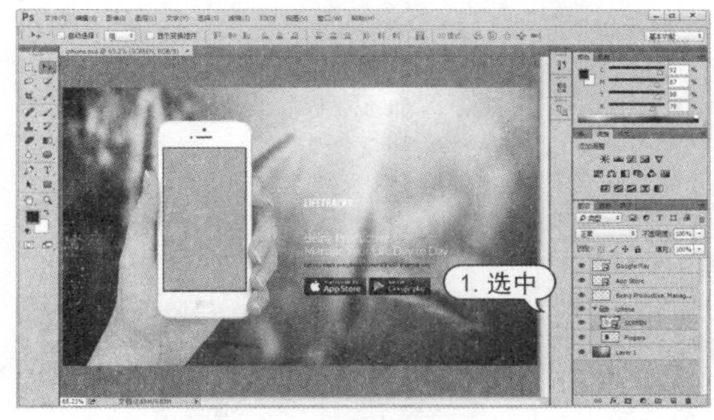

图 2-25　选中智能对象图层

图 2-26　替换内容

知识点滴

在【图层】面板中选择智能对象图层，然后选择【图层】|【智能对象】|【通过拷贝新建智能对象】命令，可以复制一个智能对象。也可以将智能对象拖拽到【图层】面板下方的【创建新图层】按钮上释放，或按Ctrl + J 键复制。

2.1.5　关闭图像文件

同时打开几个图像文件窗口会占用一定的屏幕空间和系统资源。因此，在完成图像的编辑后，可以使用【文件】菜单中的命令，或单击窗口中的按钮关闭图像文件。Photoshop 中提供了 4 种关闭文件的方法。

- 选择【文件】|【关闭】命令，或按 Ctrl+W 键，或单击文档窗口文件名旁的【关闭】按钮，可以关闭当前处于激活状态的文件。使用这种方法关闭文件时，其他文件不受任何影响。
- 选择【文件】|【关闭全部】命令，或按 Alt+Ctrl+W 键，可以关闭当前工作区中打开的所有文件。
- 选择【文件】|【关闭并转到 Bridge】命令，可以关闭当前处于激活状态的文件，然后打开 Bridge 操作界面。
- 选择【文件】|【退出】命令或者单击 Photoshop 工作区右上角的【关闭】按钮，可以关闭所有文件并退出 Photoshop。

2.2 查看图像文件

编辑图像时，需要经常放大和缩小窗口的显示比例、移动画面的显示区域，以便更好地观察和处理图像。Photoshop 提供了用于缩放窗口的工具和命令，如【导航器】面板、【缩放】工具、【抓手】工具、切换屏幕模式等。

2.2.1 使用【导航器】面板查看

【导航器】面板不仅可以方便地对图像文件在窗口中的显示比例进行调整，而且还可以对图像文件的显示区域进行移动选择。选择【窗口】|【导航器】命令，可以在工作界面中显示【导航器】面板。

【例 2-7】 使用【导航器】面板查看图像。 视频+素材

STEP 01 选择【文件】|【打开】命令，选择打开图像文件。选择【窗口】|【导航器】命令，打开【导航器】面板，如图 2-27 所示。

STEP 02 在【导航器】面板的缩放数值框中显示了窗口的显示比例，在数值框中输入数值可以改变显示比例，如图 2-28 所示。

图 2-27 打开图像文件

图 2-28 设置显示比例

STEP 03 在【导航器】面板中单击【放大】按钮可放大图像在窗口的显示比例，单击【缩小】按钮则反之。用户也可以使用缩放比例滑块，调整图像文件窗口的显示比例。向左移动缩放比例滑块，可以缩小画面的显示比例；向右移动缩放比例滑块，可以放大画面的显示比例，如图 2-29 所示。在调整画面显示比例的同时，面板中的红色矩形框大小也会进行相应的缩放。

STEP 04 当窗口中不能显示完整的图像时，将光标移至【导航器】面板的代理预览区域，光标会变为手形形状。单击并拖动鼠标可以移动画面，代理预览区域内的图像会显示在文档窗口的中心，如图 2-30 所示。

图 2-29　放大画面显示比例

图 2-30　移动显示区域

 2.2.2　使用【缩放】工具查看

在图像编辑处理的过程中，经常需要对编辑的图像进行放大或缩小显示，以便于图像的编辑操作。在 Photoshop 中调整图像画面的显示，可以使用【缩放】工具或【视图】菜单中的相关命令。

使用【缩放】工具可放大或缩小图像。每单击一次都会将图像放大或缩小到下一个预设百分比，并以单击的点为中心居中显示区域。可以在工具选项栏中通过相应的选项放大或缩小图像，如图 2-31 所示。

图 2-31　【缩放】工具选项栏

- 【放大】按钮/【缩小】按钮：切换缩放的方式。单击【放大】按钮可以切换到放大模式，在图像上单击可以放大图像；单击【缩小】按钮可以切换到缩小模式，在图像上单击可以缩小图像。
- 【调整窗口大小以满屏显示】复选框：选中该复选框，在缩放窗口的同时自动调整窗口的大小。
- 【缩放所有窗口】复选框：选中该复选框，可以同时缩放所有打开的文档窗口中的图像。
- 选中该项，在画面中单击并向左侧或右侧拖动鼠标，能够以平滑的方式快速缩小或放大窗口。
- 100% 按钮：单击该按钮，图像以实际像素即 100%的比例显示。也可以双击缩放工具来进行同样的调整。
- 【适合屏幕】：单击该按钮，可以在窗口中最大化显示完整的图像。
- 【填充屏幕】：单击该按钮，可以使图像充满文档窗口。

【例 2-8】　使用【缩放】工具查看图像。 视频+素材

STEP 01 选择【文件】|【打开】命令，选择并打开图像文件，如图 2-32 所示。

STEP 02 选择【缩放】工具,在选项栏中设置工具的属性,单击【缩小】按钮,如图 2-33 所示。

图 2-32　打开图像文件

图 2-33　设置【缩放】工具

STEP 03 将光标移动到文件窗口上单击,图像就会缩小。每单击一次鼠标,图像都会缩小到下一个 Photoshop 预设的缩放百分比,并以单击点为显示区域的中心,如图 2-34 所示。

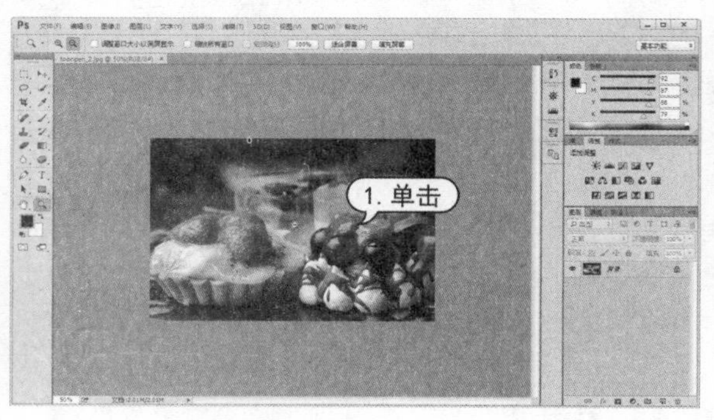

图 2-34　缩小图像

实用技巧

使用【缩放】工具缩放图像的显示比例时,通过选项栏切换放大、缩小模式并不方便,用户可以使用 Alt 键来切换。在放大模式下,按住 Alt 就会切换成缩小模式,释放 Alt 键又会恢复为放大模式状态。

用户也可以通过选择【视图】菜单中相关命令实现。在【视图】菜单中,可以选择【放大】、【缩小】、【按屏幕大小缩放】、【按屏幕大小缩放画板】、【100%】、【200%】、【打印尺寸】命令。还可以使用命令后显示的快捷键缩放图像画面的显示,如按 Ctrl+"+"键可以放大显示图像画面;按 Ctrl+"-"键可以缩小显示图像画面;按 Ctrl+0 键按屏幕大小显示图像画面。

2.2.3　使用【抓手】工具查看

当图像放大到超出文件窗口的范围时,用户可以利用【抓手】工具将被隐藏的部分拖动到文件窗口的显示范围中,如图 2-35 所示。在使用其他工具时,可以按住空格键切换到【抓手】工具,移动图像画面。

2.2.4　切换屏幕模式

在 Photoshop 中提供了【标准屏幕模式】、【带有菜单栏的全屏幕模式】和【全屏模式】3 种屏幕模式。可选择【视图】|【屏幕模式】命令或单击工具箱底部的【更改屏幕模式】按钮,从弹出式菜单中选择所需要的模式,也可直接按快捷键 F 键在屏幕模式间进行切换。

- 【标准屏幕模式】:为 Photoshop 默认的显示模式。在这种模式下显示全部工作界面的组件,如图 2-36 所示。

图 2-35　使用【抓手】工具

- 【带有菜单栏的全屏模式】:显示带有菜单栏和 50%灰色背景、隐藏标题栏和滚动条的全屏窗口，如图 2-37 所示。

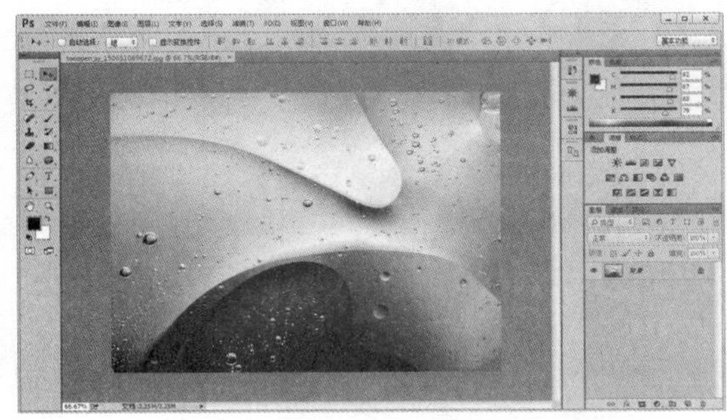

图 2-36　标准屏幕模式

图 2-37　带有菜单栏的全屏模式

- 【全屏模式】:在工作界面中，只显示黑色背景的全屏窗口，隐藏标题栏、菜单栏或滚动条。选择【全屏模式】时，会弹出如图 2-38 所示的【信息】对话框，选中【不再显示】复选框，再次选择【全屏模式】时，将不再显示该对话框。在全屏模式下，两侧面板是隐藏的。可以将光标放置在屏幕的两侧访问面板，或者按 Tab 键显示面板，如图 2-39 所示。在全屏模式下，按 F 键或 Esc 键可以返回标准屏幕模式。

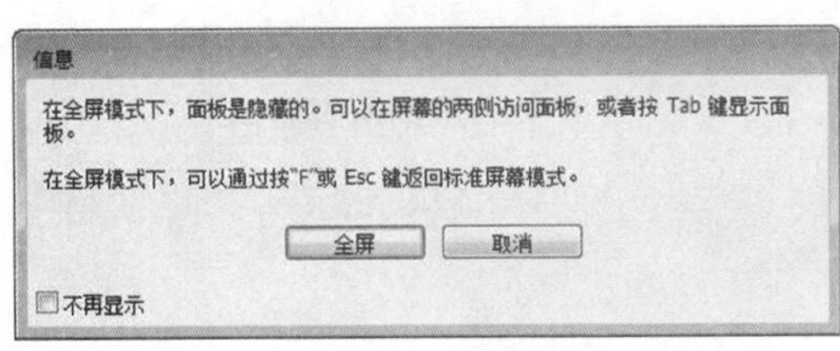

图 2-38　【信息】对话框

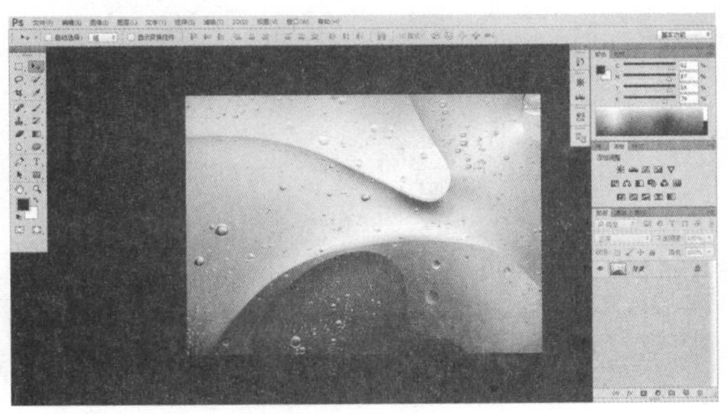

图 2-39　全屏模式

2.2.5 更改图像文件排列方式

在 Photoshop 中打开多个图像文件时，只有当前编辑文件显示在工作区中。选择【窗口】|【排列】命令下的子命令可以根据需要排列工作区中打开的多幅图像。

【例 2-9】 更改图像的排列方式。视频+素材

STEP 01 选择【文件】|【打开】命令，在【打开】对话框中，按住 Shift 键选中 4 个图像文件，然后单击【打开】按钮打开图像文件，如图 2-40 所示。

STEP 02 选择【窗口】|【排列】|【使所有内容在窗口中浮动】命令，将图像文件停放状态改为浮动，如图 2-41 所示。

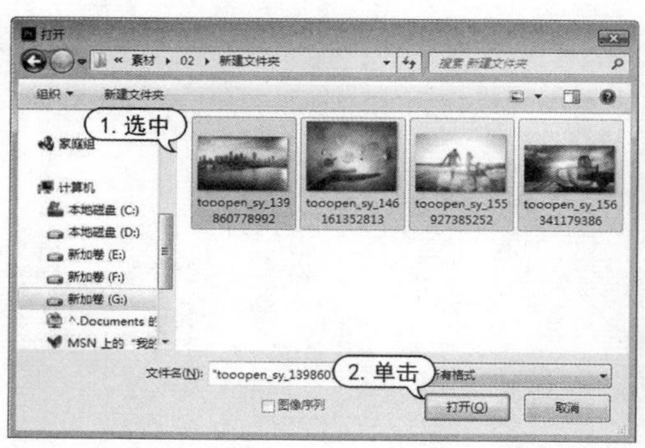

图 2-40 打开图像文件

图 2-41 使所有内容在窗口中浮动

STEP 03 选择【窗口】|【排列】|【四联】命令，将 4 幅图像以四联方式在工作区中显示出来，如图 2-42 所示。

STEP 04 选择【抓手】工具，在选项栏中选中【滚动所有窗口】复选框，然后使用【抓手】工具在任意一幅图像中单击并拖动，即可改变所有打开图像文件的显示区域，如图 2-43 所示。

图 2-42 排列图像

图 2-43 滚动所有窗口

2.3 设置图像和画布大小

通过不同途径获得的图像文件在编辑处理时，经常会遇到图像尺寸和分辨率不符合编辑要求的问题，这时就需要用户对图像的大小和分辨率进行适当的调整。

2.3.1　查看和设置图像大小

更改图像的像素大小不仅会影响图像在屏幕上的大小，还会影响图像的质量及其打印效果。在 Photoshop 中，可选择菜单栏中的【图像】|【图像大小】命令，在保证原有图像不被裁剪的情况下，通过改变图像的比例来实现图像尺寸的调整。

【例 2-10】 在 Photoshop 中，更改图像文件大小。视频+素材

STEP 01 选择【文件】|【打开】命令，在【打开】对话框中选中一个图像文件，然后单击【打开】按钮打开，如图 2-44 所示。

STEP 02 选择【图像】|【图像大小】命令，打开【图像大小】对话框，如图 2-45 所示。

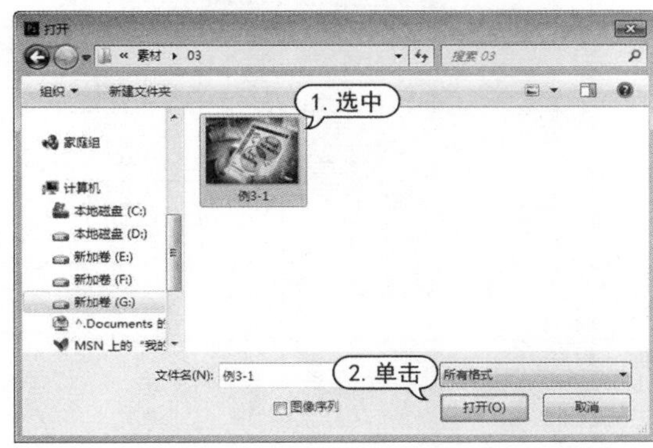

图 2-44　打开图像文件

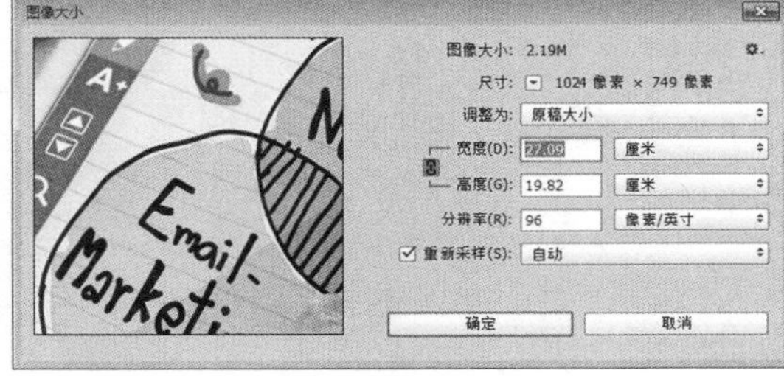

图 2-45　打开【图像大小】对话框

STEP 03 在【调整为】下拉列表中选择【960×640 像素 144ppi】选项，然后单击【图像大小】对话框中的【确定】按钮应用，如图 2-46 所示。

知识点滴

修改图像的像素大小在 Photoshop 中称为【重新采样】。当减少像素的数量时，将从图像中删除一些信息；当增加像素的数量或增加像素取样时，将添加新像素。在【图像大小】对话框最下面的【重新采样】列表中可以选择一种插值方法作为添加或删除像素的方式，如图 2-47 所示。

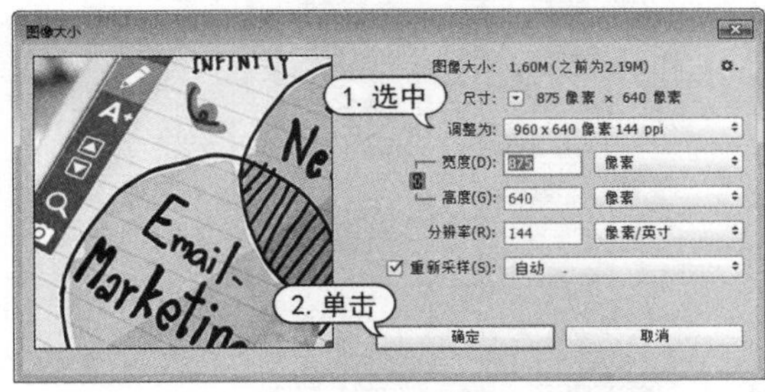

图 2-46　调整图像大小

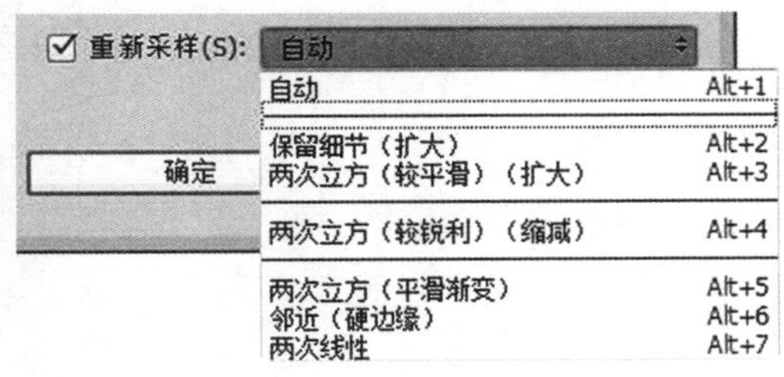

图 2-47　【重新采样】选项

2.3.2　设置画布大小

画布是指图像文件可编辑的区域，对画布的尺寸进行调整可以在一定程度上影响图像尺

寸的大小。选择【图像】|【画布大小】命令可以增大或减小图像的画布大小。增大画布的大小会在现有图像画面周围添加空间。减小画布大小会裁剪图像画面。

【例 2-11】 在 Photoshop 中，更改图像文件画布大小。 视频+素材

STEP 01 选择菜单栏中的【文件】|【打开】命令，在【打开】对话框中选中图像文件，然后单击【打开】按钮打开图像文件，如图 2-48 所示。

STEP 01 选择菜单栏中的【图像】|【画布大小】命令，打开【画布大小】对话框，如图 2-49 所示。

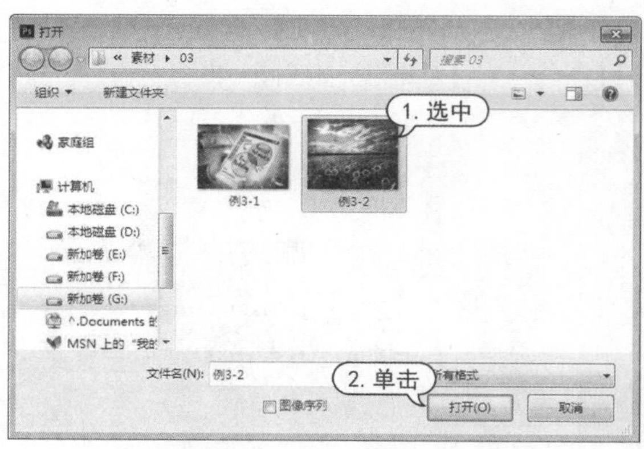

图 2-48 打开图像文件

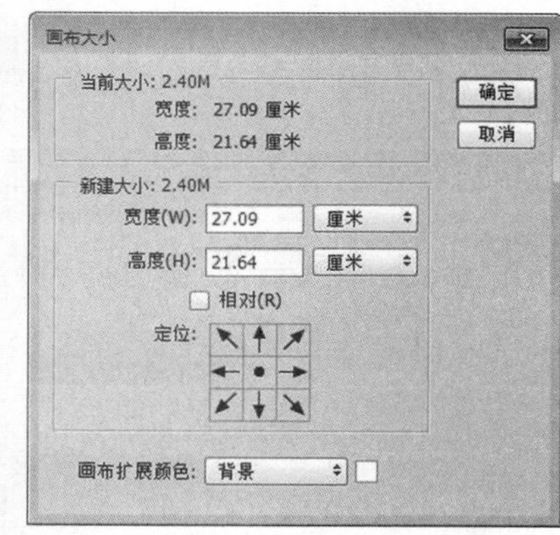

图 2-49 【画布大小】对话框

STEP 03 在打开的【画布大小】对话框中，上部显示了图像文件当前的宽度和高度，通过在【新建大小】选项区域中重新设置，可以改变图像文件的宽度、高度和度量单位。选中【相对】复选框，在【宽度】和【高度】数值框中分别输入 5 厘米。在【定位】选项中，单击要减少或增加画面的方向按钮，可以按设置的方向对图像画面进行删减或增加。在【画布扩展颜色】下拉列表中选择【黑色】，如图 2-50 所示。

STEP 04 设置完成后，单击【画布大小】对话框中的【确定】按钮即可应用设置，完成对图像文件大小的调整，如图 2-51 所示。

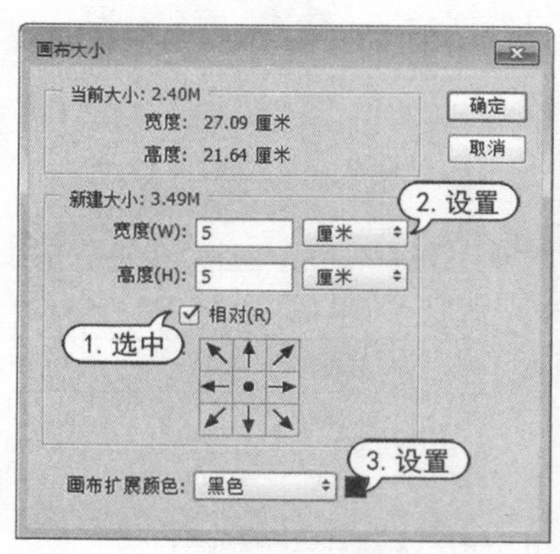

图 2-50 设置画布大小

图 2-51 更改画布大小

实用技巧

如果减小画布大小，会打开如图 2-52 所示的询问对话框，提示用户若要减小画布必须将原图像文件进行裁切，单击【继续】按钮将改变画布大小，同时将裁剪部分图像。

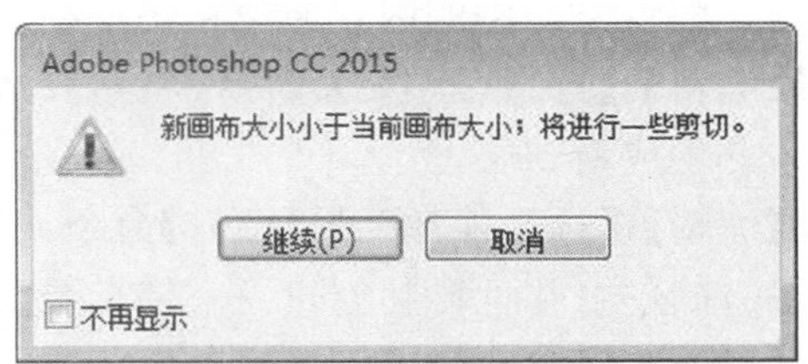

图 2-52　询问对话框

2.4　拷贝与粘贴

拷贝、剪切和粘贴都是应用程序中最普通的命令，用来完成复制与粘贴任务。与其他程序中不同的是，Photoshop 还可以对选区内的图像进行特殊的复制与粘贴操作，比如可在选区内粘贴图像，或清除选中的图像等。

1. 剪切与粘贴

创建选区后，选择【编辑】|【剪切】命令或按 Ctrl+X 键，可以将选区中的内容剪切到剪贴板上，从而利用剪贴板交换图像数据信息。执行该命令后，图像在原图像中被剪切，并以背景色填充，如图 2-53 所示。

图 2-53　剪切图像

【粘贴】命令一般与【剪切】命令配合使用。剪切图像后，选择【编辑】|【粘贴】命令或按 Ctrl+V 键，可以将剪切的图像粘贴到画布中，并生成一个新图层，如图 2-54 所示。

图 2-54　粘贴图像

轻松学电脑教程系列

用户可以将剪贴板中的内容原位粘贴或粘贴到另一个选区的内部或外部。

- 选择【编辑】|【选择性粘贴】|【原位粘贴】命令，可粘贴剪贴板中的图像至当前图像文件原位置，并生成新图层。
- 选择【编辑】|【选择性粘贴】|【贴入】命令，可以粘贴剪贴板中的图像至当前图像文件窗口显示的选区内，并且自动创建一个带有图层蒙版的新图层，放置剪切或拷贝的图像内容。
- 选择【编辑】|【选择性粘贴】|【外部粘贴】命令，可以粘贴剪贴板中的图像至当前图像文件窗口显示的选区外，并且自动创建一个带有图层蒙版的新图层。

【例 2-12】 使用【选择性粘贴】命令，拼合图像效果。 视频+素材

STEP 01 选择【文件】|【打开】命令，打开一个素材图像文件，如图 2-55 所示。

STEP 02 选择【磁性套索】工具，在选项栏中单击【添加到选区】按钮，设置【羽化】数值为 1 像素，然后在图像中勾选珍珠部分，并按 Ctrl + C 键复制图像，如图 2-56 所示。

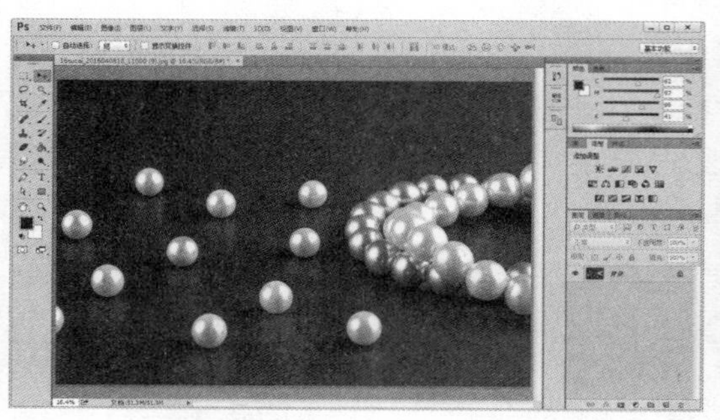

图 2-55 打开图像文件

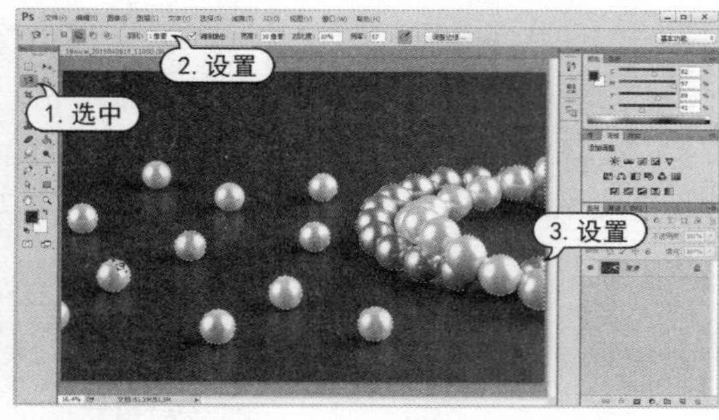

图 2-56 选取图像

STEP 03 选择【文件】|【打开】命令，打开另一个素材图像文件，如图 2-57 所示。

STEP 04 选择【编辑】|【选择性粘贴】|【原位粘贴】命令，粘贴复制的图像，按 Ctrl + T 键应用【自由变换】命令调整图像大小，如图 2-58 所示。

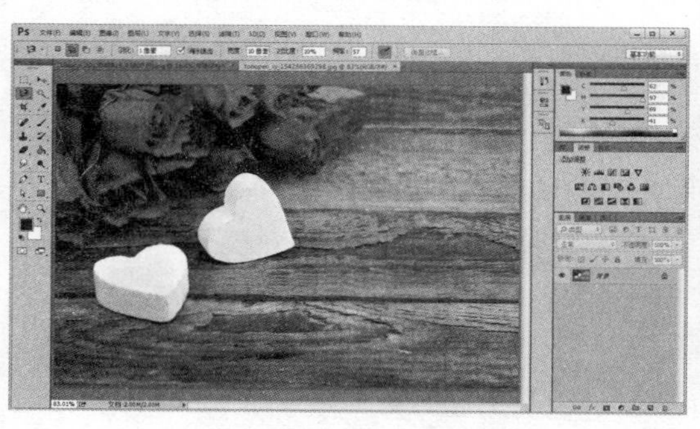

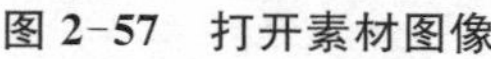

图 2-57 打开素材图像

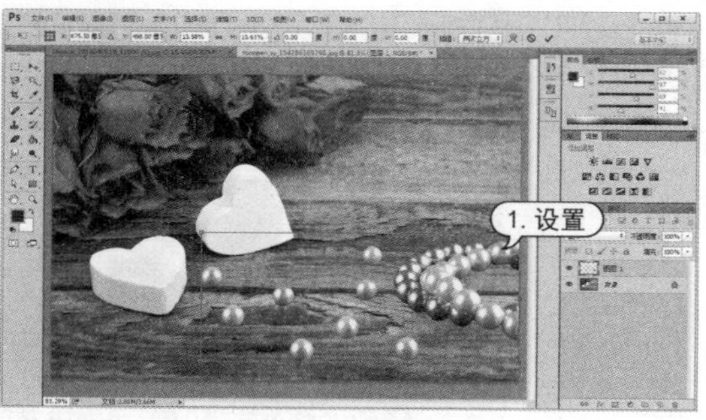

图 2-58 粘贴图像

STEP 05 在【图层】面板中，双击【图层 1】图层，打开【图层样式】对话框。在对话框中，选中【投影】样式选项，设置【不透明度】数值为 70%，【角度】数值为 86 度，【距离】数值为 15 像素，【大小】数值为 25 像素，然后单击【确定】按钮应用，如图 2-59 所示。

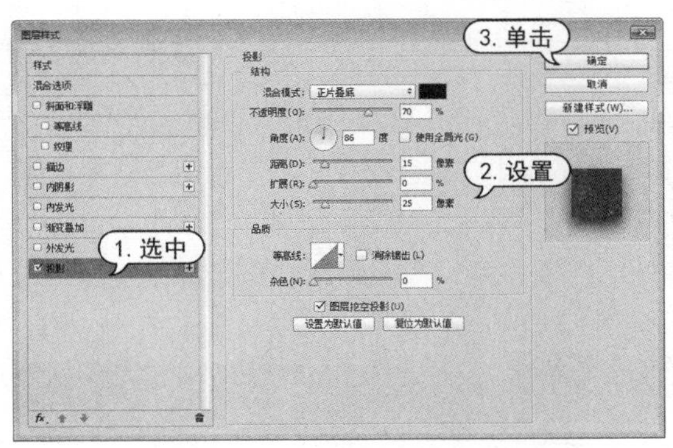

图 2-59　添加图层样式

2. 拷贝与合并拷贝

创建选区后，选择【编辑】|【拷贝】命令或按 Ctrl+C 键，可将选区内图像复制到剪贴板中。要想将选区内所有图层中的图像复制至剪贴板中，可选择【编辑】|【合并拷贝】命令或按 Shift+Ctrl+C 键。

3. 清除图像

在图像中创建选区，然后选择【编辑】|【清除】命令可以将选区内的图像清除。如果清除的是背景图层上的图像，则清除区域会填充背景色。

2.5　还原与重做操作

在图像文件的编辑过程中，如果出现操作失误，用户可以通过菜单命令来撤销或恢复图像处理的操作步骤。

2.5.1　通过菜单命令操作

在进行图像处理时，最近一次所执行的操作步骤在【编辑】菜单的顶部显示为【还原 操作步骤名称】，执行该命令可以立即撤销该操作步骤，同时菜单命令会转换成【重做 操作步骤名称】，选择该命令可以再次执行刚撤销的操作，如图 2-60 所示。

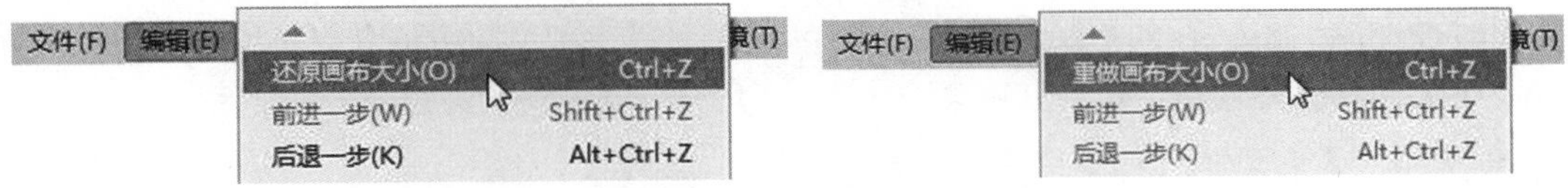

图 2-60　还原与重做操作

在【编辑】菜单中多次选择【还原】命令，可以按照【历史记录】面板中排列的操作顺序，逐步撤销操作步骤。用户也可以在【编辑】菜单中多次选择【前进一步】命令，按照【历史记录】面板中排列的操作顺序逐步恢复操作步骤。

知识点滴

在图像编辑过程中，可以使用【还原】和【重做】命令快捷键提高图像编辑效率。按 Ctrl+Z 键可以实现操作的还原与重做；按 Shift+Ctrl+Z 键可以进行前进一步图像操作；按 Alt+Ctrl+Z 键可以进行后退一步图像操作。

2.5.2 使用【历史记录】面板

使用【历史记录】面板，可以撤销关闭图像文件之前所进行的操作步骤，并且可以将图像文件当前的处理效果创建成快照进行存储。选择【窗口】|【历史记录】命令，打开如图 2-61 所示的【历史记录】面板。

- 【设置历史记录画笔的源】：使用【历史记录画笔】工具时，该图标所在的位置将作为【历史记录画笔】工具的源。
- 【从当前状态创建新文档】按钮：单击该按钮，将基于当前操作步骤中图像的状态创建一个新的文件。
- 【创建新快照】按钮：单击该按钮，将基于当前的图像状态创建快照。
- 【删除当前状态】按钮：选择一个操作步骤后，单击该按钮可将该步骤及其后的操作删除。

使用【历史记录】面板还原被撤销的操作步骤，只需单击连续操作步骤中位于最后的操作步骤，即可将其前面的所有操作步骤(包括单击的操作步骤)还原。还原被撤销操作步骤的前提是，在撤销该操作步骤后没有执行其他新的操作步骤，否则将无法恢复被撤销的操作步骤。

在【历史记录】面板中，单击面板底部的【删除当前状态】按钮会弹出如图 2-62 所示的信息提示对话框，询问是否要删除当前选中的操作步骤，单击【是】按钮即可删除指定的操作步骤。

图 2-61 【历史记录】面板

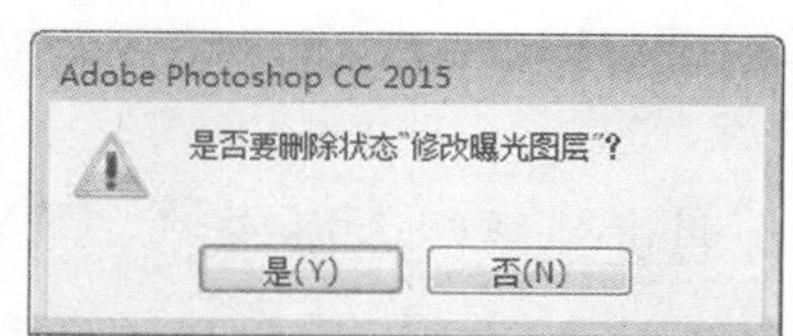

图 2-62 信息提示对话框

默认情况下，删除【历史记录】面板中的某个操作步骤后，该操作步骤下方的所有操作步骤均会同时被删除，如图 2-63 所示。如果想要单独删除某一操作步骤，可以单击【历史记录】面板右上角的面板菜单按钮，从弹出的菜单中选择【历史记录选项】命令，打开如图 2-64 所示的【历史记录选项】对话框。

图 2-63 删除操作步骤

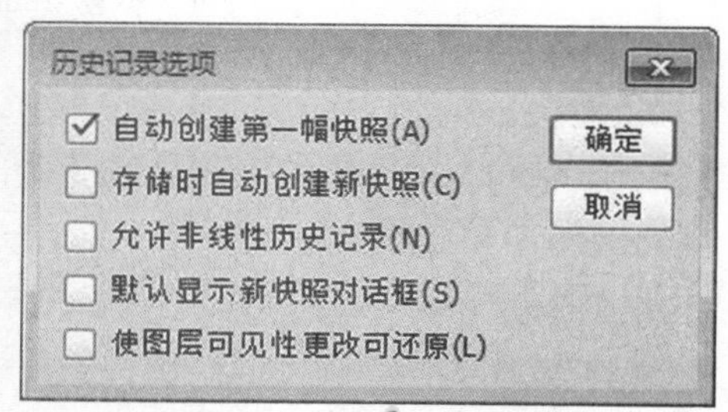

图 2-64 【历史记录选项】对话框

轻松学电脑教程系列

- 【自动创建第一幅快照】复选框：选中该项，打开图像文件时，图像的初始状态自动创建为快照。
- 【存储时自动创建新快照】复选框：选中该项，在编辑过程中，每保存一次文件，都会自动创建一个快照。
- 【允许非线性历史记录】复选框：选中该项，即可单独删除某一操作步骤，而不会影响到其他操作步骤。
- 【默认显示新快照对话框】复选框：选中该项，Photoshop 将强制提示操作者输入快照名称。
- 【使图层可见性更改可还原】复选框：选中该项，保存对图层可见性的更改。

知识点滴

【历史记录】面板中保存的操作步骤默认为 20 步，而在编辑过程中一些操作需要更多的步骤才能完成。这种情况下，用户可以将完成的重要步骤创建为快照。当操作发生错误时，可以单击某一阶段的快照，将图像恢复到该状态，以弥补历史记录保存数量的局限。

【例 2-13】 使用【历史记录】面板还原图像。 视频+素材

STEP 01 选择【文件】|【打开】命令，打开一个图像文件，按 Ctrl + J 键复制【背景】图层，如图 2-65 所示。

STEP 02 在【调整】面板中，单击【创建新的曝光度调整图层】图标，在展开的【属性】面板中设置【位移】数值为 0.0455，【灰度系数校正】数值为 0.71，如图 2-66 所示。

图 2-65　打开图像文件　　图 2-66　创建曝光度调整图层

STEP 03 在【调整】面板中，单击【创建新的照片滤镜调整图层】图标，在展开的【属性】面板中，单击【滤镜】下拉按钮，从弹出的列表中选择【紫】，设置【浓度】数值为 55%，如图 2-67 所示。

STEP 04 在【历史记录】面板中，单击【创建新快照】按钮，创建【快照 1】，如图 2-68 所示。

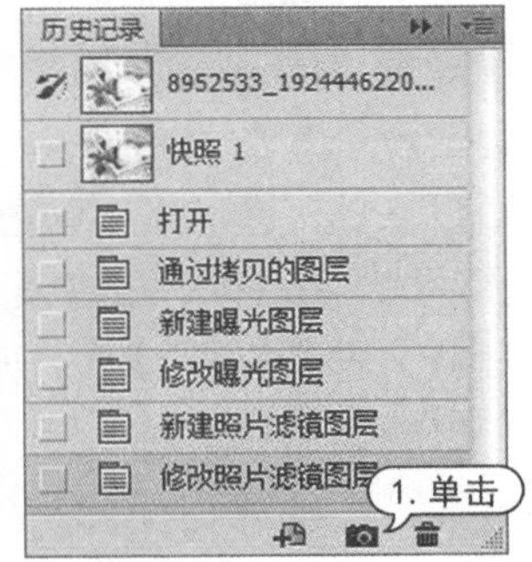

图 2-67　创建照片滤镜调整图层　　图 2-68　创建新快照

轻松学电脑教程系列

STEP 05 按 Alt + Shift + Ctrl + E 键创建盖印图层，生成【图层 2】，选择【滤镜】|【滤镜库】命令，打开【滤色库】对话框。在对话框中，单击【纹理】命令组中的【龟裂缝】滤镜图标，设置【裂缝间距】数值为 9，【裂缝深度】数值为 7，单击【确定】按钮应用滤镜，如图 2-69 所示。

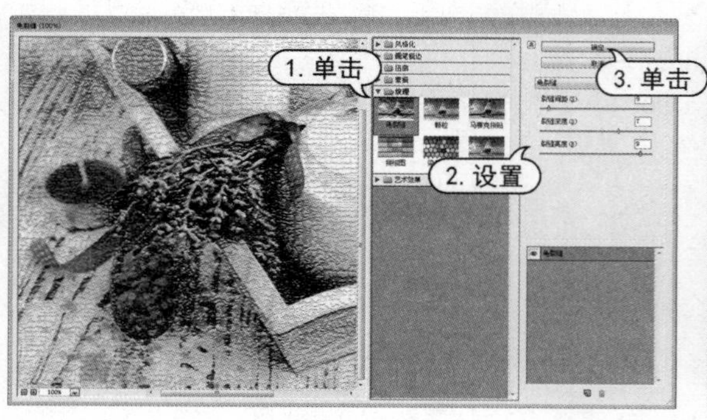

图 2-69　应用【龟裂缝】滤镜

STEP 06 在【历史记录】面板中，单击【快照 1】，将图像状态还原到滤镜操作之前，如图 2-70 所示。

图 2-70　选中快照

实用技巧

图像处理过程中，如果执行过【存储】命令，选择【文件】|【恢复】命令或按快捷键 F12 键可以将图像文件恢复至最近一次存储时的状态。

2.6 案例演练

本章的案例演练为制作图像拼贴，用户通过练习巩固本章所学知识。

【例 2-14】 制作图像拼贴效果。视频+素材

STEP 01 选择【文件】|【打开】命令，打开一个素材文件，如图 2-71 所示。

STEP 02 选择【多边形套索】工具，在选项栏中设置【羽化】数值为 2 像素，然后使用【多边形套索】工具选取图像，按 Ctrl + C 键复制图像，如图 2-72 所示。

STEP 03 选择【文件】|【打开】命令，打开另一个素材图像文件，如图 2-73 所示。

STEP 04 选择【编辑】|【选择性粘贴】|【原位粘贴】命令粘贴复制的图像，按 Ctrl + T 键应用【自由变换】命令调整图像大小，如图 2-74 所示。

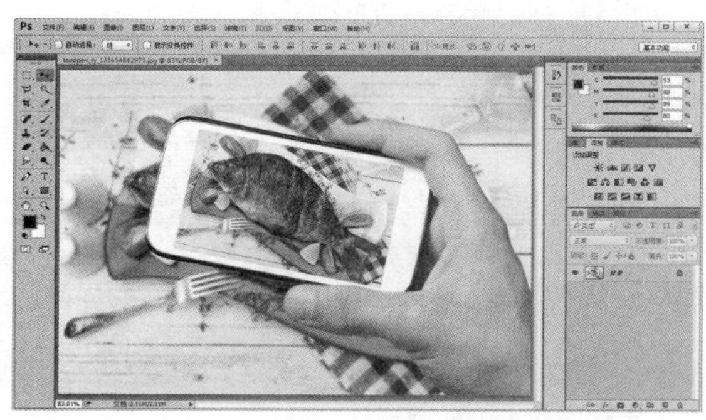

图 2-71　打开图像文件

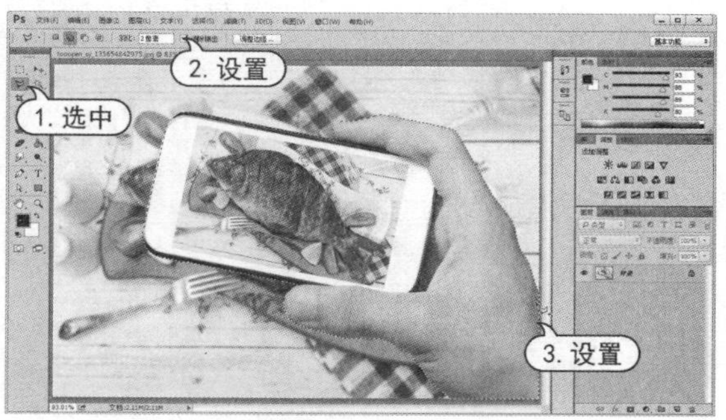

图 2-72　选取图像

图 2-73　打开图像文件

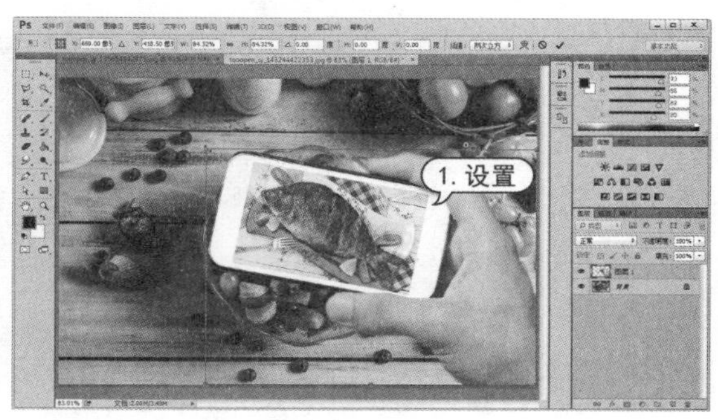

图 2-74　粘贴图像

STEP 05 使用【多边形套索】工具选取手机屏幕部分，按 Delete 键删除选区内图像，如图 2-75 所示。

STEP 06 按 Ctrl + D 键取消选区，在【图层】面板中，选中【背景】图层，按 Ctrl + J 键复制【背景】图层。按 Ctrl + T 键变换【背景 拷贝】图层的图像大小，如图 2-76 所示。

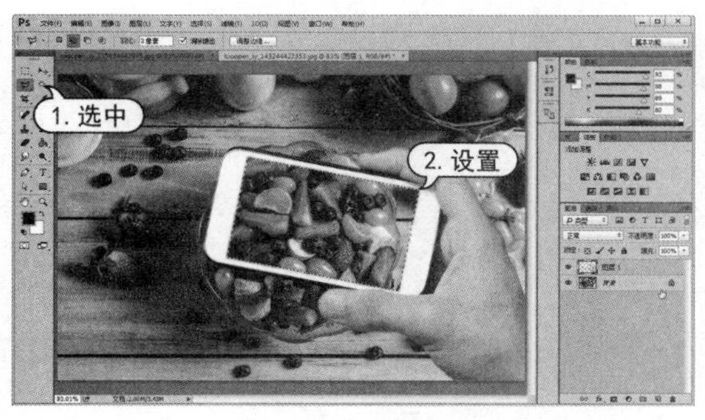

图 2-75　选取并删除图像 1

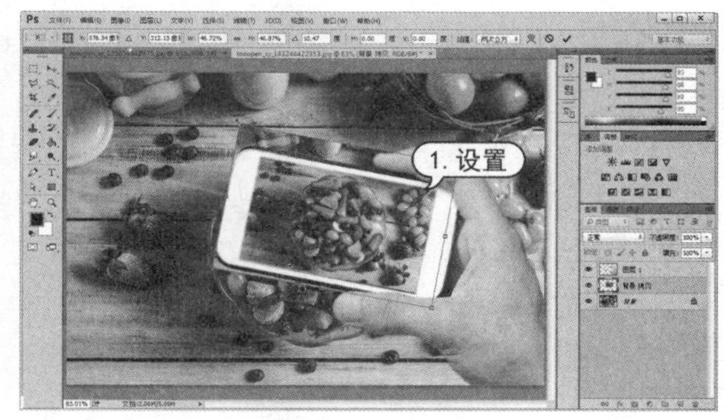

图 2-76　复制图层

STEP 07 使用【多边形套索】工具选取手机屏幕部分，按 Shift + Ctrl + I 键反选选区，按 Delete 键删除选区内图像，如图 2-77 所示。

STEP 08 按 Ctrl + D 键取消选区。在【图层】面板中，选中【背景】图层，选择【图像】|【调整】|【曝光度】命令，打开【曝光度】对话框。在对话框中，设置【曝光度】数值为 0.50，【位移】数值为

0. 003 8,【灰度系数校正】数值为 1.44,然后单击【确定】按钮,如图 2-78 所示。

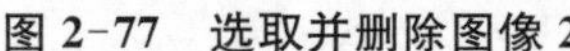

图 2-77　选取并删除图像 2

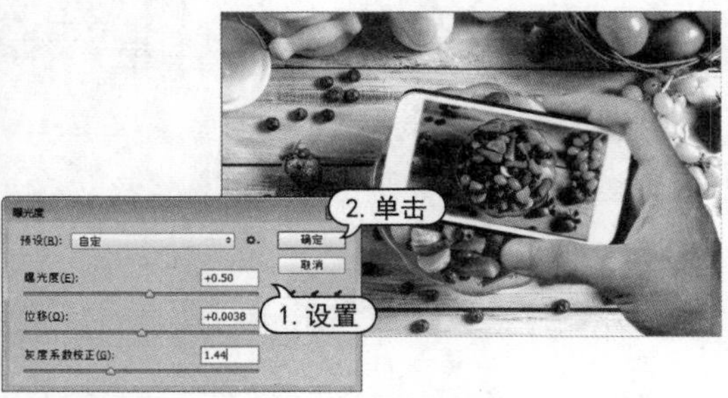

图 2-78　调整图像

第 3 章

选区的创建与编辑

选择操作区域是 Photoshop 操作的基础。无论是艺术绘画创作还是图像创意合成，都离不开选区操作。创建了选区，即可对不同图像区域进行调整、抠取等操作，实现对图像特定区域的精确掌控，从而使设计效果更加完善。

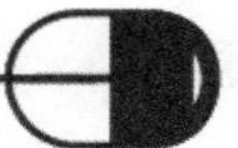

对应的光盘视频

例 3-1　使用【磁性套索】工具
例 3-2　使用【魔棒】工具
例 3-3　使用【快速选择】工具
例 3-4　使用【色彩范围】命令
例 3-5　使用快速蒙版
例 3-6　使用【调整边缘】命令
例 3-7　使用【变换选区】命令
例 3-8　制作桌面壁纸

3.1 选区的定义

Photoshop 中的选区是指图像中选择的区域，是图像中进行编辑操作的区域。选区显示时，表现为浮动虚线组成的封闭区域，如图 3-1 所示。当图像文件窗口中存在选区时，用户进行的编辑或操作都将只影响选区内的图像，而对选区外的图像无任何影响。

图 3-1　选区

Photoshop 中的选区有两种类型：普通选区和羽化选区。普通选区的边缘较硬，当在图像上绘制或使用滤镜时，可以很容易地看到处理效果的起始点和终点。相反，羽化选区的边缘会逐渐淡化，这使得编辑效果能与图像无缝地混合到一起，而不会产生明显的边缘。选区在 Photoshop 的图像文件编辑处理过程中有着非常重要的作用。

3.2 选区的创建

Photoshop CC 2015 提供了多种工具和命令创建选区，在处理图像时用户可以根据不同需要来进行选择。打开图像文件后，先确定要设置的图像效果，然后再选择较为合适的工具或命令进行创建选区。

3.2.1 选区工具选项栏

选中任意一个创建选区工具，在如图 3-2 所示的选项栏中将显示该工具的属性。选框工具组中，相关选框工具的选项栏内容是一样的，主要有【羽化】、【消除锯齿】、【样式】等选项，下面以【矩形选框】工具选项栏为例来讲解各选项的含义及用法。

图 3-2　选区工具选项栏

- 选区选项：可以设置选区工具工作模式，包括【新选区】、【添加到选区】、【从选区减去】、【与选区交叉】4 个选项。
- 【羽化】：在数值框中输入数值，可以设置选区的羽化程度。对被羽化的选区填充颜色或图案后，选区内外的颜色柔和过渡。数值越大，柔和效果越明显。
- 【消除锯齿】：图像由像素点构成，而像素点是方形的，所以在编辑和修改圆形或弧形图形

时，其边缘会出现锯齿效果。选中该复选框，可以消除选区锯齿，平滑选区边缘。

- 【样式】：在【样式】下拉列表中可以选择创建选区时选区的样式。包括【正常】、【固定比例】和【固定大小】3 个选项。【正常】为默认选项，可在操作文件中随意创建任意大小的选区；选择【固定比例】选项后，【宽度】及【高度】文本框被激活，在其中输入选区【宽度】和【高度】的比例，可以创建固定比例的选区；选择【固定大小】选项后，【宽度】和【高度】文本框被激活，在其中输入选区宽度和高度的像素值，可以创建固定像素值的选区。

3.2.2　使用选框工具

对于图像中的规则形状选区，如矩形、圆形等，使用 Photoshop 提供的选框工具创建选区是最直接、方便的选择。

按住工具箱中的【矩形选框】工具，弹出的工具菜单中包括创建基本选区的各种选框工具，如图 3-3 所示。其中【矩形选框】工具与【椭圆选框】工具是最为常用的选框工具，用于选取较为规则的选区。【单行选框】工具与【单列选框】工具则用来创建直线选区。

使用【矩形选框】工具和【椭圆选框】工具时，直接将鼠标移动到当前图像中，在合适的位置按下鼠标并拖动，到合适的位置后释放鼠标，即可创建一个矩形或椭圆选区，如图 3-4 所示。

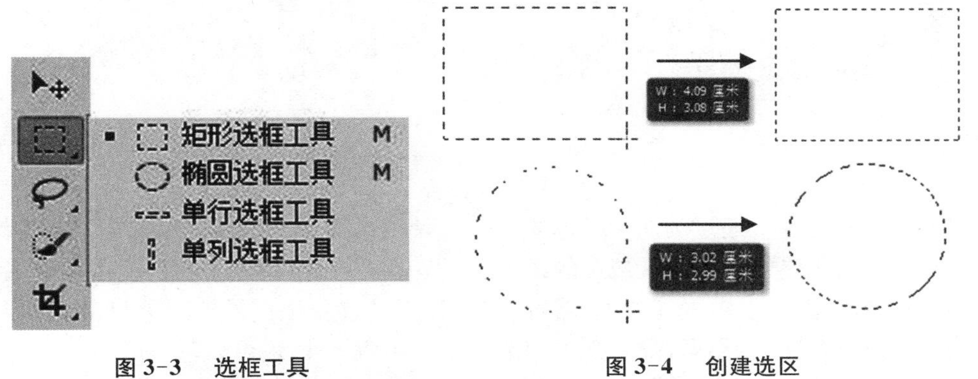

图 3-3　选框工具　　　　图 3-4　创建选区

知识点滴

【矩形选框】工具和【椭圆选框】工具操作方法相同，在绘制选区时，按住 Shift 键可以绘制正方形或正圆形选区；按住 Alt 键将以鼠标单击点为中心绘制矩形或椭圆选区；按住 Alt+Shift 键将以鼠标单击点为中心绘制正方形或正圆选区。

使用【单行选框】工具和【单列选框】时，在画布中直接单击鼠标，即可创建宽度为 1 像素的行或列选区。

3.2.3　使用套索工具

创建不规则选区时可以使用工具箱中的套索工具，包括【套索】工具、【多边形套索】工具和【磁性套索】工具。

- 【套索】工具：以拖动光标的手绘方式创建选区范围，实际上就是根据光标的移动轨迹创建选区范围。该工具特别适用于对选取精度要求不高的操作，如图 3-5 所示。

图 3-5　使用【套索】工具

▽【多边形套索】工具：通过绘制多个直线段并连接，最终闭合线段区域后创建出选区范围。该工具适用于对精度有一定要求的操作，如图 3-6 所示。

图 3-6　使用【多边形套索】工具

▽【磁性套索】工具：通过画面中颜色的对比自动识别对象的边缘，绘制出由连接点形成的连接线段，最终闭合线段区域后创建出选区范围。该工具特别适用于创建与背景对比强烈且边缘复杂的对象选区范围。【磁性套索】工具选项栏在另外两种套索工具选项栏的基础上进行了一些拓展，除了基本的选区方式和羽化外，还可以对宽度、对比度和频率进行设置，如图 3-7 所示。当使用数位板时，还可以单击【使用绘图板压力以更改钢笔宽度】按钮。

图 3-7　【磁性套索】工具选项栏

【例 3-1】 使用【磁性套索】工具创建选区。视频+素材

STEP 01 选择【文件】|【打开】命令，打开图像文件，如图 3-8 所示。

STEP 02 选择【磁性套索】工具，在选项栏中，将【宽度】像素值设为 5 像素，设置【对比度】数值为 10%，在【频率】位置框中输入 60，如图 3-9 所示。

STEP 03 设置完成后，在图像文件中单击创建起始点，然后沿图像文件中对象的边缘拖动鼠标，自动创建路径。当鼠标回到起始点位置时，套索工具旁出现一个小圆圈标志，此时，单击鼠标可以闭合路径，创建选区，如图 3-10 所示。

图 3-8　打开图像文件

宽度: 5 像素　对比度: 10%　频率: 60

图 3-9　设置【磁性套索】工具

图 3-10　使用【磁性套索】工具

实用技巧

使用【磁性套索】工具创建选区时，可以通过按下键盘中的[和]键来减小或增大宽度值，从而灵活地调整选区与图像边缘的距离，使两者更加匹配。

3.2.4　使用【魔棒】工具

【魔棒】工具是根据图像的饱和度、色度或亮度等信息来创建对象选取范围。其选项栏提供了参数设置，方便用户灵活地创建自定义选区，如图 3-11 所示。

图 3-11　【魔棒】工具选项栏

- 【容差】数值框：用于设置颜色选择范围的误差值，容差值越大，所选择的颜色范围也就越大。
- 【消除锯齿】复选框：用于创建边缘较平滑的选区。
- 【连续】复选框：用于设置在选择颜色选区范围时，是否对整个图像中所有符合该单击颜色范围的颜色进行选择。
- 【对所有图层取样】复选框：可以对图像文件所有图层中的图像进行操作。

【例 3-2】　使用【魔棒】工具创建选区。 视频+素材

STEP 01 选择【文件】|【打开】命令，打开图像文件，按 Ctrl + J 键复制【背景】图层，如图 3-12 所示。

STEP 01 选择【魔棒】工具，在选项栏中设置【容差】数值为 30。使用【魔棒】工具在图像画面背景中单击，创建选区，如图 3-13 所示。

图 3-12　打开图像文件

图 3-13　创建选区

STEP 03 选择【选择】|【选取相似】命令，选中图像中的白色背景区域。选择【编辑】|【填充】命令，打开【填充】对话框。在对话框的【内容】下拉列表中选择【图案】选项，单击【自定图案】选项，在弹出的下拉列表框中单击⚙按钮，从弹出的菜单中选择【彩色纸】命令。在弹出的信息提示框中单击【确定】按钮，载入"彩色纸"图案，如图 3-14 所示。

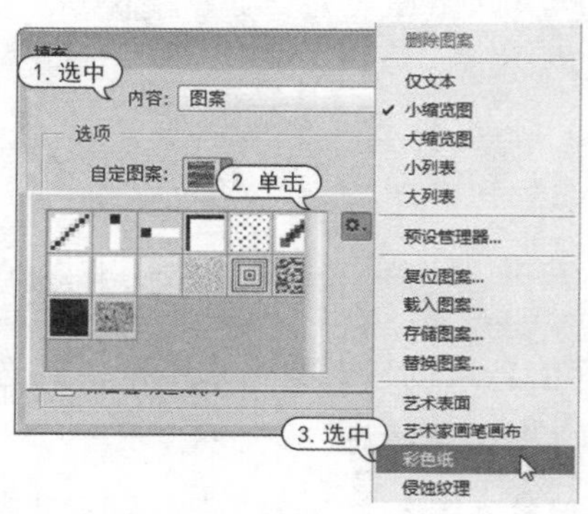

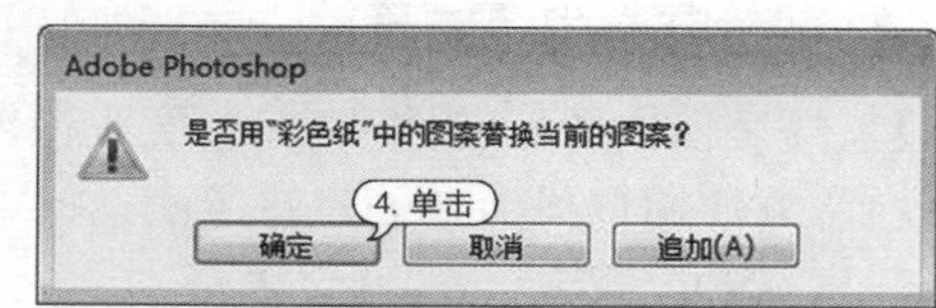

图 3-14　载入图案

STEP 04 在载入的图案中选择一种图案样式，在【混合】选项区中设置【模式】为【正常】，【不透明度】数值为 100%，然后单击【确定】按钮关闭【填充】对话框，填充选区，按 Ctrl + D 键取消选区，如图 3-15 所示。

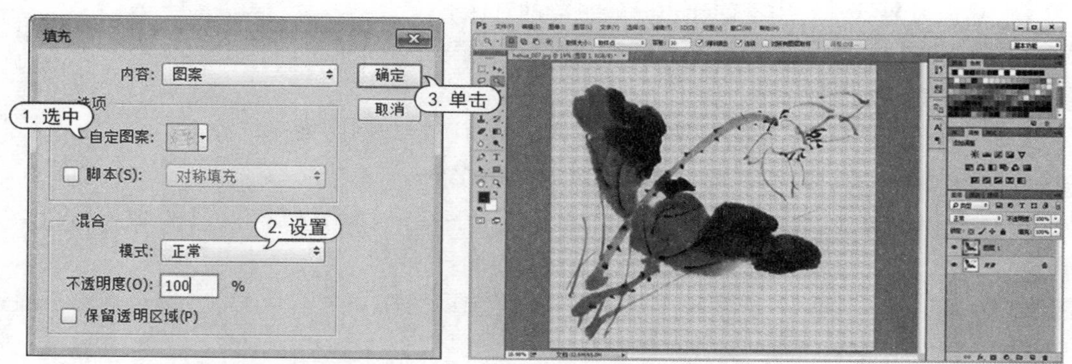

图 3-15　设置填充选区选项填充选区

3.2.5 使用【快速选择】工具

【快速选择】工具结合了【魔棒】工具和【画笔】工具的特点，以画笔绘制的方式在图像中拖动鼠标创建选区，【快速选择】工具会自动调整所绘制的选区大小，并寻找到边缘使其与选区分离。结合 Photoshop 中的调整边缘功能可获得更加准确的选区。

【快速选择】工具比较适合选择图像和背景相差较大的图像，在扩大颜色范围、连续选取时，其自由操作性相当高。要创建准确的选区首先需要在选项栏中进行设置，特别是画笔预设选取器的各选项，如图 3-16 所示。

图 3-16 【快速选择】工具选项栏

- 选区选项：包括【新选区】、【添加到选区】、和【从选区减去】 3 个选项按钮。创建选区后会自动切换到【添加到选区】的状态。
- 【画笔】选项：通过单击画笔缩览图或者其右侧的下拉按钮打开画笔选项面板。画笔选项面板中可以设置直径、硬度、间距、角度、圆度或大小等参数。
- 【自动增强】复选框：选中该复选框，将减少选区边界的粗糙度和块效应。

【例 3-3】 使用【快速选择】工具创建选区。 视频+素材

STEP 01 选择【文件】|【打开】命令，打开图像文件，如图 3-17 所示。

STEP 02 选择【快速选择】工具，在选项栏中单击打开【画笔】选取器，在打开的下拉面板中设置【大小】数值为 40 像素，【间距】数值为 1%，也可直接拖动其滑块更改【快速选择】工具的画笔笔尖大小，如图 3-18 所示。

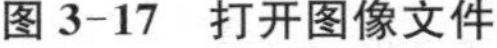

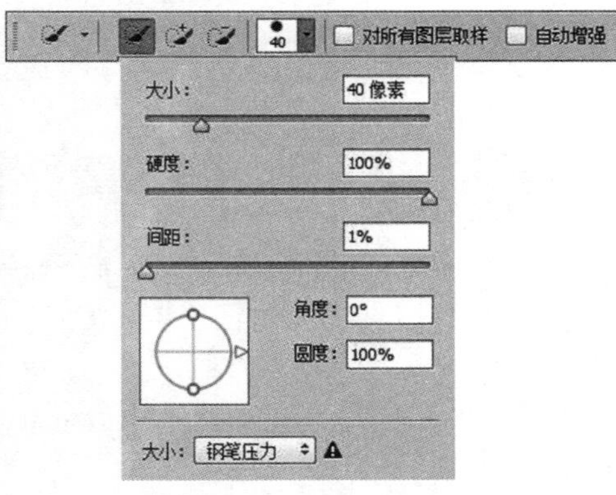

图 3-17 打开图像文件

图 3-18 设置【快速选择】工具

STEP 03 使用【快速选择】工具，在图像文件的背景区域中拖动创建选区，然后按 Shift + Ctrl + I 键反选选区，按 Ctrl + C 键复制图像，如图 3-19 所示。

STEP 04 选择【文件】|【打开】命令，打开另一个图像文件。选择【编辑】|【粘贴】命令，粘贴复制的图像，按 Ctrl + T 键应用【自由变换】命令，调整粘贴的图像，然后按 Enter 键应用调整，如图 3-20 所示。

图 3-19　创建选区

图 3-20　粘贴图像

知识点滴

在创建选区时，若需要调节画笔大小，可以按键盘上的右方括号键]增大快速选择工具的画笔笔尖；按左方括号键[减小快速选择工具画笔笔尖的大小。

3.2.6　使用【色彩范围】命令

在 Photoshop 中，使用【色彩范围】命令可以根据图像的颜色变化关系来创建选区。首先选定一个标准色彩，或使用吸管工具吸取一种颜色，则在图像中容差设定允许的范围内的色彩区域都将成为选区。

【色彩范围】命令适合在颜色对比度大的图像上创建选区，其操作原理和【魔棒】工具基本相同。不同的是，【色彩范围】命令能更清晰地显示选区的内容，并且可以按照通道选择选区。选择【选择】|【色彩范围】命令，打开如图 3-21 所示的【色彩范围】对话框。

- 【选择】下拉列表框可以指定选中图像中的红、黄、绿等颜色范围，也可以根据图像颜色的亮度特性选择图像中的高亮部分、中间色调区域或较暗的颜色区域，如图 3-22 所示。选择该下拉列表框中的【取样颜色】选项，可以直接在对话框的预览区域中或在图像文件窗口中单击选择所需颜色。

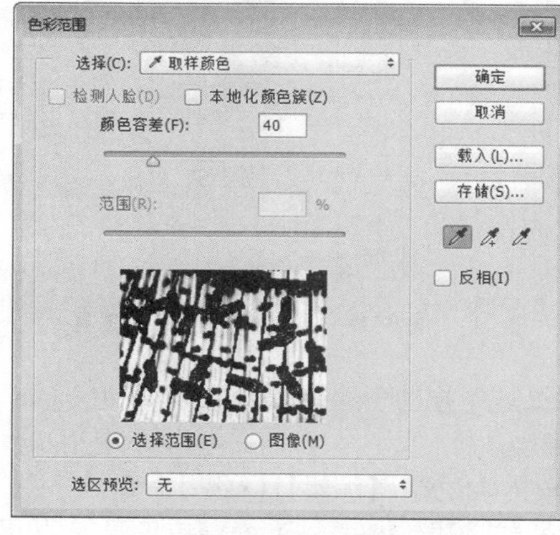

图 3-21　【色彩范围】对话框

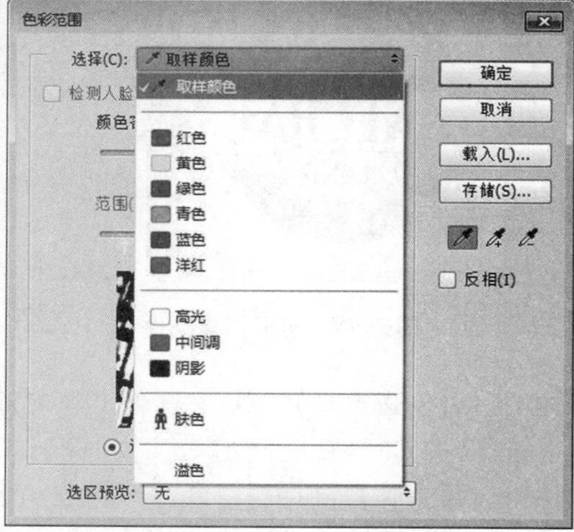

图 3-22　【选择】选项

- 移动【颜色容差】选项的滑块或在其文本框中输入数值，可以调整颜色容差的参数，如图 3-23 所示。

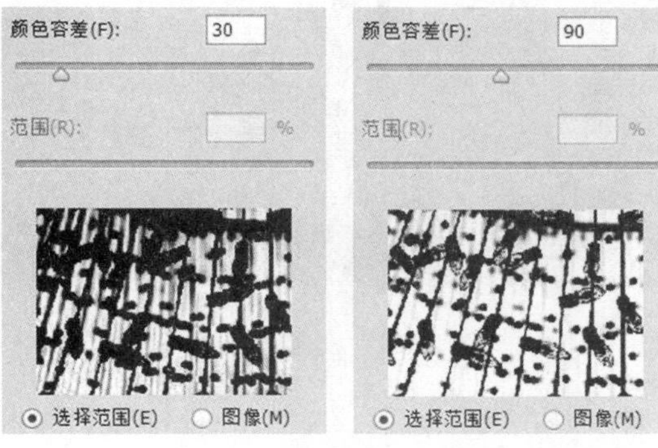

图 3-23　【颜色容差】选项

> **知识点滴**
>
> 在图像中创建选区后，可以将选区隐藏，从而避免选区周围的活动影响对图像细节的观察。按下快捷键 Ctrl + H 键即可隐藏选区，再次按下快捷键 Ctrl + H 键可重新显示隐藏的选区。

- 选中【选择范围】或【图像】单选按钮，可以在预览区域预览选择的颜色区域范围，或者预览整个图像以进行选择操作，如图 3-24 所示。
- 选择【选区预览】下拉列表框中的相关预览方式，可以预览操作时图像文件窗口的选区效果，如图 3-25 所示。

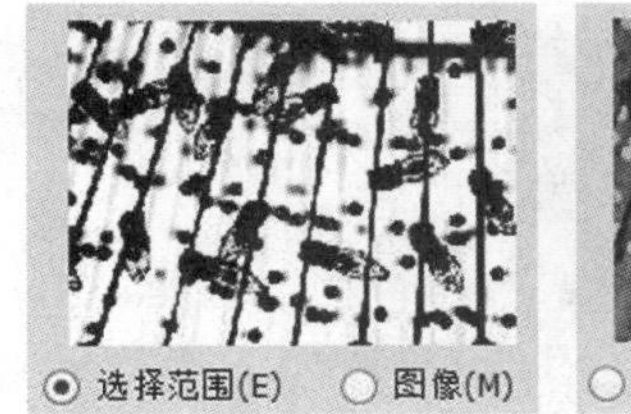

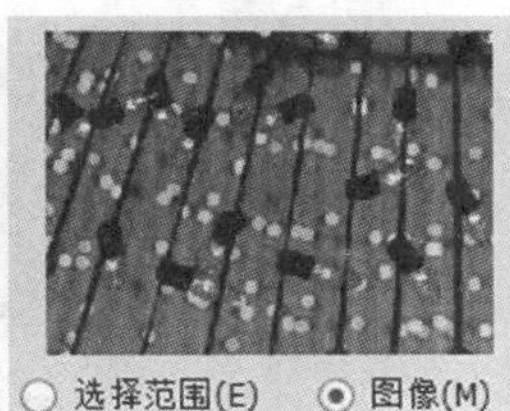

图 3-24　预览选项

灰度
黑色杂边
白色杂边
快速蒙版

图 3-25　【选区预览】选项

- 单击【载入】按钮，可以通过【载入】对话框载入存储的 AXT 格式的色彩范围文件。
- 单击【存储】按钮，可以通过【存储】对话框存储 AXT 格式的色彩范围文件。
- 【吸管】工具/【添加到取样】工具/【从取样减去】工具用于设置选区后，添加或删除颜色范围。
- 【反相】复选框用于反转取样的色彩范围的选区。它提供了一种在单一背景上选择多个颜色对象的方法，即用【吸管】工具选择背景，然后选中该复选框以反转选区，得到所需对象的选区。

【例 3-4】 使用【色彩范围】命令创建选区。 视频+素材

STEP 01 选择【文件】|【打开】命令打开图像文件，按 Ctrl + J 键复制【背景】图层，如图 3-26 所示。

STEP 02 选择【选择】|【色彩范围】命令，设置【颜色容差】为 60，然后使用【吸管】工具在图像文件中单击，如图 3-27 所示。

图 3-26　打开图像文件

图 3-27　设置选区

STEP 03 在对话框中，单击【添加到取样】按钮，在图像中单击添加选区，然后单击【确定】按钮关闭对话框，在图像文件中创建选区，如图 3-28 所示。

STEP 04 在【调整】面板中，单击【设置新的色相/饱和度调整图层】按钮，在打开的【属性】面板中选中【着色】复选框，设置【色相】数值为 330，【饱和度】数值为 80，【明度】数值为 10，如图 3-29 所示。

图 3-28　创建选区

图 3-29　调整选区

3.2.7　使用快速蒙版

使用快速蒙版创建选区类似于使用快速选择工具，即通过画笔的绘制方式来灵活创建选区。创建选区后，单击工具箱中的【以快速蒙版模式编辑】按钮，可以看到选区外转换为红色半透明的蒙版效果。【以快速蒙版模式编辑】按钮位于工具箱的最下端，进入快速蒙版模式的快捷方式是直接按下 Q 键，完成蒙版的绘制后再次按下 Q 键切换回标准模式。

双击【以快速蒙版模式编辑】按钮可以打开如图 3-30 所示的【快速蒙版选项】对话框。其中【色彩指示】选项组中的参数定义颜色表示被蒙版区域还是所选区域；【颜色】选项组中的参数定义蒙版的颜色和不透明度。

在快速蒙版模式下，通过绘制白色来删除蒙版，通过绘制黑色来添加蒙版区域。当转换到标准模式后，绘制的白色区域将转换为选区。

【例 3-5】 使用快速蒙版抠取图像。视频+素材

STEP 01 选择【文件】|【打开】命令，打开图像文件，如图 3-31 所示。

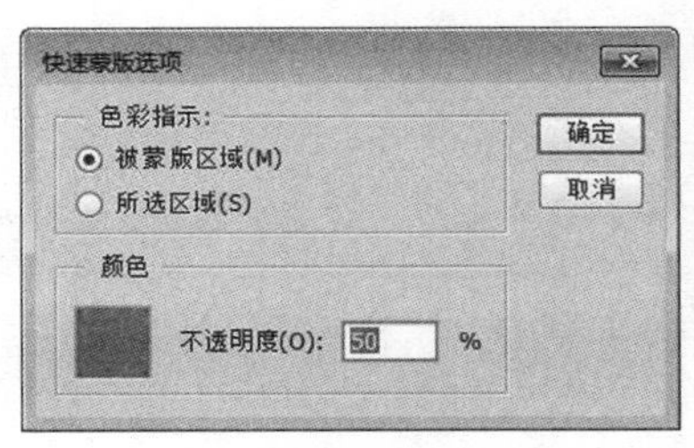

图 3-30　【快速蒙版选项】对话框

图 3-31　打开图像文件

STEP 02 单击工具箱中的【以快速蒙版模式编辑】按钮，选择【画笔】工具，在工具选项栏中单击打开【画笔预设】选取器，设置【大小】数值为 55 像素，【硬度】数值为 50%，如图 3-32 所示。

STEP 03 使用【画笔】工具在图像中的背景部分进行涂抹，创建快速蒙版，如图 3-33 所示。

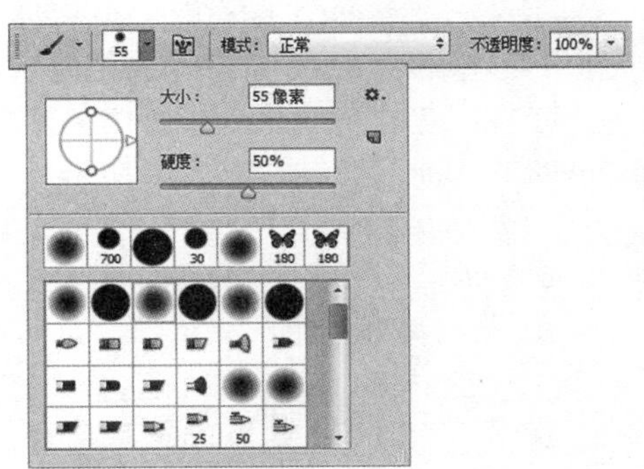

图 3-32　设置画笔

图 3-33　创建快速蒙版

STEP 04 按下 Q 键切换回标准模式，按 Ctrl + C 键复制选区内图像。选择【文件】|【打开】命令，打开另一个图像文件，按 Ctrl + V 键粘贴图像，按 Ctrl + T 键放大图像，如图 3-34 所示。

STEP 05 在【图层】面板中，双击【图层 1】打开【图层样式】对话框。在对话框中，选中【投影】样式，设置【不透明度】为 75%，【角度】数值为 − 160 度，【距离】数值为 50 像素，【扩展】数值为 3%，【大小】数值为 120 像素，单击【确定】按钮应用投影样式，如图 3-35 所示。

图 3-34　复制、粘贴图像

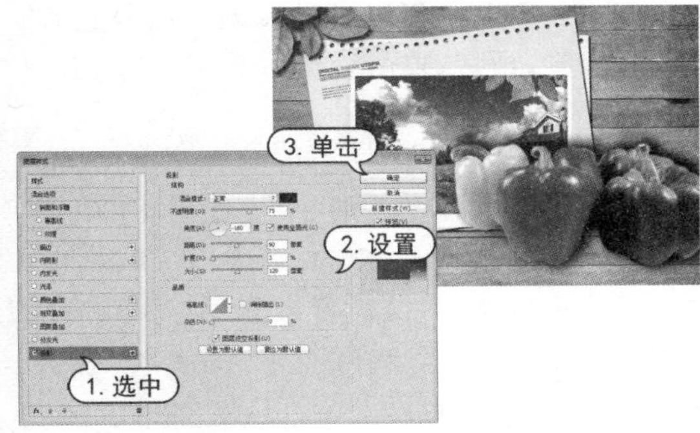

图 3-35　设置图层样式

轻松学电脑教程系列

3.3 选区的基本操作

为了使创建的选区更加适合不同的使用需要，在图像中绘制或创建选区后可以对选区进行多次修改或编辑，包括全选选区、取消选区、重新选择选区、移动选区等。

3.3.1 选区的基本命令

在打开【选择】菜单后，最上端包括了四个常用的简单操作命令。

- 选择【选择】|【全部】命令或按下 Ctrl+A 快捷键，可以选择当前文件中的全部图像内容。
- 选择【选择】|【反转】命令或按下 Shift+Ctrl+I 快捷键，可以反转已创建的选区，即选择图像中未选中的部分。
- 选择【选择】|【取消选择】命令或按下 Ctrl+D 快捷键，可以取消创建的选区。
- 选择【选择】|【重新选择】命令，可以恢复前一选区范围。

3.3.2 移动图像选区

使用【选框】工具、【套索】工具或【魔棒】工具创建选区后，选区可能不在合适的位置上，需要进行移动选区操作。使用任意创建选区的工具创建选区后，在选项栏中单击【新选区】按钮，再将光标置于选区中，当光标变成白色箭头时，拖动鼠标即可移动选区，如图 3-36 所示。

复制选区主要通过【移动】工具并结合快捷键的使用。在使用【移动】工具时，按住 Ctrl+Alt 键，当光标显示为▶状态时，可以移动并复制选区内图像，如图 3-37 所示。

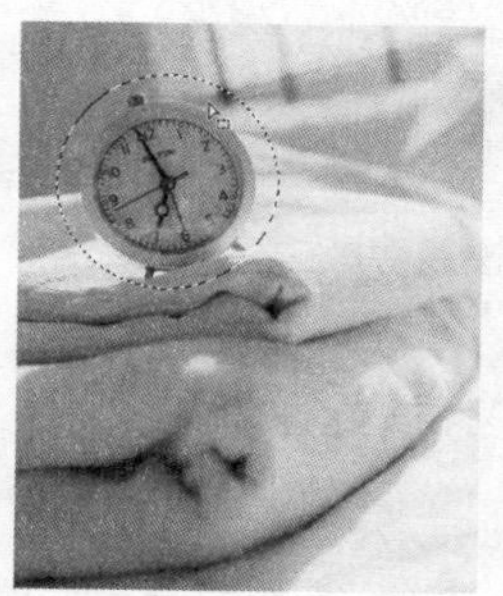
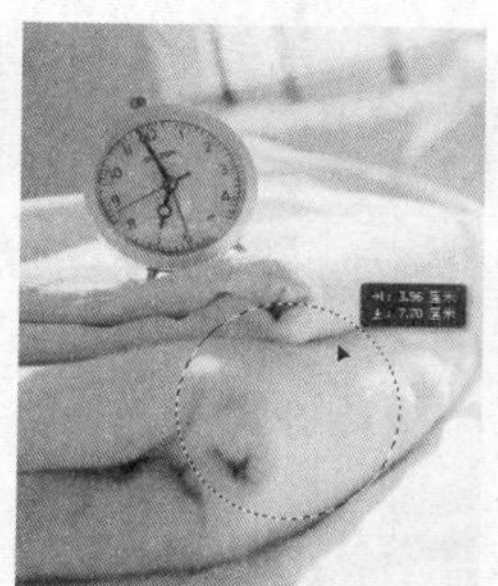

图 3-36 移动选区

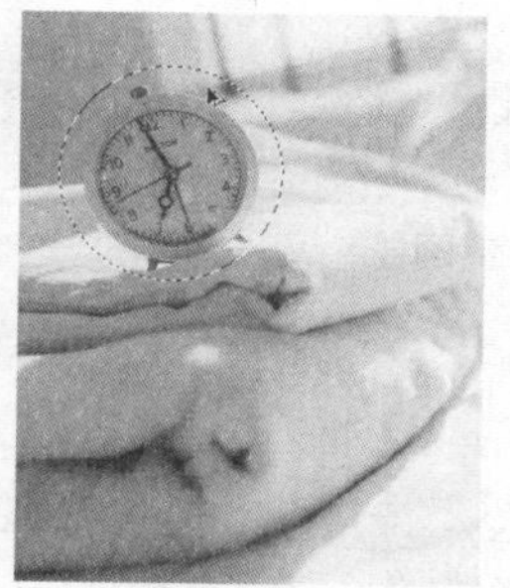
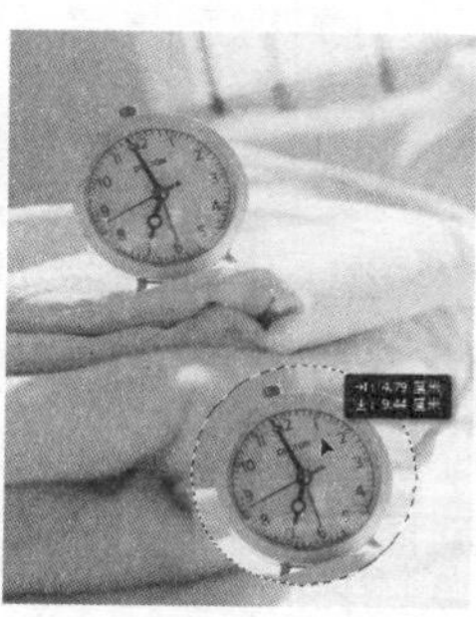

图 3-37 移动复制选区

除此之外，用户也可以通过键盘上的方向键，将对象以每次 1 个像素的距离移动；如果按住 Shift 键，再按方向键，则每次可以移动 10 个像素的距离。

3.3.3 选区的运算

选区运算是指在画面中存在选区的情况下，使用【选框】工具、【套索】工具和【魔棒】工具创建新选区时，新选区与现有选择区之间进行运算，从而生成新的选区。

选择【选框】工具、【套索】工具或【魔棒】工具创建选区时，工具选项栏中会出现选区运算的相关按钮，如图 3-38 所示。

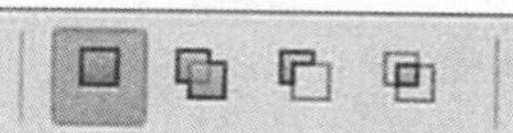

图 3-38 选区运算按钮

- 【新选区】按钮：单击该按钮后，可以创建新的选区。如果图像中已存在选区，那么新创建的选区将替代原来的选区。

- 【添加到选区】：单击该按钮，使用选框工具在画布中创建选区时，如果当前画布中存在选区，鼠标光标将变成+₊形状。此时绘制新选区，新建的选区将与原来的选区合并成为新的选区。
- 【从选区减去】：单击该按钮，使用选框工具在图形中创建选区时，如果当前画布中存在选区，鼠标光标变为+₋形状。此时如果新创建的选区与原来的选区有相交部分，将从原选区中减去相交的部分，余下的选择区域作为新的选区。
- 【与选区交叉】：单击该按钮，使用选框工具在图形中创建选区时，如果当前画布中存在选区，鼠标光标将变成+ₓ形状。此时如果新创建的选区与原来的选区有相交部分，会将相交的部分作为新的选区。

3.4　选区的编辑操作

新建选区后，需要对选区做进一步编辑处理，以达到所需的效果。【选择】菜单中包含用于编辑选区的各种命令，以供用户选择使用。

3.4.1　选区编辑命令

【平滑】命令用于平滑选区的边缘。选择【选择】|【修改】|【平滑】命令，打开【平滑选区】对话框，如图 3-39 所示。对话框中的【取样半径】数值用来设置选区的平滑范围。

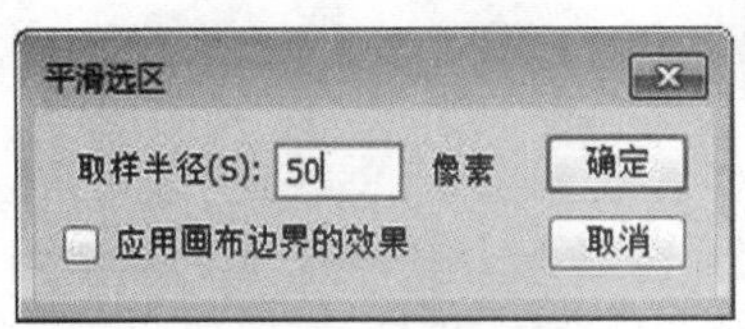

图 3-39　平滑选区

【扩展】命令用于扩展选区范围。选择【选择】|【修改】|【扩展】命令，打开【扩展选区】对话框，如图 3-40 所示。【扩展量】数值越大，选区向外扩展的范围就越广。

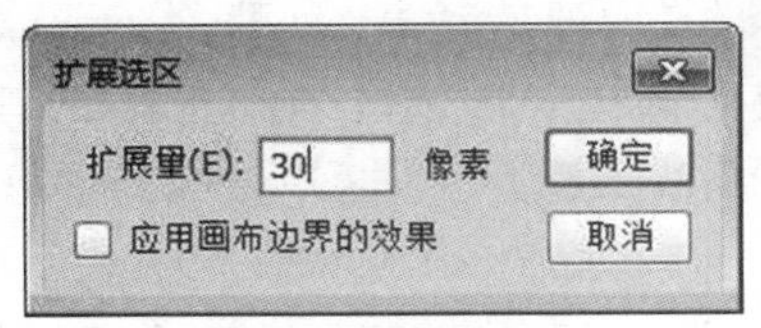

图 3-40　扩展选区

轻松学电脑教程系列

【收缩】命令与【扩展】命令相反,用于收缩选区范围。选择【选择】|【修改】|【收缩】命令,打开【收缩选区】对话框,如图 3-41 所示。【收缩量】数值越大,选区向内收缩的范围就越大。

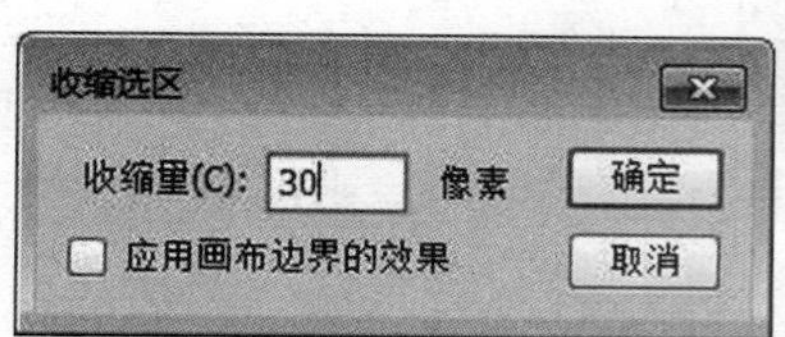

图 3-41　收缩选区

【羽化】命令可以通过扩展选区轮廓周围的像素区域,达到柔和边缘效果。选择【选择】|【修改】|【羽化】命令,打开【羽化选区】对话框,通过【羽化半径】数值可以控制羽化范围的大小,如图 3-42 所示。当对选区应用填充、裁剪等操作时,可以看出羽化效果。

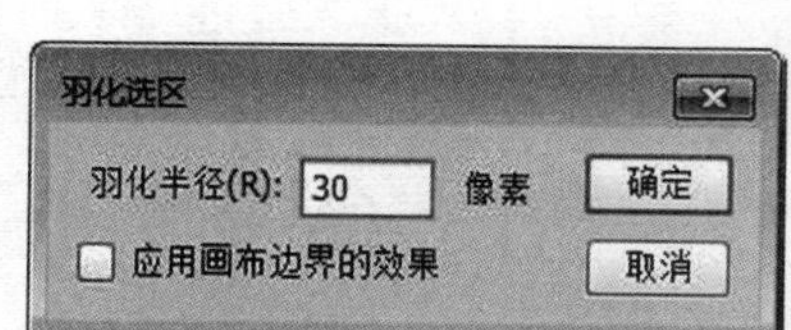

图 3-42　羽化选区

【选择】|【修改】|【扩大选取】或【选取相似】命令常配合其他选区工具使用。【扩大选取】命令用于添加与当前选区颜色相似且位于选区附近的所有像素。可以通过在【魔棒】工具的选项栏中设置容差值扩大选取。容差值决定了扩大选取时颜色取样的范围,容差值越大,扩大选取时的颜色取样范围越大。

【选取相似】命令用于将所有不相邻区域内相似颜色的图像全部选取,从而弥补只能选取相邻的相似色彩像素的缺陷。

3.4.2　调整选区边缘

调整边缘功能可提高选区边缘的品质,并允许用户对照不同的背景查看选区,以便轻松编辑。使用【选框】工具、【套索】工具、【魔棒】工具和【快速选择】工具都会在选项栏中出现【调整边缘】按钮。选择【选择】|【调整边缘】命令,或在选择一种选区创建工具后,单击选项栏上的【调整边缘】按钮,即可打开如图 3-43 所示的【调整边缘】对话框。在该对话框中包含【半径】、【对比度】、【平滑】、【羽化】等参数。

- 【视图模式】:从下拉列表中,用户可以根据不同的需要选择最合适的预览方式,如图 3-44 所示。

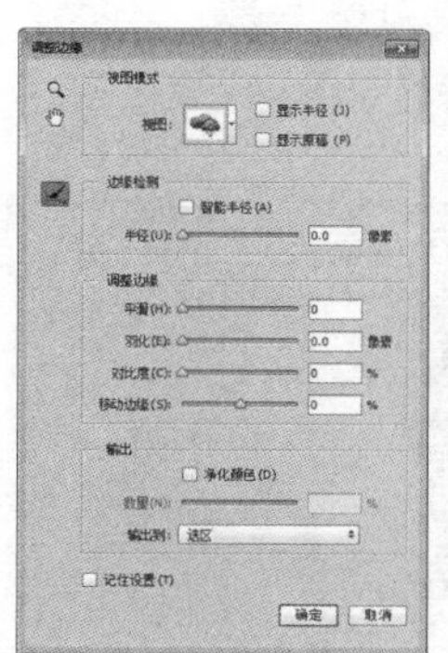

图 3-43　【调整边缘】对话框

图 3-44　【视图模式】选项

- 【半径】：此参数可以微调选区与图像边缘之间的距离，数值越大，选区会越精确地靠近图像边缘。
- 【平滑】：当创建的选区边缘非常生硬，甚至有明显的锯齿时，可使用此选项进行柔化处理。
- 【羽化】：此参数与【羽化】命令的功能基本相同，都是用来柔化选区边缘。
- 【对比度】：此参数用以调整边缘的虚化程度，数值越大则边缘越锐利。通常用以创建比较精确的选区。
- 【移动边缘】：该参数与【收缩】、【扩展】命令的功能基本相同，负值为向内移动柔化边缘的边框，正值为向外移动边框。
- 【输出到】：决定调整后的选区是变为当前图层上的选区或蒙版，还是生成一个新图层或文档。

【例 3-6】 使用【调整边缘】命令抠取图像。 视频+素材

STEP 01 选择【文件】|【打开】命令，打开素材图像，如图 3-45 所示。

STEP 02 选择【选择】|【色彩范围】命令，打开【色彩范围】对话框。在对话框中，设置【颜色容差】数值为 45，然后使用吸管工具在图像的背景区域单击，如图 3-46 所示。

图 3-45　打开图像文件

图 3-46　使用【色彩范围】命令

STEP 03 按【确定】按钮关闭【色彩范围】对话框，创建选区，选择【选择】|【反选】命令反选选区，如图 3-47 所示。

STEP 04 选择【多边形套索】工具，在选项栏中选中【从选区减去】按钮，设置【羽化】数值为 1 像素，然后使用【多边形套索】工具去除背景中多余选区，如图 3-48 所示。

图 3-47　创建选区

图 3-48　减少选区

STEP 05 选择【选择】|【调整边缘】命令，打开【调整边缘】对话框。在对话框中，设置【半径】数值为 4.5 像素，【平滑】数值为 15，【对比度】数值为 30%，选中【净化颜色】复选框，在【输出到】下拉列表中选择【新建图层】选项，如图 3-49 所示。

知识点滴

选中【净化颜色】复选框后，拖动【数量】滑块可以去除图像的彩色杂边。【数量】值越高，清除的范围越广。在【输出到】下拉列表中可以选择选区的输出方式，包括【选区】、【图层蒙版】、【新建图层】、【带有图层蒙版的图层】、【新建文档】和【新建带有图层蒙版的文档】选项。

STEP 06 设置完成后，单击【确定】按钮关闭对话框，即可将人物从背景中抠取出来，如图 3-50 所示。

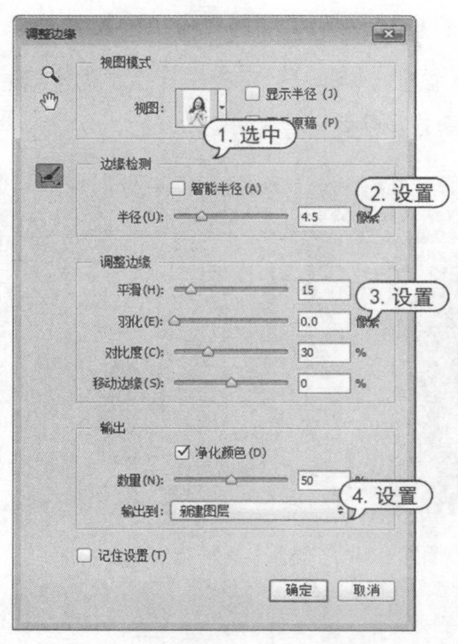

图 3-49　调整边缘

图 3-50　抠取图像

3.4.3　变换选区

创建选区后，选择【选择】|【变换选区】命令，或在选区内单击鼠标右键，在弹出的快捷菜单中选择【变换选区】命令，然后把光标移动到选区内，当光标变为▶形时，即可按住鼠标拖动选区。使用【变换选区】命令除了可以移动选区外，还可以改变选区的形状，如缩放、旋转和扭曲等。在变换选区时，可以直接通过拖动定界框的手柄调整，也可以配合 Shift、Alt 和 Ctrl 键使用。

【例 3-7】 使用【变换选区】命令调整图像效果。 视频+素材

STEP 01 在 Photoshop 中，选择【文件】|【打开】命令，打开两个素材图像文件，如图 3-51 所示。

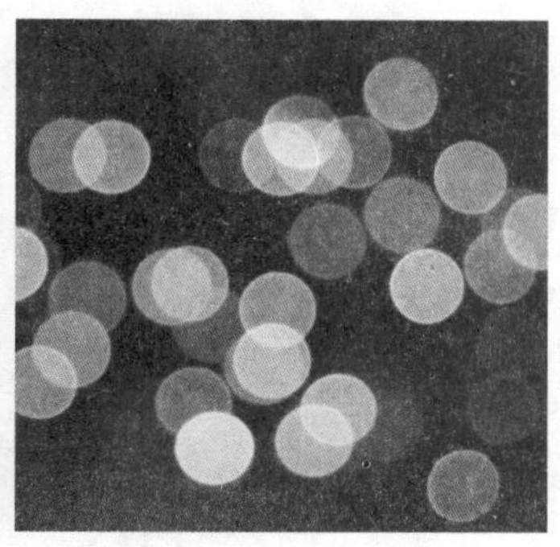

图 3-51　打开图像文件

STEP 02 选中静物图像，选择【椭圆选框】工具，在选项栏中设置【羽化】数值为 50 像素，然后在图像中按住鼠标左键拖动，创建矩形选区，如图 3-52 所示。

STEP 03 选择【选择】|【变换选区】命令，在选项栏中单击【在自由变换和变形模式之间切换】按钮。出现控制框后，调整选区，如图 3-53 所示。

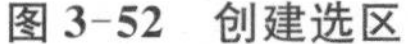

图 3-52　创建选区

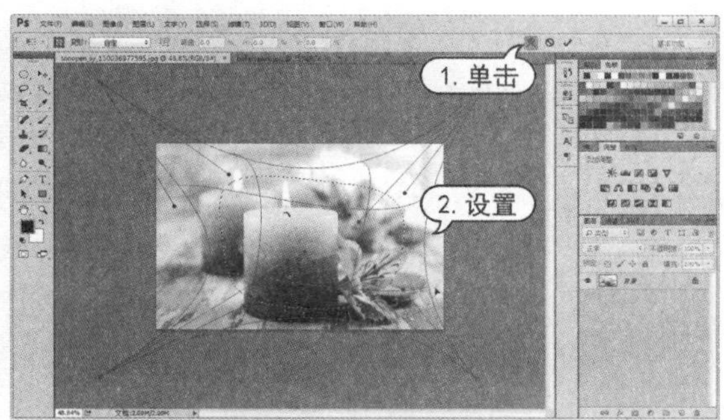

图 3-53　变换选区

STEP 04 选区调整完成后，按 Enter 键应用变换，选择【选择】|【反选】命令反选选区，如图3-54 所示。

STEP 05 选中 bokeh pack. jpg 图像，选择【选择】|【全部】命令全选图像，选择【编辑】|【拷贝】命令，如图 3-55 所示。

图 3-54　反选选区

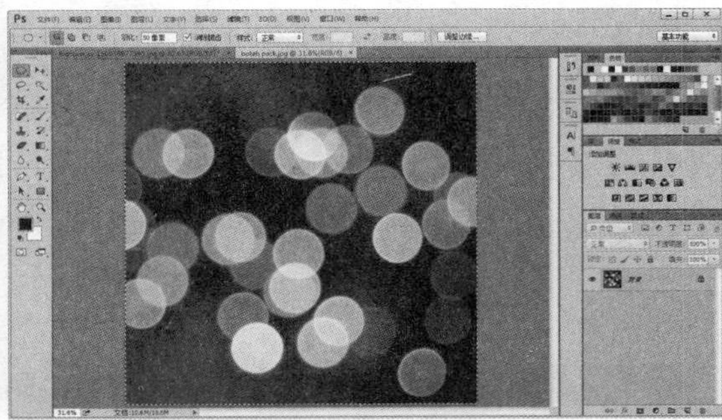

图 3-55　复制图像

STEP 06 再次选中静物图像，选择【编辑】|【选择性粘贴】|【贴入】命令，按 Ctrl + T 键应用【自由变换】命令，调整粘贴图像的大小，如图 3-56 所示。

STEP 07 在【图层】面板中，设置【图层 1】图层的混合模式为【叠加】，如图 3-57 所示。

图 3-56　粘贴图像

图 3-57　设置图层

 3.4.4　存储和载入图像选区

在 Photoshop 中，可以通过存储和载入选区使选区重复应用到不同的图像中。创建选区后，用户可以选择【选择】|【存储选区】命令，也可以在选区上右击，打开快捷菜单，选择其中的【存储选区】命令，打开如图 3-58 所示的【存储选区】对话框。

- 【文档】下拉列表框：在该下拉列表框中，选择【新建】选项，创建新的图像文件，并将选区存储为 Alpha 通道，保存在该图像文件中；选择当前图像文件名称，可以将选区保存在新建的 Alpha 通道中。如果在 Photoshop 中还打开了与当前图像文件具有相同分辨率和尺寸的图像文件，这些图像文件名称也将显示在【文档】下拉列表中，选择它们，就会将选区保存到这些图像文件的新创建的 Alpha 通道内。
- 【通道】下拉列表框：在该下拉列表中，可以选择创建的 Alpha 通道，将选区添加到该通道中；也可以选择【新建】选项，创建一个新通道并为其命名，然后进行保存。
- 【操作】选项区域：用于选择通道的处理方式。如果选择新创建的通道，那么将只能选择【新建通道】单选按钮；如果选择已经创建的 Alpha 通道，那么还可以选择【添加到通道】、【从通道中减去】和【与通道交叉】这 3 个单选按钮。

选择【选择】|【载入选区】命令，或在【通道】面板中按 Ctrl 键的同时单击存储选区的通道

蒙版缩览图，即可载入已存储的选区。选择【选择】|【载入选区】命令后，Photoshop 会打开如图 3-59 所示的【载入选区】对话框。

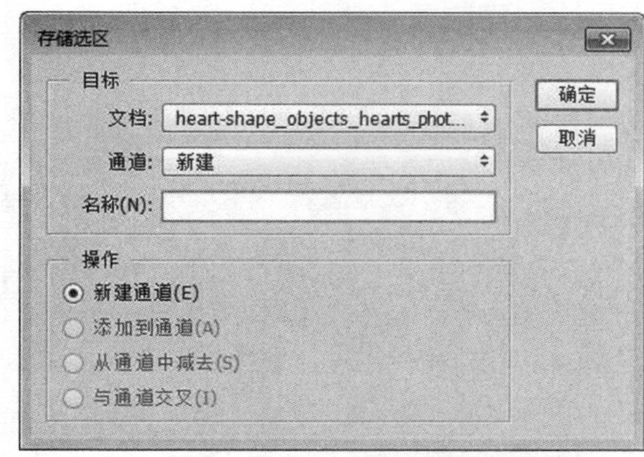

图 3-58　【存储选区】对话框

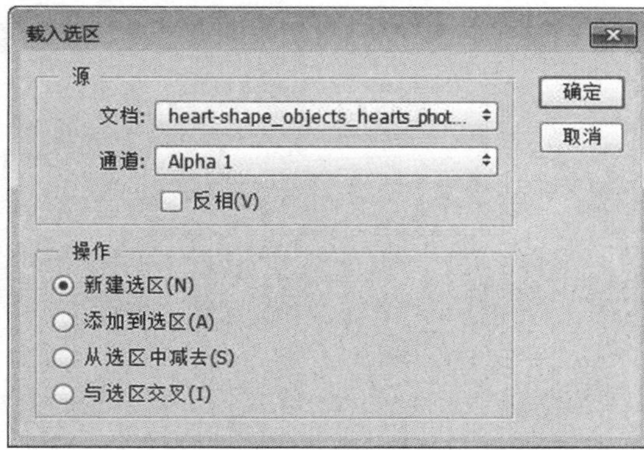

图 3-59　【载入选区】对话框

【载入选区】对话框与【存储选区】对话框中的参数设置选项基本相同，只是多了一个【反相】复选框。如果选中该复选框，那么会将保存在 Alpha 通道中的选区反选并载入图像文件窗口中。

3.5　案例演练

本章的案例演练部分为制作桌面壁纸，用户通过练习从而巩固本章所学的选区创建、编辑等知识和技巧。

【例 3-8】　制作桌面壁纸 视频+素材

STEP 01 选择【文件】|【打开】命令，打开素材图像文件，按 Ctrl + J 键复制【背景】图层，如图 3-60 所示。

STEP 02 选择【滤镜】|【模糊】|【高斯模糊】滤镜，打开【高斯模糊】对话框。在对话框中，设置【半径】数值为 450 像素，然后单击【确定】按钮，如图 3-61 所示。

图 3-60　打开图像文件

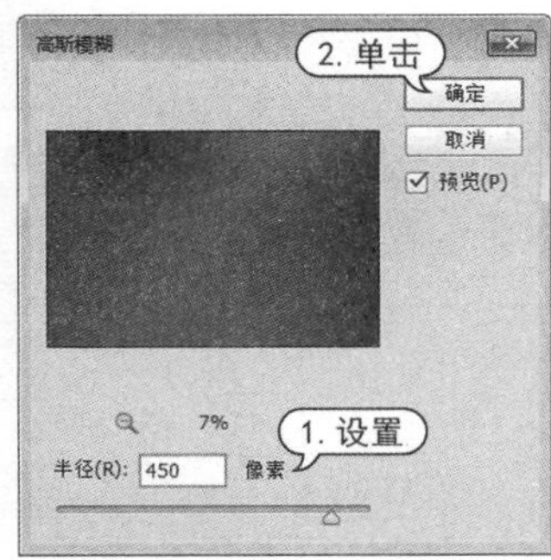

图 3-61　模糊图像

STEP 03 在【调整】面板中，单击【创建新的色彩平衡调整图层】图标，打开【属性】面板。设置【中间调】的色阶数值为 0、-13、34。在【色调】下拉列表中选择【高光】选项，设置色阶数值为 0、-35、0，如图 3-62 所示。

STEP 04 选择【椭圆选框】工具，在图像中创建选区，在【图层】面板中单击【创建新图层】按钮，创建【图层 2】图层，如图 3-63 所示。

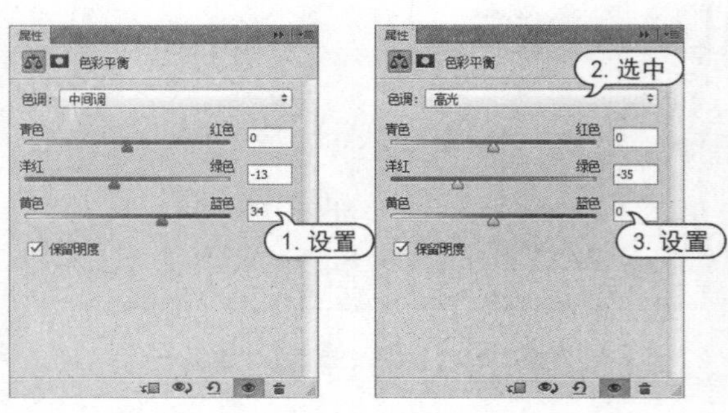

图 3-62　调整色彩平衡

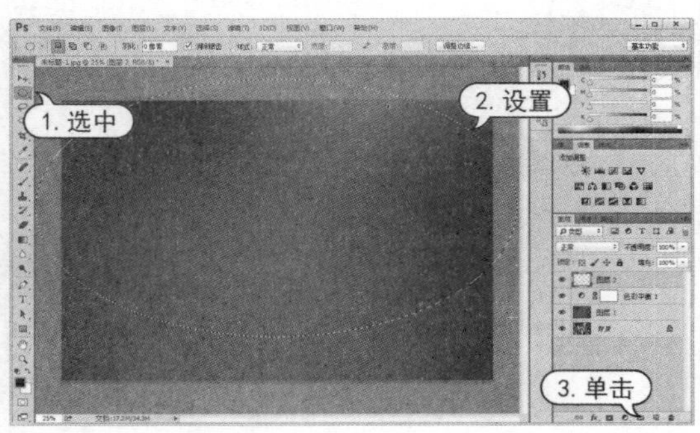

图 3-63　创建选区

STEP 05 选择【画笔】工具，按 Shift + X 键切换前景色和背景色，在工具选项栏中设置画笔样式为柔边圆 400 像素，【不透明度】数值为 30%，然后使用【画笔】工具在选区边缘拖动涂抹，如图 3-64 所示。

STEP 06 按 Ctrl + D 键取消选区，在【图层】面板中设置【图层 2】图层混合模式为【叠加】，如图 3-65 所示。

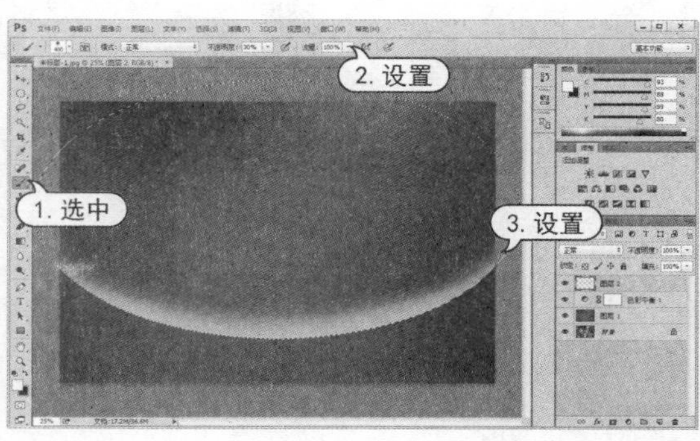

图 3-64　使用【画笔】工具

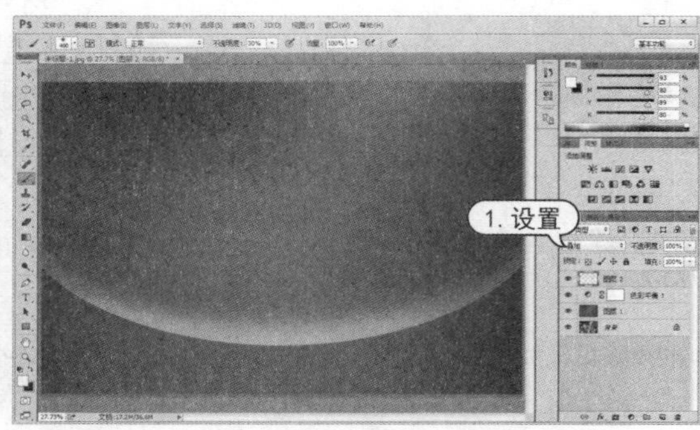

图 3-65　设置混合模式

STEP 07 按 Ctrl + T 键应用【自由变换】命令，调整【图层 2】中图像的位置，按 Enter 键应用变换，如图 3-66 所示。

STEP 08 使用[STEP04～STEP07]的操作方法，在图像中创建【图层 3】图层，绘制选区图像，绘制时根据需要调整画笔的大小，如图 3-67 所示。

STEP 09 使用[STEP04～STEP07]的操作方法，在图像中创建【图层 4】图层，绘制选区图像，绘制时根据需要调整画笔的大小，如图 3-68 所示。

STEP 10 在【图层】面板中，选中【图层 3】图层，按 Ctrl + J 键复制图层。按 Ctrl + T 键应用【自由变换】命令，在拖动转换点的时候配合使用 Alt、Ctrl 和 Shift 键得到所需效果。设置【图层 3 拷

贝】图层【不透明度】数值为 65%，如图 3-69 所示。

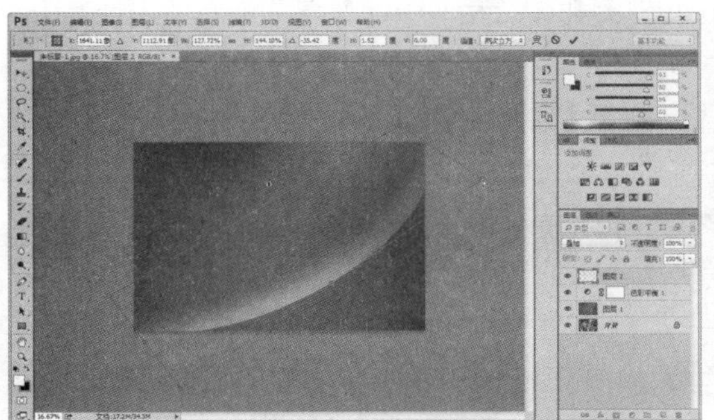

图 3-66　变换图像

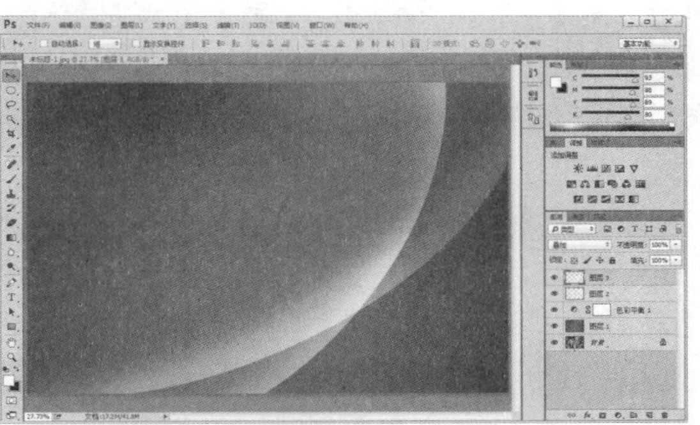

图 3-67　创建图像

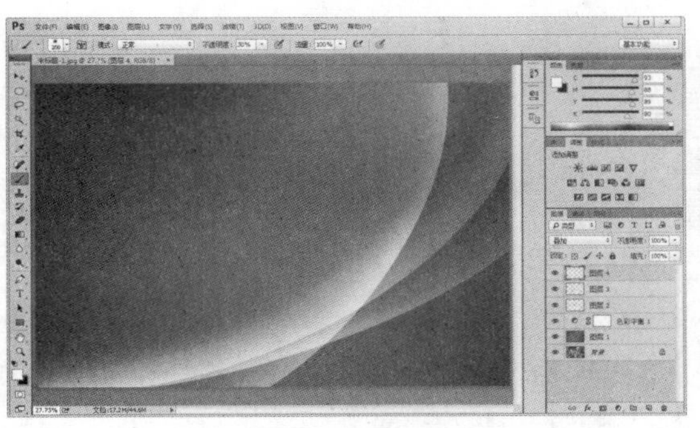

图 3-68　创建图像

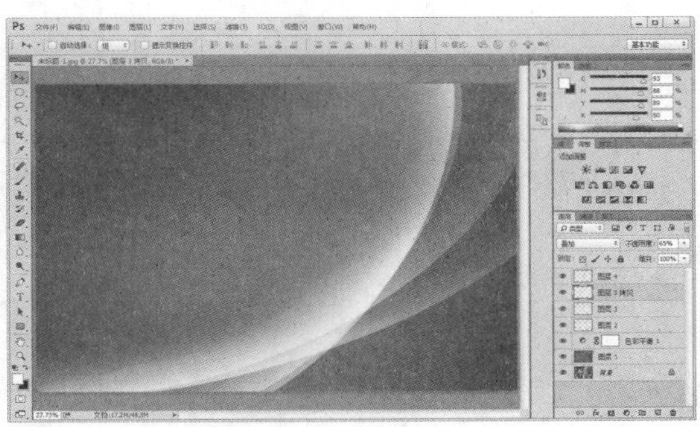

图 3-69　创建、变换图像

STEP 11 在【图层】面板中，选中【图层 2】图层，按 Ctrl + J 键复制图层。按 Ctrl + T 键应用【自由变换】命令调整图像效果，如图 3-70 所示。

STEP 12 在【图层】面板中，选中【图层 4】图层，单击【图层】面板中的【创建新图层】按钮，创建【图层 5】图层，设置图层混合模式为【叠加】。选择【画笔】工具，在选项栏中设置画笔样式为柔边圆 600 像素，【不透明度】数值为 20%，在【颜色】面板中设置颜色为 R：150、G：210、B：203，然后使用【画笔】工具在图像中涂抹，如图 3-71 所示。

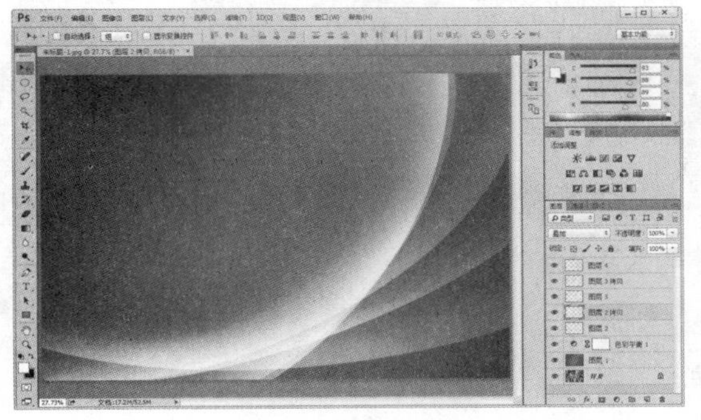

图 3-70　创建、变换图像

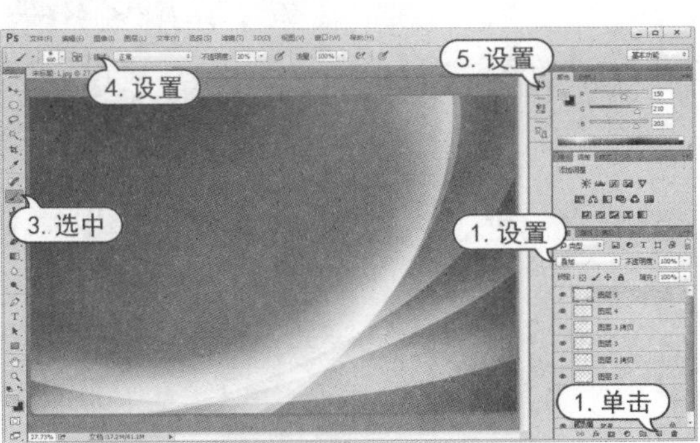

图 3-71　使用【画笔】工具

STEP 13 使用[STEP12]的操作方法，在【图层】面板中新建【图层 6】图层，设置图层混合模式为【叠加】，在【颜色】面板中设置颜色为 R:231、G:49、B:23，然后使用【画笔】工具在图像中涂抹，如图 3-72 所示。

STEP 14 选择【文件】|【置入嵌入的智能对象】命令，打开【置入嵌入对象】对话框，置入素材图像。在【图层】面板中，设置智能对象图层的混合模式为【强光】，单击【创建图层蒙版】按钮创建图层蒙版，然后在工具箱中单击【默认前景色和背景色】图标，使用【画笔】工具在图像中涂抹，如图 3-73 所示。

STEP 15 选择【横排文字】工具，在选项栏中设置字体样式为 Myriad Pro Bold Condensend，字体大小为 300 点，字体颜色为白色，选中【横排文字】工具并在图像中单击，输入文字内容。在【图层】面板中，双击文字图层，打开【图层样式】对话框。在对话框中，选中【投影】选项，设置【距离】数值为 10 像素，【大小】数值为 35 像素，然后单击【确定】按钮应用图层样式，如图 3-74 所示。

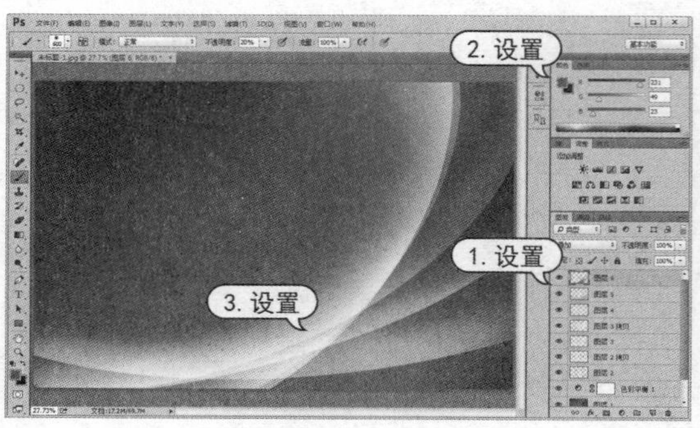

图 3-72　使用【画笔】工具

图 3-73　置入图像

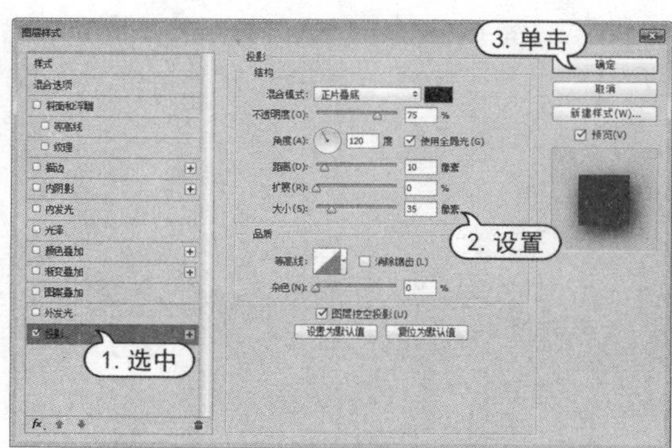

图 3-74　设置文字输入及最终效果

第 4 章

图层的应用

图层是 Photoshop 的重点内容。图层的应用，给图像的编辑带来了极大的便利。本章主要介绍如何使用【图层】面板的各种功能有效地管理众多的图层和对象。只有掌握好这些基础的知识，才能为以后的图像编辑处理打下坚实的基础。

对应的光盘视频

例 4-1　创建渐变填充图层
例 4-2　创建调整图层
例 4-3　创建嵌套图层组
例 4-4　链接多个图层
例 4-5　使用【自动对齐】命令
例 4-6　使用混合模式
例 4-7　添加自定义图层样式
例 4-8　添加预设图层样式
例 4-9　使用混合选项
例 4-10　拷贝、粘贴图层样式
例 4-11　载入样式库
例 4-12　将效果创建为图层
例 4-13　制作立体文字效果

4.1 使用【图层】面板

在 Photoshop 中对图像进行编辑，就必须对图层有所认识。它是 Photoshop 功能和设计的载体，原来很多只能通过复杂的通道操作和通道运算才能实现的效果，现在通过图层和图层样式便可轻松完成。

图层是 Photoshop 中非常重要的一个概念。Photoshop 中的图像可以由多个图层和多种图层组成。它是在 Photoshop 中实现绘制和处理图像的基础。图层看起来似乎非常复杂，但其概念实际上却相当的简单。图层就好像一些带有图像的透明拷贝纸，互相堆叠在一起。将每个图像放置在独立的图层上，在绘图、使用滤镜或调整图像时，将只影响所处理的图层。如果对某一图层的编辑结果不满意，可以放弃这些修改，重新再做，文档的其他部分不会受到影响。

在 Photoshop 中，任意打开一幅图像文件，选择【窗口】|【图层】命令，或按下 F7 键，就可以打开【图层】面板。【图层】面板是用来管理和操作图层的，如图 4-1 所示。单击【图层】面板右上角的扩展菜单按钮，可以打开【图层】面板菜单，如图 4-2 所示。

图 4-1 【图层】面板

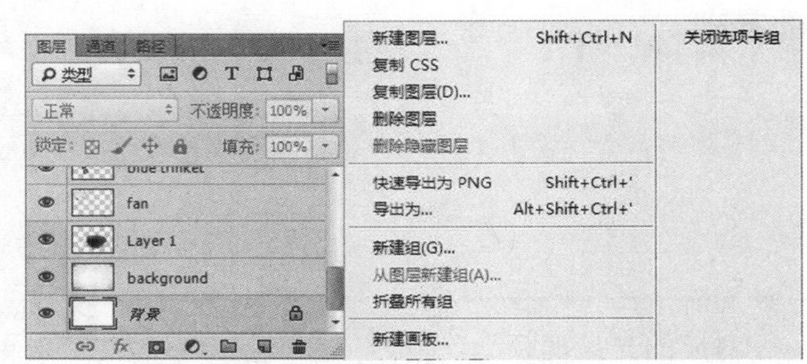

图 4-2 【图层】面板菜单

【图层】面板用于创建、编辑和管理图层，以及为图层添加样式等。面板中列出了所有的图层、图层组和图层效果。如要对某一图层进行编辑，首先需要在【图层】面板中单击选中该图层，所选中图层称为当前图层。

在【图层】面板中有一些功能设置按钮与选项，通过设置它们可以直接对图层进行编辑操作，等同于执行【图层】面板菜单中的相关命令。

- 【锁定】按钮：用来锁定当前图层的属性，包括图像像素、透明像素和位置等。
- 【设置图层混合模式】：用来设置当前图层的混合模式，可以混合所选图层中的图像与下方所有图层中的图像。
- 【设置图层不透明度】：用于设置当前图层中图像的整体不透明程度。
- 【设置填充不透明度】：设置图层中图像的不透明度。该选项主要用于图层中图像的不透明度设置，对于已应用于图层的图层样式将不产生任何影响。
- 【图层显示标志】：用于显示或隐藏图层。
- 【链接图层】按钮：可将选中的两个或两个以上的图层或组进行链接，链接后的图层或组可以同时进行相关操作。

- 【添加图层样式】按钮 fx：单击该按钮，将弹出命令菜单，从中可以选择相应的命令为图层添加特殊效果。
- 【添加图层蒙版】按钮：单击该按钮，可以为当前图层添加图层蒙版。
- 【创建新的填充或调整图层】按钮：单击该按钮，在弹出的菜单中可以选择所需的命令。
- 【创建新组】按钮：单击该按钮，可以创建新的图层组。它可以包含多个图层，并可将包含的图层作为一个对象进行查看、复制、移动和调整顺序等操作。
- 【创建新图层】按钮：单击该按钮，可以创建一个新的空白图层。
- 【删除图层】按钮：单击该按钮可以删除当前图层。

【图层】面板可以显示各图层中内容的缩览图，以方便查找图层。Photoshop 默认使用小缩览图，用户也可以使用中缩览图、大缩览图、无缩览图。在【图层】面板中选中任意一个图层缩览图，然后单击鼠标右键，就可以在打开的快捷菜单更改缩览图大小，如图 4-3 所示。也可以单击【图层】面板右上角的按钮，在打开的面板菜单中选择【面板选项】命令，打开【图层面板选项】对话框。在对话框中，可以选择需要的缩览图状态，如图 4-4 所示。

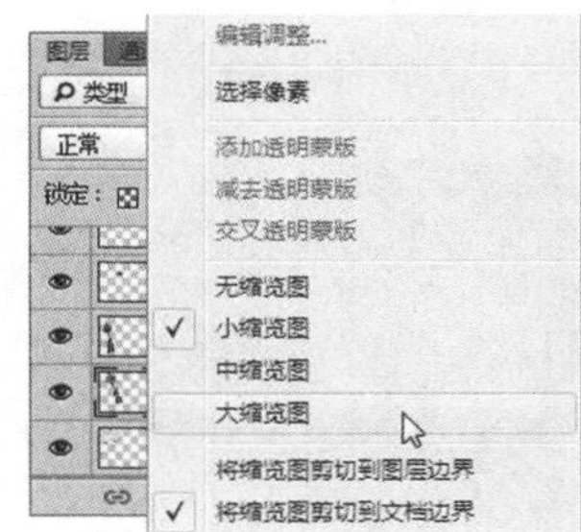

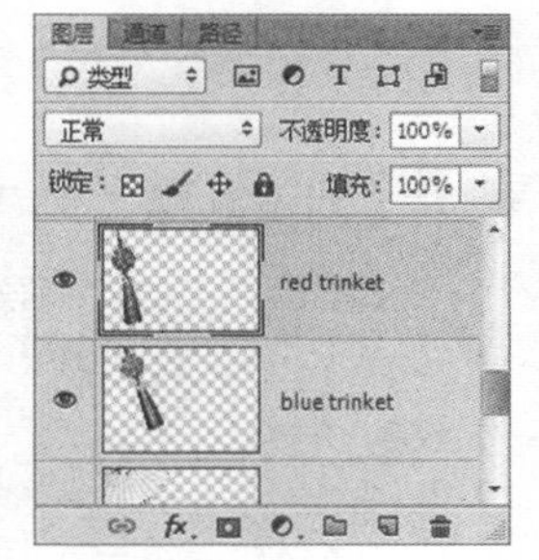

图 4-3　更改缩览图大小

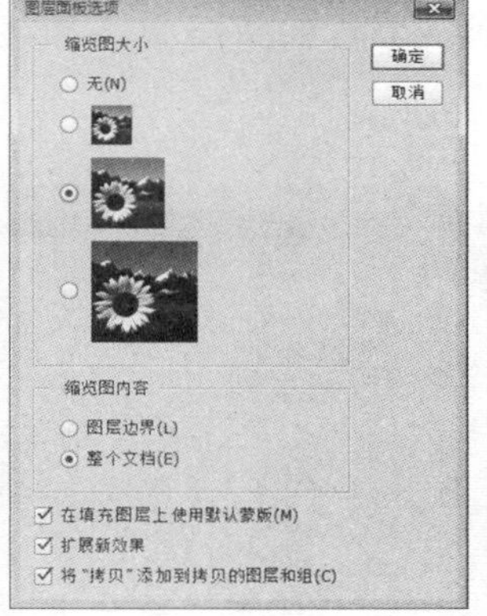

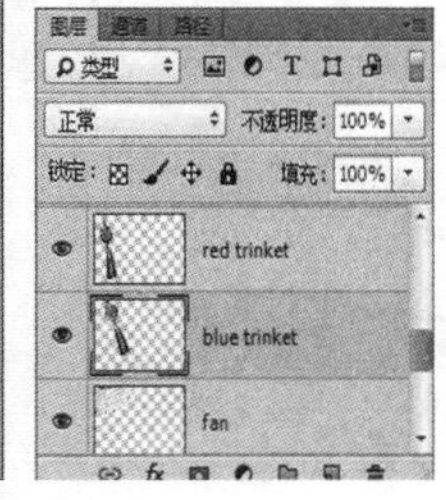

图 4-4　使用【面板选项】命令

4.2 创建图层

用户可以在一个图像中创建很多图层，也可以创建不同用途的图层，主要有普通图层、调整图层、填充图层和形状图层。在 Photoshop 中，图层的创建方法有很多种，包括在【图层】面板中创建、在编辑图像的过程中创建、使用命令创建等。

4.2.1 创建普通图层

普通图层是常规操作中使用频率最高的图层。通常情况下所说的新建图层就是指新建普通图层。普通图层包括图像图层和文字图层。

空白图层是最普通的图层，在处理或编辑图像的时候经常要建立空白图层。在【图层】面板中，单击底部的【创建新图层】按钮，即可在当前图层上直接新建一个空白图层，新建的图层会自动成为当前图层，如图 4-5 所示。

用户也可以选择菜单栏中的【图层】|【新建】|【图层】命令，或从【图层】面板菜单中选择【新

建图层】命令，或按住 Alt 键单击【图层】面板底部的【创建新图层】按钮，打开如图 4-6 所示的【新建图层】对话框。在对话框中进行设置后，单击【确定】按钮即可创建新图层。

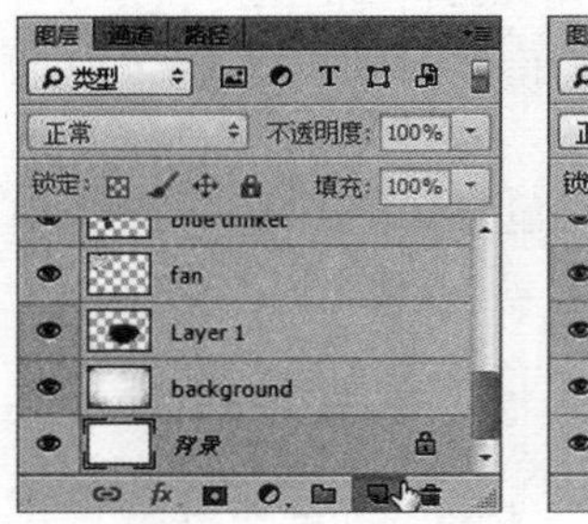

图 4-5 创建新图层

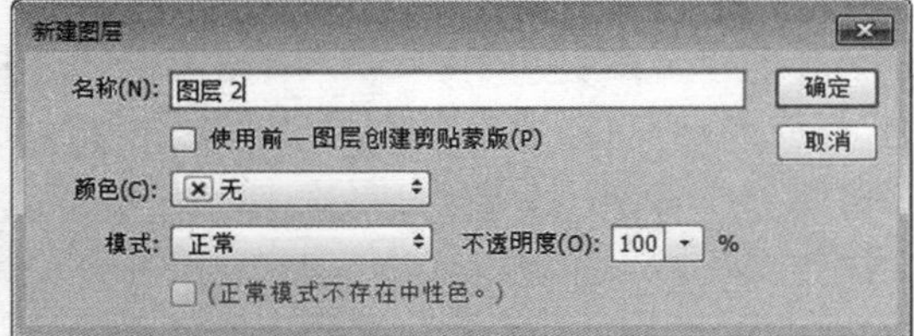

图 4-6 【新建图层】对话框

如果在图像中创建了选区，选择【图层】|【新建】|【通过拷贝的图层】命令，或按 Ctrl+J 键，可以将选中的图像复制到一个新的图层中，原图层内容保持不变，如图 4-7 所示。选择【图层】|【新建】|【通过剪切的图层】命令，或按 Shift+Ctrl+J 键，可将选区内的图像从原图层中剪切到一个新的图层中。如果没有创建选区，执行该命令可以快速复制当前图层。

图 4-7 通过拷贝创建图层

知识点滴

如果要在当前图层的下面新建一个图层，按住 Ctrl 键单击【创建新图层】按钮即可。但【背景】图层下面不能创建图层。

4.2.2 创建填充图层

在 Photoshop 中，用户可以创建不同用途的图层，填充图层就是其中的一种。

填充图层可以是一个填充纯色、渐变或图案的新图层，也可以是基于图像中的选区进行局部填充。选择【图层】|【新建填充图层】|【纯色】、【渐变】、【图案】命令，打开【新建图层】命令即可创建填充图层，也可以单击【图层】面板底部的【创建新的填充或调整图层】按钮，从弹出的菜单中选择【纯色】、【渐变】、【图案】命令创建填充图层。

选择【纯色】命令后，将在工作区中打开【拾色器】对话框，可指定填充图层的颜色。因为填充的为实色，所以将覆盖下面的图层显示。

选择【渐变】命令后，将打开【渐变填充】对话框。通过该对话框设置，可以创建一个渐变填充图层，并可以修改渐变的样式、颜色、角度和缩放等属性。

选择【图案】命令，将打开【图案填充】对话框。可以应用系统默认预设的图案来填充，也可以应用自定义的图案，可以修改图案的大小及图层的链接。

【例 4-1】 在图像文件中，创建渐变填充图层。 视频+素材

STEP 01 选择【文件】|【打开】命令，打开图像文件，如图 4-8 所示。

STEP 02 选择【图层】|【新建填充图层】|【渐变】命令，打开【新建图层】对话框。在对话框的【颜色】下拉列表中选择【红色】选项，【模式】下拉列表中选择【颜色加深】选项，设置【不透明度】数值为 50%，然后单击【确定】按钮，如图 4-9 所示。

图 4-8　打开图像文件

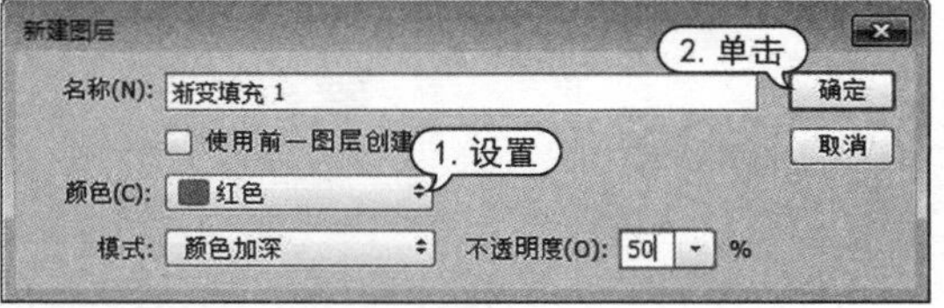

图 4-9　新建填充图层

STEP 03 在打开的【渐变填充】对话框中，单击【渐变预览】，打开【渐变编辑器】对话框。在【渐变编辑器】对话框中，双击起始点色标，打开【拾色器(色标颜色)】对话框。在【拾色器(色标颜色)】对话框中，设置颜色为 R：255、G：160、B：160，然后单击【确定】按钮关闭【拾色器(色标颜色)】对话框，单击【渐变编辑器】对话框中的【确定】按钮，关闭对话框，如图 4-10 所示。

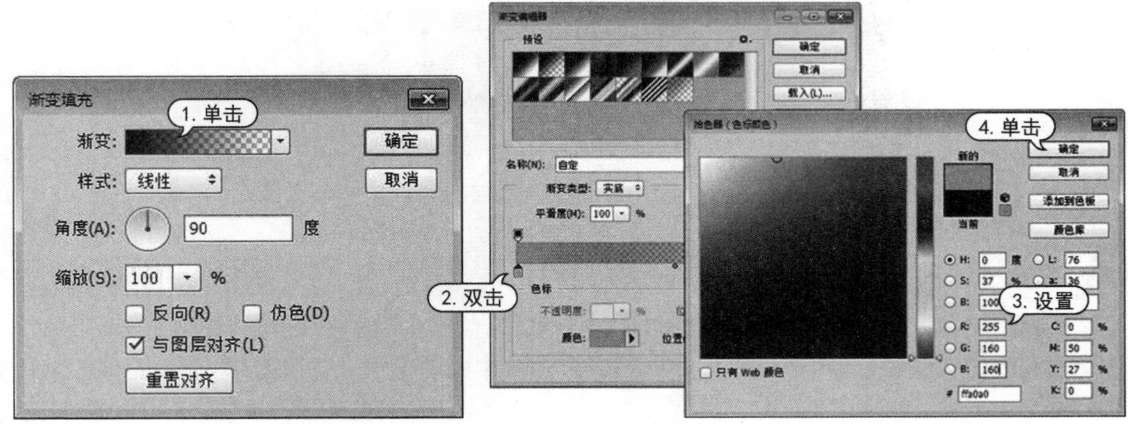

图 4-10　设置渐变颜色

STEP 04 在【渐变填充】对话框中，单击【样式】下拉列表选择【径向】选项，设置【缩放】数值为 60%，选中【反向】复选框，然后单击【确定】按钮关闭【渐变填充】对话框，如图 4-11 所示。

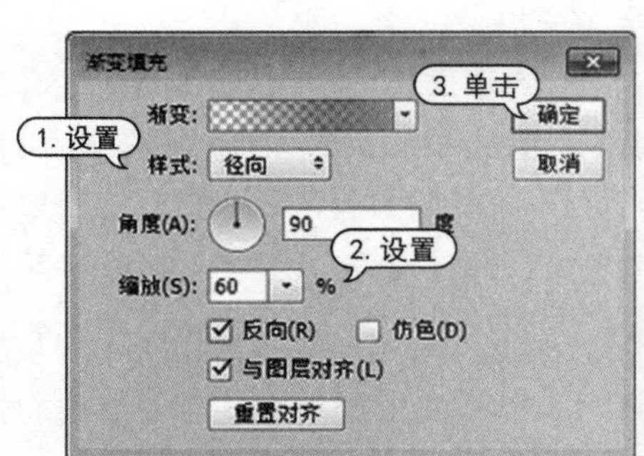

图 4-11 设置渐变填充

4.2.3 创建形状图层

形状图层是一种特殊的基于路径的填充图层。它除了具有填充和调整图层的可编辑性外，可以随意调整填充颜色、添加样式，还可以通过编辑矢量蒙版中的路径来创建需要的形状。

选择工具箱中的【钢笔】工具或【自定形状】工具，在选项栏中设置工作模式为【形状】，然后在文档中绘制图形，将自动产生一个形状图层，如图 4-12 所示。

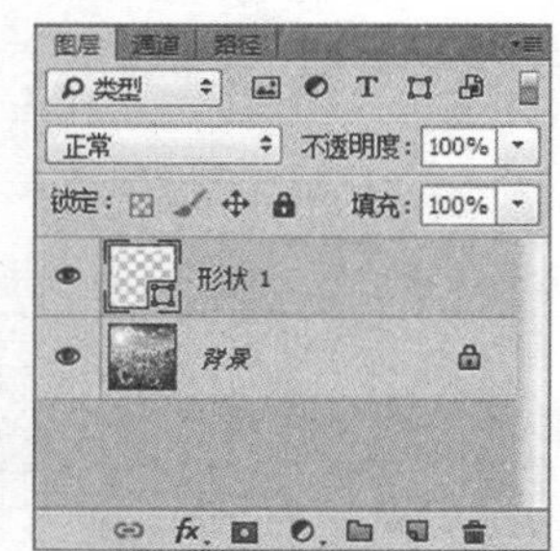

图 4-12 创建形状图层

4.2.4 创建调整图层

调整图层主要用来调整图像的色彩，通过创建以【色阶】、【色彩平衡】、【曲线】等调整命令功能为基础的调整图层，用户可以单独对其下方图层中的图像进行调整处理，而不会破坏其下方的原图像文件。

要创建调整图层，可选择【图层】|【新建调整图层】命令，在其子菜单中选择所需的调整命令；或在【图层】面板底部单击【创建新的填充或调整图层】按钮，在打开的菜单中选择相应调整命令；或直接在【调整】面板中单击需要的命令图标，并在【属性】面板中调整参数选项，如图 4-13 所示。

【例 4-2】 **在图像文件中，创建调整图层。** 视频+素材

STEP 01 选择【文件】|【打开】命令，打开图像文件，如图 4-14 所示。

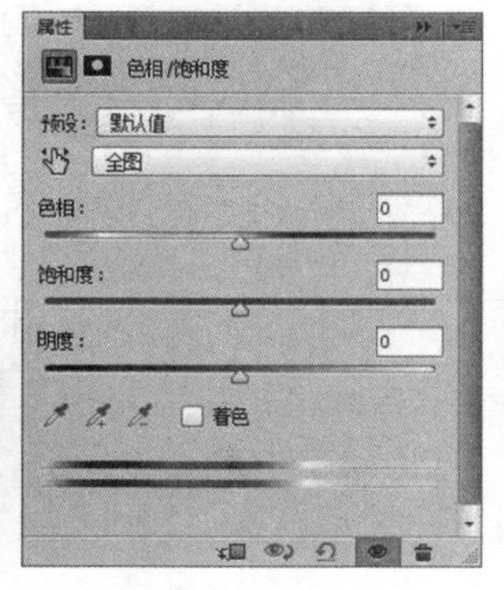

图 4-13　创建调整图层

图 4-14　打开图像文件

知识点滴

在【属性】面板的底部，还有一排工具按钮。单击按钮，可以将当前的调整图层与它下面的图层创建为一个剪贴蒙版组，使调整图层仅影响它下面的一个图层；再次单击可将调整图层应用到下面所有图层。单击按钮，可查看上一步属性调整效果。单击按钮，可以复位调整默认值。单击按钮，可切换调整图层可见性。单击按钮，可删除调整图层。

STEP 02 单击【调整】面板中【创建新的曝光度调整图层】命令图标，然后在展开的【属性】面板中设置【位移】数值为 0.012 4，【灰度系数校正】数值为 1.22，如图 4-15 所示。

STEP 03 单击【调整】面板中的【创建新的照片滤镜调整图层】图标，然后在展开的【属性】面板的【滤镜】下拉列表中选择【蓝】选项，设置【浓度】数值为 30%，如图 4-16 所示。

图 4-15　创建【曝光度】调整图层

图 4-16　创建【照片滤镜】调整图层

4.2.5　创建图层组

使用图层组功能可以方便地对大量的图层进行统一管理设置，如统一设置不透明度、颜色混合模式及锁定设置等。在图像文件中，不仅可以对选定的图层创建图层组，还可以创建嵌套结构的图层组。创建图层组的方法非常简单，只要单击【图层】面板底部的【创建新组】按钮，即可在当前图层的上方创建一个空白的图层组，如图 4-17 所示。

用户在所需图层上单击并将其拖动至创建的图层组上释放，即可将选中图层放置在图层组中，如图 4-18 所示。

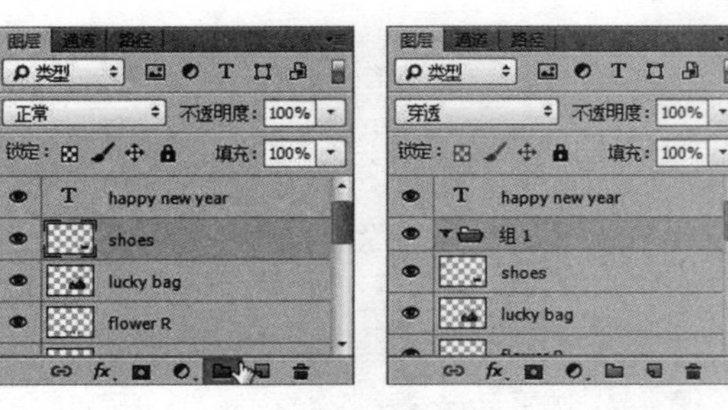

图 4-17　创建新组

图 4-18　将选中图层放置在图层组中

用户也可以在【图层】面板中先选中需要编组的图层，然后在面板菜单中选择【从图层新建组】命令，再在打开的如图 4-19 所示的【从图层新建组】对话框中设置新建组的参数选项，如名称和模式等。要创建嵌套结构的图层组，可以在选择需要进行编组的图层组后，使用【从图层新建组】命令。

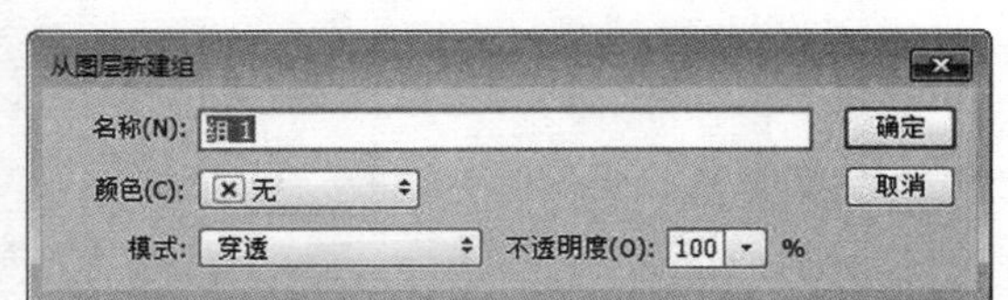

图 4-19　打开【从图层新建组】对话框

如要将图层组中的图层移出图层组，只要选中图层，然后按住鼠标左键将其拖动至图层组外，释放鼠标即可。如果要释放图层组，则在选中图层组后，单击右键，在弹出的快捷菜单中选择【取消图层编组】命令即可。

【例 4-3】 在图像文件中创建嵌套图层组。 视频+素材

STEP 01 选择【文件】|【打开】命令，打开一个带有多个图层的图像文件，如图 4-20 所示。

STEP 02 在【图层】面板中选中 flower R 图层、flower W 图层和 flower Leaf 图层，然后单击面板菜单按钮，在弹出的菜单中选择【从图层新建组】命令，如图 4-21 所示。

图 4-20　打开图像文件

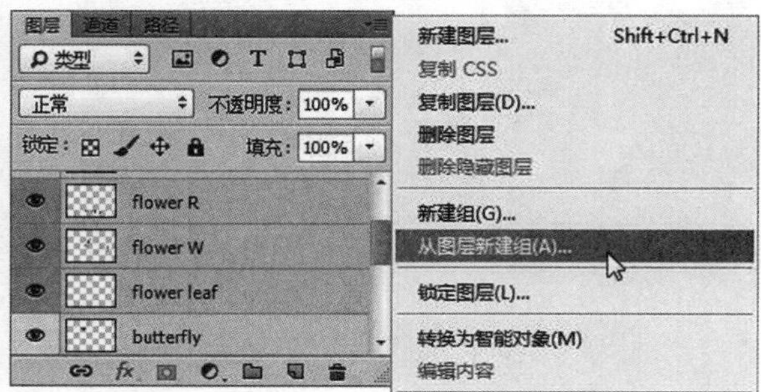

图 4-21　从图层新建组

STEP 03 在打开的【从图层新建组】对话框的【名称】文本框中输入 flower，【颜色】下拉列表中选择【红色】，然后单击【确定】按钮，如图 4-22 所示。

STEP 04 使用与[STEP02]、[STEP03]相同的方法，选中 butterfly 图层、red trinket 图层、blue trinket 图层和 fan 图层，新建 trinket 图层组，如图 4-23 所示。

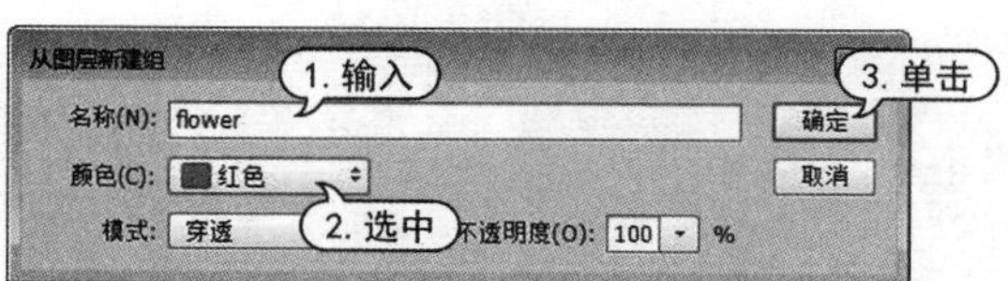

图 4-22　从图层新建组

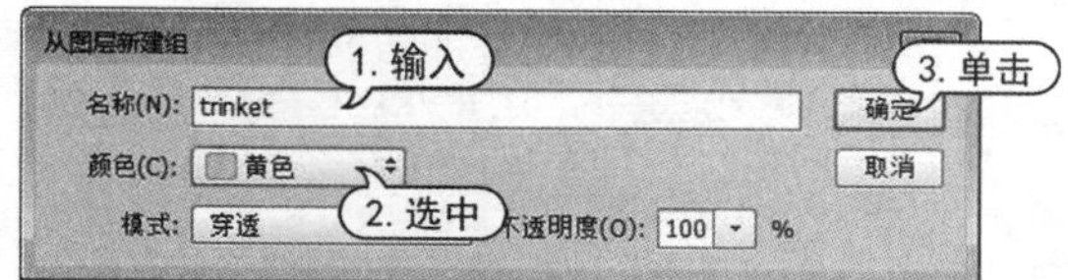

图 4-23　从图层新建组

STEP 05 选中 flower 图层组、trinket 图层组、shoes 图层和 lucky bag 图层，然后单击面板菜单按钮，在弹出的菜单中选择【从图层新建组】命令。在打开的【从图层新建组】对话框的【名称】文本框中输入 object，【颜色】下拉列表中选择【蓝色】，然后单击【确定】按钮，如图 4-24 所示。

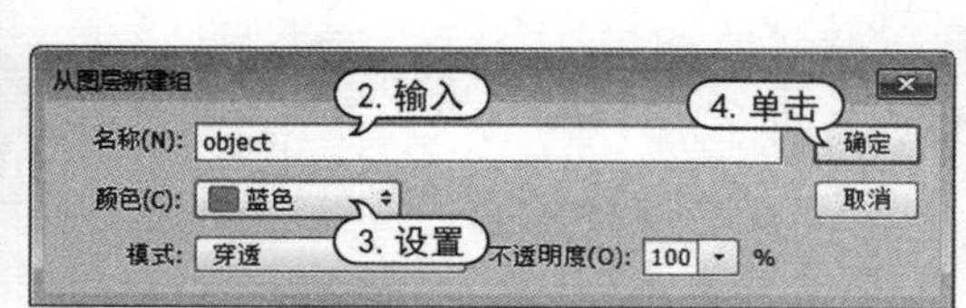

图 4-24　从图层新建组

4.3　编辑图层

在 Photoshop 中，熟练掌握图层的编辑操作可以帮助用户更好使用该软件功能。图层的编辑操作包括图层的选择、显示或隐藏、移动、复制、删除等操作。

4.3.1　背景图层与普通图层的转换

背景图层是比较特殊的图层，它位于【图层】面板的最底层，不能调整堆叠顺序，不能设置不透明度、混合模式，也不能添加效果。若要对其进行这些操作，需要先将其转换为普通图层。

双击背景图层，在打开的【新建图层】对话框中输入图层名称，或使用默认的名称，然后单击【确定】按钮，即可将其转换为普通图层。按住 Alt 键，双击背景图层，也可将其转换为普通图层。

选择【图层】|【新建】|【背景图层】命令，可打开【新建图层】对话框，将普通图层转换为【背景】图层。

4.3.2　选择、取消选择图层

如果要对图像文件中的某个图层进行编辑操作，必须先选中该图层。

在 Photoshop 中，可以选择单个图层，也可以选择连续或非连续的多个图层。在【图层】面板中单击一个图层，即可将其选中。如果要选择多个连续的图层，可以先选择起始端的图层，然后按住 Shift 键单击结束端的图层即可，如图 4-25 所示。

如果要选择多个非连续的图层，可以先选择其中一个图层，然后按住 Ctrl 键单击其他图

层名称，如图 4-26 所示。

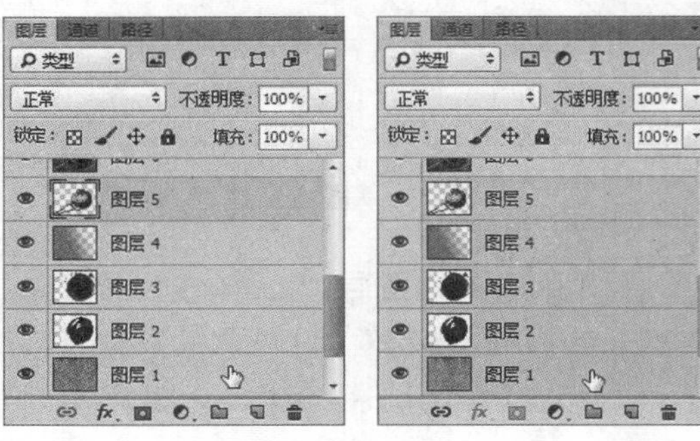

图 4-25　选择连续的图层

图 4-26　选择非连续的图层

如果要选择所有图层，选择【选择】|【所有图层】命令，或按 Alt+Ctrl+A 键即可。需要注意的是，该命令选择的图层不包括背景图层。选择一个链接的图层，选择【图层】|【选择链接图层】命令，可以选择与之链接的所有图层，如图 4-27 所示。

图 4-27　选择链接图层

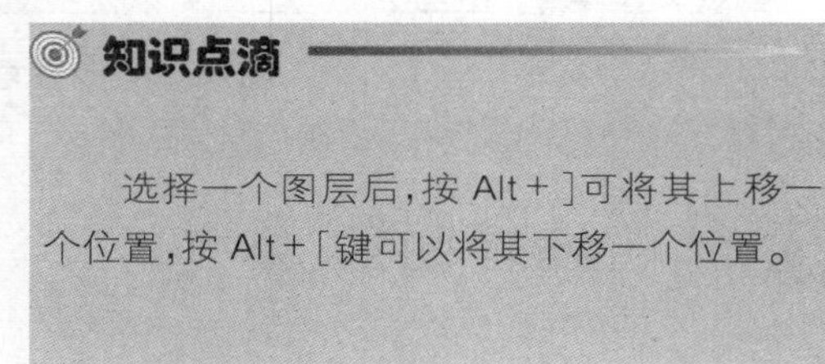

知识点滴

选择一个图层后，按 Alt +]可将其上移一个位置，按 Alt + [键可以将其下移一个位置。

如果不想选择图层，可选择【选择】|【取消选择图层】命令。也可在【图层】面板的空白处单击，取消选择所有图层。

4.3.3　隐藏与显示图层

图层缩览图左侧的👁图标用来控制图层的可见性。当在图层左侧显示有此图标时，表示图像窗口将显示该图层的图像。单击此图标，图标消失，此时将隐藏图像窗口中该图层的图像，如图 4-28 所示。

图 4-28　隐藏图层

如果同时选中了多个图层，选择【图层】|【隐藏图层】命令，可以将这些选中的图层隐藏起来，如图 4-29 所示。选择【图层】|【显示图层】命令，可将隐藏的图层再次显示出来。

图 4-29　隐藏图层

实用技巧

将光标放在一个图层左侧的图标上，然后按住鼠标左键垂直向上或向下拖拽光标，可以快速隐藏多个相邻的图层。如果【图层】面板中有两个或两个以上的图层，按住 Alt 键单击图层左侧的图标，可以快速隐藏该图层以外的所有图层；按住 Alt 键再次单击图标，可显示被隐藏的图层。

4.3.4　复制图层

Photoshop 提供了多种复制图层的方法。可以在同一图像文件内复制任何图层，也可以复制图层至另一个图像文件中。

选中图层内容后，可以利用菜单栏中的【编辑】|【拷贝】和【粘贴】命令在同一图像或不同图像间复制图层，如图 4-30 所示；也可以选择【移动】工具，拖动原图像的图层至目的图像文件中，从而实现不同图像间图层的复制。

图 4-30　拷贝、粘贴图层

还可以单击【图层】面板右上角的按钮，在弹出的面板菜单中选择【复制图层】命令，或在需要复制的图层上右击，从打开的快捷菜单中选择【复制图层】命令，然后在打开的如图4-31 所示的【复制图层】对话框中设置参数复制图层。

- 【为】：在文本框输入复制图层的名称。
- 【文档】：在下拉列表中选择其他打开的文档，可以将图层复制到目标文档中。如果选择【新建】，则可以设置文档的名称，新建文件，并将图层内容复制到其中。

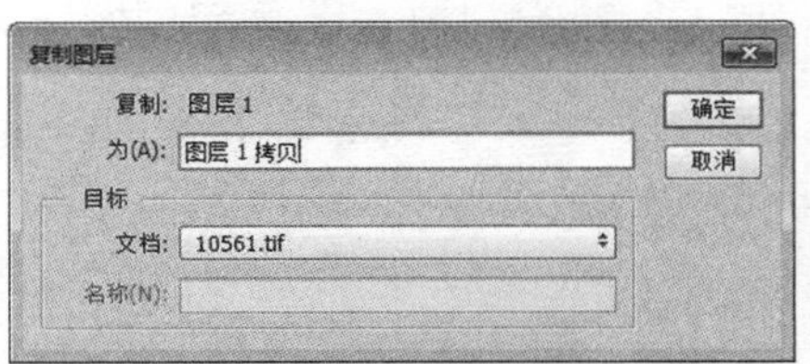

图 4-31 【复制图层】对话框

实用技巧

选中需要复制的图层后，按 Ctrl＋J 键可以快速复制所选图层。

4.3.5 删除图层

在图像处理中，对于一些不使用的图层，虽然可以通过隐藏图层的方式取消对图像整体显示效果的影响，但是它们仍然存在于图像文件中，并且占用一定的磁盘空间。因此，用户应根据需要及时删除【图层】面板中不需要的图层，以精简图像文件。删除图层有以下几种方法。

- 选择需要删除的图层，拖动其至【图层】面板底部的【删除图层】按钮上并释放鼠标即可，如图 4-32 所示。也可以按键盘上 Delete 键，将其直接删除。

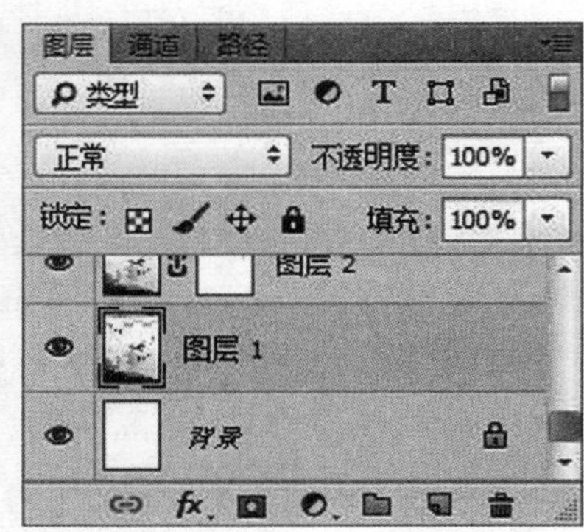

图 4-32 删除图层

- 选择需要删除的图层，选择【图层】|【删除】|【图层】命令即可。
- 选择需要删除的图层，单击鼠标右键，从弹出的快捷菜单中选择【删除图层】命令，然后在弹出的信息提示框中单击【是】按钮即可。也可以直接单击【图层】面板中的【删除图层】按钮，在弹出的信息提示框中单击【是】按钮删除。

4.3.6 锁定图层

在【图层】面板中有多个锁定按钮，具有保护图层透明区域、图像像素和位置的功能，如图 4-33 所示。使用这些按钮可以根据需要完全或部分锁定图层，以免因操作失误而对图层的内容造成破坏。

- 【锁定透明像素】：单击该按钮后，可将编辑范围限定在图层的不透明区域，图层的透明区域会受到保护。
- 【锁定图像像素】：单击该按钮，只能对图层进行移动或变换操作，不能在图层上绘画、擦除或应用滤镜。
- 【锁定位置】：单击该按钮后，图层将不能移动。该功能对于设置了精确位置的图像非

常有用。

▽【锁定全部】🔒：单击该按钮后，图层将不能进行任何操作。

在【图层】面板中选中多个图层，然后选择【图层】|【锁定图层】命令，打开如图 4-34 所示的【锁定所有链接图层】对话框。在该对话框中，可以选择需要锁定的图层属性。如果选中图层组，然后选择【图层】|【锁定组内的所有图层】命令，则会打开【锁定组内的所有图层】对话框。【锁定组内的所有图层】对话框中的参数设置与【锁定所有链接图层】对话框相同。

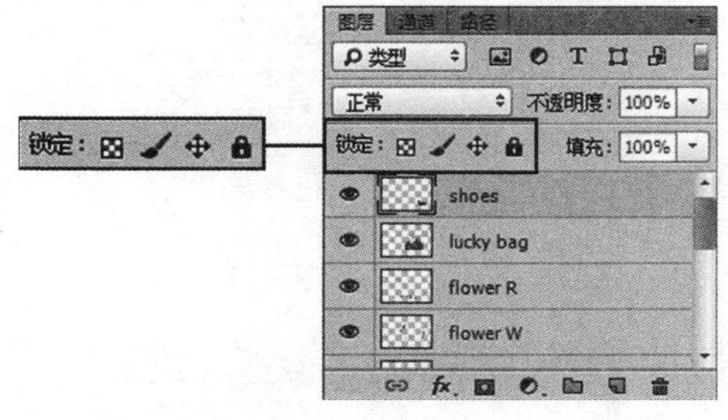

图 4-33　锁定图层按钮

图 4-34　【锁定所有链接图层】对话框

4.3.7　链接图层

链接图层可以链接两个或多个图层或组同时进行移动或变换操作。但与同时选定多个图层不同，链接的图层将保持关联，直至取消它们的链接为止。在【图层】面板中选择多个图层或组后，单击面板底部的【链接图层】按钮，即可将图层进行链接，如图 4-35 所示。

要取消某图层的链接，可选择该图层，然后单击【链接图层】按钮，或者在要临时停用链接的图层上，按住 Shift 键并单击链接图层的链接图标，图标上出现一个红色的×表示该图层链接停用，如图 4-36 所示。按住 Shift 键单击图标可再次启用链接。

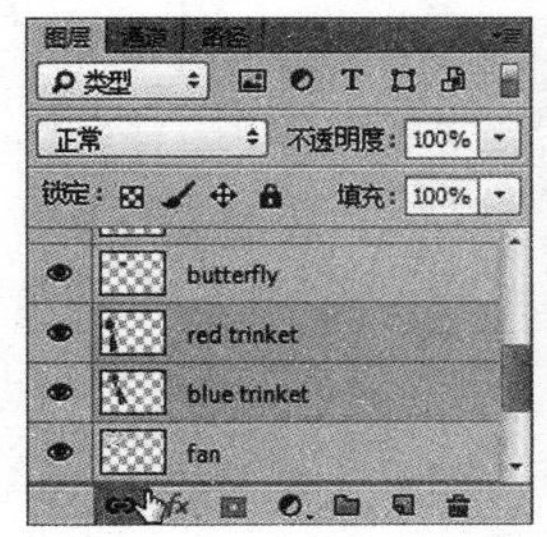

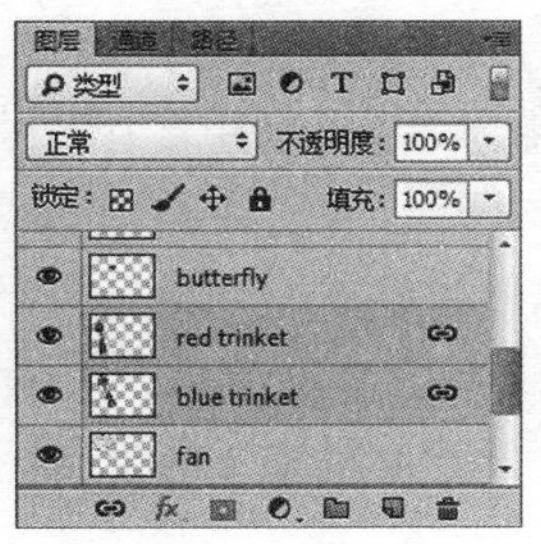

图 4-35　链接图层

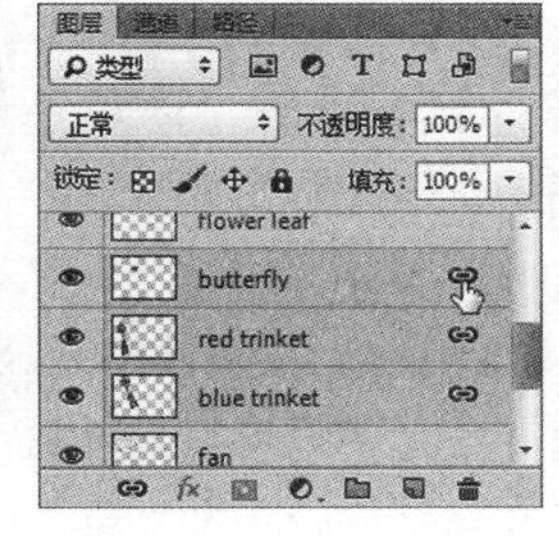

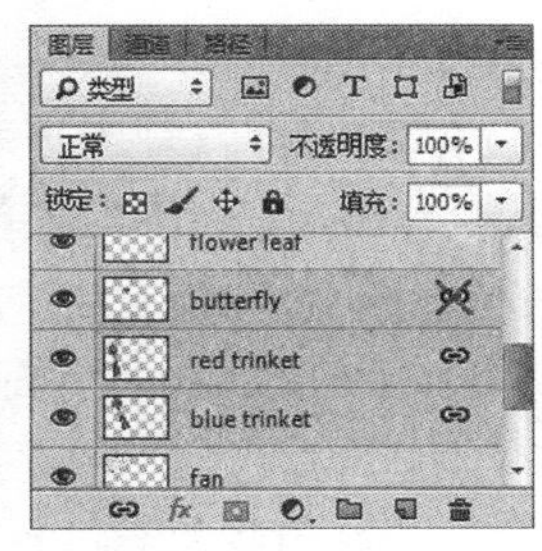

图 4-36　临时停用链接的图层

【例 4-4】 在打开的图像文件中，链接多个图层，并对链接图层进行图像的放大操作。视频+素材

STEP 01 选择【文件】|【打开】命令，打开一个带有多个图层的图像文件，如图 4-37 所示。

STEP 02 在【图层】面板中选择【图层 1】图层，然后按住 Ctrl 键，单击【图层 1 副本】、【图层 1 副本 2】图层，再单击【图层】面板底部的【链接图层】按钮，链接【图层 1】、【图层 1 副本】和【图层 1 副本 2】图层，如图 4-38 所示。

STEP 03 选择【编辑】|【自由变换】命令，在图像文件窗口中等比例放大。调整完成后，按 Enter

键确定，这样就将链接图层中的图像一起等比例放大，如图 4-39 所示。

STEP 04 在【图层】面板中，设置图层混合模式为【强光】，如图 4-40 所示。

图 4-37 打开图像文件

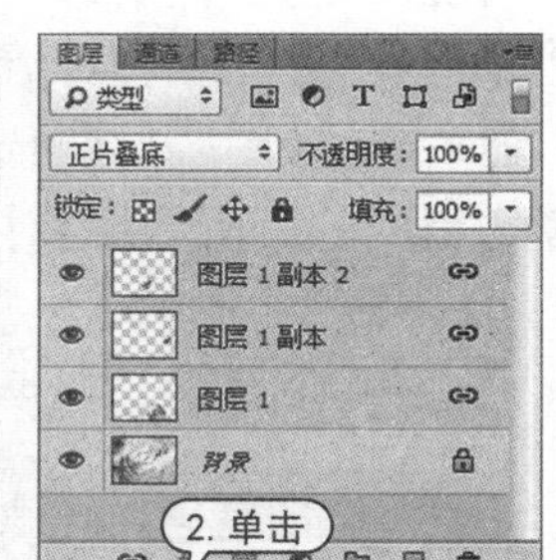

图 4-38 链接图层

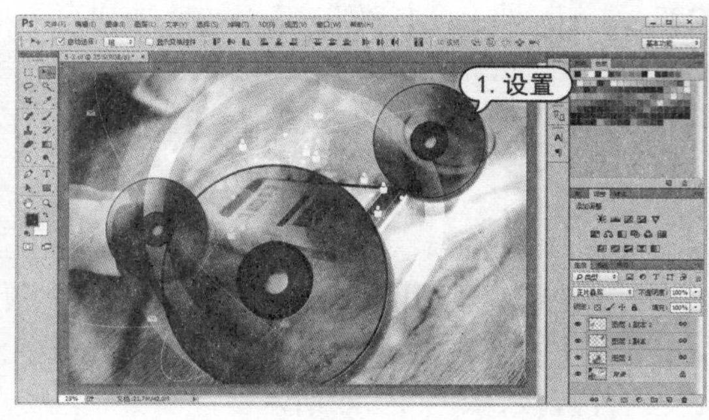

图 4-39 变换图像

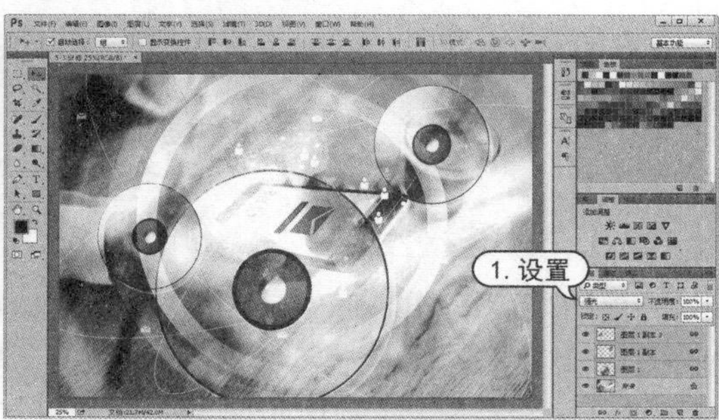

图 4-40 设置图层新

4.3.8 移动图层

在 Photoshop 中，移动图层有两种解释：一种是调整图层顺序，另一种是将图层移动到另一幅图像中。

图层的排列顺序决定了图层中图像内容是显示在其他图像内容的上方还是下方。因此，通过移动图层的排列顺序可以更改图像窗口中各图像的叠放位置，以实现所需的效果。在【图层】面板中单击需要移动的图层，按住鼠标左键不放，将其拖动到需要调整的位置，当出现一条双线时释放鼠标，即可将图层移动到需要的位置，如图 4-41 所示。

用户也可以通过菜单栏的【图层】|【排列】命令子菜单中的【置为顶层】、【前移一层】、【后移一层】、【置为底层】和【反向】命令排列选中的图层。

- 【置为顶层】：将所选图层调整到最顶层。
- 【前移一层】、【后移一层】：将选择的图层向上或向下移动一层。
- 【置为底层】：将所选图层调整到最底层。
- 【反向】：选择多个图层后，选择该命令可以反转所选图层的堆叠顺序。

知识点滴

在实际操作过程中，使用快捷键可以更加便捷、快速地调整图层堆叠顺序。选中图层后，按 Shift+Ctrl+]键可将图层置为顶层，按 Shift+Ctrl+[键可将图层置为底层，按 Ctrl+]键可将图层上移一层，按 Ctrl+[键可将图层下移一层。

在两个图像之间移动图层，首先选中需要移动的图层，然后使用【移动】工具，按住鼠标左键不放并将图层拖曳到另一幅图像上，当目标文件上出现时，释放左键即可，如图 4-42 所示。

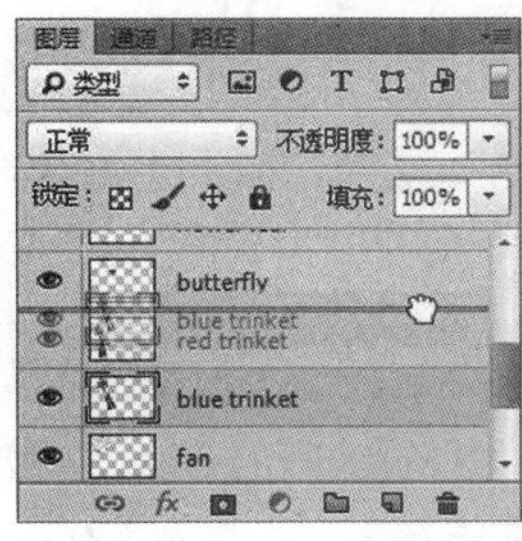

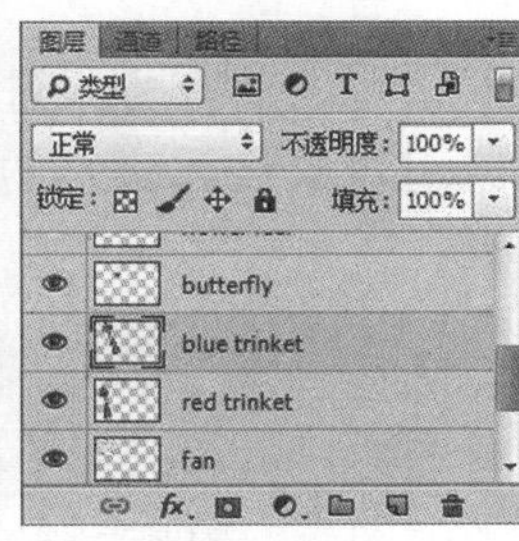

图 4-41　移动图层

图 4-42　移动图层

4.3.9　合并与盖印图层

要想合并【图层】面板中的多个图层，可以在【图层】面板菜单中选择相关的合并命令。

- 【向下合并】命令：选择该命令，或按 Ctrl+E 键，可以合并当前选择的图层与位于其下方的图层，合并后会以选择的图层的下方的图层名称作为新图层的名称，如图 4-43 所示。
- 【合并可见图层】命令：选择该命令，或按 Shift+Ctrl+E 键，可以将【图层】面板中所有可见图层合并至当前选择的图层中，如图 4-44 所示。

图 4-43　向下合并

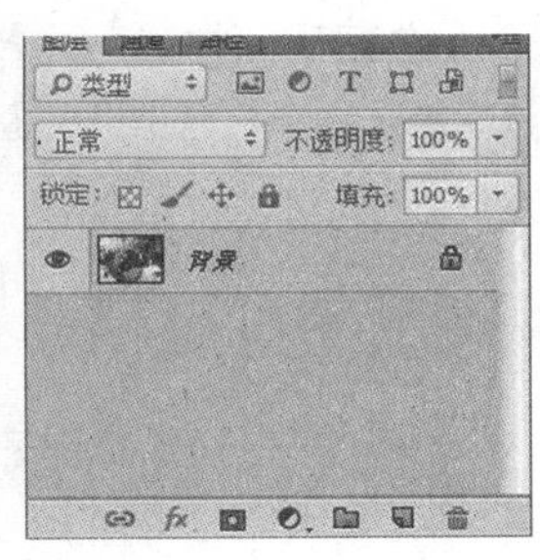

图 4-44　合并可见图层

- 【拼合图像】命令：选择该命令，可以合并当前所有的可见图层，并且删除【图层】面板中的隐藏图层。在删除隐藏图层的过程中，会打开一个系统提示对话框，单击【确定】按钮即可完成图层的合并。

盖印图层操作可以将多个图层的内容合并为一个目标图层，同时保持原图层的独立、完好。要盖印图层可以通过以下两种方法。

- 按 Ctrl+Alt+E 键可以将选定的图层内容合并，并创建一个新图层，如图 4-45 所示。
- 按 Shift+Ctrl+Alt+E 键可以将【图层】

图 4-45　将选定的图层内容合并

面板中所有可见图层内容合并到新建图层中。

4.4 对齐与分布图层

对齐图层功能可以使不同图层上的对象按照指定的对齐方式进行自动对齐，从而得到整齐的图像效果。分布图层功能可以使图层对象或组对象按照指定的分布方式进行自动分布，从而得到具有相同距离或相同对齐点的图像效果。

4.4.1 对齐与分布图层

在【图层】面板中选择两个图层，然后选择【移动】工具，这时选项栏中的【对齐】按钮会被激活，如图 4-46 所示。如果选择了 3 个或 3 个以上的图层，选项栏中的【分布】按钮会被激活，如图 4-47 所示。

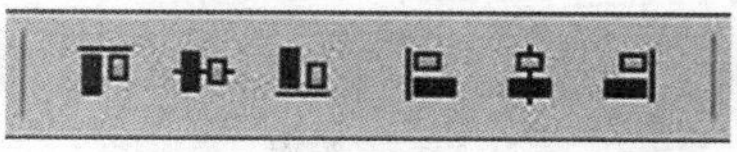

图 4-46　对齐按钮

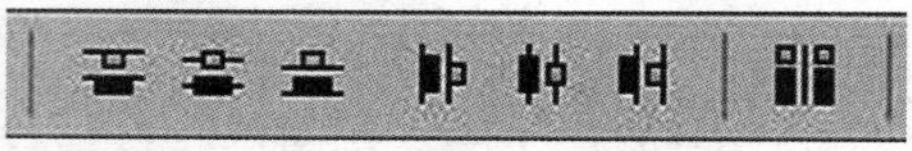

图 4-47　分布按钮

- 【顶对齐】按钮：单击该按钮，可以将所有选中的图层最顶端的像素与基准图层最上方的像素对齐。
- 【垂直居中对齐】按钮：单击该按钮，可以将所有选中图层的垂直方向的中心像素与基准图层垂直方向的中心像素对齐。
- 【底对齐】按钮：单击该按钮，可以将所有选中图层最底端的像素与基准图层最下方的像素对齐。
- 【左对齐】按钮：单击该按钮，可以将所有选中图层最左端的像素与基准图层最左端的像素对齐。
- 【水平居中对齐】按钮：单击该按钮，可以将所有选中图层水平方向的中心像素与基准图层水平方向的中心像素对齐。
- 【右对齐】按钮：单击该按钮，可以将所有选中图层最右端的像素与基准图层最右端的像素对齐。
- 【按顶分布】按钮：单击该按钮，可以从每个图层的顶端像素开始，间隔均匀地分布选中图层。
- 【垂直居中分布】按钮：单击该按钮，可以从每个图层的垂直中心像素开始，间隔均匀地分布选中图层。
- 【按底分布】按钮：单击该按钮，可以从每个图层的底部像素开始，间隔均匀地分布选中图层。
- 【按左分布】按钮：单击该按钮，可以从每个图层的最左侧像素开始，间隔均匀地分布选中图层。
- 【水平居中分布】按钮：单击该按钮，可以从每个图层的水平中心像素开始，间隔均匀地分布选中图层。
- 【按右分布】按钮：单击该按钮，可以从每个图层的最右边像素开始，间隔均匀地分布选

中图层。

4.4.2　自动对齐图层

选中多个图层后，在选项栏中单击【自动对齐图层】按钮，可以打开【自动对齐图层】对话框。使用该功能可以根据不同图层中的相似内容自动对齐图层。可以指定一个图层作为参考图层，也可以让 Photoshop 自动选择参考图层。其他图层将与参考图层对齐，以便匹配的内容能够自行叠加。

【例 4-5】 使用【自动对齐】命令拼合图像。 视频+素材

STEP 01 选择【文件】|【打开】命令，打开一个带有多个图层的图像文件，如图 4-48 所示。

STEP 02 在【图层】面板中，按 Ctrl 键单击选中【图层 1】、【图层 2】和【图层 3】。在选项栏中单击【自动对齐图层】按钮，如图 4-49 所示。

图 4-48　打开图像文件

图 4-49　选中图层

STEP 03 在【自动对齐图层】对话框中，选中【拼贴】单选按钮，然后单击【确定】按钮，如图 4-50 所示。

STEP 04 使用【裁剪】工具在拼贴后的图像画面中裁剪白色背景区域，如图 4-51 所示。

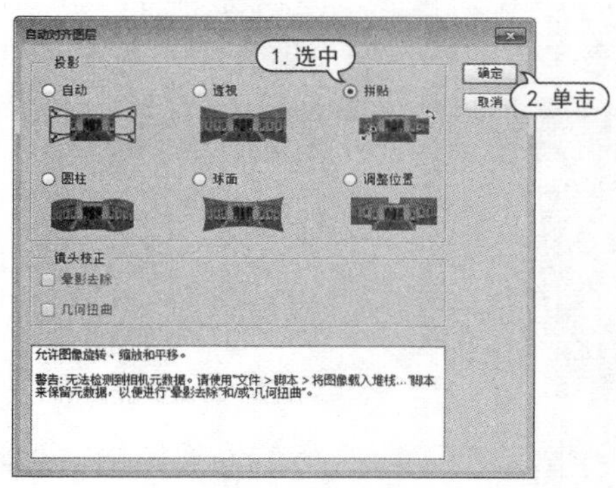

图 4-50　自动对齐图层

图 4-51　裁剪图像

知识点滴

【自动对齐图层】对话框底部的【镜头校正】选项可以自动校正镜头缺陷，对导致图像边缘比图像中心暗的镜头缺陷进行补偿，并可补偿桶形、枕形或鱼眼失真。

4.5 图层不透明度的设置

在【图层】面板中，【不透明度】和【填充】选项都可以控制图层不透明度。在这两个选项中，100%代表了完全不透明、50%代表了半透明、0%代表了完全透明。

【不透明度】用于控制图层、图层组中绘制的像素和形状的不透明度，如果对图层应用图层样式，则图层样式的不透明度也会受到该值的影响，如图 4-52 所示。

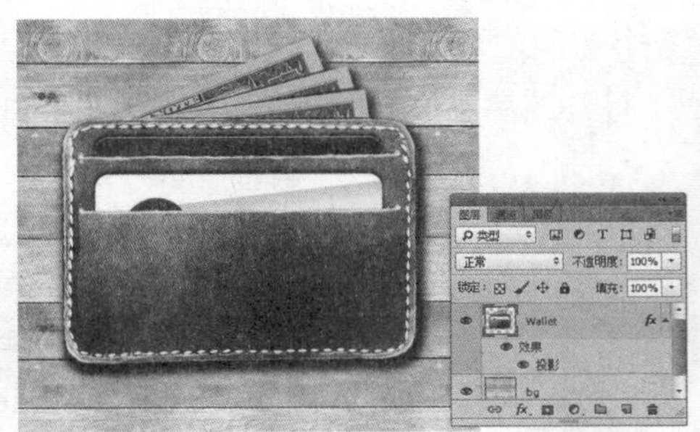
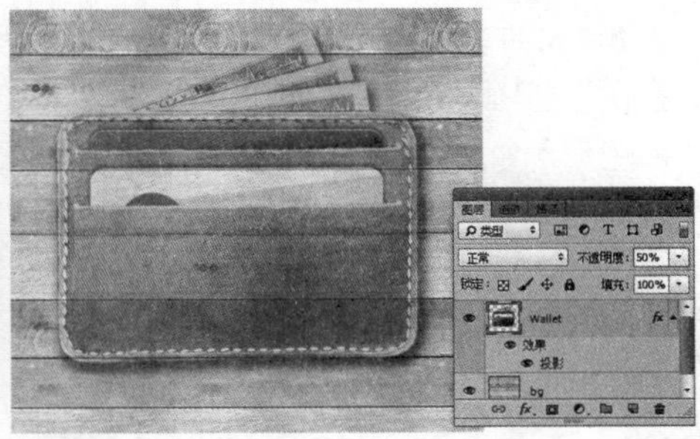

图 4-52　设置【不透明度】

在使用画笔、图章、橡皮擦等绘画和修复工具时，也可以在工具选项栏中设置不透明度。

【填充】只影响图层中绘制的像素和形状的不透明度，不会影响图层样式的不透明度，如图 4-53 所示。

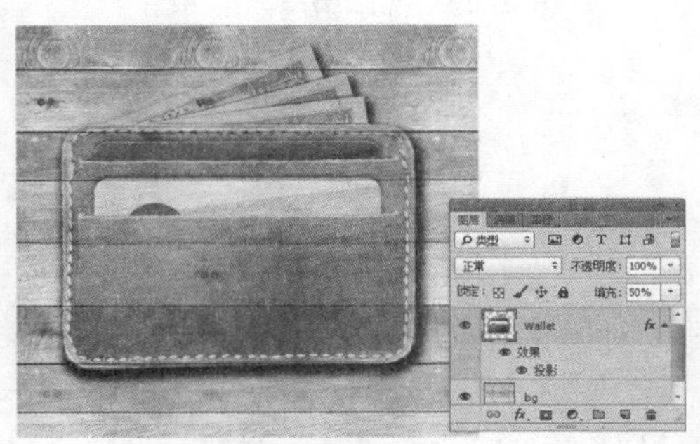

图 4-53　设置【填充】

知识点滴

在使用除画笔、图章、橡皮擦等绘画和修饰工具时，按下键盘中的数字键即可快速修改图层的不透明度。如按下"5"，不透明度会变为 50%；按下"55"，不透明度会变为 55%；按下"0"，不透明度会恢复为 100%。

4.6 图层混合模式的设置

混合模式是一项非常重要的功能。图层混合模式指当图像叠加时，上方图层和下方图层的像素进行混合，从而得到另外一种图像效果，且不会对图像造成任何的破坏，再结合图层不透明度的设置，可以控制图层混合后显示的深浅程度，常用于合成和特效制作中。

在【图层】面板的【设置图层的混合模式】下拉列表中，可以选择【正常】、【溶解】、【滤色】等混合模式。使用这些混合模式，可以混合所选图层中的图像与下方所有图层中的图像的效果。

- 【正常】模式：Photoshop 默认模式，使用时不产生任何特殊效果。

- 【溶解】模式：选择此选项，图像画面产生溶解、粒状效果。其右侧的【不透明度】值越小，溶解效果越明显，如图 4-54 所示。
- 【变暗】模式：选择此选项，在绘制图像时，软件将取两种颜色的暗色作为最终色，亮于底色的颜色将被替换，暗于底色的颜色保持不变，如图 4-55 所示。
- 【正片叠底】模式：选择此选项，将产生比底色与绘制色都暗的颜色，可以用来制作阴影效果，如图 4-56 所示。

图 4-54　【溶解】模式

图 4-55　【变暗】模式

图 4-56　【正片叠底】模式

- 【颜色加深】模式：选择此选项，可以使图像色彩加深，亮度降低，如图 4-57 所示。
- 【线性加深】模式：选择此选项，系统会通过降低图像画面亮度使底色变暗，从而反映绘制的颜色。当与白色混合时，将不发生变化，如图 4-58 所示。
- 【深色】模式：选择此选项，系统将从底色和混合色中选择最小的通道值来创建结果颜色，如图 4-59 所示。

图 4-57　【颜色加深】模式

图 4-58　【线性加深】模式

图 4-59　【深色】模式

- 【变亮】模式：这种模式只有在当前颜色比底色深的情况下才起作用，底图的浅色将覆盖绘制的深色，如图 4-60 所示。
- 【滤色】模式：此选项与【正片叠底】选项的功能相反，通常这种模式的颜色都较浅。任何颜色的底色与绘制的黑色混合，原颜色都不受影响；与绘制的白色混合将得到白色；与绘制的其他颜色混合将得到漂白效果，如图 4-61 所示。
- 【颜色减淡】模式：选择此选项，将通过减低对比度，使底色的颜色变亮来反映绘制的颜色，与黑色混合没有变化，如图 4-62 所示。

图 4-60 【变亮】模式

图 4-61 【滤色】模式

图 4-62 【颜色减淡】模式

- 【线性减淡(添加)】模式:选择此选项,将通过增加亮度使底色的颜色变亮来反映绘制的颜色,与黑色混合没有变化,如图 4-63 所示。
- 【浅色】模式:选择此选项,系统将从底色和混合色中选择最大的通道值来创建结果颜色,如图 4-64 所示。
- 【叠加】模式:选择此选项,将使图案或颜色在现有像素上叠加,同时保留基色的明暗对比,反之变亮,如图 4-65 所示。

图 4-63 【线性减淡(添加)】模式

图 4-64 【浅色】模式

图 4-65 【叠加】模式

- 【柔光】模式:选择此选项,系统将根据绘制色的明暗程度来决定最终是变亮还是变暗。当绘制的颜色比 50%的灰色暗时,图像通过增加对比度变暗,如图 4-66 所示。
- 【强光】模式:选择此选项,系统将根据混合颜色决定执行正片叠底还是过滤。当绘制的颜色比 50%的灰色亮时,底色图像变亮;比 50%的灰色暗时,底色图像变暗,如图 4-67 所示。
- 【亮光】模式:选择此选项,系统将根据绘制色通过增加或降低对比度来加深或者减淡颜色。当绘制的颜色比 50%的灰色暗时,图像通过增加对比度变暗,反之变亮,如图 4-68 所示。

图 4-66 【柔光】模式

图 4-67 【强光】模式

图 4-68 【亮光】模式

- 【线性光】模式：选择此选项，系统将根据绘制色通过增加或降低亮度来加深或减淡颜色。当绘制的颜色比 50%的灰色亮时，图像通过增加亮度变亮；当比 50%的灰色暗时，图像通过降低亮度变暗，如图 4-69 所示。
- 【点光】：选择此选项，系统将根据绘制色来替换颜色。当绘制的颜色比 50%的灰色亮时，比绘制色暗的像素被替换，比绘制色亮的像素不被替换；当绘制的颜色比 50%的灰色暗时，比绘制色亮的像素被替换，但比绘制色暗的像素不被替换，如图 4-70 所示。
- 【实色混合】模式：选择此选项，将混合颜色的红色、绿色和蓝色的通道数值添加到底色的 RGB 值上，如果通道计算的结果总和大于或等于 255，则值为 255；如果小于 255，则值为 0，如图 4-71 所示。

图 4-69 【线性光】模式

图 4-70 【点光】模式

图 4-71 【实色混合】模式

- 【差值】模式：选择此选项，系统将用图像画面中较亮的像素值减去较暗的像素值，其差值为最终的像素值。当与白色混合时将使底色相反，而与黑色混合则不产生任何变化，如图 4-72 所示。
- 【排除】模式：选择此选项，可生成与【差值】选项相似的效果，但比差值模式生成的颜色对比度要小，因而较柔和，如图 4-73 所示。
- 【减去】模式：选择此选项，系统从目标通道中相应的像素上减去源通道中的像素值，如图 4-74 所示。

图 4-72 【差值】模式

图 4-73 【排除】模式

图 4-74 【减去】模式

- 【划分】模式：选择此选项，系统将比较每个通道中的颜色信息，然后从底层图像中划分上层图像，如图 4-75 所示。
- 【色相】模式：选择此选项，系统将采用底色的亮度与饱和度，以及绘制色的色相来创建最终颜色，如图 4-76 所示。

- 【饱和度】模式：选择此选项，系统将采用底色的亮度和色相，以及绘制色的饱和度来创建最终颜色，如图 4-77 所示。

图 4-75 【划分】模式

图 4-76 【色相】模式

图 4-77 【饱和度】模式

- 【颜色】模式：选择此选项，系统将采用底色的亮度以及绘制色的色相、饱和度来创建最终颜色，如图 4-78 所示。
- 【明度】模式：选择此选项，系统将采用底色的色相、饱和度以及绘制色的明度来创建最终颜色。此选项实现效果与【颜色】模式相反，如图 4-79 所示。

图层组有一种特殊的混合模式——【穿透】，表示图层组没有自己的混合属性。

图 4-78 【颜色】模式

图 4-79 【明度】模式

实用技巧

图层混合模式只能在两个图层的图像之间产生作用；【背景】图层上的图像不能设置图层混合模式。如果想为【背景】图层设置混合效果，必须先将其转换为普通图层。

【例 4-6】 使用混合模式调整图像效果。 视频+素材

STEP 01 选择【文件】|【打开】命令，打开一个素材图像文件，如图 4-80 所示。

STEP 02 选择【文件】|【置入嵌入的智能对象】命令，打开【置入嵌入对象】对话框。在对话框中选中需要置入的图像，然后单击【置入】按钮，如图 4-81 所示。

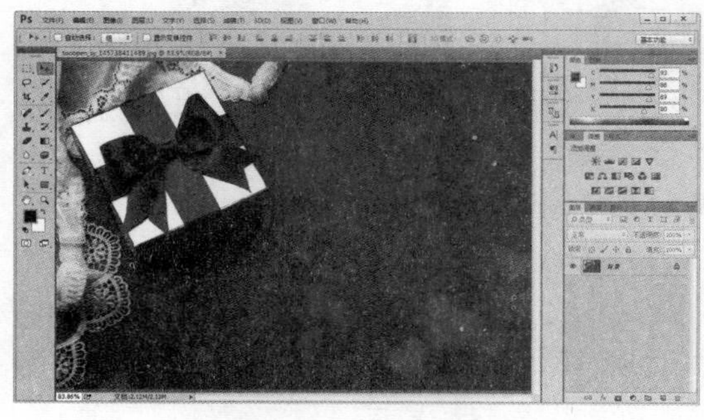

图 4-80 打开图像文件

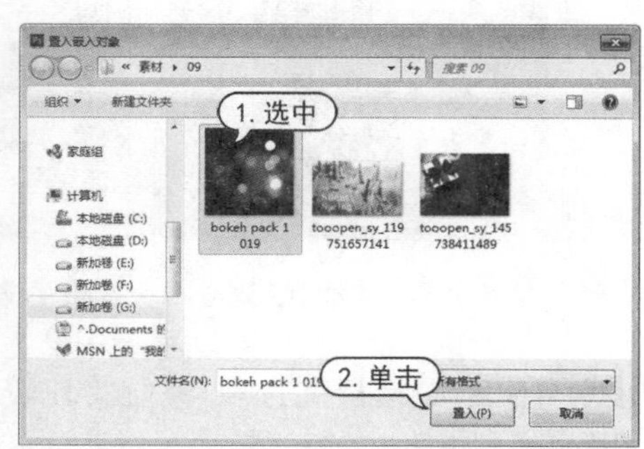

图 4-81 置入嵌入的智能对象

STEP 03 在图像文件中单击置入的图像，并调整置入图像的大小，然后按 Enter 键确认，如图 4-82所示。

STEP 04 在【图层】面板中，设置置入图像图层的混合模式为【滤色】模式，如图 4-83 所示。

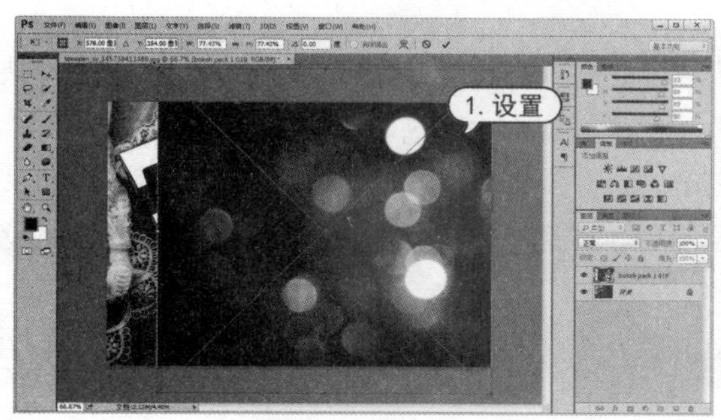

图 4-82　置入图像

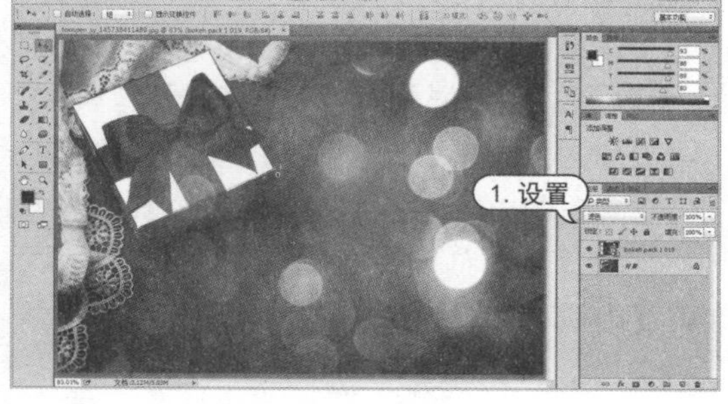

图 4-83　设置混合模式

4.7　图层样式的应用

图层样式也称图层效果，它用于创建图像特效。图层样式可以随时修改、隐藏或删除，具有非常强的灵活性。

4.7.1　添加图层样式

用户可以使用系统预设的样式，也可载入外部样式。

1. 添加自定义图层样式

如果要为图层添加样式，可以选中该图层，然后使用下面任意一种方法打开如图 4-84 所示的【图层样式】对话框。

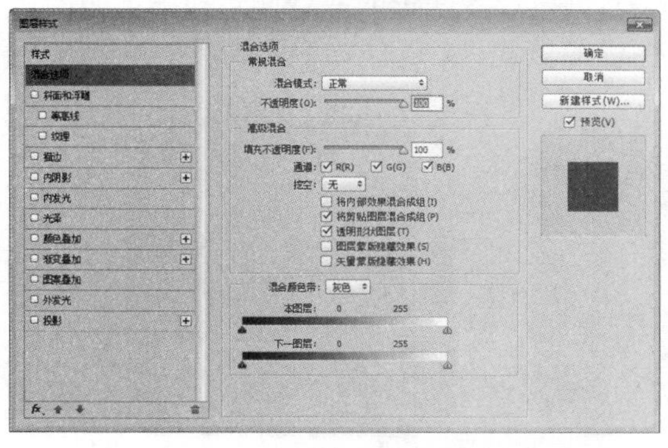

图 4-84　【图层样式】对话框

实用技巧

【背景】图层不能添加图层样式。如果要为【背景】图层添加样式，需要先将其转换为普通图层。

- 选择【图层】|【图层样式】菜单中的子命令，可打开【图层样式】对话框，并进入到相应效果的设置面板。
- 单击【图层】面板底部的【添加图层样式】按钮，在弹出的菜单中选择一种样式，可以打开【图层样式】对话框，并进入到相应效果的设置面板。

- 双击需要添加样式的图层，打开【图层样式】对话框，在对话框左侧选择要添加的效果，即可切换到该效果的设置面板。

【图层样式】对话框的左侧列出了 10 种效果，效果名称前的复选框被选中时，表示在图层中添加了该效果。

- 【斜面和浮雕】样式可以对图层添加高光与阴影的各种组合，使图层内容呈现立体的浮雕效果。还可以添加图案纹理，让画面展现出不一样的浮雕效果，如图 4-85 所示。
- 【描边】样式可在当前的图层上描画对象的轮廓。轮廓可以是颜色、渐变色或图案，可以控制描边的大小、位置、混合模式以及填充类型等。选择不同的填充类型，会有不同的选项进行设置，如图 4-86 所示。
- 【内阴影】样式可以在图层中的图像边缘内部增加投影效果，使图像产生凸起或凹陷的外观效果，如图 4-87 所示。

图 4-85　斜面和浮雕

图 4-86　描边

图 4-87　内阴影

- 【内发光】样式可以沿图层内容的边缘向内创建发光效果，如图 4-88 所示。
- 【光泽】样式可以创建光滑的内部阴影，为图像添加光泽效果。该图层样式没有特别的选项，用户可以通过选择不同的【等高线】来改变光泽的样式，如图 4-89 所示。
- 【颜色叠加】样式可以在图层上叠加指定的颜色，通过设置颜色的混合模式和不透明度来控制叠加颜色的效果，以达到更改图层内容颜色的目的，如图 4-90 所示。

图 4-88　内发光

图 4-89　光泽

图 4-90　颜色叠加

- 使用【渐变叠加】样式可以在图层内容上叠加指定的渐变颜色，在【渐变叠加】设置选项中可以编辑渐变颜色，然后通过设置渐变的混合模式、样式、角度、不透明度和缩放等参数控制叠加的渐变颜色效果，如图 4-91 所示。
- 使用【图案叠加】样式可以在图层内容上叠加图案效果。可以选择 Photoshop 中预设的

多种图案，然后缩放图案，设置图案的不透明度和混合模式，制作出特殊质感的效果，如图 4-92 所示。

- 【外发光】样式可以沿图层内容的边缘向外创建发光效果，如 4-93 图所示。

图 4-91　渐变叠加

图 4-92　图案叠加

图 4-93　外发光

- 【投影】样式可以为图层内容边缘外侧添加投影效果，可以控制投影的颜色、大小、方向等，让图像效果更具立体感，如图 4-94 所示。

在对话框中设置样式参数后，单击【确定】按钮即可为图层添加样式，图层右侧会显示一个图层样式标志 fx。单击该标志右侧的 按钮可折叠或展开样式列表，如图 4-95 所示。

图 4-94　投影

图 4-95　展开图层样式

【例 4-7】　为打开的图像添加图层样式。 视频+素材

STEP 01 选择【文件】|【打开】命令，选择打开一个图像文件，如图 4-96 所示。

STEP 02 在【图层】面板中选中“白底”图层，单击【添加图层样式】按钮，在弹出的菜单中选择【投影】命令，打开【图层样式】对话框，如图 4-97 所示。

图 4-96　打开图像文件

图 4-97　选择样式

轻松学电脑教程系列

STEP 03 在【图层样式】对话框中单击【混合模式】下拉按钮，从弹出的列表中选择【正片叠底】选项，设置【不透明度】数值为 70%，【角度】数值为 60 度，【距离】数值为 30 像素，【扩展】数值为 0%，【大小】数值为 25 像素，然后单击【确定】按钮应用图层样式，如图 4-98 所示。

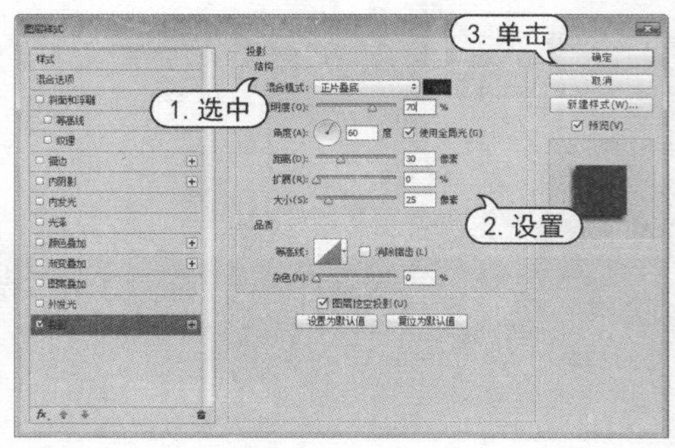

图 4-98　应用图层样式

STEP 04 双击“蝴蝶”图层，打开【图层样式】对话框。在对话框中，选中【外发光】图层样式选项，单击【混合模式】下拉按钮，从弹出的下拉列表中选择【正片叠底】选项，设置【不透明度】数值为 60%，【大小】数值为 35 像素，设置发光颜色为黑色，然后单击【确定】按钮，如图 4-99 所示。

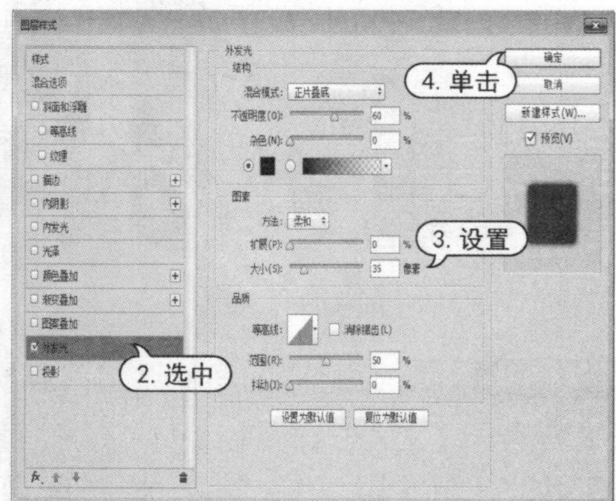

图 4-99　应用图层样式

2. 设置全局光

在【图层样式】对话框中，【投影】、【内阴影】、【斜面和浮雕】效果都有一个【使用全局光】选项，选择该选项后，以上效果将使用相同角度的光源。如果要调整全局光的角度和高度，可选择【图层】|【图层样式】|【全局光】命令，打开如图 4-100 所示的【全局光】对话框进行设置。

3. 设置等高线

Photoshop 中的等高线用来控制效果在指定范围内的形状，以模拟不同的材质。在【图层样式】对话框中，【斜面和浮雕】、【内阴影】、【内发光】、【光泽】、【外发光】和【投影】效果都有等高线设置选项。单击【等高线】选项右侧的按钮，可以在打开的下拉面板中选择预设的等高线样式，如图 4-101 所示。

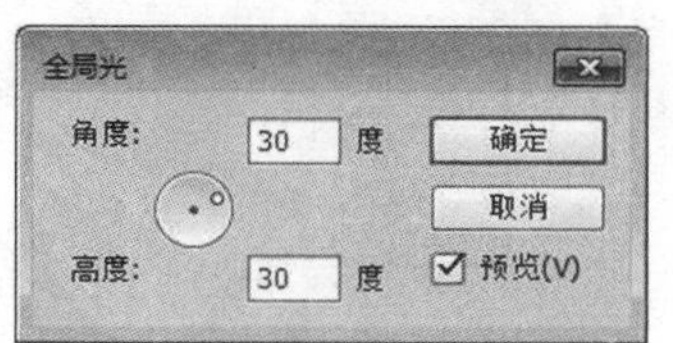

图 4-100 【全局光】对话框

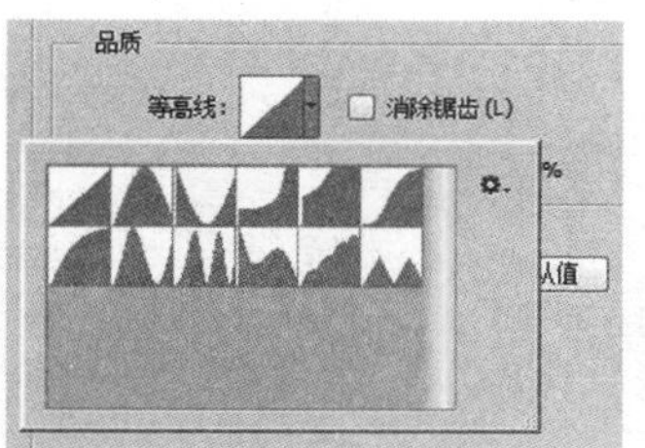

图 4-101 预设等高线

实用技巧

如果单击等高线缩览图，则可以打开如图4-102所示的【等高线编辑器】对话框。其使用方法与【曲线】对话框的使用方法非常相似，用户可以通过添加、删除和移动控制点来修改等高线的形状，从而影响图层样式的外观。

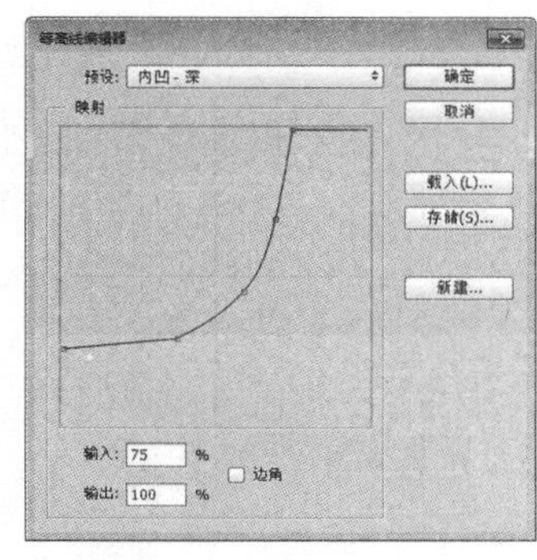

图 4-102 【等高线编辑器】对话框

4. 添加预设样式

在 Photoshop 中，除了可以自定义图层样式外，还可以通过【样式】面板对图像或文字快速应用预设的图层样式效果，并且可以对预设样式进行编辑处理。【样式】面板用来保存、管理和应用图层样式。用户也可以将 Photoshop 提供的预设样式库或外部样式库载入到该面板中。选择【窗口】|【样式】命令，就可以打开如图 4-103 所示的【样式】面板。

要添加预设样式，首先选择一个图层，然后单击【样式】面板中的一个样式即可。也可以打开【图层样式】对话框，在左侧的列表中选择【样式】选项，从右侧的窗格中选择预设的图层样式，然后单击【确定】按钮即可，如图 4-104 所示。

【例 4-8】 为打开的图像添加预设的图层样式。 视频+素材

STEP 01 选择【文件】|【打开】命令，选择打开一个图像文件，按 Ctrl＋J 键复制【背景】图层，如图4-105 所示。

STEP 02 打开【样式】面板，单击【拼图(图像)】样式，为图层添加该样式，创建拼图效果，如图4-106 所示。

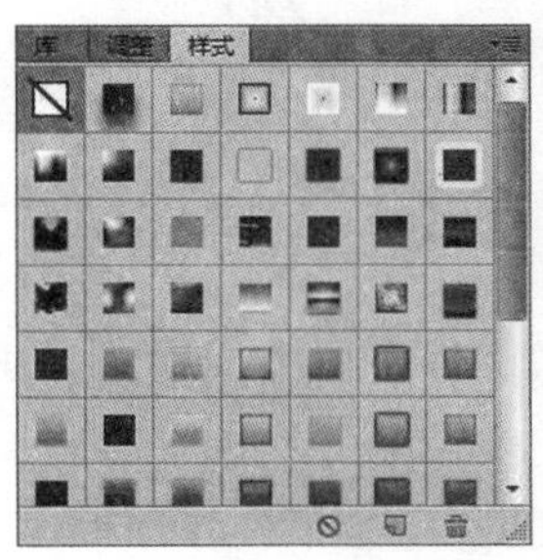

图 4-103 【样式】面板

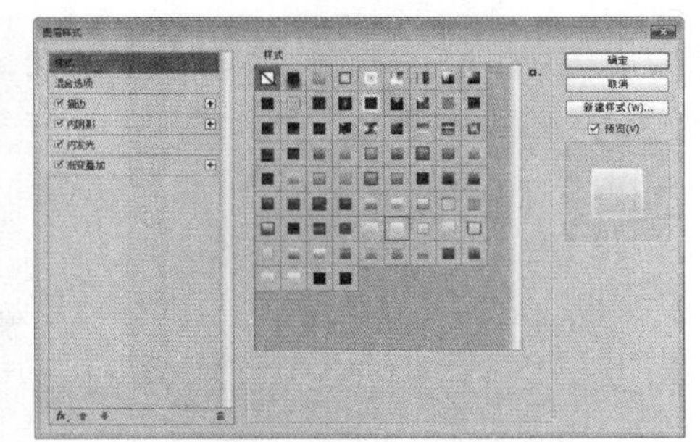

图 4-104 从【图层样式】对话框选择预设样式

图 4-105　打开图像文件　　　　图 4-106　添加样式

STEP 03 选择【图层】|【图层样式】|【缩放效果】命令，打开【缩放图层效果】对话框，设置【缩放】数值为 130%，然后单击【确定】按钮调整样式的缩放比例，如图 4-107 所示。

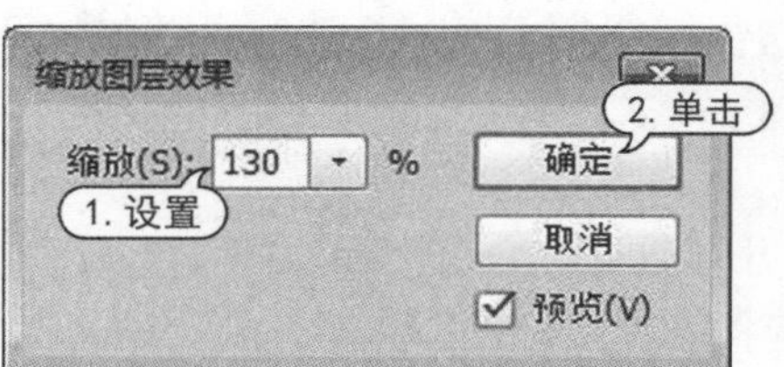

图 4-107　缩放效果

4.7.2　设置混合选项

默认情况下，在打开的【图层样式】对话框中会显示如图 4-108 所示的【混合选项】设置，可以对一些相对常见的选项，如混合模式、不透明度、混合颜色带等进行设置。

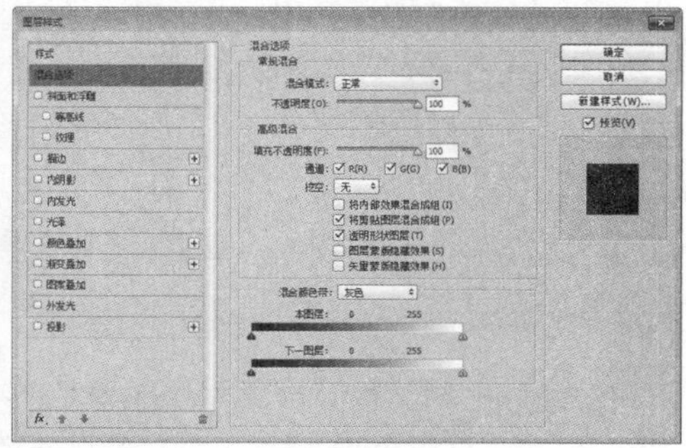

图 4-108　【混合选项】设置

- 【混合模式】下拉列表：在该下拉列表中选择一个选项，即可使当前图层按照选择的混合模式与图像下层图层叠加在一起。
- 【不透明度】数值框：通过拖动滑块或直接在数值框中输入数值，设置当前图层的不透明度。
- 【填充不透明度】数值框：通过拖动滑块或直接在数值框中输入数值，设置当前图层的填充不透明度。填充不透明度将影响图层中绘制的像素或图层中绘制的形状，但不影响已经应用于图层的任何图层效果。
- 【通道】复选框：通过选中不同通道，可以显示出不同的通道效果。
- 【挖空】选项组：可以指定图像中哪些图层是穿透的，从而使其他图层中的内容显示出来。

- 【混合颜色带】选项组：单击【混合颜色带】右侧的下拉按钮，在打开的下拉列表中选择不同的颜色选项，然后通过拖动下方的滑块调整当前图层对象的颜色。

【例 4-9】 使用混合选项调整图像效果。 视频+素材

STEP 01 选择【文件】|【打开】命令，打开一个素材图像文件，并在【图层】面板中选中 Silent Spring 图层，如图 4-109 所示。

STEP 02 双击 Silent Spring 图层，打开【图层样式】对话框。在对话框的【混合选项】设置区中，单击【混合模式】下拉列表选择【叠加】选项，在【混合颜色带】选项区中，按住 Alt 键拖动【下一图层】黑色滑块的右半部分至 141，按 Alt 键拖动白色滑块的左半部分至 186，如图4-110 所示。

图 4-109　打开图像文件

图 4-110　设置【混合选项】

STEP 03 单击【混合颜色带】下拉按钮，从弹出的下拉列表中选择【蓝】选项，然后按住 Alt 键拖动【下一图层】黑色滑块的右半部分至 183，按 Alt 键拖动白色滑块的左半部分至 211，如图 4-111 所示。

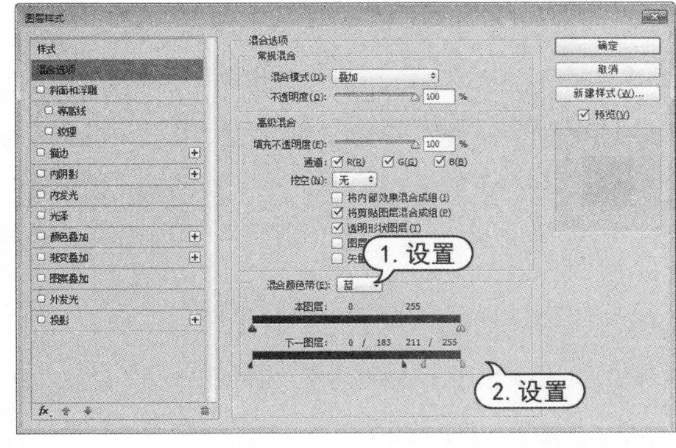

图 4-111　设置【混合选项】

STEP 04 在【图层样式】对话框左侧列表中选中【投影】选项，在【混合模式】下拉列表中选择【亮光】选项，设置【不透明度】数值为 40%，【距离】数值为 7 像素，【大小】数值为 2 像素，然后单击【确定】按钮，应用图层样式，如图 4-112 所示。

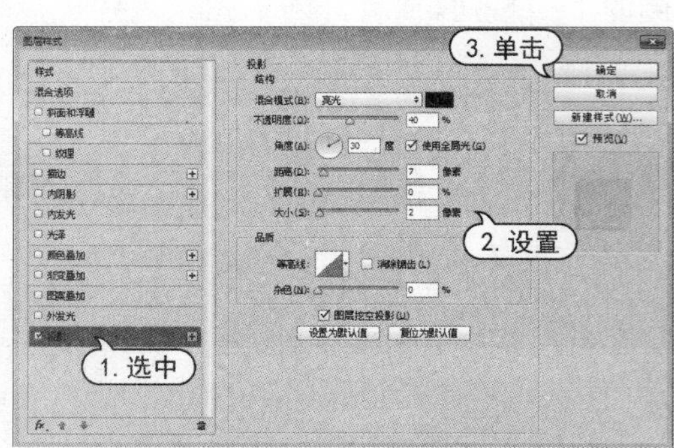

图 4-112 设置【投影】

4.8 编辑图层样式

图层样式运用非常灵活，用户可以随时修改效果的参数，隐藏效果，或者删除效果，且不会对图层中的图像造成任何破坏。

4.8.1 新建、删除预设样式

在【图层】面板中选择一个带有图层样式的图层后，将光标放置在【样式】面板的空白处，当光标变为油漆桶图标时单击，或直接单击【创建新样式】按钮，在弹出的【新建样式】对话框中为样式设置一个名称，单击【确定】按钮后，新建的样式会保存在【样式】面板的末尾，如图 4-113 所示。

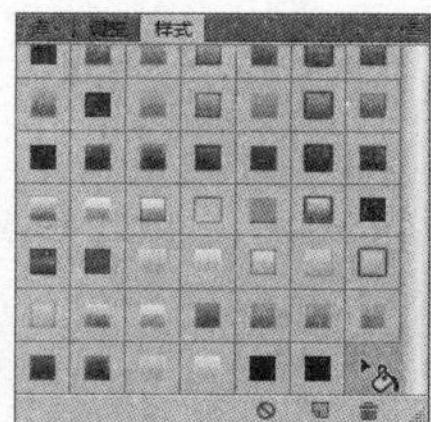

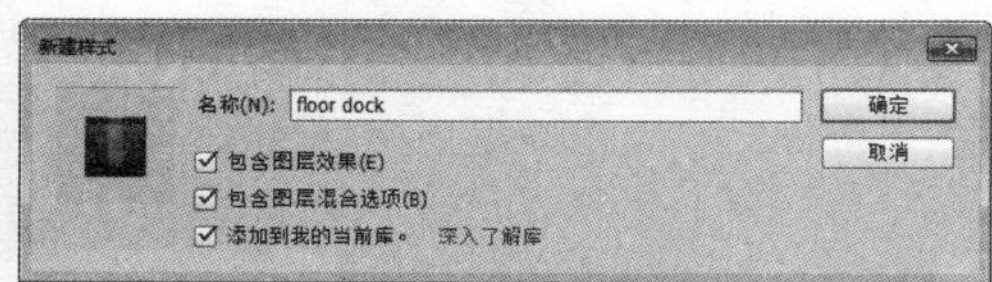

图 4-113 新建样式

- 【名称】：用来设置样式的名称。
- 【包含图层效果】：选中该选项，可以将当前的图层效果设置为样式。
- 【包含图层混合选项】：如果当前图层设置了混合模式，选中该选项，新建的样式将具有这种混合模式。

要删除样式，只需将样式拖拽到【样式】面板底部的【删除样式】按钮上即可。也可以在【样式】面板中按住 Alt 键，当光标变为剪刀形状时，单击需要删除的样式。

4.8.2 拷贝、粘贴图层样式

当需要对多个图层应用相同样式效果时，复制和粘贴样式是最便捷的方法。

在【图层】面板中，选择添加了图层样式的图层，选择【图层】|【图层样式】|【拷贝图层样式】

命令复制图层样式；或直接在【图层】面板中右击添加了图层样式的图层，在弹出的菜单中选择【拷贝图层样式】命令复制图层样式。

在【图层】面板中选择目标图层，然后选择【图层】|【图层样式】|【粘贴图层样式】命令，或直接在【图层】面板中，右击图层，在弹出的菜单中选择【粘贴图层样式】命令，可以将复制的图层样式粘贴到该图层中。

图 4-114　复制图层样式

实用技巧

按住 Alt 键将效果图标从一个图层拖动到另一个图层，可以将该图层的所有效果都复制到目标图层，如图 4-114 所示；如果只需复制一个效果，可按住 Alt 键拖动该效果的名称至目标图层；如果没有按住 Alt 键，则效果将转移到目标图层。

【例 4-10】　在图像文件中，拷贝、粘贴图层样式。 视频+素材

STEP 01 选择【文件】|【打开】命令，打开一个素材图像文件，如图 4-115 所示。

STEP 02 双击【图层】面板中的 poster_1 图层，打开【图层样式】对话框。在对话框中，选中【投影】样式，设置【不透明度】数值为 100%，【角度】数值为 45 度，【距离】数值为 5 像素，【大小】数值为 40 像素，如图 4-116 所示。

图 4-115　打开图像文件

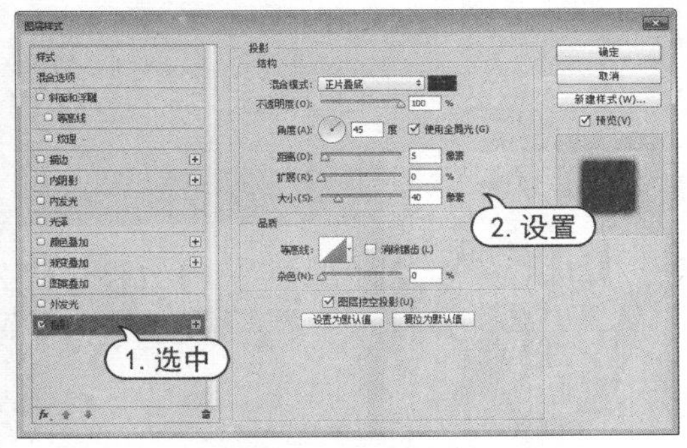

图 4-116　应用【投影】样式

STEP 03 在【图层】对话框中，单击【投影】图层样式选项后的⊞号，添加【投影】图层样式。设置【不透明度】数值为 58%，【距离】数值为 40 像素，【大小】数值为 0 像素，然后单击【确定】按钮应用图层样式，如图 4-117 所示。

STEP 04 在 poster_1 图层上右击鼠标，在弹出的菜单中选择【拷贝图层样式】命令，再在 poster_2 图层上右击鼠标，在弹出的菜单中选择【粘贴图层样式】命令粘贴图层样式，如图 4-118 所示。

STEP 05 在 poster_3 图层上右击鼠标，在弹出的菜单中选择【粘贴图层样式】命令粘贴图层样式，如图 4-119 所示。

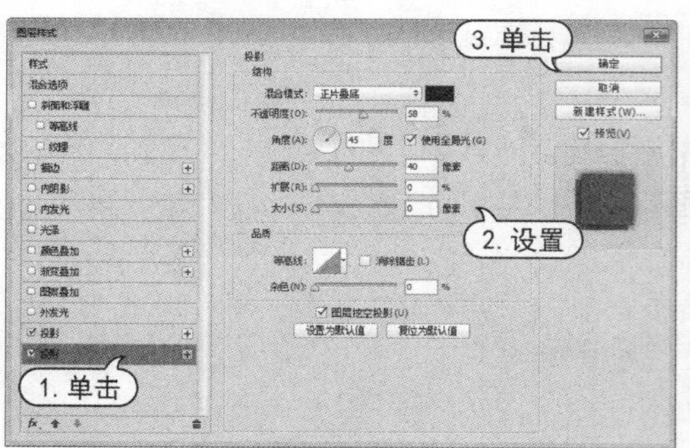

图 4-117　应用【投影】样式

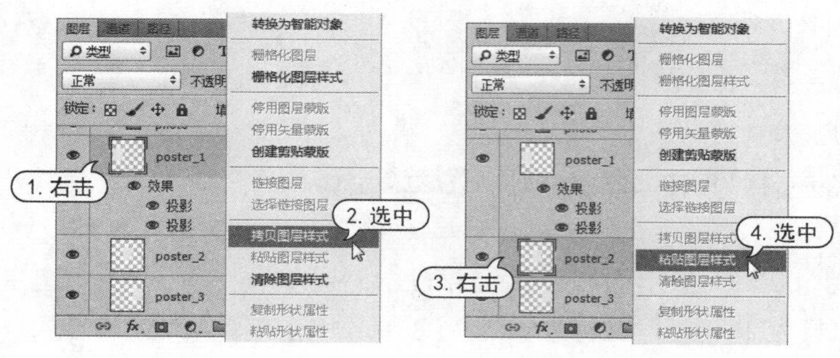

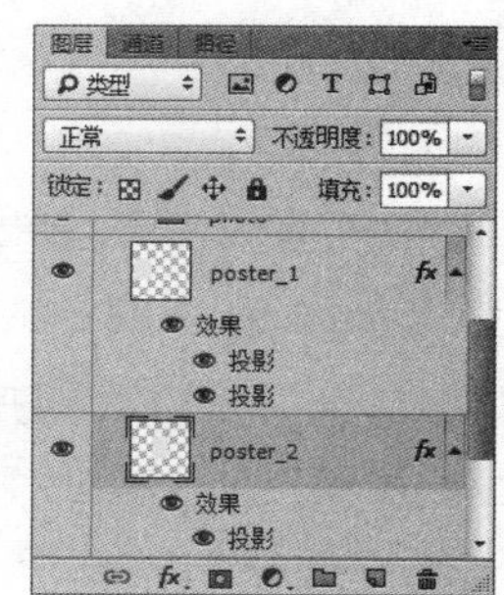

图 4-118　拷贝、粘贴图层样式

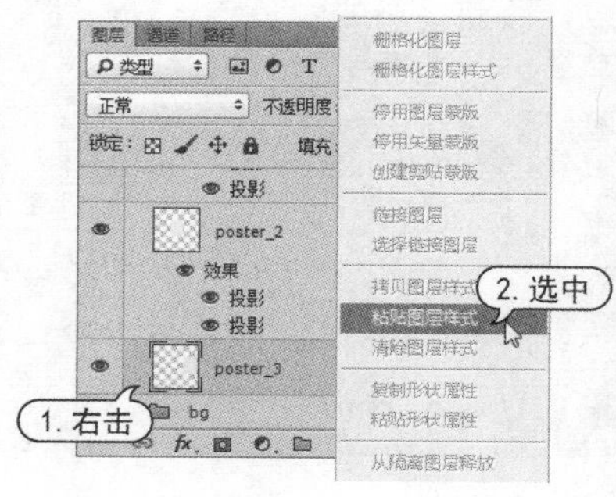

图 4-119　粘贴图层样式

4.8.3　缩放图层样式

应用缩放图层样式功能可以对目标分辨率和指定大小的效果进行调整。该功能只会对图层样式缩放，而不会缩放应用图层样式的对象。选择【图层】|【图层样式】|【缩放效果】命令，即可打开如图 4-120 所示的【缩放图层效果】对话框。

4.8.4　清除图层样式

如果要删除一种图层样式，将其拖至【删除图层】按钮 上即可。如果要删除一个图层的所有样式，将图层效果名称拖至【删除图层】按钮 上即可，如图 4-121 所示。也可以选择样式所在的图层，然后选择【图层】|【图层样式】|【清除图层样式】命令。

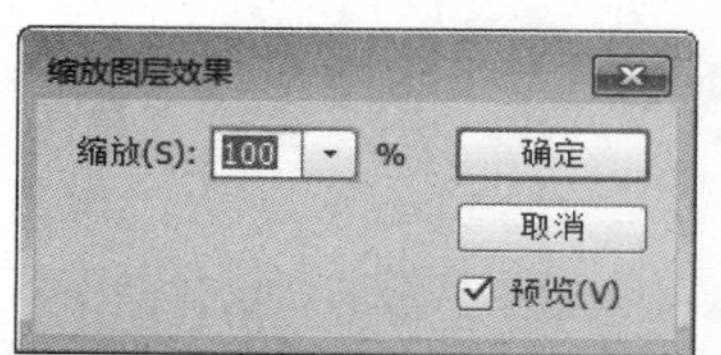

图4-120　【缩放图层效果】对话框

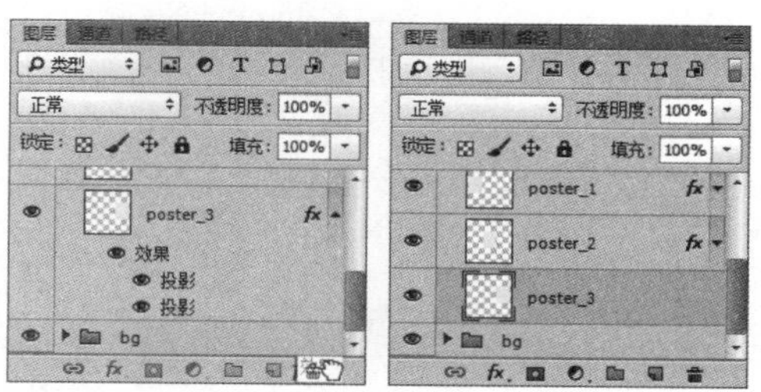

图 4-121　清除图层样式

4.8.5　存储、载入样式库

如果在【样式】面板中创建了大量的自定义样式，可以将这些样式保存为一个独立的样式库。选择【样式】面板菜单中的【存储样式】命令，在打开的【另存为】对话框中输入样式库名称和保存位置，单击【确定】按钮即可。

【样式】面板菜单的下半部分是 Photoshop 提供的预设样式库，选择一种样式库，系统会弹出提示对话框，如图 4-122 所示。单击【确定】按钮，可以载入样式库并替换【样式】面板中的所有样式；单击【取消】按钮，则取消载入样式的操作；单击【追加】按钮，则该样式库中的样式会添加到原有样式的后面。

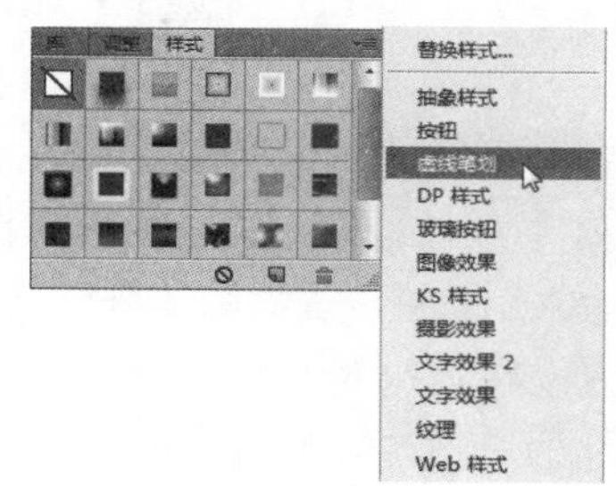

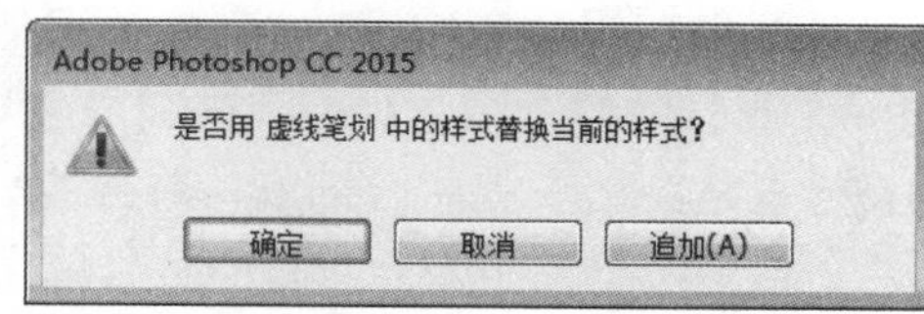

图 4-122　载入样式库

【例 4-11】 在图像文件中，载入样式库并应用载入样式。视频+素材

STEP 01 在 Photoshop 中，选择【文件】|【打开】命令，打开一个图像文件，在【图层】面板中选中文字图层，如图 4-123 所示。

STEP 02 在【样式】面板中，单击面板菜单按钮，打开面板菜单。在菜单中选择【载入样式】命令，如图 4-124 所示。

图 4-123　打开图像文件

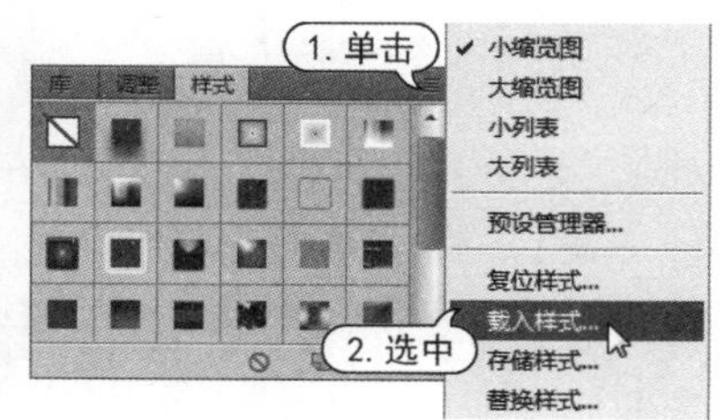

图 4-124　载入样式

轻松学电脑教程系列

STEP 03 在打开的【载入】对话框中，选中所需要载入的样式，然后单击【载入】按钮，如图 4-125 所示。

STEP 04 在【样式】面板中，单击刚载入样式库中的样式，即可将其应用到文字图层中，如图 4-126 所示。

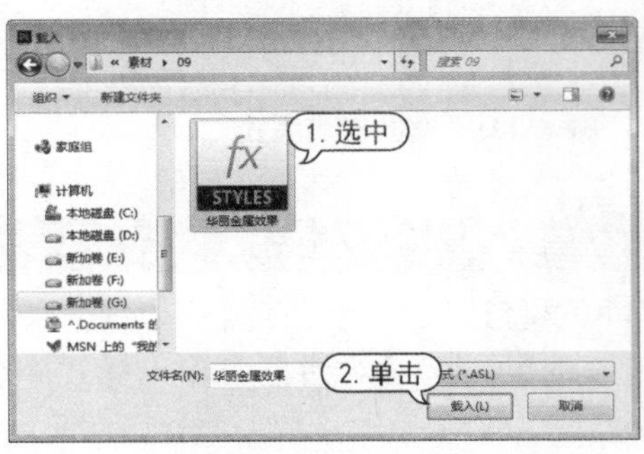

图 4-125 选择载入样式库

图 4-126 应用载入样式

4.8.6 将效果创建为图层

要想进一步对图层样式进行编辑，如在效果内容上绘画或应用滤镜，则需要先将样式创建为图层。

【例 4-12】 在图像文件中，将效果创建为图层并调整图像效果。 视频+素材

STEP 01 选择【文件】|【打开】命令，打开一个素材图像文件。在【图层】面板中，选择添加了样式的 main shape 图层，选择【图层】|【图层样式】|【创建图层】命令，在弹出的提示对话框中，单击【确定】按钮将样式从图层中剥离出来成为单独的图层，如图 4-127 所示。

STEP 02 在【图层】面板中，选中 main shape 图层，单击鼠标右键，从弹出的菜单中选择【转换为智能对象】命令，如图 4-128 所示。

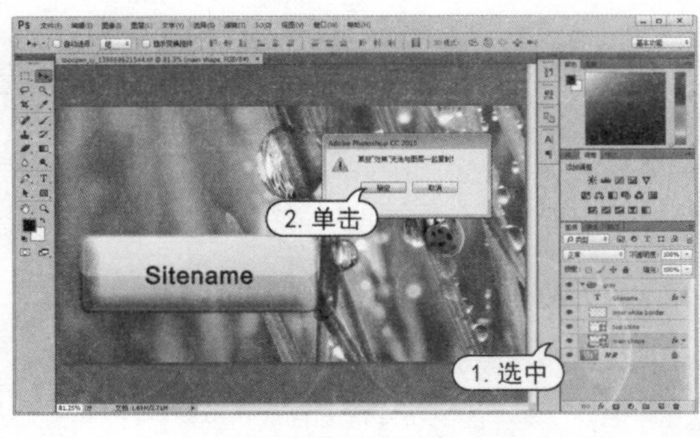

图 4-127 创建图层

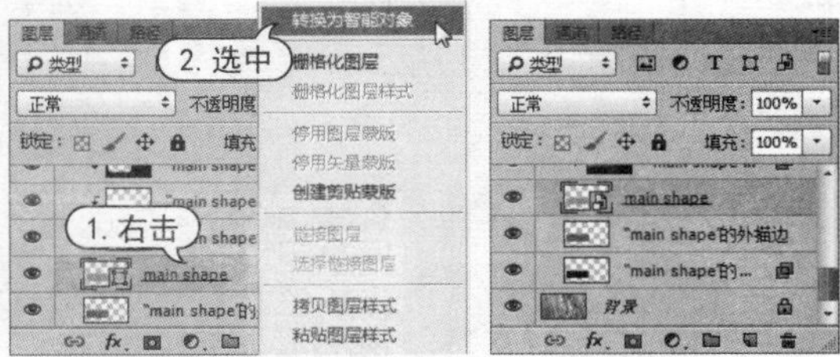

图 4-128 转换为智能对象

STEP 03 选择【滤镜】|【滤镜库】命令，打开【滤镜库】对话框。在对话框中，选中【素描】滤镜组中的【半调图案】滤镜，单击【图案类型】下拉按钮，从弹出的列表中选择【圆形】选项，设置【大小】数值为 4，【对比度】数值为 38，然后单击【确定】按钮，如图 4-129 所示。

STEP 04 在【图层】面板中，双击 main shape 图层滤镜库后的混合选项按钮，打开【混合选项(滤镜库)】对话框。在对话框中，单击【模式】下拉按钮，从弹出的列表中选择【变亮】选项，然后单

击【确定】按钮，如图 4-130 所示。

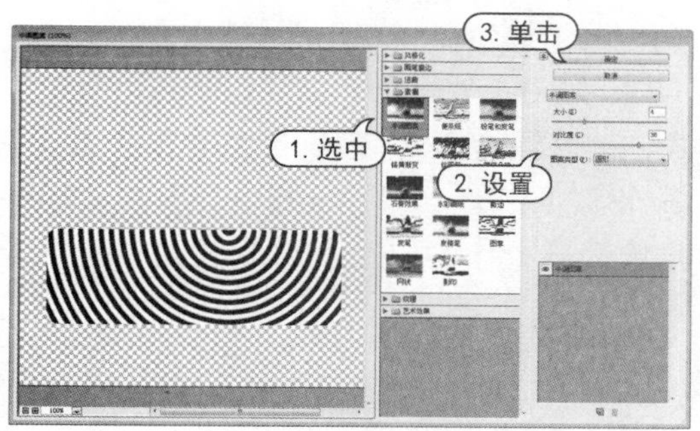

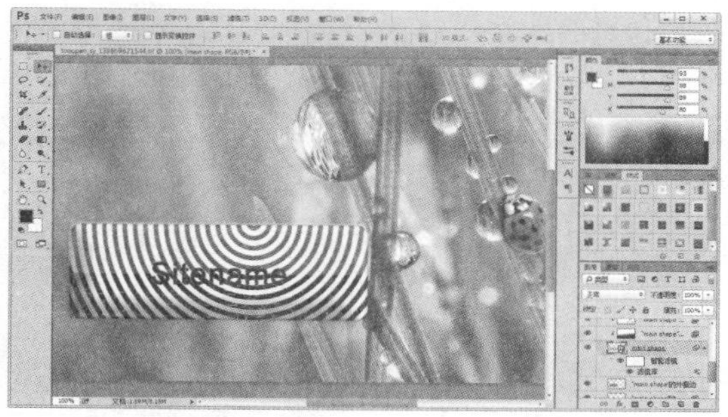

图 4-129　使用【半调图案】滤镜

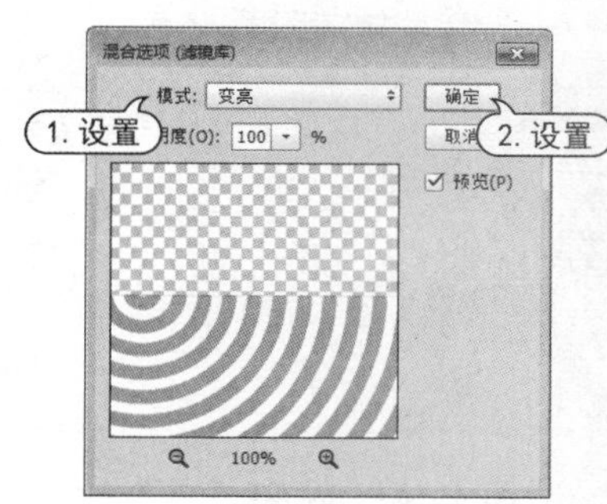

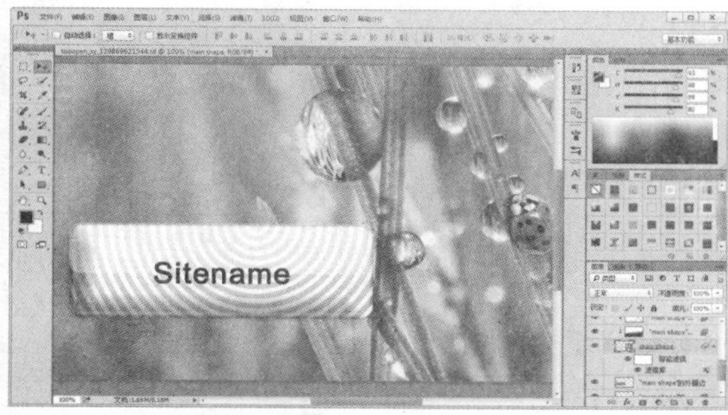

图 4-130　设置混合选项

4.9　案例演练

本章的案例演练部分为制作立体文字效果，用户通过练习从而巩固本章所学的图层高级应用知识。

【例 4-13】 制作立体文字效果。视频+素材

STEP 01 选择【文件】|【打开】命令，打开一个素材图像文件，如图 4-131 所示。

STEP 02 选择【横排文字】工具，在选项栏中设置字体样式为方正粗圆_GBK Regular，字体大小为 270 点，字体颜色为白色，然后使用文字工具输入文字内容，如图 4-132 所示。

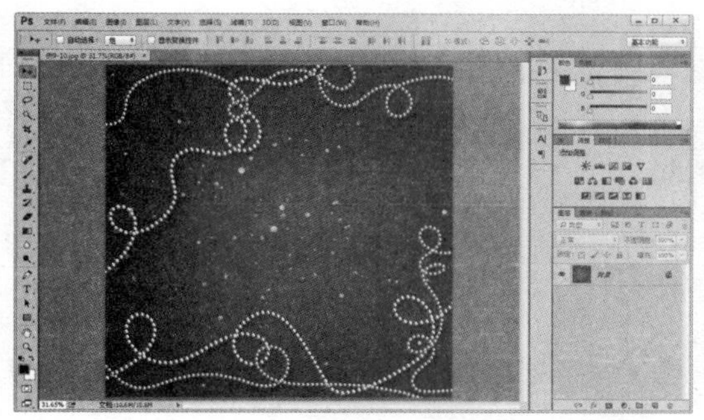

图 4-131　打开图像文件

图 4-132　输入文字 1

轻松学电脑教程系列

STEP 03 在【图层】面板中，双击文字图层，打开【图层样式】对话框。在对话框中，选中【颜色叠加】样式，单击【混合模式】选项右侧的颜色色板，在弹出的拾色器对话框中设置叠加颜色为 R:238、G:231、B:231，然后单击【确定】按钮关闭拾色器，如图 4-133 所示。

STEP 04 在【图层样式】对话框中选中【内阴影】样式，单击【混合模式】选项右侧的颜色色板，在弹出的拾色器对话框中设置叠加颜色为 R:151、G:133、B:133，然后单击【确定】按钮关闭拾色器。设置【角度】数值为-90 度，【距离】数值为 5 像素，【大小】数值为 20 像素，如图 4-134 所示。

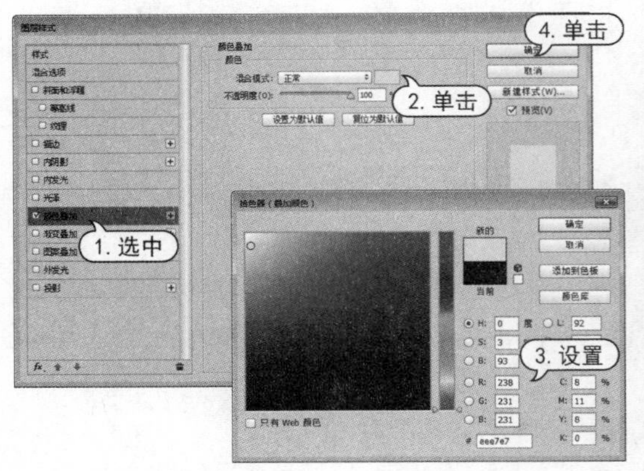

图 4-133 设置【颜色叠加】

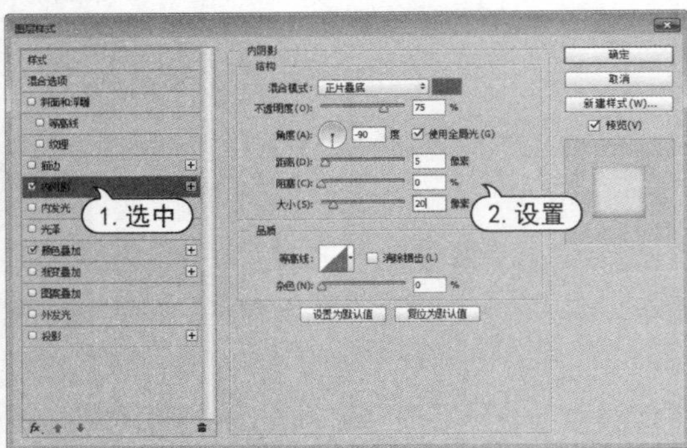

图 4-134 设置【内阴影】

STEP 05 在【图层样式】对话框中，选中【斜面和浮雕】样式，设置【大小】数值为 36 像素，【阴影】选项区中的【角度】数值为 80 度，【高光模式】中的【不透明度】数值为 100%，单击【阴影模式】右侧颜色色板，在弹出的拾色器中设置叠加颜色为 R:181、G:158、B:158，然后单击【确定】按钮关闭【图层样式】对话框，如图 4-135 所示。

STEP 06 按 Ctrl + J 键复制文字图层，在【图层】面板中右击【candy 拷贝】图层，在弹出的菜单中选择【栅格化图层样式】命令，如图 4-136 所示。

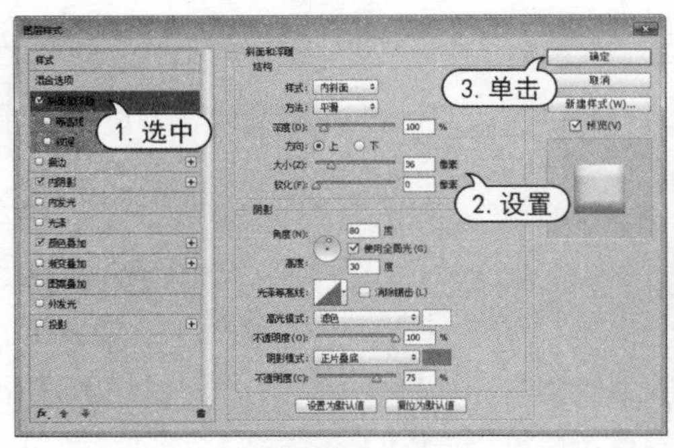

图 4-135 设置【斜面和浮雕】

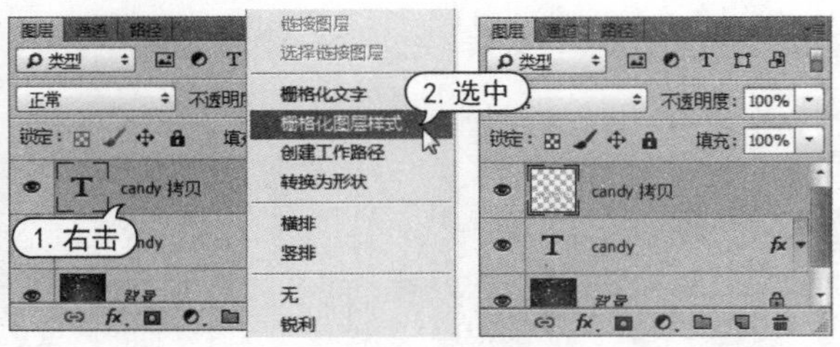

图 4-136 设置图层

STEP 07 选择【文件】|【置入嵌入的智能对象】命令，打开【置入嵌入对象】对话框。在对话框中选中 texture 图像文件，单击【置入】按钮置入图像，如图 4-137 所示。

STEP 08 在【图层】面板中，设置智能对象图层混合模式为【线性加深】，右击图层，在弹出的菜

单中选择【创建剪贴蒙版】命令，如图 4-138 所示。

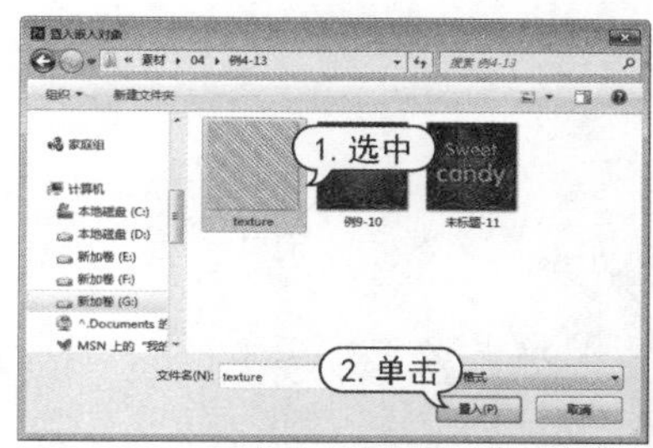

图 4-137　置入图像

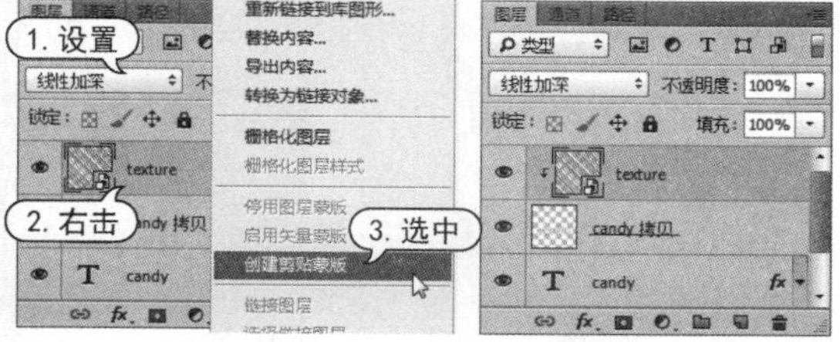

图 4-138　创建剪贴蒙版

STEP 09 在【图层】面板中，按住 Ctrl 键单击【candy 拷贝】图层缩览图载入选区，选中 candy 文字图层，单击【创建新图层】按钮，新建【图层 1】图层，如图 4-139 所示。

STEP 10 将前景色设置为黑色，按 Alt + Delete 键使用前景色填充选区，按 Ctrl + D 键取消选区。选择【滤镜】|【模糊】|【高斯模糊】命令，打开【高斯模糊】对话框。在对话框中，设置【半径】为 25 像素，然后单击【确定】按钮，如图 4-140 所示。

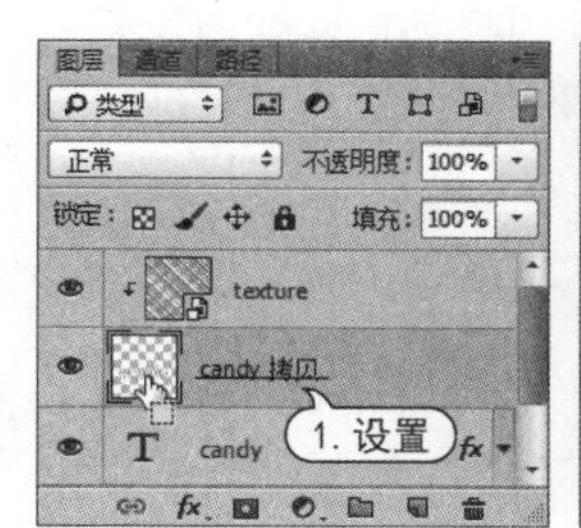

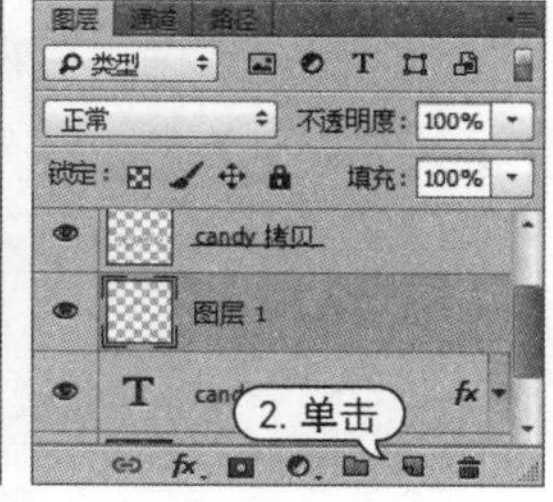

图 4-139　新建图层

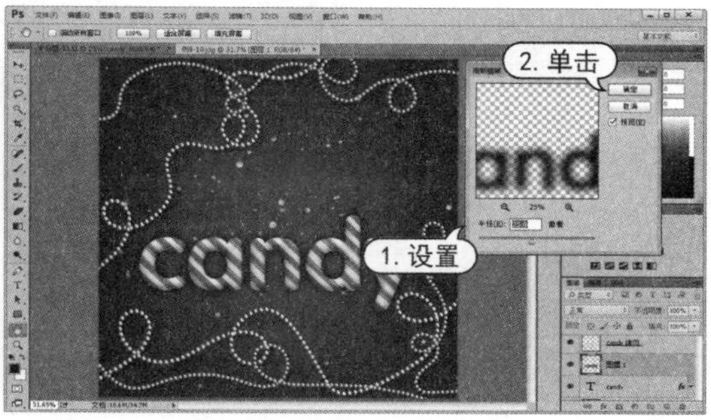

图 4-140　设置【高斯模糊】

STEP 11 选择【编辑】|【变换】【透视】命令，调整图层对象效果，如图 4-141 所示。

STEP 12 在【图层】面板中，选中【背景】图层，使用【横排文字】工具输入文字内容，然后在选项栏中设置字体大小为 200 点，字体颜色为白色，如图 4-142 所示。

图 4-141　调整对象透视

图 4-142　输入文字 2

STEP 13 在【图层】面板中，右击 candy 文字图层，在弹出的菜单中选择【拷贝图层样式】命令。右击 Sweet 文字图层，在弹出的菜单中选择【粘贴图层样式】命令，如图 4-143 所示。

STEP 14 使用[STEP06]～[STEP11]的操作方法编辑文字效果，如图 4-144 所示。

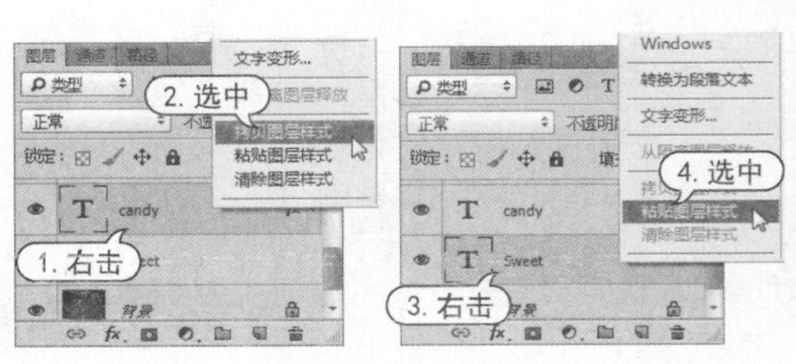

图 4-143　拷贝图层样式

图 4-144　编辑文字效果

STEP 15 在【图层】面板中，按住 Shift 键选中 candy 至其上方 texture 之间的所有图层，右击鼠标，在弹出的菜单中选择【从图层新建组】命令，打开【从图层新建组】对话框。在对话框的【名称】文本框中输入 candy，在【颜色】下拉列表中选择【红色】选项，然后单击【确定】按钮，如图 4-145 所示。

STEP 16 在【图层】面板中，按住 Shift 键选中 Sweet 至其上方 texture 之间的所有图层，右击鼠标，在弹出的菜单中选择【从图层新建组】命令，打开【从图层新建组】对话框。在对话框的【名称】文本框中输入 sweet，在【颜色】下拉列表中选择【黄色】选项，然后单击【确定】按钮，如图 4-146 所示。

图 4-145　新建图层组 1

图 4-146　新建图层组 2

STEP 17 按 Ctrl + J 键复制 sweet 图层组，选择【编辑】|【变换】|【垂直翻转】命令，调整图像位置，如图 4-147 所示。

STEP 18 在【图层】面板中，单击【添加图层蒙版】按钮，选择【渐变】工具在图层蒙版中创建渐变，调整蒙版效果，如图 4-148 所示。

图 4-147　变换对象

图 4-148　添加图层蒙版

STEP 19 使用[STEP17]的操作方法复制翻转文字效果，添加图层蒙版。选择【画笔】工具，在选项栏中选择柔边圆画笔样式，然后在图层蒙版中涂抹，遮盖文字效果，如图 4-149 所示。

STEP 20 按 Ctrl＋J 键复制【candy 拷贝 2】图层组，生成【candy 拷贝 3】图层。切换前景色与背景色，使用【画笔】工具调整图层蒙版效果，然后使用【移动】工具调整图像位置，如图 4-150 所示。

图 4-149　变换编辑对象

图 4-150　编辑对象

第 5 章

图像的修饰与美化

修饰美化图像是在 Photoshop 中应用领域最为广泛的功能之一。Photoshop中不仅可以更改图像的大小、构图，还可以使用修饰工具及命令使用户获得更加优质的图像画面。本章主要介绍了 Photoshop CC 2015 应用程序中提供的各种修复、修饰等工具的使用方法及技巧。

对应的光盘视频

例 5-1　使用【裁剪】工具

例 5-2　使用【透视裁剪】工具

例 5-3　使用【变形】命令

例 5-4　使用【污点修复画笔】工具

例 5-5　使用【修复画笔】工具

例 5-6　使用【修补】工具

例 5-7　使用【仿制图章】工具

例 5-8　使用【涂抹】工具

例 5-9　使用【加深】工具

例 5-10　使用【海绵】工具

例 5-11　调整图像画面画质

5.1 图像的裁剪

在对数码照片或扫描的图像进行处理时，经常要裁剪图像，以保留需要的部分，删除不需要的内容。在实际的编辑操作中，可利用【图像大小】和【画布大小】命令修改图像，可以使用【裁剪】工具、【裁剪】命令和【裁切】命令裁剪图像。

5.1.1 【裁剪】工具

使用【裁剪】工具可以裁剪掉多余的图像，并重新定义画布的大小。选择【裁剪】工具后，在画面中调整裁剪框，以确定需要保留的部分，或拖拽出一个新的裁切区域，然后按 Enter 键或双击完成裁剪。选择【裁剪】工具后，可以在如图 5-1 所示的选项栏中设置裁剪方式。

图 5-1　【裁剪】工具选项栏

- 【选择预设长宽比或裁剪尺寸】选项比例：在该下拉列表中，可以选择多种预设的裁切比例，如图 5-2 所示。
- 【清除】按钮清除：单击该按钮，可以清除长宽比值。
- 【拉直】按钮：通过在图像上画一条直线来拉直图像。
- 【叠加选项】按钮：在该下拉列表中可以选择裁剪的参考线的方式，包括三等分、网格、对角、三角形、黄金比例、金色螺线等。也可以设置参考线的叠加显示方式，如图 5-3 所示。
- 【设置其他裁切选项】选项：在该下拉面板中可以对裁切的其他参数进行设置，如可以使用静电模式，或设置裁剪屏蔽的颜色、透明度等参数，如图 5-4 所示。

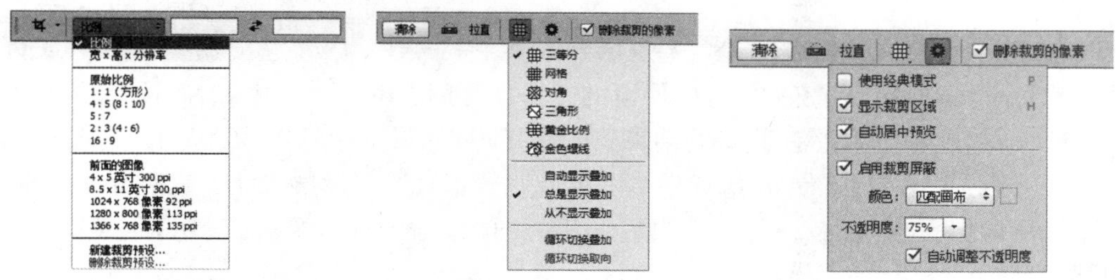

图 5-2　预设裁剪选项　　图 5-3　叠加选项　　图 5-4　设置其他裁切选项

- 【删除裁剪的像素】复选框：确定是否保留裁剪框外部的像素数据。如果取消选中该复选框，多余的区域处于隐藏状态；如果想要还原裁切之前的画面，只需要再次选择【裁剪】工具，然后进行任意操作即可看到原文档。

【例 5-1】　使用【裁剪】工具裁剪图像。 视频+素材

STEP 01 选择【文件】|【打开】命令打开素材图像文件，如图 5-5 所示。

STEP 02 选择【裁剪】工具，在选项栏中单击预设选项下拉列表，选择【1:1(方形)】选项，如图 5-6 所示。

STEP 03 将光标移动至图像裁剪框内，单击并按住鼠标拖动调整裁剪框内保留图像，如图 5-7 所示。

STEP 04 调整完成后，单击选项栏中的【提交当前裁剪操作】按钮☑，或按 Enter 键即可裁剪图像画面，如图 5-8 所示。

图 5-5　打开图像文件

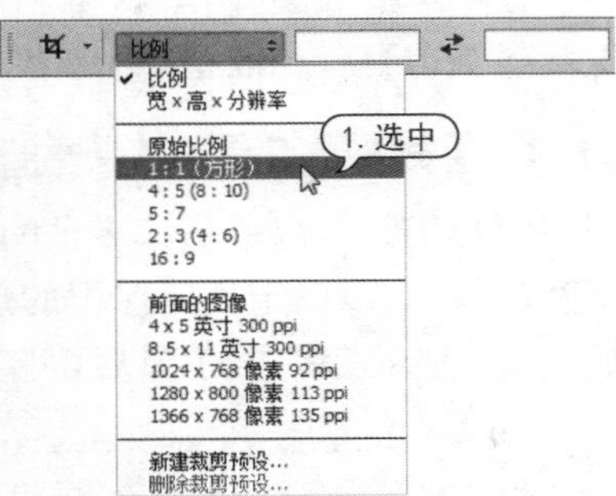

图 5-6　选择裁剪比例

图 5-7　设置裁剪区域

图 5-8　裁剪图像

 5.1.2 【裁剪】和【裁切】命令的使用

【裁剪】命令的使用非常简单，将要保留的图像部分用选框工具选中，然后选择【图像】|【裁剪】命令即可，如图 5-9 所示。裁剪的结果只能是矩形，如果选中的图像部分是圆形或其他不规则形状，然后选择【裁剪】命令后，会根据圆形或其他不规则形状的大小自动创建矩形框。

使用【裁切】命令可以基于像素的颜色来裁剪图像。选择【图像】|【裁切】命令，可以打开【裁切】对话框，如图 5-10 所示。

图 5-9　使用【裁剪】命令

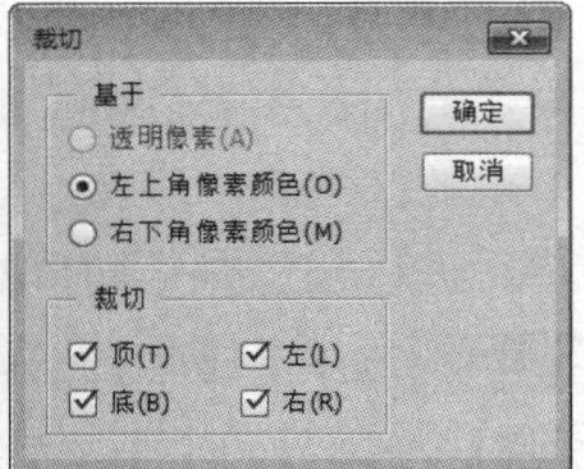

图 5-10　【裁切】对话框

- 【透明像素】：可以裁剪掉图像边缘的透明区域，只将非透明像素区域的最小图像保留下来。该选项只有图像中存在透明区域时才可用。
- 【左上角像素颜色】：从图像中删除左上角像素颜色的区域。
- 【右下角像素颜色】：从图像中删除右下角像素颜色的区域。
- 【顶】/【底】/【左】/【右】：设置修整图像区域的方式。

5.1.3 【透视裁剪】工具

使用【透视裁剪】工具可以在需要裁剪的图像上制作出带有透视感的裁剪框，在应用后可以使图像带有明显的透视感。

【例 5-2】 使用【透视裁剪】工具调整图像。 视频+素材

STEP 01 选择【文件】|【打开】命令，打开一个图像文件，如图 5-11 所示。

STEP 02 选择【透视裁剪】工具，在图像上拖动创建裁剪框，如图 5-12 所示。

图 5-11　打开图像文件

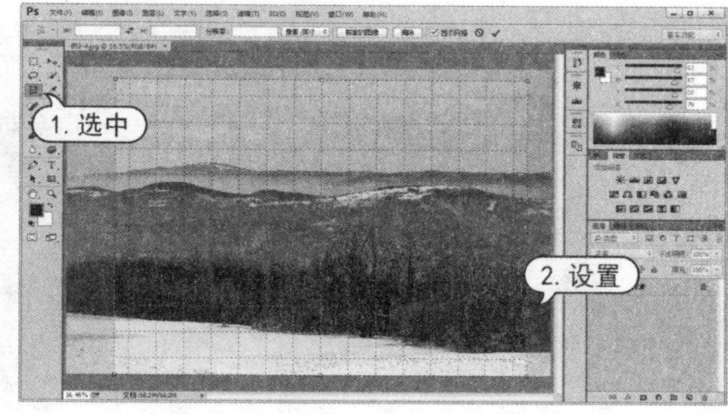

图 5-12　创建裁剪区域

STEP 03 将光标移动到裁剪框的一个控制点上，调整其位置。使用相同的方法调整其他控制点，如图 5-13 所示。

STEP 04 调整完成后，单击选项栏中的【提交当前裁剪操作】按钮✔或按 Enter 键，即可得到带有透视感的画面效果，如图 5-14 所示。

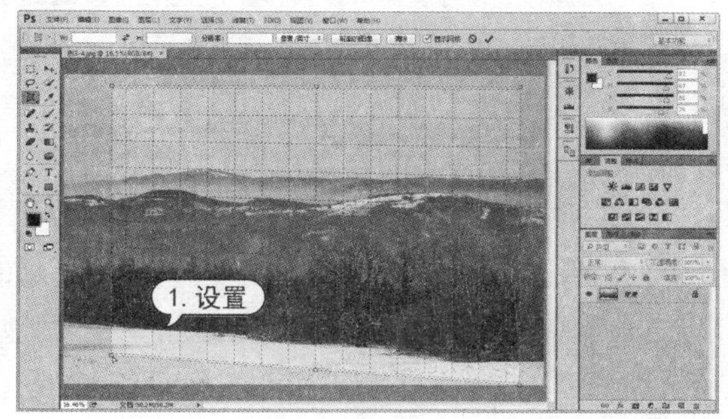

图 5-13　调整裁剪区域

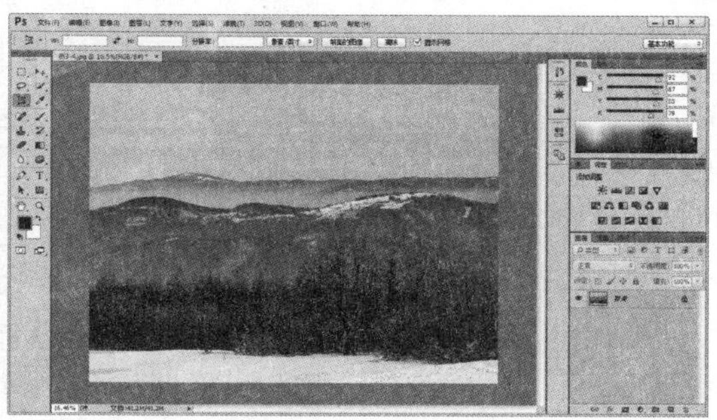

图 5-14　裁剪图像

知识点滴

在图像中创建选区后，选择【编辑】|【清除】命令，或按 Delete 键，可以清除选区内的图像。如果清除的是【背景】图层上的图像，被清除的区域将填充背景色。

 5.2 图像的变换

利用【变换】和【自由变换】命令可以对整个图层、图层中选中的部分区域、多个图层、图层蒙版，甚至路径、矢量图形、选择范围和 Alpha 通道进行缩放、旋转、斜切和透视等操作。

5.2.1 设置变换的参考点

执行【编辑】|【变换】命令时，当前对象周围会出现一个定界框，定界框中央有一个中心点，四周有控制点，如图 5-15 所示。默认情况下，中心点位于对象的中心，它用于定义对象的变换中心。要想设置定界框的中心点位置，只需移动光标至中心点上，当光标显示为形状时，按下鼠标并拖动，即可将中心点移动到任意位置，如图 5-16 所示。

图 5-15 显示定界框

图 5-16 移动中心点

用户也可以在选项栏中，用鼠标单击图标上不同的点位置，来改变中心点的位置。图标上的点和定界框上的点一一对应。

 5.2.2 变换操作

使用 Photoshop 提供的变换、变形命令可以对图像进行缩放、旋转、扭曲、翻转等各种编辑操作。选择【编辑】|【变换】命令，弹出的子菜单中包括【缩放】、【旋转】、【斜切】、【扭曲】、【透视】、【变形】，以及【水平翻转】和【垂直翻转】等各种变换命令。

1. 【缩放】

使用【缩放】命令可以相对于变换对象的中心点对图像进行任意缩放，如图 5-17 所示。如果按住 Shift 键，可以等比缩放图像。如果按住 Shift+Alt 键，可以以中心点为基准等比缩放图像。

2. 【旋转】

使用【旋转】命令可以围绕中心点转动变换对象，如图 5-18 所示。如果按住 Shift 键，可以以 15 度为单位旋转图像。选择【旋转 180 度】命令，可以将图像旋转 180 度。选择【旋转 90 度(顺时针)】命令，可以将图像顺时针旋转 90 度。选择【旋转 90 度(逆时针)】命令，可以将图像逆时针旋转 90 度。

图 5-17　使用【缩放】命令

图 5-18　使用【旋转】命令

3. 【斜切】

使用【斜切】命令可以在任意方向、垂直方向或水平方向上倾斜图像，如图 5-19 所示。如果移动光标至角控制点上，按下鼠标并拖动，可以在保持其他 3 个角控制点位置不动的情况下对图像进行倾斜变换操作。如果移动光标至边控制点上，按下鼠标并拖动，可以在保持与选择边控制点相对的定界框边不动的情况下进行图像倾斜变换操作。

4. 【扭曲】

使用【扭曲】命令可以任意拉伸对象定界框上的 8 个控制点进行扭曲变换操作，如图 5-20 所示。

5. 【透视】

使用【透视】命令可以对变换对象应用单点透视。拖拽定界框 4 个角上的控制点，可以在水平或垂直方向上对图像应用透视，如图 5-21 所示。

图 5-19　使用【斜切】命令

图 5-20　使用【扭曲】命令

图 5-21　使用【透视】命令

6. 【翻转】

选择【水平翻转】命令，可以将图像在水平方向上进行翻转；选择【垂直翻转】命令，可以将图像在垂直方向上进行翻转，如图 5-22 所示。

图 5-22　使用【水平翻转】和【垂直翻转】命令

知识点滴

执行【编辑】|【变换】命令子菜单中的【旋转 180 度】、【旋转 90 度(顺时针)】、【旋转 90 度(逆时针)】命令，可以直接对图像进行变换，不会显示定界框。

5.2.3 变形

如果要对图像的局部内容进行扭曲，可以使用【变形】命令。选择【编辑】|【变换】|【变形】命令后，图像上将会出现变形网格和锚点，拖拽锚点或调整锚点的方向可以对图像进行更加自由、灵活的变形处理，如图 5-23 所示。用户也可以使用选项栏的【变形】下拉列表中的形状样式进行变形，如图 5-24 所示。

图 5-23　使用【变形】命令

图 5-24　【变形】选项

【例 5-3】 使用【变形】命令拼合图像效果。视频+素材

STEP 01 在 Photoshop 中，选择【文件】|【打开】命令打开素材图像文件，按 Ctrl + A 键全选图像，并按 Ctrl + C 键复制，如图 5-25 所示。

STEP 02 选择【文件】|【打开】命令打开另一个素材图像文件，如图 5-26 所示。

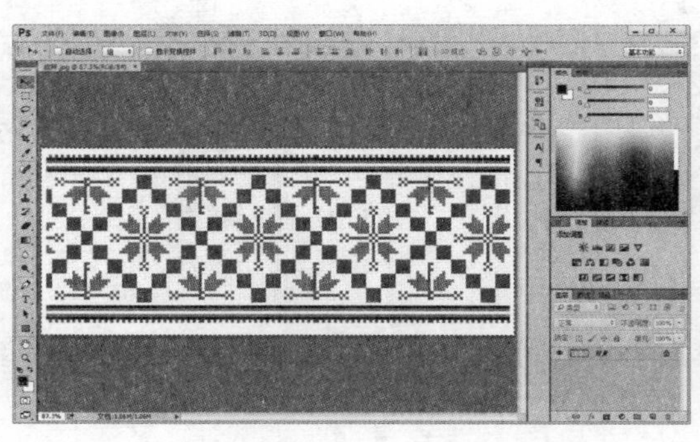

图 5-25　打开图像文件 1

图 5-26　打开图像文件 2

STEP 03 按 Ctrl + V 键粘贴图像，在【图层】面板中设置图层混合模式为【颜色加深】，如图5-27 所示。

STEP 04 按 Ctrl + T 键应用【自由变换】命令，调整贴入图像的大小及位置，如图 5-28 所示。

STEP 05 在选项栏中单击【在自由变换和变形模式之间切换】按钮。当出现定界框后调整图像形状，如图 5-29 所示。形状调整完成后，单击选项栏中【提交变换】按钮或按 Enter 键应用变换。

图 5-27　设置图像

实用技巧

对图像进行变换操作后，可以通过选择【编辑】|【变换】|【再次】命令，或连续按下 Shift + Ctrl + T 键再次应用相同的变换操作。

图 5-28　应用【自由变换】命令

图 5-29　应用自由变换

5.2.4　自由变换

选择【编辑】|【自由变换】命令或按 Ctrl+T 键可以一次完成【变换】子菜单中的所有变换操作，而不用多次选择不同的命令，只需要一些快捷键配合进行。

- 拖拽定界框上任何一个控制角点可以进行缩放，按住 Shift 键可按比例缩放。可以在选项栏的 W 和 H 后面的数值框中输入数字，W 和 H 之间的链接符号表示锁定比例。
- 将鼠标移动到定界框外，当光标显示为 ↻ 形状时，按下鼠标并拖动即可进行自由旋转。在旋转操作过程中，图像的旋转会以定界框的中心点位置为旋转中心。拖拽时按住 Shift 键保证旋转以 15°递增。在选项栏的 △ 数值框中输入数字可以确保按准确角度旋转。
- 按住 Alt 键时，拖拽控制点可对图像进行扭曲操作。按 Ctrl 键可以随意更改控制点位置，对定界框进行自由扭曲变换。
- 按住 Ctrl+Shift 键，拖拽定界框，可对图像进行斜切操作。可以在选项栏中最右边的两组数据框中设定水平和垂直斜切的角度。
- 按住 Ctrl+Alt+Shift 键，拖拽定界框角点，可对图像进行透视操作。

5.2.5　精确变换

选择【编辑】|【自由变换】命令，或按 Ctrl+T 键显示定界框后，在如图 5-30 所示的选项栏中会显示各种变换选项。

X: 467.00 像素 Y: 393.00 像素 W: 100.00% H: 100.00% 0.00 度 H: 0.00 度 V: 0.00 度

图 5-30　选项栏

- 在 X:510.00 像素 文本框中输入数值可以水平移动图像；在 Y:294.00 像素 文本框中输入数值，可以垂直移动图像。
- 在 W:100.00% 文本框中输入数值，可以水平拉伸图像；在 H:100.00% 文本框中输入数值，可以垂直拉伸图像。如果选中【保持长宽比】按钮，则可以进行等比缩放。
- 在 0.00 度 文本框中输入数值，可以旋转图像。
- 在 H:0.00 度 文本框中输入数值，可以水平斜切图像；在 V:0.00 度 文本框中输入数值，可以垂直斜切图像。

5.3　修复工具

要想制作出完美的创意作品，掌握修复图像技法是非常必要的。对不满意的图像可以使用图像修复工具，修改图像中指定区域的内容或修复图像中的缺陷和瑕疵。图像修复主要使用修复画笔工具组。

5.3.1　【污点修复画笔】工具

使用【污点修复画笔】工具可以快速去除画面中的污点、划痕等不理想的部分。【污点修复画笔】的工作原理是从图像或图案中提取样本像素来涂改需要修复的地方，使需要修改的地方与样本像素在纹理、亮度和透明度上保持一致，从而达到用样本像素遮盖需要修复的地方的目的。

使用【污点修复画笔】工具不需要进行取样、定义样本，只要确定需要修补图像的位置，然后在需要的修补的位置单击并拖动鼠标，释放鼠标左键即可。

【例 5-4】　使用【污点修复画笔】工具修复图像。 视频+素材

STEP 01 选择【文件】|【打开】命令，打开图像文件，在【图层】面板中单击【创建新图层】按钮新建【图层 1】，如图 5-31 所示。

STEP 02 选择【污点修复画笔】工具，在选项栏中设置画笔大小为 30 像素，间距数值为 1%，单击【类型】选项区中的【内容识别】按钮，选中【对所有图层取样】复选框，如图 5-32 所示。

图 5-31　打开图像文件

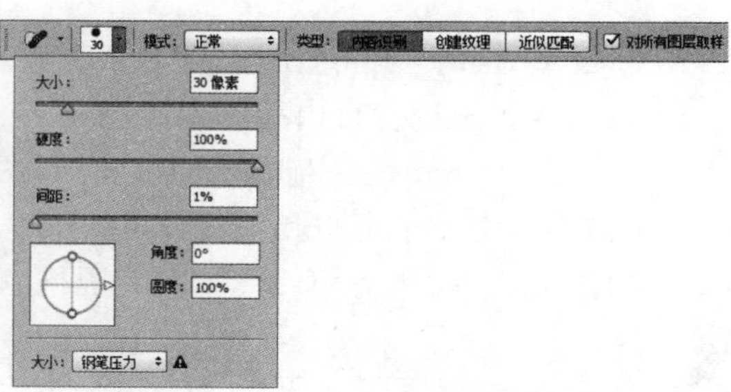

图 5-32　设置【污点修复画笔】工具

知识点滴

在【类型】选项组中，单击【近似匹配】按钮，选区边缘周围的像素将作为选定区域修补的图像区域；单击【创建纹理】按钮，将使用选区中的所有像素创建一个用于修复该区域的纹理；单击【内容识别】按钮，会自动使用相似部分的像素对图像进行修复，同时进行完整匹配。

STEP 03 使用【污点修复画笔】工具直接在污点上涂抹，就能立即修掉涂鸦；若修复点较大，可在选项栏中调整画笔大小再涂抹，如图 5-33 所示。

图 5-33　使用【污点修复画笔】工具

5.3.2 【修复画笔】工具

【修复画笔】工具利用在图像或图案中提取的样本像素来修复图像。该工具从被修饰区域的周围取样，并将样本的纹理、光照、透明度和阴影等与待修复的像素匹配，从而去除照片中的污点和划痕。

选择【修复画笔】工具后，在选项栏中设置，按住 Alt 键在图像中单击创建参考点，释放 Alt 键，按住鼠标在图像中拖动即可修复图像。

【例 5-5】 使用【修复画笔】工具修复图像。 视频+素材

STEP 01 选择【文件】|【打开】命令打开图像文件，单击【图层】面板中的【创建新图层】按钮，创建新图层，如图 5-34 所示。

STEP 02 选择【修复画笔】工具，在选项栏中单击打开【画笔】拾取器，根据需要设置画笔大小为 200 像素，在【模式】下拉列表中选择【替换】选项，在【源】选项区中单击【取样】按钮，并选中【对齐】复选框，在【样本】下拉列表中选择【所有图层】，如图 5-35 所示。

图 5-34　打开图像文件

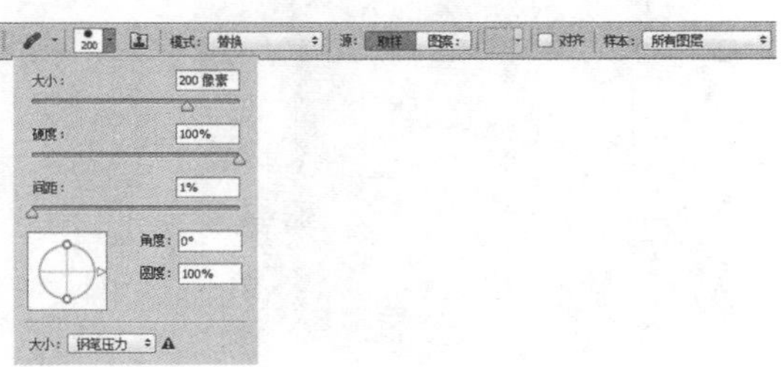

图 5-35　设置【修复画笔】工具

轻松学电脑教程系列

STEP 03 按住 Alt 键在附近区域单击鼠标左键设置取样点，然后在图像中涂抹，即可遮盖掉图像区域，如图 5-36 所示。

图 5-36　修复图像

知识点滴

在【源】选项区中，单击【取样】按钮，表示使用【修复画笔】工具对图像进行修复时，以图像区域中某处颜色作为基点；单击【图案】按钮，可在其右侧的拾取器中选择已有的图案用于修复。

5.3.3 【修补】工具

【修补】工具使用图像中其他区域或图案中的像素来修复选中的区域。【修补】工具会将样本像素的纹理、光照和阴影与源像素进行匹配。使用该工具时，用户既可以直接使用已经制作好的选区，也可以自定义选区。

在工具箱中选择【修补】工具，显示该工具的选项栏。其中的【修补】选项中包括【源】和【目标】两个选项。选择【源】单选按钮，将选区拖至要修补的区域，放开鼠标后，该区域的图像会修补原来的选区；选择【目标】单选按钮，将选区拖至其他区域时，可以将原区域内的图像复制到该区域。

【例 5-6】 使用【修补】工具修补图像画面。 视频+素材

STEP 01 在 Photoshop 中，选择菜单栏中的【文件】|【打开】命令，选择打开一个图像文件，按 Ctrl+J 键复制背景图层，如图 5-37 所示。

STEP 02 选择【修补】工具，在工具选项栏中单击【源】按钮，然后将光标放在画面中单击并拖动，创建选区，如图 5-38 所示。

STEP 03 将光标移动至选区内，按住鼠标左键并向周围区域拖动，将周围区域图像复制到选区内，遮盖原图像。修复完成后，按 Ctrl+D 键取消选区，如图 5-39 所示。

图 5-37　打开图像文件

图 5-38　使用【修补】工具创建选区

图 5-39　修补图像

STEP 04 使用[STEP03]的操作方法，修复其他图像区域，如图 5-40 所示。

图 5-40　修补图像

实用技巧

使用【修补】工具可以保持被修复区的明暗度与周围相邻像素相近，通常适用于范围较大、修复不需太细致的区域。

5.4　图章工具

在 Photoshop 中，图章工具组中的工具通过提取图像中的像素样本来修复图像。【仿制图章】工具可以将取样的图像应用到其他图像或同一图像的其他位置，该常用于复制对象或去除图像中的缺陷。

选择【仿制图章】工具后，在选项栏中设置，按住 Alt 键在图像中单击创建参考点，释放 Alt 键，按住鼠标在图像中拖动即可仿制图像。【仿制图章】工具可以使用任意的画笔笔尖，更加准确地控制仿制区域的大小。可以通过设置不透明度和流量来控制对仿制区域应用绘制的方式。通过如图 5-41 所示的选项栏即可进行相关选项的设置。

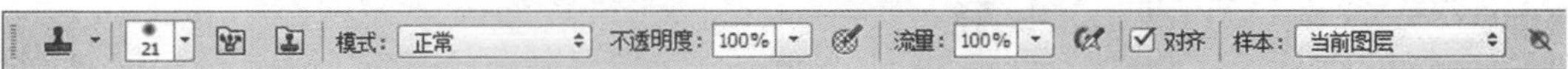

图 5-41　【仿制图章】工具选项栏

- 【对齐】复选框：启用该项，可以对图像画面连续取样，而不会丢失当前设置的参考点位置，即使释放鼠标后也是如此；禁用该项，则会在每次停止并重新开始仿制时，使用最初设置的参考点位置。默认情况下，【对齐】复选框为启用状态。
- 【样本】选项：用来指定进行数据取样的图层。如果仅从当前图层中取样，应选择【当前图层】选项；如果要从当前图层及其下方的可见图层中取样，可选择【当前和下方图层】选

项；如果要从所有可见图层中取样，并将仿制结果存储在新建图层里，可选择【所有图层】选项。

【例 5-7】 使用【仿制图章】工具修复图像。 视频+素材

STEP 01 选择【文件】|【打开】命令，打开图像文件，单击【图层】面板中的【创建新图层】按钮，创建新图层，如图 5-42 所示。

STEP 02 选择【仿制图章】工具，在选项栏中设置一种画笔样式，在【样本】下拉列表中选择【所有图层】选项，如图 5-43 所示。

图 5-42 打开图像文件

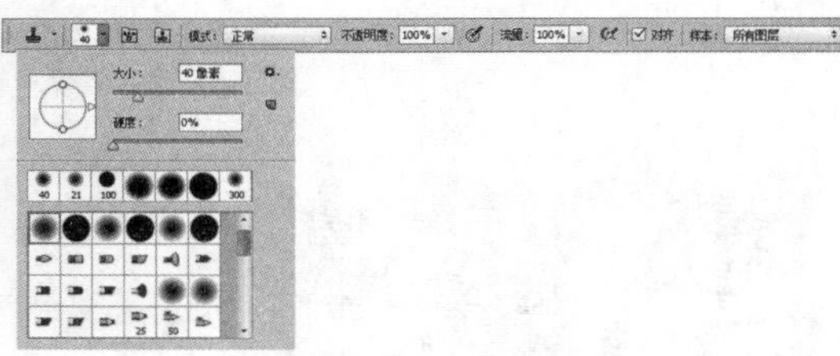

图 5-43 设置【仿制图章】工具

STEP 03 按住 Alt 键在要修复部位附近单击鼠标左键，设置取样点，然后在要修复部位按住鼠标左键涂抹，如图 5-44 所示。

图 5-44 使用【仿制图章】工具

知识点滴

【仿制图章】工具并不限定在同一张图像中使用，可以把某张图像的局部内容复制到另一张图像之中。在进行不同图像之间的复制时，可以将两张图像并排排列在 Photoshop 窗口中，以便对照源图像的复制位置以及目标图像的复制结果。

5.5 润饰工具

使用 Photoshop 可以对图像进行修饰、润色等操作。其中，对图像的细节修饰包括模糊图像、锐化图像、加深图像、减淡图像以及涂抹图像等。

5.5.1 【模糊】和【锐化】工具

【模糊】工具的作用是降低图像画面中相邻像素之间的反差，使边缘的区域变柔和，从而产生模糊的效果，还可以柔化模糊局部的图像。在使用【模糊】工具时，如果反复涂抹图像上的同一区域，会使该区域变得更加模糊不清，如图 5-45 所示。

图 5-45 使用【模糊】工具

选择工具箱中的【模糊】工具，显示如图 5-46 所示的选项栏。

图 5-46 【模糊】工具选项栏

- 【模式】下拉列表：用于设置画笔的模糊模式。
- 【强度】数值框：用于设置图像处理的模糊程度，参数数值越大，模糊效果就越明显。
- 【对所有图层取样】复选框：选中该复选框，模糊处理可以对所有的图层中的图像进行操作；取消选中该复选框，模糊处理只能对当前图层中的图像进行操作。

【锐化】工具与【模糊】工具相反，它将增大像素间的反差，达到清晰边线或图像的效果，如图 5-47 所示。使用【锐化】工具时，如果反复涂抹同一区域，则会造成图像失真。

图 5-47 使用【锐化】工具

在工具箱中选择【锐化】工具，出现如图 5-48 所示的选项栏，其与【模糊】工具的选项栏基本相同。

300 模式: 变暗 强度: 100% 对所有图层取样 保护细节

图 5-48 【锐化】工具选项栏

 5.5.2 【涂抹】工具

【涂抹】工具用于模拟用手指涂抹油墨的效果，使用【涂抹】工具在颜色的交界处涂画，会有一种相邻颜色互相挤入的模糊感，如图 5-49 所示。【涂抹】工具不能在【位图】和【索引颜色】模式的图像上使用。

在【涂抹】工具的选项栏中，可以通过【强度】来控制手指作用在画面上的工作力度，默认的为 50%。【强度】数值越大，手指拖出的线条就越长，反之则越短，如果【强度】设置为 100%，则可以拖出无限长的线条来，直至松开鼠标按键。

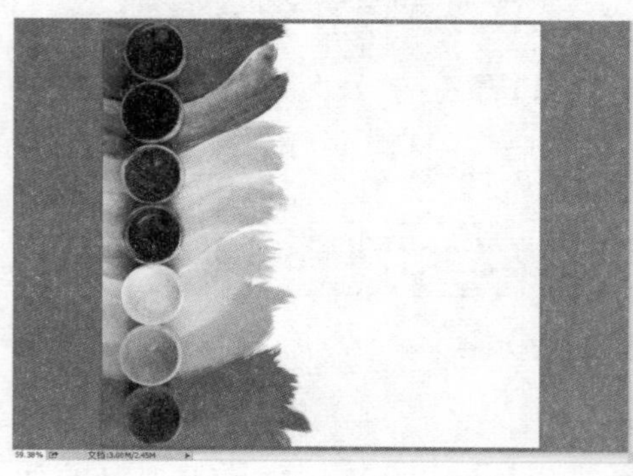

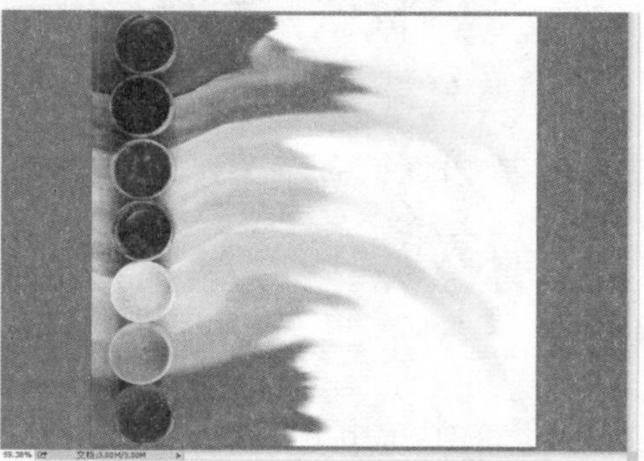

图 5-49 使用【涂抹】工具

【例 5-8】 使用【涂抹】工具调整图像。视频+素材

STEP 01 在 Photoshop 中，选择菜单栏中的【文件】|【打开】命令，选择打开一个图像文件，按 Ctrl + J 键复制图像，如图 5-50 所示。

STEP 02 单击【涂抹】工具，在选项栏中设置画笔样式大小，【强度】数值为 18%，然后在图像上涂抹，如图 5-51 所示。

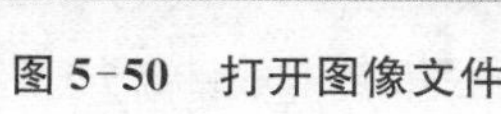

图 5-50 打开图像文件

图 5-51 使用【涂抹】工具

STEP 03 选择【滤镜】|【滤镜库】命令，打开【滤镜库】对话框。在对话框中，选择【纹理】滤镜组中的【纹理化】滤镜，设置【缩放】数值为 100%，【凸现】数值为 5，然后单击【确定】按钮应用滤镜，如图 5-52 所示。

STEP 04 选择【滤镜】|【锐化】|【USM 锐化】命令，打开【USM 锐化】对话框。在对话框中，设置【数量】数值为 100%，【半径】数值为 1.5 像素，然后单击【确定】按钮应用，如图 5-53 所示。

图 5-52　使用【纹理化】滤镜

图 5-53　使用【USM 锐化】滤镜

5.5.3　【减淡】和【加深】工具

【减淡】工具通过提高图像的曝光度来提高图像的亮度，在图像需要亮化的区域反复拖动即可亮化图像，如图 5-54 所示。

图 5-54　使用【减淡】工具

选择【减淡】工具后，出现如图 5-55 所示的工具选项栏。

图 5-55　【减淡】工具选项栏

- 【范围】：在其下拉列表中，【阴影】选项表示仅对图像的暗色调区域进行亮化；【中间调】选项表示仅对图像的中间色调区域进行亮化；【高光】选项表示仅对图像的亮色调区域进行亮化。
- 【曝光度】：用于设定曝光强度。可以直接在数值框中输入数值，或单击右侧的按钮然后在弹出的滑杆上拖动滑块来调整。

【加深】工具用于降低图像的曝光度，通常用来加深图像的阴影或对图像中的高光部分进行暗化处理，如图 5-56 所示。【加深】工具选项栏与【减淡】工具选项栏内容基本相同，但产生的图像效果刚好相反。

【例 5-9】　使用【加深】工具调整图像。 视频+素材

STEP 01 在 Photoshop 中，选择菜单栏中的【文件】|【打开】命令，选择打开一个图像文件，按 Ctrl + J 键复制图像，如图 5-57 所示。

图 5-56　使用【加深】工具

STEP 02 选择【加深】工具，在选项栏中设置柔边圆画笔样式，单击【范围】下拉按钮，从弹出的列表中选择【阴影】选项，【曝光度】数值为 30%，然后在图像中间部分按住鼠标进行拖动以加深颜色，如图 5-58 所示。

图 5-57　打开图像文件

图 5-58　使用【加深】工具

5.5.4　【海绵】工具

【海绵】工具可以精确地修改色彩的饱和度。如果图像是灰度模式，该工具可以通过使灰阶远离或靠近中间灰色来增加或降低对比度。

【海绵】工具的使用方法与【加深】、【减淡】工具类似。选择【海绵】工具后，显示如图 5-59 所示的工具选项栏。

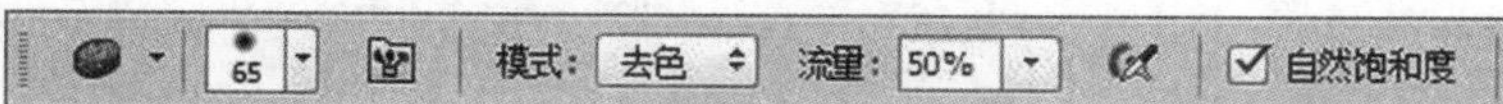

图 5-59　【海绵】工具选项栏

- 【模式】选项：该下拉列表中有【去色】和【加色】两个选项。选择【去色】选项，可以降低图像颜色的饱和度；选择【加色】选项，可以增加图像颜色的饱和度。
- 【流量】数值框：用于设置饱和和不饱和的程度。
- 【自然饱和度】复选框：选中该复选框，在增加饱和度操作时，可以避免颜色过于饱和而出现溢色。

【例 5-10】 使用【海绵】工具调整图像。视频+素材

STEP 01 在 Photoshop 中，选择菜单栏中的【文件】|【打开】命令，选择打开一个图像文件，按 Ctrl

+J 键复制图像,如图 5-60 所示。

STEP 02 选择【海绵】工具,在选项栏中选择柔边圆画笔样式,设置【模式】为【去色】,【流量】为 100%,取消选中【自然饱和度】复选框。然后使用【海绵】工具在图像上涂抹,去除图像色彩,如图 5-61 所示。

图 5-60　打开图像文件

图 5-61　使用【海绵】工具

5.6　案例演练

本章的案例演练为调整图像画面画质,用户通过练习可以巩固本章所学知识。

【例 5-11】 调整图像画面画质。视频+素材

STEP 01 选择【文件】|【打开】命令,打开一个素材图像文件,按 Ctrl+J 键复制【背景】图层,如图 5-62 所示。

STEP 02 放大图像画面,选择【污点修复画笔】工具,去除图像中人物面部的瑕疵,如图 5-63 所示。

图 5-62　打开图像文件 1

图 5-63　使用【污点修复画笔】工具

STEP 03 在【调整】面板中,单击【创建新的曲线调整图层】按钮,打开【属性】面板。在属性面板中调整 RGB 曲线形状,如图 5-64 所示。

STEP 04 选择【画笔】工具,在选项栏中单击【画笔预设选取器】按钮,在弹出的画笔预设下拉面板中选择【柔边圆】画笔样式,设置【大小】数值为 300 像素,【不透明度】数值为 20%,然后使用【画笔】工具在【曲线 1】图层蒙版中涂抹人物面部暗色以外的区域,如图 5-65 所示。

图 5-64　创建曲线调整图层

图 5-65　调整图层蒙版

STEP 05 按 Ctrl + Shift + Alt + E 键盖印图层，生成【图层 2】图层，按 Ctrl + J 键复制【图层 2】图层。选择【海绵】工具，在选项栏中设置画笔样式为柔边圆，250 像素，设置【模式】为【加色】选项，【流量】数值为 20%，然后使用【海绵】工具调整人物面部颜色，如图 5-66 所示。

STEP 06 选择【加深】工具，在选项栏中设置【曝光度】数值为 20%，然后使用【加深】工具调整人物面部细节，如图 5-67 所示。

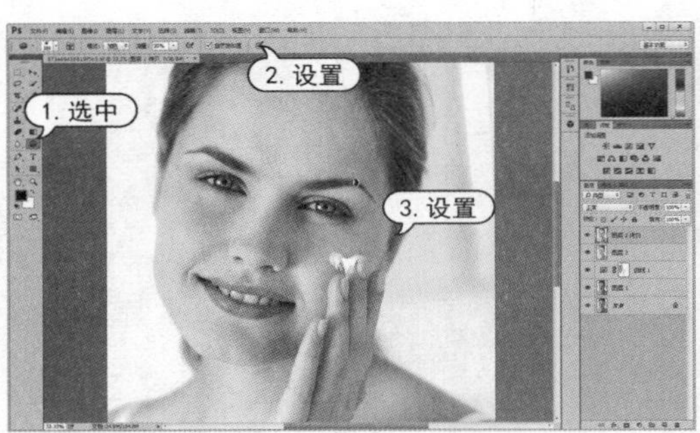

图 5-66　使用【海绵】工具

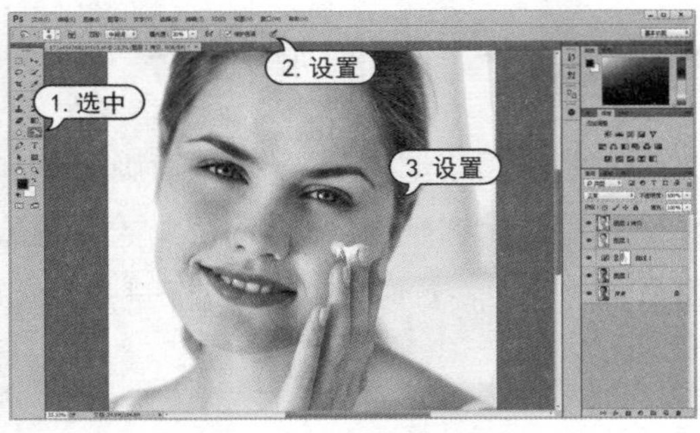

图 5-67　使用【加深】工具

STEP 07 选择【文件】|【打开】命令打开另一个素材图像文件，选择【窗口】|【排列】|【双联垂直】命令，将两幅图像并列显示在工作区中，如图 5-68 所示。

STEP 08 选择【仿制图章】工具，在选项栏中设置画笔样式为柔边圆，1 100 像素，【不透明度】数值为 20%，按住 Alt 键在花卉图像中单击，设置取样点。选中人物图像，在【图层】面板中单击【创建新图层】按钮，新建【图层 3】，使用【仿制图章】工具在人物背景处涂抹，如图 5-69 所示。

图 5-68　打开图像文件 2

图 5-69　使用【仿制图章】工具

第 6 章

图像影调与色彩的调整

Photoshop 应用程序中提供了强大的图像色彩调整功能，可以使图像文件更加符合用户编辑处理的需求。本章主要介绍了 Photoshop CC 2015 中常用的色彩、色调处理命令，使用户能熟练应用处理图像画面色彩效果。

对应的光盘视频

例 6-1　使用自动调整命令
例 6-2　使用【亮度/对比度】命令
例 6-3　使用【色阶】命令
例 6-4　使用【曲线】命令
例 6-5　使用【曝光度】命令
例 6-6　使用【阴影/高光】命令
例 6-7　使用【色相/饱和度】命令
例 6-8　使用【色彩平衡】命令
例 6-9　使用【替换颜色】命令
例 6-10　使用【匹配颜色】命令
例 6-11　使用【可选颜色】命令
例 6-12　使用【通道混合器】命令
例 6-13　使用【照片滤镜】命令
例 6-14　使用【渐变映射】命令
例 6-15　使用【黑白】命令
例 6-16　调整图像色彩效果

6.1 快速调整图像

在 Photoshop 中使用快速调整图像命令，可以快速、直接的在图像上显示调整后效果。

6.1.1 自动调整命令

选择菜单栏中的【图像】|【自动色调】、【自动对比度】或【自动颜色】命令，即可自动调整图像效果。

【自动色调】命令可以自动调整图像中的黑场和白场，将每个颜色通道中最亮和最暗的像素映射到纯白(色阶为 255)和纯黑(色阶为 0)，中间像素值按比例重新分布，从而增强图像的对比度。

【自动对比度】命令可以自动调整一幅图像亮部和暗部的对比度。它将图像中最暗的像素转换成为黑色，最亮的像素转换为白色，从而增大图像的对比度。

【自动颜色】命令通过搜索图像来标识阴影、中间调和高光，从而调整图像的对比度和颜色。默认情况下，【自动颜色】使用 RGB 128 灰色这一目标颜色来中和中间调，并将阴影和高光像素剪切 0.5%。可以在【自动颜色校正选项】对话框中更改这些默认值。

【例 6-1】 使用自动调整命令调整图像效果。 视频+素材

STEP 01 选择【文件】|【打开】命令打开素材图像文件，按 Ctrl + J 键复制【背景】图层，如图6-1所示。

STEP 02 选择【图像】|【自动色调】命令，再选择【图像】|【自动颜色】命令调整图像效果，如图6-2所示。

图 6-1 打开图像文件

图 6-2 使用自动调整命令

6.1.2 应用【色调均化】命令

选择【图像】|【调整】|【色调均化】命令可重新分配图像中各像素的像素值，如图 6-3 所示。Photoshop 会寻找图像中最亮和最暗的像素值，并且平均所有的亮度值，使图像中最亮的像素代表白色，最暗的像素代表黑色，各中间像素值按灰度重新分配。

如果图像中存在选区，则选择【色调均化】命令时，会弹出如图 6-4 所示的【色调均化】对话框。

图 6-3　使用【色调均化】命令

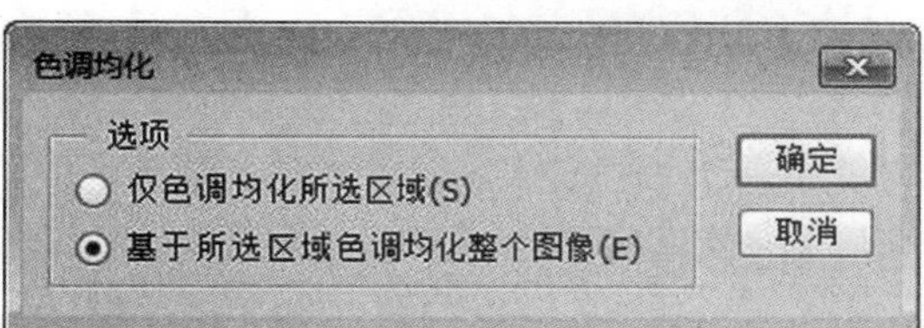

图 6-4　【色调均化】对话框

知识点滴

【仅色调均化所选区域】：选中该单选按钮，仅均化选区内的像素。【基于所选区域色调均化整个图像】：选中该单选按钮，按照选区内的像素均化整个图像的像素。

6.1.3　应用【阈值】命令

【阈值】命令可将彩色或灰阶的图像变成高对比度的黑白图像。在该对话框中可通过拖动滑块来改变阈值，也可在阈值色阶后面直接输入阈值数值，如图 6-5 所示。当设定阈值后，所有像素值高于此阈值的像素点变为白色，低于此阈值的像素点变为黑色。

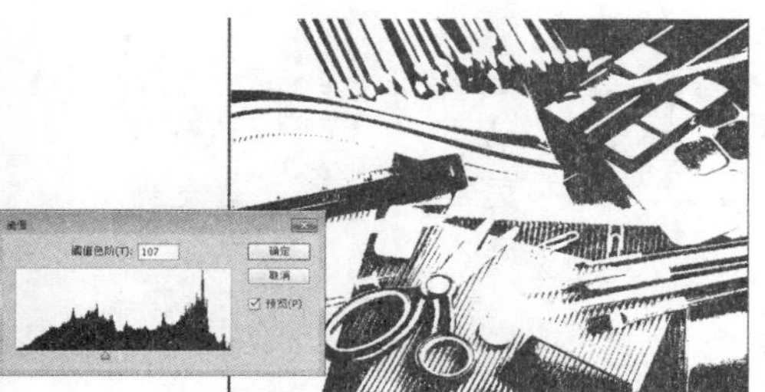

图 6-5　使用【阈值】命令

6.1.4　应用【色调分离】命令

【色调分离】命令可定义色阶的多少。在灰阶图像中可用此命令来减少灰阶数量，形成一些特殊的效果。在【色调分离】对话框中，可直接输入数值来定义色调分离的级数，如图 6-6 所示。

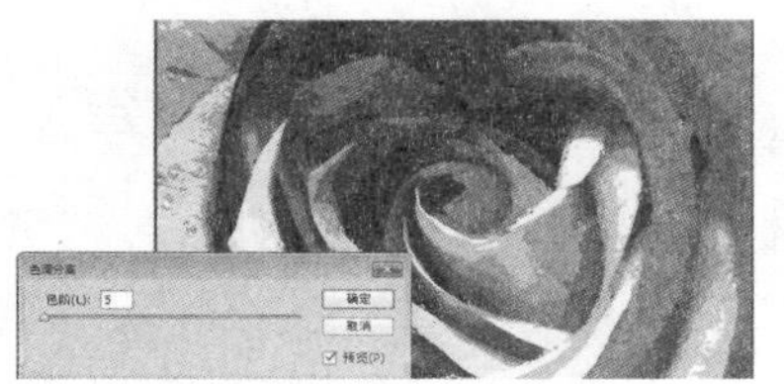

图 6-6　使用【色调分离】命令

6.2 调整图像的影调

不同的图像获取方式会产生不同的曝光问题，在 Photoshop 中可以使用相应的调整命令调整图像的曝光问题。

6.2.1 【亮度/对比度】命令

亮度即图像的明暗，对比度表示的是图像中明暗区域最亮的白和最暗的黑之间不同亮度层级的差异范围，范围越大对比越大，反之则越小。【亮度/对比度】命令是一个简单直接的调整命令，使用该命令可以增亮或变暗图像中的色调。选择【图像】|【调整】|【亮度/对比度】对话框，将【亮度】滑块向右移动会增加色调值并扩展图像高光，而将【亮度】滑块向左移动会减少色调值并扩展阴影。【对比度】滑块可扩展或收缩图像中色调值的总体范围。

【例 6-2】 使用【亮度/对比度】命令调整图像。视频+素材

STEP 01 选择【文件】|【打开】命令打开素材图像文件，按 Ctrl + J 键复制图像【背景】图层，如图 6-7 所示。

STEP 02 选择【图像】|【调整】|【亮度/对比度】命令，打开【亮度/对比度】对话框。设置【亮度】值为-60，【对比度】值为 70，然后单击【确定】按钮应用调整，如图 6-8 所示。

图 6-7 打开图像文件

图 6-8 使用【亮度/对比度】命令

6.2.2 【色阶】命令

使用【色阶】命令可以通过调整图像的阴影、中间调和高光的强度级别，从而校正图像的色调范围和色彩平衡。【色阶】直方图是调整图像基本色调的直观参考。选择【图像】|【调整】|【色阶】命令或按 Ctrl+L 键，打开如图 6-9 所示的【色阶】对话框。

- 【预设】下拉列表：该列表中有 8 个预设，选择任意选项，即可将当前图像调整为预设效果，如图 6-10 所示。

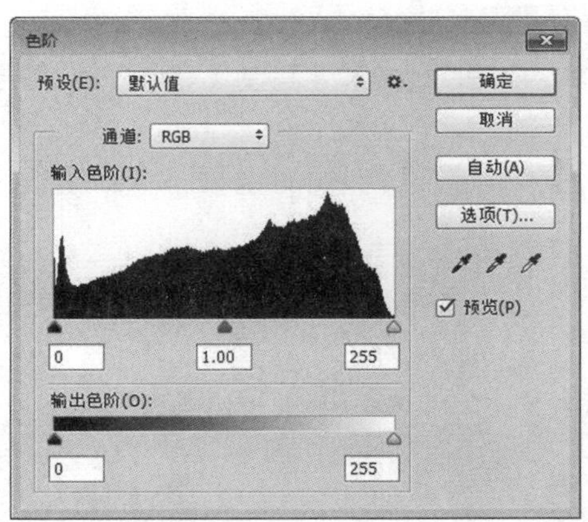

图 6-9　【色阶】对话框

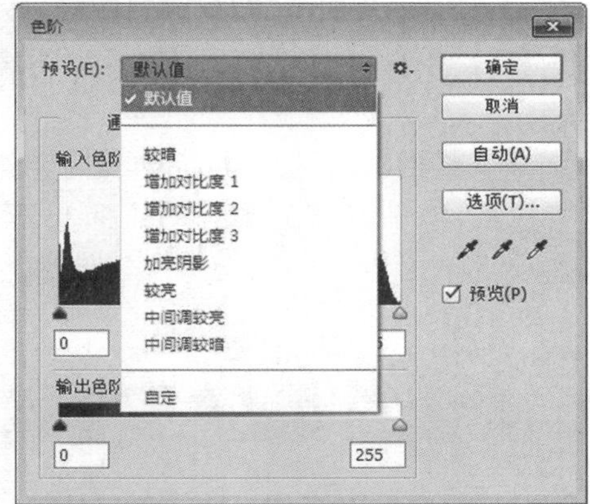

图 6-10　【预设】选项

- 【通道】下拉列表：该列表中为当前打开的图像文件包含的所有颜色通道，可任意要调整的通道颜色，如图 6-11 所示。

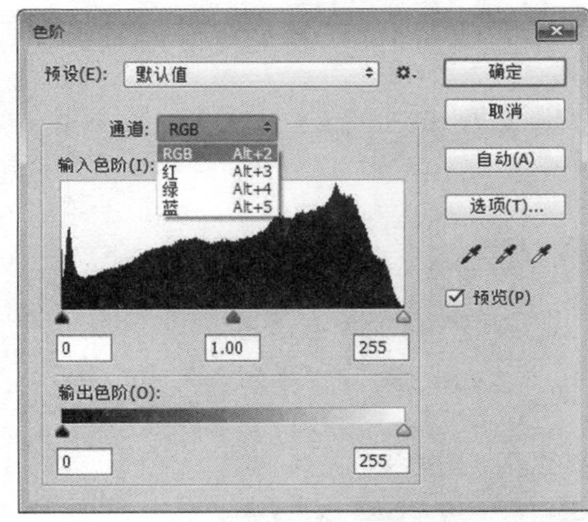

图 6-11　【通道】选项

实用技巧

在【色阶】对话框中不仅可以选择合成的通道进行调整，而且可以选择颜色通道来进行个别调整。如果要同时调整两个通道，首先按住 Shift 键，然后在【通道】面板中选择要调整两个通道，再选择【色阶】命令。

- 【输入色阶】：用于调节图像的色调对比度，它由暗调、中间调及高光 3 个滑块组成。滑块越往右移动图像越暗，反之则越亮。下端文本框内显示设定结果的数值，也可通过直接改变文本框内的值对【色阶】进行调整。
- 【输出色阶】：可以调节图像的明度，使图像整体变亮或变暗。左边的黑色滑块用于调节深色系的色调，右边的白色的滑块用于调节浅色系得色调。将左侧滑块向右侧拖动，明度升高；将右侧滑块向左侧拖动，明度降低。
- 吸管工具组：在此工具组中包含【在图像中取样以设置黑场】、【在图像中取样以设置灰场】、【在图像中取样以设置白场】3 个按钮。【在图像中取样以设置黑场】按钮的功能是选定图像的某一色调。【在图像中取样以设置灰场】的功能是将比选定色调暗的颜色全部处理为黑色。【在图像中取样以设置白场】的功能是将比选定色调亮的颜色全部处理为白色，并将与选定色调相同的颜色处理为中间色。

【例 6-3】 使用【色阶】命令调整图像。视频+素材

STEP 01 选择【文件】|【打开】命令打开素材图像文件，按 Ctrl + J 键复制图像【背景】图层，如图 6-12 所示。

STEP 02 选择菜单栏中的【图像】|【调整】|【色阶】命令，打开【色阶】对话框。在对话框中，设置【输入色阶】数值为 89、0.90、255，如图 6-13 所示。

图 6-12 打开图像文件

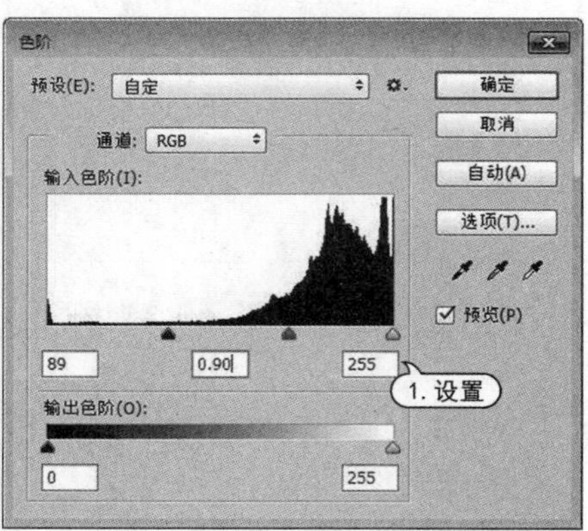

图 6-13 使用【色阶】命令

STEP 03 在对话框的【通道】下拉列表中选择【蓝】选项，设置设置【输入色阶】数值为 0、1.06、225，然后单击【确定】按钮应用【色阶】命令，如图 6-14 所示。

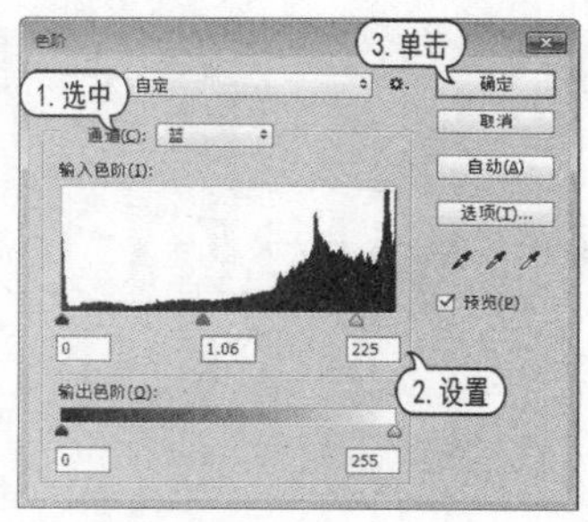

图 6-14 应用【色阶】命令

6.2.3 【曲线】命令

【曲线】命令和【色阶】命令类似，都用来调整图像的色调范围。不同的是，【色阶】命令只能调整亮部、暗部和中间灰度，而【曲线】命令可以对图像颜色通道中 0～255 范围内的任意点进行色彩调节，从而创造出更多种色调和色彩效果。

选择【图像】|【调整】|【曲线】命令或按 Ctrl＋M 键，打开如图 6-15 所示的【曲线】对话框。在对话框中，横轴表示图像原来的亮度值，相当于【色阶】对话框中的输入色阶；纵轴表示新的亮度值，相当于【色阶】对话框中的输出色阶；对角线显示当前【输入】和【输出】数值之间的关系，在没有进行调整时，所有的像素都有相同的【输入】和【输出】数值。

▽ 绘制方式按钮：选中【编辑点以修改曲线】按钮，通过编辑点来修改曲线。选中【通过绘

制以修改曲线】按钮 ，通过绘制来修改曲线。

- 曲线调整窗口：在该窗口中，通过拖动、单击等操作编辑控制白场、灰场和黑场的曲线设置。网格线的水平方向表示图像文件中像素的亮度分布，即输入色阶。垂直方向表示调整后图像中像素的亮度分布，即输出色阶。在打开【曲线】对话框时，曲线是一条 45°的直线，表示此时输入与输出的亮度相等。
- 吸管工具组：在图像中单击，用于设置黑场、灰场和白场。
- 【在图像上单击并拖动可修改曲线】按钮 ：选中该按钮，在图像上单击并拖动可修改曲线。
- 【显示数量】选项组：在该选项组中包括【光(0-255)】和【颜料/油墨%】两个选项，它们分别表示显示光亮(加色)和显示颜料量(减色)，如图 6-16 所示。选择任意一个选项，可切换当前曲线调整窗口中的显示方式。

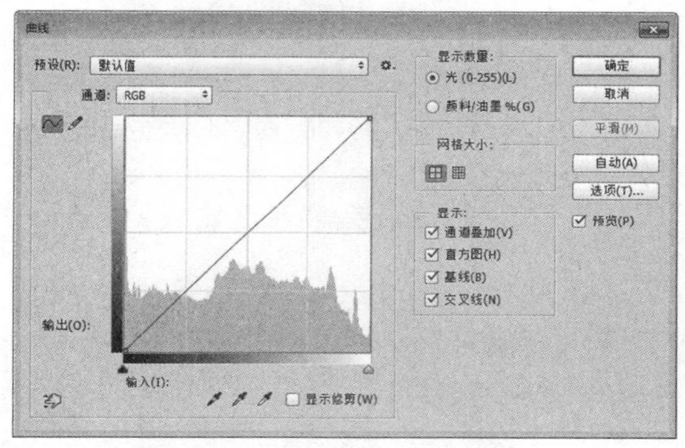

图 6-15　【曲线】对话框

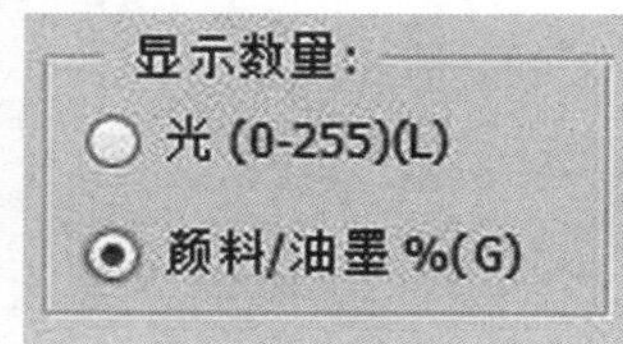

图 6-16　【显示数量】选项

- 【网格大小】选项组：单击 按钮，使曲线调整窗口以四分之一色调增量方式显示简单网格；单击 按钮，使曲线调整窗口以 10%增量方式显示详细网格。
- 【显示】选项组：在该选项组中包括【通道叠加】、【直方图】、【基线】、【交叉线】4 个复选框。选中复选框，可以控制曲线调整窗口的显示效果和显示项目。

【例 6-4】 使用【曲线】命令调整图像。视频+素材

STEP 01 选择【文件】|【打开】命令打开素材图像文件，按 Ctrl + J 键复制图像【背景】图层，如图 6-17 所示。

图 6-17　打开图像文件

实用技巧

调整过程中，如果对调整的结果不满意，按住 Alt 键，此时对话框中的【取消】按钮会变成【复位】按钮，单击该按钮，可将图像还原到初始状态。

轻松学电脑教程系列

STEP 02 选择【图像】|【调整】|【曲线】命令，打开【曲线】对话框。在对话框的曲线调节区内，调整 RGB 通道曲线的形状，如图 6-18 所示。

STEP 03 在【通道】下拉列表中选择【红】通道选项，然后在曲线调节区内，调整红通道曲线的形状，如图 6-19 所示。

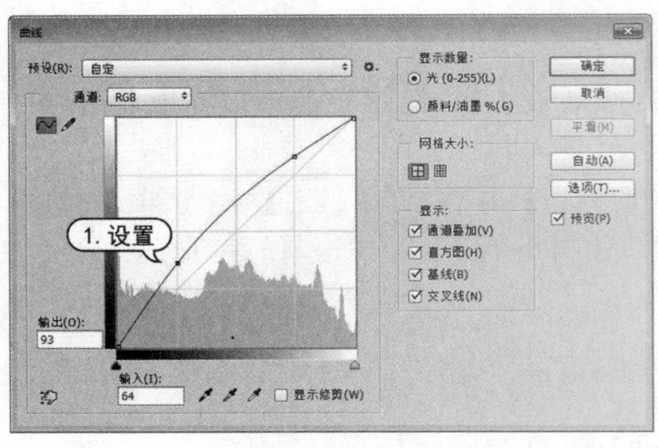

图 6-18　调整 RGB 通道

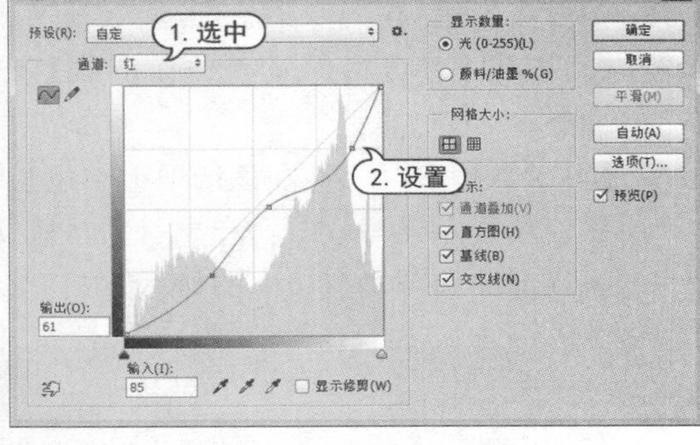

图 6-19　调整红通道曲线

STEP 04 在【通道】下拉列表中选择【蓝】通道选项，然后在曲线调节区内，调整蓝通道曲线的形状，最后单击【确定】按钮，如图 6-20 所示。

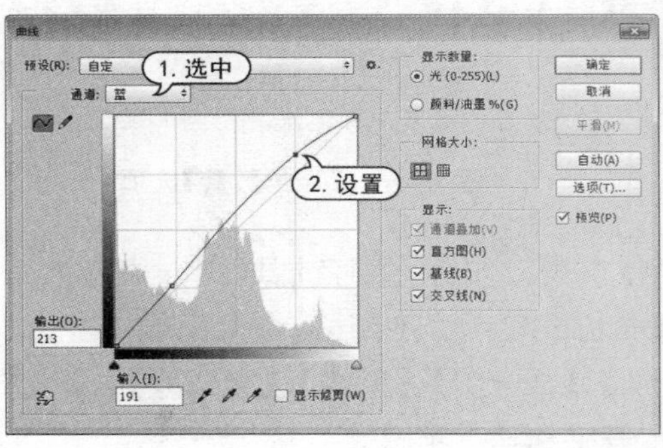

图 6-20　调整蓝通道曲线

6.2.4　【曝光度】命令

【曝光度】命令的作用是调整 HDR(32 位)图像的色调，也可用于 8 位和 16 位图像。曝光度是通过在线性颜色空间(灰度系数 1.0)而不是图像的当前颜色空间执行计算得出的。选择【图像】|【调整】|【曝光度】命令，打开如图 6-21 所示的【曝光度】对话框。

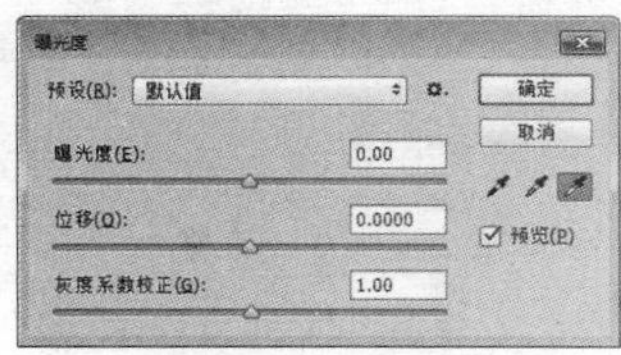

图 6-21　【曝光度】对话框

知识点滴

使用设置黑场吸管工具在图像中单击，可以使单击点的像素变为黑色；设置白场吸管工具可以使单击点的像素变为白色；设置灰场吸管工具可以使单击点的像素变为中度灰色。

- 【曝光度】：调整色调范围的高光端，对极限阴影的影响很轻微。
- 【位移】：使阴影和中间调变暗，对高光的影响很轻微。
- 【灰度系数校正】：使用简单的乘方函数调整图像灰度系数。

【例6-5】 使用【曝光度】命令调整图像。视频+素材

STEP 01 选择【文件】|【打开】命令打开素材图像文件，按Ctrl+J键复制图像【背景】图层，如图6-22所示。

STEP 02 选择【图像】|【调整】|【曝光度】命令，打开【曝光度】对话框。设置【曝光度】数值为1.80，【灰度系数校正】数值为1.25，然后单击【确定】按钮应用，如图6-23所示。

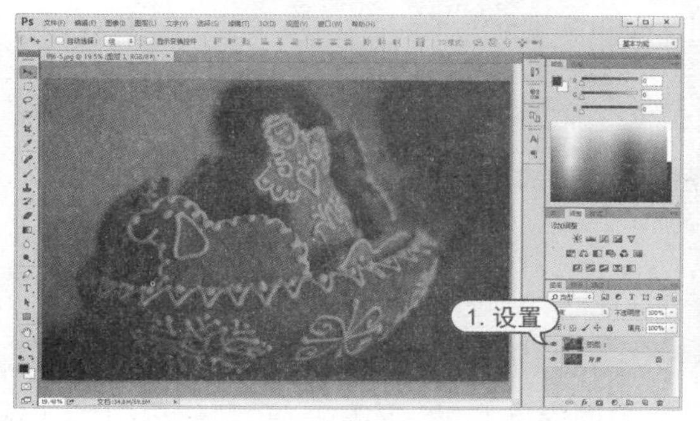

图6-22　打开图像文件

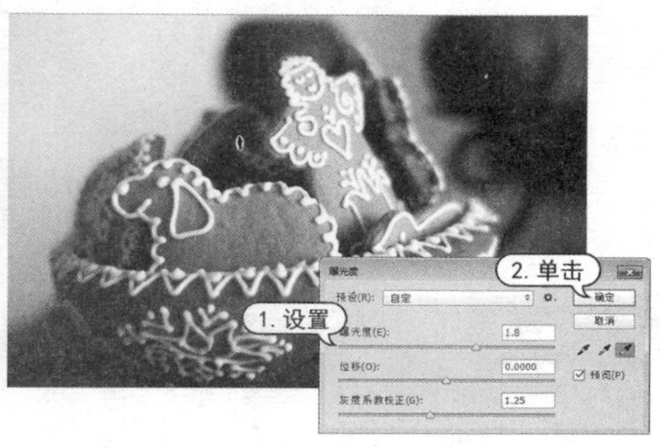

图6-23　使用【曝光度】命令

6.2.5 【阴影/高光】命令

【阴影/高光】命令可以对图像的阴影和高光部分进行调整。该命令不是简单地使图像变亮或变暗，而是基于阴影或高光中的周围像素（局部相邻像素）增亮或变暗。选择【图像】|【调整】|【阴影/高光】命令，即可打开【阴影/高光】对话框进行参数设置。

【例6-6】 使用【阴影/高光】命令调整图像。视频+素材

STEP 01 选择【文件】|【打开】命令打开素材图像文件，按Ctrl+J键复制图像【背景】图层，如图6-24所示。

STEP 02 选择【图像】|【调整】|【阴影/高光】命令，打开【阴影/高光】对话框。设置阴影【数量】数值为35%，设置高光【数量】数值为35%，如图6-25所示。

图6-24　打开图像文件

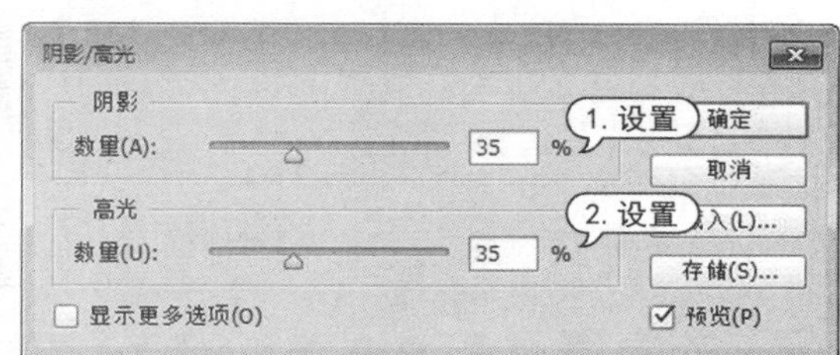

图6-25　使用【阴影/高光】命令

STEP 03 选中【显示更多选项】复选框，在【阴影】选项区域中设置【色调】数值为 20%，在【高光】选项区域中设置【色调】数值为 35%，然后单击【确定】按钮应用，如图 6-26 所示。

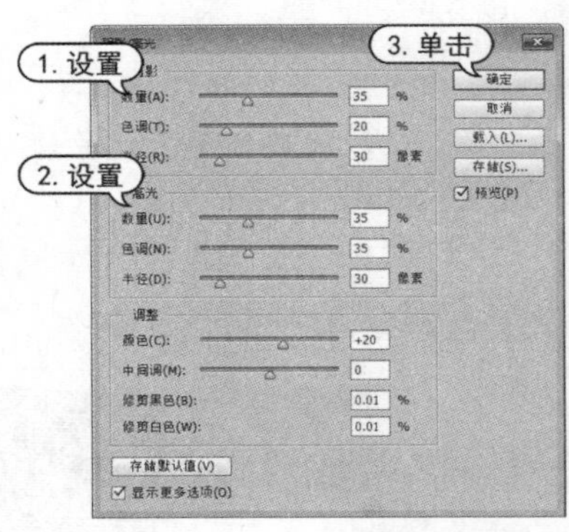

图 6-26　使用【阴影/高光】命令

6.3　调整图像色彩

利用 Photoshop 可以图像色彩，如提高图像的色彩饱和度、更改色相、制作黑白图像或对部分颜色进行调整等，以完善图像颜色，丰富图像画面效果。

6.3.1　【色相/饱和度】命令

【色相/饱和度】命令主要用于改变图像像素的色相、饱和度和明度，可以通过给像素定义新的色相和饱和度，实现给灰度图像上色，也可以创造单色调效果。

选择【图像】|【调整】|【色相/饱和度】命令或按 Ctrl+U 键，可以打开如图 6-27 所示【色相/饱和度】对话框进行参数设置。位图和灰度模式的图像不能使用【色相/饱和度】命令，使用前必须先将其转化为 RGB 模式或其他的颜色模式。

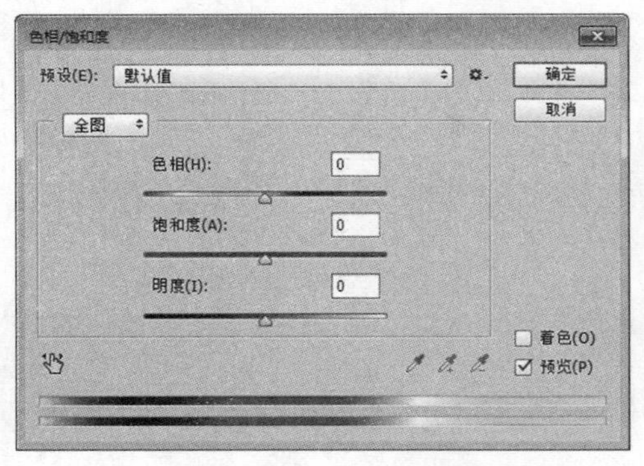

图 6-27　【色相/饱和度】对话框

知识点滴

在【色相/饱和度】对话框中可对图像进行着色操作。在对话框中选中【着色】复选框，通过拖曳【饱和度】和【色相】滑块来改变其颜色。

【例 6-7】 使用【色相/饱和度】命令调整图像。视频+素材

STEP 01 选择【文件】|【打开】命令打开素材图像文件，按 Ctrl+J 键复制图像【背景】图层，如图 6-28 所示。

STEP 02 选择【图像】|【调整】|【色相/饱和度】命令，打开【色相/饱和度】对话框。在对话框中，设置【色相】数值为 25，【饱和度】数值为 20，如图 6-29 所示。

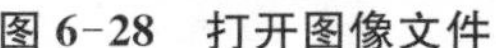

图 6-28　打开图像文件

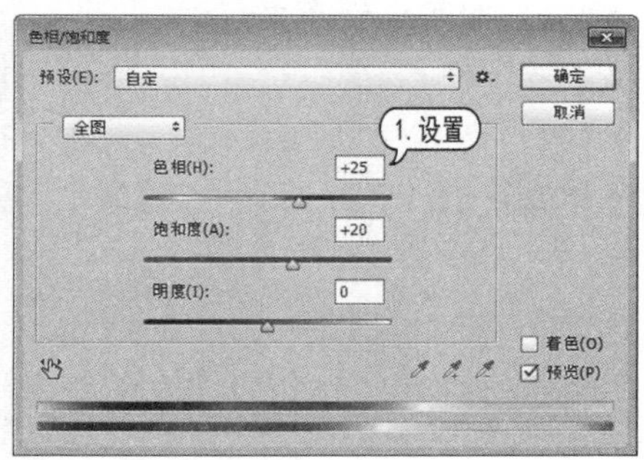

图 6-29　使用【色相/饱和度】命令

STEP 03 在对话框中，设置通道为【洋红】，设置【饱和度】数值为 35，然后单击【确定】按钮应用调整，如图 6-30 所示。

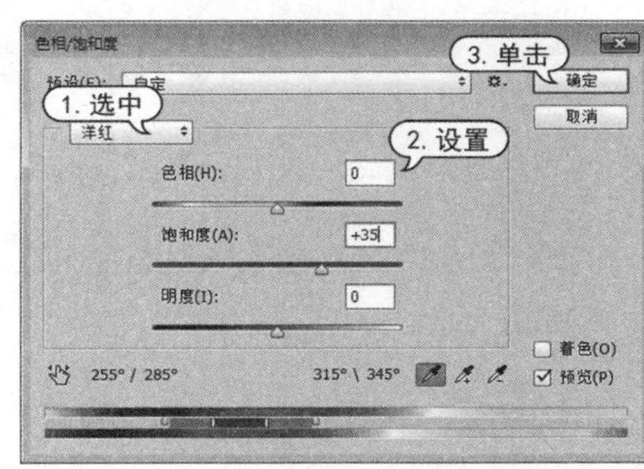

图 6-30　使用【色相/饱和度】命令

6.3.2　【色彩平衡】命令

使用【色彩平衡】命令可以调整彩色图像中颜色的组成。因此，【色彩平衡】命令多用于调整偏色图片，或者用于特意突出某种色调范围。

选择【图像】|【调整】|【色彩平衡】命令或按 Ctrl+B 键，打开如图 6-31 所示的【色彩平衡】对话框。

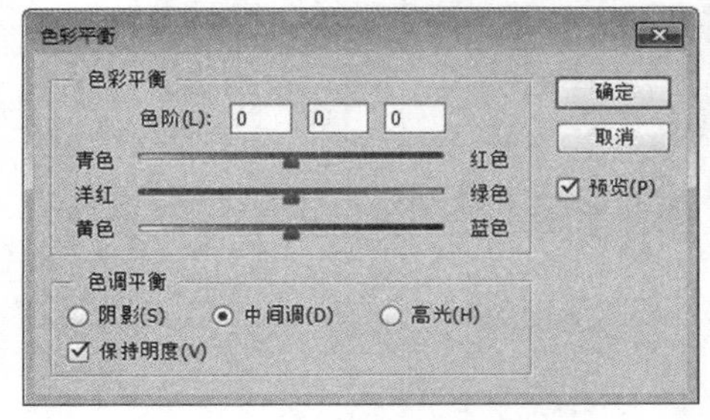

图 6-31　【色彩平衡】对话框

知识点滴

在【色彩平衡】对话框中，选中【保持明度】复选框，则可以在调整色彩时保持图像明度不变。

- 【色彩平衡】选项区中，【色阶】数值框可以调整从 RGB 到 CMYK 色彩模式间对应的色彩变化，其取值范围为－100～100。用户也可以直接拖动文本框下方的颜色滑块的位置来调整图像的色彩效果。
- 【色调平衡】选项区中，可以选择【阴影】、【中间调】和【高光】3 个单选按钮之一，对相应色调的颜色进行调整。

【例 6-8】 使用【色彩平衡】命令调整图像。 视频+素材

STEP 01 选择【文件】|【打开】命令打开素材图像文件，按 Ctrl + J 键复制图像【背景】图层，如图 6-32 所示。

STEP 02 选择【图像】|【调整】|【色彩平衡】命令，打开【色彩平衡】对话框。在对话框中，设置中间调色阶数值为 53、30、0，如图 6-33 所示。

图 6-32 打开图像文件

图 6-33 使用【色彩平衡】命令

STEP 03 单击【阴影】单选按钮，设置阴影色阶数值为 30、10、0，然后单击【确定】按钮应用设置，如图 6-34 所示。

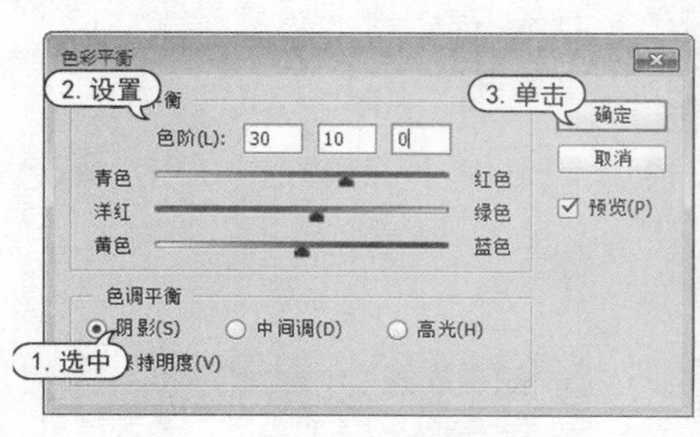

图 6-34 使用【色彩平衡】命令

6.3.3 【替换颜色】命令

使用【替换颜色】命令，可以创建临时性的蒙版，以选择图像中的特定颜色，然后替换颜色。也可以设置选定区域的色相、饱和度和亮度，或者使用拾色器来选择替换颜色。

【例 6-9】 使用【替换颜色】命令调整图像。视频+素材

STEP 01 选择【文件】|【打开】命令打开素材图像文件，按 Ctrl + J 键复制图像【背景】图层，如图 6-35 所示。

STEP 02 选择【图像】|【调整】|【替换颜色】命令，打开【替换颜色】对话框。在对话框中，设置【颜色容差】数值为 130，然后使用【吸管】工具在图像红色区域中单击，如图 6-36 所示。

图 6-35　打开图像文件

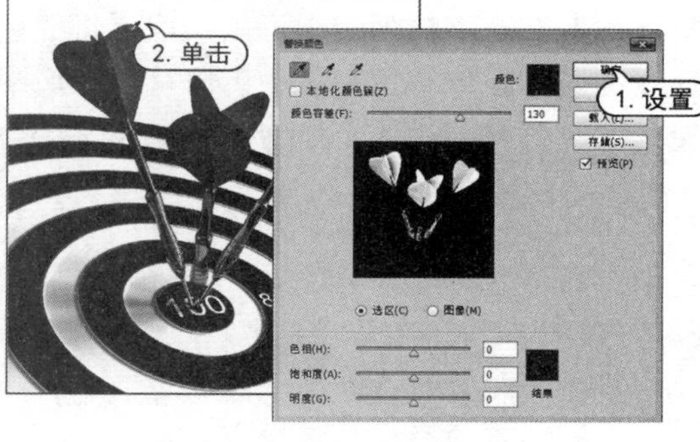

图 6-36　使用【替换颜色】命令

STEP 03 在对话框的【替换】选项区中，设置【色相】数值为 85，【饱和度】数值为 35，如图 6-37 所示。

STEP 04 单击【添加到取样】按钮，在需要替换颜色的区域单击，然后单击【确定】按钮应用设置，如图 6-38 所示。

图 6-37　设置替换颜色

图 6-38　使用【替换颜色】命令

6.3.4 【匹配颜色】命令

【匹配颜色】命令可以将一个图像（源图像）的颜色与另一个图像（目标图像）中的颜色相匹配，使多个图像的颜色保持一致。此外，该命令还可以匹配多个图层和选区之间的颜色。

选择【图像】|【调整】|【匹配颜色】命令，可以打开如图 6-39 所示的【匹配颜色】对话框。在【匹配颜色】对话框中，可以对其参数进行设置。

- 【明亮度】：拖动此选项下方滑块可以调节图像的亮度，设置的数值越大，得到的图像亮度越亮，反之则越暗。

- 【颜色强度】：拖动此选项下方滑块可以调节图像的颜色饱和度，设置的数值越大，得到的图像所匹配的颜色饱和度越大。
- 【渐隐】：拖动此选项下方滑块可以设置匹配后图像和原图像的颜色相近程度，设置的数值越大，得到的图像效果越接近颜色匹配前的效果。
- 【中和】：选中此复选框，可以自动去除目标图像中的色痕。
- 【源】：在此下拉列表中可以选取要将颜色与目标图像中的颜色相匹配的源图像。
- 【图层】：在此下拉列表中可以从源图像中选取图层。

【例 6-10】 使用【匹配颜色】命令调整图像。 视频+素材

STEP 01 在 Photoshop 中，选择【文件】|【打开】命令，打开两个图像文件，并选中 2. jpg 图像文件，如图 6-40 所示。

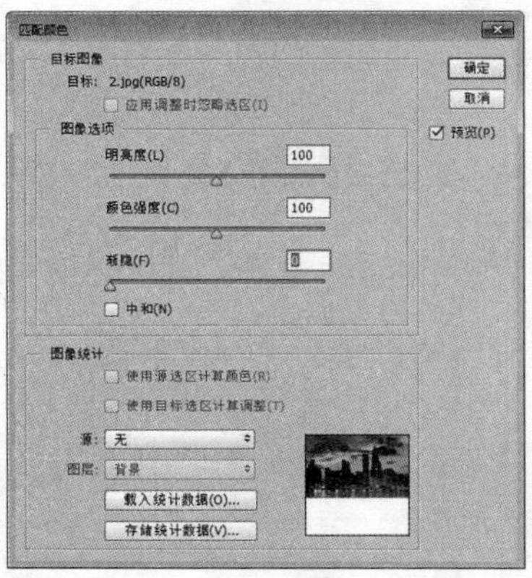

图 6-39 【匹配颜色】对话框

图 6-40 打开图像文件

STEP 02 选择【图像】|【调整】|【匹配颜色】命令，打开【匹配颜色】对话框。在对话框的【图像统计】选项区的【源】下拉列表中选择 1. jpg 图像文件，如图 6-41 所示。

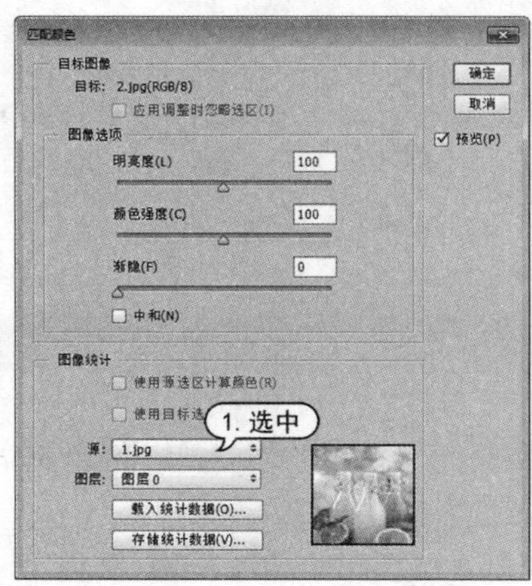

图 6-41 选择源文件

STEP 03 在【图像选项】区域中，选中【中和】复选框，设置【颜色强度】数值为 110，【渐隐】数值为 30，然后单击【确定】按钮，如图 6-42 所示。

图 6-42　应用【匹配颜色】命令

6.3.5 【可选颜色】命令

【可选颜色】命令可以对限定颜色区域中各像素的青、洋红、黄、黑四色油墨进行调整，从而在不影响其他颜色的基础上调整限定的颜色。使用【可选颜色】命令可以有针对性地调整图像中的某个颜色或校正色彩平衡等颜色问题。选择【图像】|【调整】|【可选颜色】命令，可以打开【可选颜色】对话框。在该对话框的【颜色】下拉列表框中，可以选择所需调整的颜色。

【例 6-11】 使用【可选颜色】命令调整图像。 视频+素材

STEP 01 选择【文件】|【打开】命令打开素材图像文件，按 Ctrl + J 键复制图像【背景】图层，如图 6-43 所示。

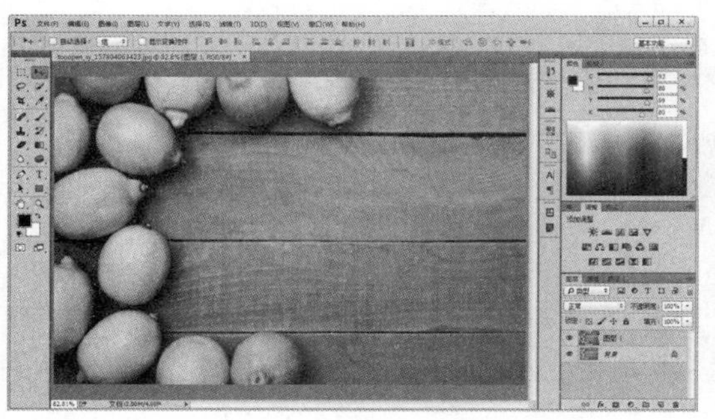

图 6-43　打开图像文件

知识点滴

对话框中【方法】选项用来设置色值的调整方式。选择【相对】时，按照总量的百分比修改现有的青色、洋红、黄色或黑色的含量；选择【绝对】时，采用绝对值调整颜色，例如，从 50% 的洋红像素开始添加 10%，则结果为 60% 洋红。

STEP 02 选择【图像】|【调整】|【可选颜色】命令，打开【可选颜色】对话框。在对话框的【颜色】下拉列表中选择【青色】选项，设置【青色】数值为 − 100%，【黑色】数值为 30%，然后单击【确定】按钮应用，如图 6-44 所示。

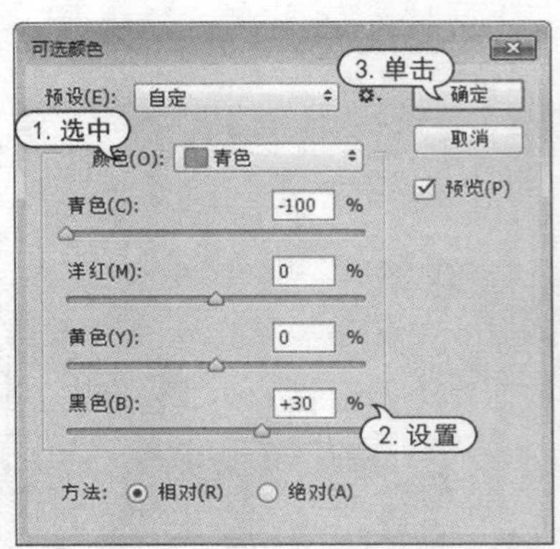

图 6-44　使用【可选颜色】命令

6.3.6 【通道混合器】命令

【通道混合器】命令使用图像中现有(源)颜色通道的混合来修改目标(输出)颜色通道,从而控制单个通道的颜色量。利用该命令可以创建高品质的灰度图像,或者其他色调图像,也可以对图像进行创造性的颜色调整。选择【图像】|【调整】|【通道混合器】命令,可以打开如图 6-45 所示的【通道混合器】对话框。

- 【预设】:可以在此选项的下拉列表中选择预设的通道混合器。
- 【输出通道】:可以选择要在其中混合的一个或多个现有的通道。
- 【源通道】选项组:用来设置输出通道中源通道所占的百分比。将一个源通道的滑块向左拖动时,可减小该通道在输出通道中所占的百分比;向右拖动时,则增加百分比。【总计】选项显示了源通道的总计值。如果合并的通道值高于 100%,Photoshop 会在总计显示警告图标。
- 【常数】:用于调整输出通道的灰度值。如果设置的是负数值,会增加更多的黑色;如果设置的是正数值,会增加更多的白色。
- 【单色】:选中该复选框,可将彩色的图像变为无色彩的灰度图像。

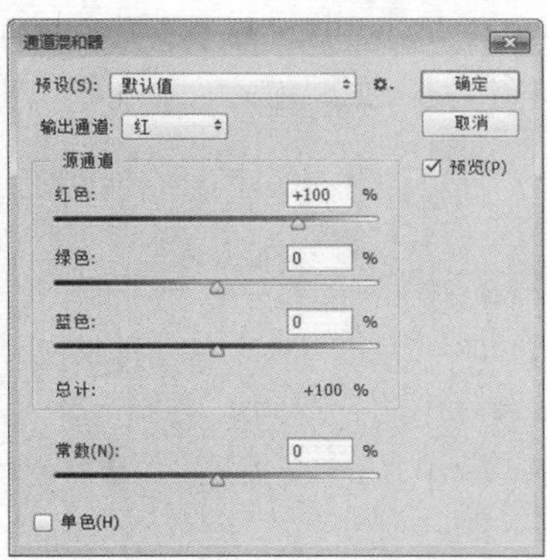

图 6-45　【通道混合器】对话框

实用技巧

选择的图像颜色模式不同,打开的【通道混合器】对话框也会略有不同。【通道混合器】命令只能用于 RGB 和 CMYK 模式图像,并且在执行该命令之前,必须在【通道】面板中选择主通道,而不能选择分色通道。

【例 6-12】 使用【通道混合器】命令调整图像。视频+素材

STEP 01 选择【文件】|【打开】命令打开素材图像文件,按 Ctrl + J 键复制图像【背景】图层,如图

6-46 所示。

STEP 02 选择【图像】|【调整】|【通道混合器】命令，打开【通道混合器】对话框。在对话框中设置【红】输出通道的【红色】数值为 110%，如图 6-47 所示。

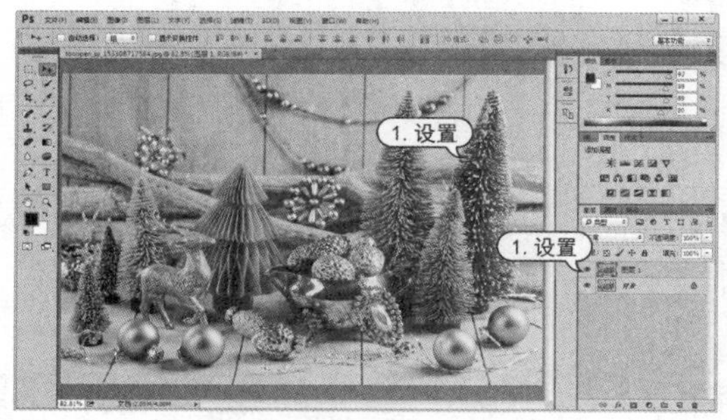

图 6-46 打开图像文件

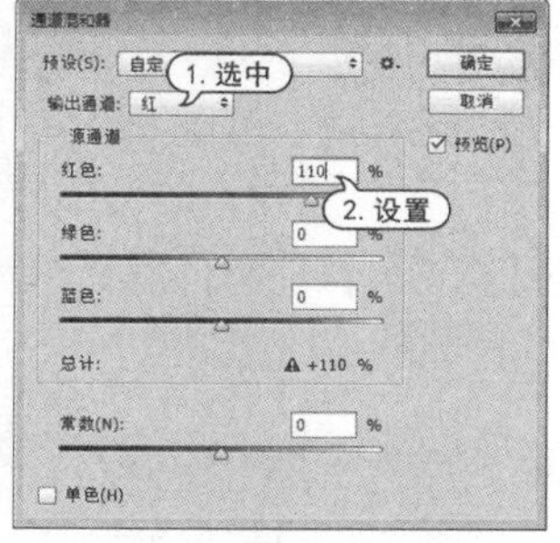

图 6-47 使用【通道混合器】命令

STEP 03 在对话框的【输出通道】下拉列表中选择【绿】选项，设置【红色】数值为 35%，【绿色】数值为 130%，【蓝色】数值为 -53%，【常数】数值为 -9%，如图 6-48 所示。

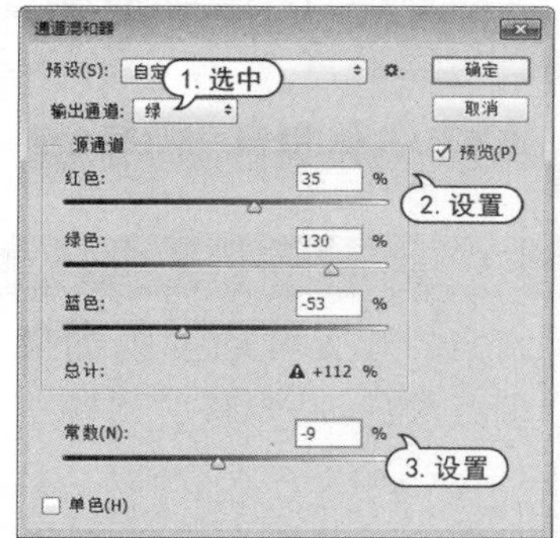

图 6-48 使用【通道混合器】命令

知识点滴

在【通道混合器】对话框中，单击【预设】选项右侧的【预设选项】按钮，在弹出的菜单中选择【存储预设】命令，打开【存储】对话框。在对话框中，可以将当前自定义参数设置存储为 CHA 格式文件。当再次执行【通道混合器】命令时，可以从【预设】下拉列表中选择自定义参数设置。

STEP 04 在对话框的【输出通道】下拉列表中选择【蓝】选项，设置【绿色】数值为 33%，【蓝色】数值为 130%，【常数】数值为 -29%，然后单击【确定】按钮，如图 6-49 所示。

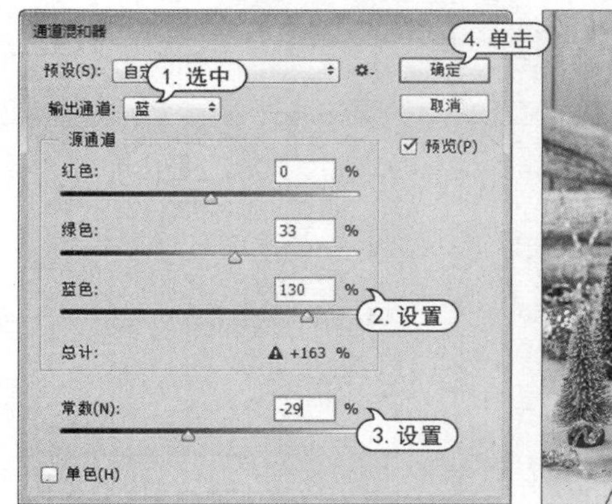

图 6-49 使用【通道混合器】命令

6.3.7 【照片滤镜】命令

选择【图像】|【调整】|【照片滤镜】命令可以模拟通过彩色校正滤镜拍摄照片的效果。该命令允许用户选择预设的颜色或者自定义的颜色对图像应用色相调整。

【例 6-13】 使用【照片滤镜】命令调整图像。视频+素材

STEP 01 选择【文件】|【打开】命令打开素材图像文件，按 Ctrl + J 键复制图像【背景】图层，如图 6-50 所示。

STEP 02 选择【图像】|【调整】|【照片滤镜】命令，打开【照片滤镜】对话框。在对话框的【滤镜】下拉列表中选择【深蓝】选项，设置【浓度】为 55，然后单击【确定】按钮应用设置，如图 6-51 所示。

图 6-50 打开图像文件

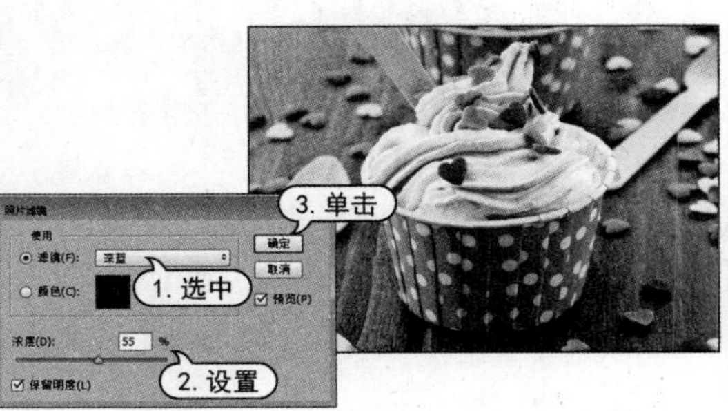

图 6-51 使用【照片滤镜】命令

6.3.8 【渐变映射】命令

【渐变映射】命令用于将相等的图像灰度范围映射到指定的渐变填充色中，如果指定的是双色渐变填充，图像中的阴影会映射到渐变填充的一个端点颜色，高光映射到另一个端点颜色，而中间调则映射到两个端点颜色之间的渐变。

【例 6-14】 使用【渐变映射】命令调整图像。视频+素材

STEP 01 选择【文件】|【打开】命令打开素材图像文件，按 Ctrl + J 键复制图像【背景】图层，如图 6-52 所示。

图 6-52 打开图像文件

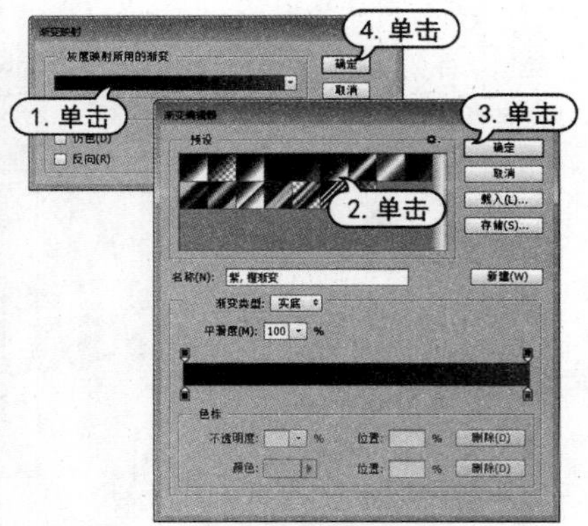

图 6-53 使用【渐变映射】命令

轻松学电脑教程系列

STEP 02 选择【图像】|【调整】|【渐变映射】命令，打开【渐变映射】对话框，单击渐变预览，打开【渐变编辑器】对话框。在对话框中单击【紫、橙渐变】，单击【确定】按钮，将该渐变颜色添加到【渐变映射】对话框中，单击【确定】按钮，即可应用设置的渐变效果到图像中，如图 6-53 所示。

STEP 03 在【图层】面板中，设置【图层 1】图层的混合模式为【柔光】，如图 6-54 所示。

图 6-54　设置图层混合模式

> **知识点滴**
>
> 【渐变选项】选项组中包含【仿色】和【反向】两个复选框。选中【仿色】复选框时，在映射时将添加随机杂色，平滑渐变填充的外观并减少带宽效果；选中【反向】复选框时，则会将相等的图像灰度范围映射到渐变色的反向。

6.3.9　【黑白】命令

【黑白】命令可将彩色图像转换为灰度图像，同时保持对各颜色的转换方式的完全控制。还可以为灰度图像着色，将彩色图像转换为单色图像。

选择【图像】|【调整】|【黑白】命令，打开如图 6-55 所示的【黑白】对话框，Photoshop 会基于图像中的颜色混合执行默认的灰度转换。

- 【预设】：在下拉列表中可以选择一个预设的调整设置。如果要存储当前的调整设置结果为预设，可以单击该选项右侧的【预设选项】按钮，在弹出的下拉菜单中选择【存储预设】命令，如图 6-56 所示。

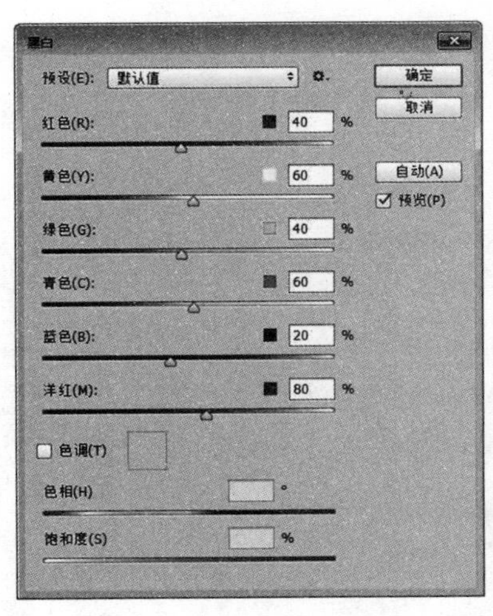

图 6-55　【黑白】对话框

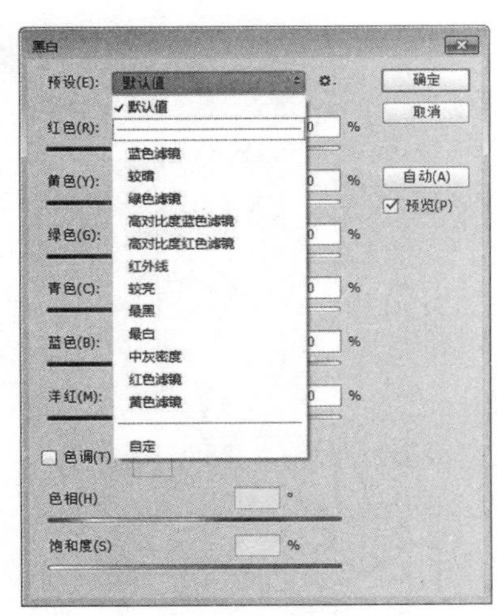

图 6-56　【预设】选项

- 颜色滑块：拖动滑块可以调整图像中对应颜色的灰色调。
- 【色调】：如果要对灰度应用色调，可选中【色调】选项，并调整【色相】和【饱和度】滑块。

【色相】滑块可更改色调颜色,【饱和度】滑块可提高或降低颜色的集中度。单击颜色色板,可以打开【拾色器】对话框,以调整色调颜色。

- 【自动】:单击该按钮,可设置基于图像颜色值的灰度混合,并使灰度值的分布最大化。【自动】混合通常会产生极佳的效果,并可以作为使用颜色滑块调整灰度值的起点。

【例 6-15】 使用【黑白】命令调整图像。 视频+素材

STEP 01 选择【文件】|【打开】命令打开素材图像文件,按 Ctrl + J 键复制图像【背景】图层,如图 6-57 所示。

STEP 02 选择【图像】|【调整】|【黑白】命令,打开【黑白】对话框。在对话框中,设置【红色】数值为 -200%,【绿色】数值为 98%,【蓝色】数值为 -8%,【洋红】数值为 0%,如图 6-58 所示。

图 6-57 打开图像文件

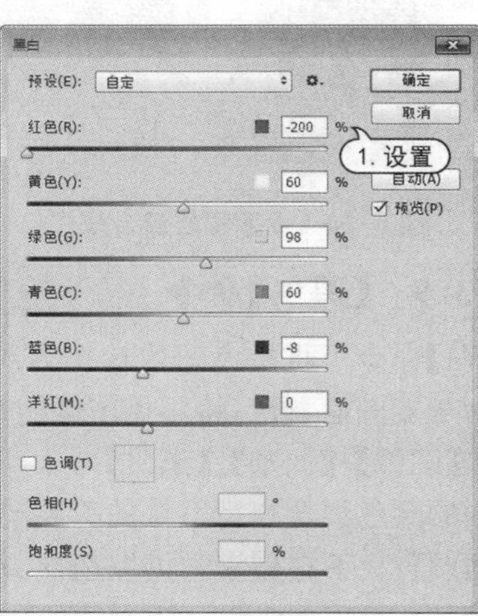

图 6-58 使用【黑白】命令

STEP 03 选中【色调】复选框,设置【色相】数值为 227°,【饱和度】数值为 10%,然后单击【确定】按钮应用调整,如图 6-59 所示。

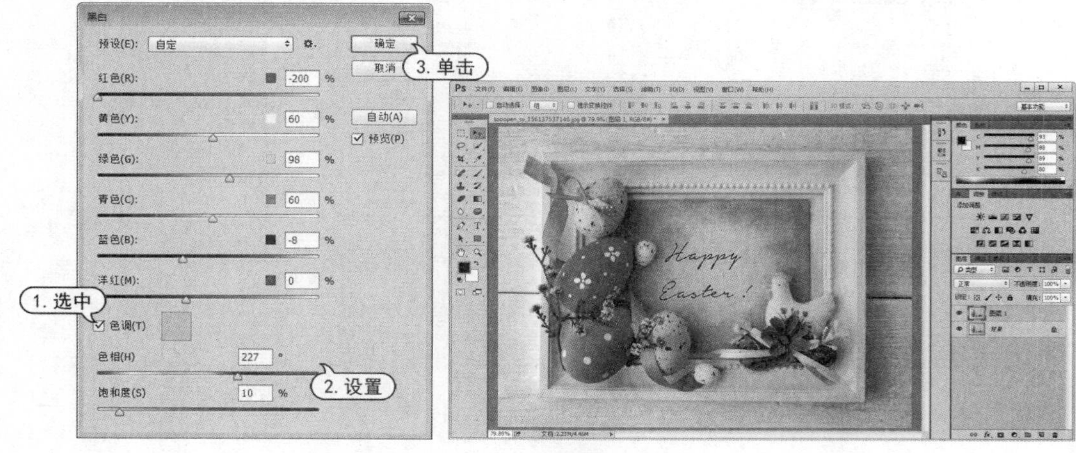

图 6-59 使用【黑白】命令

6.4　案例演练

本章的案例演练调整图像色彩效果，用户通过练习可以巩固本章所学图像色彩调整方法及技巧。

【例 6-16】 调整图像色彩效果。视频+素材

STEP 01 选择【文件】|【打开】命令，打开一个素材文件，并按 Ctrl + J 键复制【背景】图层，如图 6-60所示。

STEP 02 选择【滤镜】|【锐化】|【USM 锐化】命令，打开【USM 锐化】对话框。在对话框中，设置【数量】为 150%，【半径】数值为 2 像素，然后单击【确定】按钮，如图 6-61 所示。

图 6-60　打开图像文件

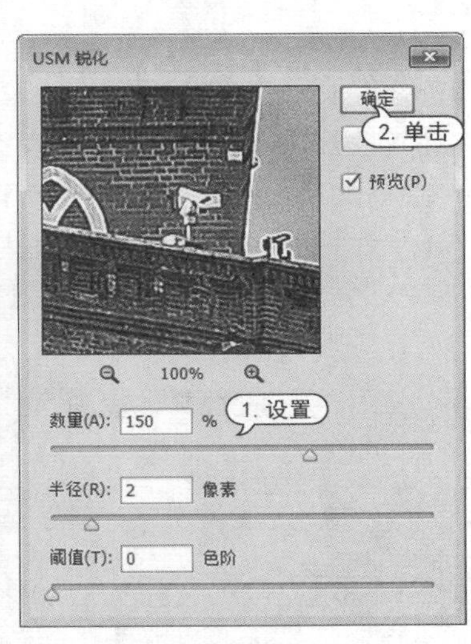

图 6-61　使用【USM 锐化】命令

STEP 03 在【调整】面板中，单击【创建新的曲线调整图层】按钮。在打开的【属性】面板中，调整 RGB 通道曲线形状，如图 6-62 所示。

STEP 04 在【属性】面板中选择【红】通道，并调整红通道曲线形状，如图 6-63 所示。

图 6-62　调整 RGB 通道

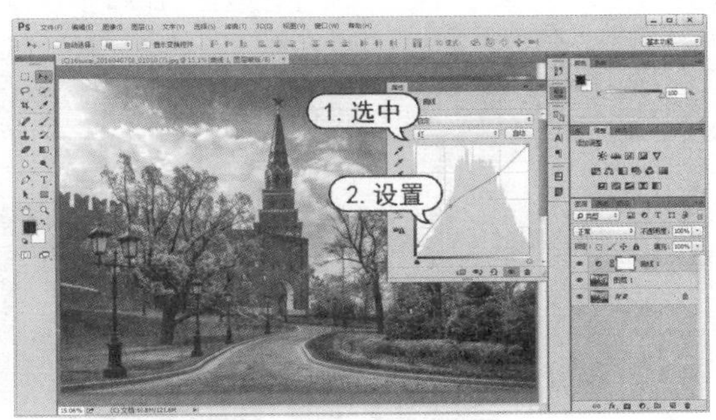

图 6-63　调整红通道

STEP 05 在【属性】面板中选择【蓝】通道，并调整蓝通道曲线形状，如图 6-64 所示。

STEP 06 在【调整】面板中，单击【创建新的可选颜色调整图层】按钮。在打开的【属性】面板中，选中【绝对】单选按钮，设置红色的【青色】数值为 15%，【洋红】数值为 − 10%，【黑色】数值为 −5%，如图 6-65 所示。

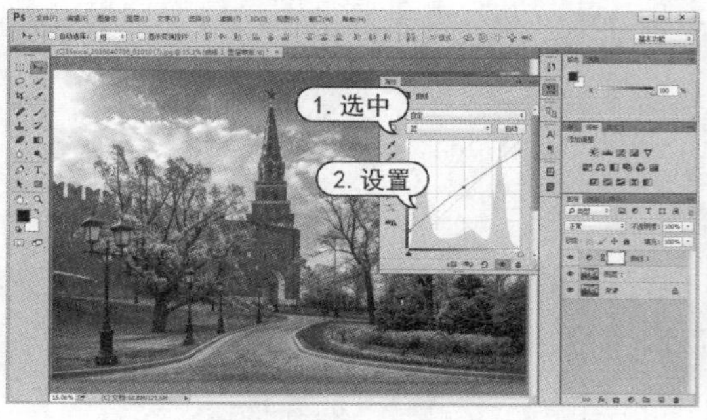

图 6-64　调整蓝通道

图 6-65　设置可选颜色 1

STEP 07 在【属性】面板的颜色下拉列表中选择【黄色】选项，设置黄色的【青色】数值为 − 15%。【洋红】数值为 −20%，【黑色】数值为 −5%，如图 6-66 所示。

STEP 08 在【属性】面板的颜色下拉列表中选择【黑色】选项，设置黑色的【青色】数值为 −2%。【洋红】数值为 5%，【黄色】数值为 5%，【黑色】数值为 5%，如图 6-67 所示。

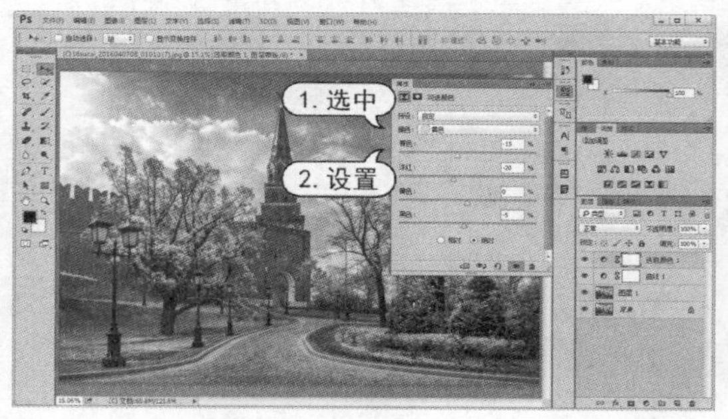

图 6-66　设置可选颜色 2

图 6-67　设置可选颜色 3

STEP 09 按 Alt + Ctrl + 2 键，选取图像中高光区域。在【调整】面板中，单击【创建新的色彩平衡调整图层】按钮。在打开的【属性】面板中，设置中间值的色阶数值为 45、−4、17，如图 6-68 所示。

图 6-68　调整色彩平衡

第 7 章

绘图功能的应用

在 Photoshop 中可以轻松地在图像中表现各种画笔效果和绘制各种图像。其中,【画笔】工具主要是通过各种选项的设置创建出具有丰富变化和随机性的绘画效果。熟练掌握这一系列绘画工具的使用方法是进行图像处理的关键。

对应的光盘视频

- 例 7-1　使用【油漆桶】工具
- 例 7-2　使用【填充】命令
- 例 7-3　创建自定义图案
- 例 7-4　使用【渐变】工具
- 例 7-5　使用【画笔】工具
- 例 7-6　使用【颜色替换】工具
- 例 7-7　使用【历史记录画笔】工具
- 例 7-8　存储自定义画笔
- 例 7-9　使用【背景橡皮擦】工具
- 例 7-10　为图像添加效果

7.1 选择颜色

在 Photoshop 中使用各种绘图工具时，不可避免地要用到颜色的设定。在 Photoshop 中，用户可以通过多种工具设置前景色和背景色，如【拾色器】对话框、【颜色】面板、【色板】面板和【吸管】工具等，可以根据需要来选择最适合的方法。

7.1.1 认识前景色与背景色

在设置颜色之前，需要先了解前景色和背景色。前景色决定了使用绘画工具绘制图形，以及使用文字工具创建文字时的颜色。背景色决定了使用橡皮擦工具擦除图像时，擦除区域呈现的颜色，以及增加画布大小时新增画布的颜色。

前景色和背景色可以利用位于工具箱下方的组件进行设置，如图 7-1 所示。系统默认状态前景色是 R、G、B 数值都为 0 的黑色，背景色是 R、G、B 数值都为 255 的白色。

- 【设置前景色】/【设置背景色】：单击前景色或背景色图标，在弹出的【拾色器】对话框中选取一种颜色作为前景色或背景色。
- 【切换前景色或背景色】：单击该图标可以切换所设置的前景色和背景色，也可以按快捷键 X 键进行切换。
- 【默认前景色和背景色】：单击该图标可以恢复默认的前景色和背景色，也可以按快捷键 D 键恢复。

7.1.2 使用【拾色器】选取颜色

在 Photoshop 中，单击工具箱下方的【设置前景色】或【设置背景色】图标都可以打开如图 7-2 所示的【拾色器】对话框。在【拾色器】对话框中，可以基于 HSB、RGB、Lab、CMYK 等颜色模型指定颜色。

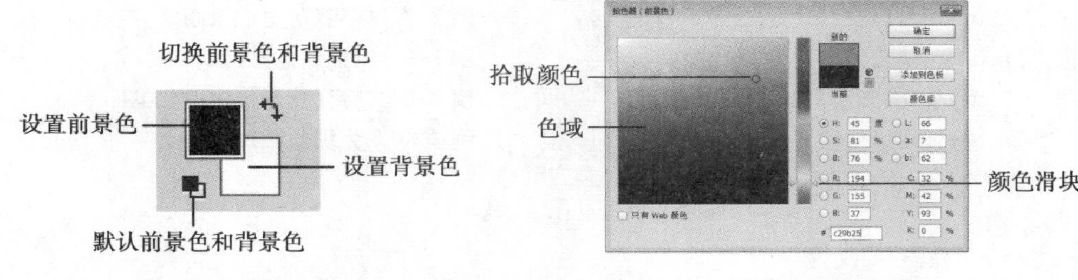

图 7-1　设置组件　　　　图 7-2　【拾色器】对话框

在【拾色器】对话框中左侧的主颜色框中单击鼠标可选取颜色，该颜色会显示在右侧上方颜色方框内，右侧文本框的数值会随之改变。用户也可以在右侧的颜色文本框中输入数值，或拖动主颜色框右侧的滑块来改变主颜色框中的主色调。

- 颜色滑块/色域/拾取颜色：拖动颜色滑块，或者在竖直的渐变颜色条上单击可选取颜色范围。设置颜色范围后，在色域中单击鼠标，或拖动鼠标，可以在选定的颜色范围内设置当前颜色，并调整颜色的深浅。
- 颜色值：【拾色器】对话框中的色域可以显示 HSB、RGB、Lab 颜色模式的颜色分量。如

知道所需颜色的数值，则可以在相应的数值框中输入数值，精确定义颜色。

- 新的/当前：颜色滑块右侧的颜色框中有两个色块，上部的色块为【新的】，显示的是当前选择的颜色；下部的色块为【当前】，显示的是原始颜色。
- 溢色警告：对于 CMYK 模式而言，在 RGB 模式中设置的颜色可能会超出色域范围而无法打印。如果当前选择的颜色是不能打印的颜色，则会显示溢色警告。Photoshop 在警告标志下方的颜色块中会显示与当前选择的颜色最为接近的 CMYK 颜色，单击警告标志或颜色块，可以将颜色块中的颜色设置为当前颜色，如图 7-3 所示。
- 非 Web 安全色警告：Web 安全颜色是浏览器使用的 216 种颜色，如果当前选择的颜色不能在 Web 页上准确地显示，则会出现非 Web 安全色警告，如图 7-4 所示。Photoshop 在警告标志下的颜色块中会显示与当前选择的颜色最为接近的 Web 安全色，单击警告标志或颜色块，可将颜色块中的颜色设置为当前颜色。

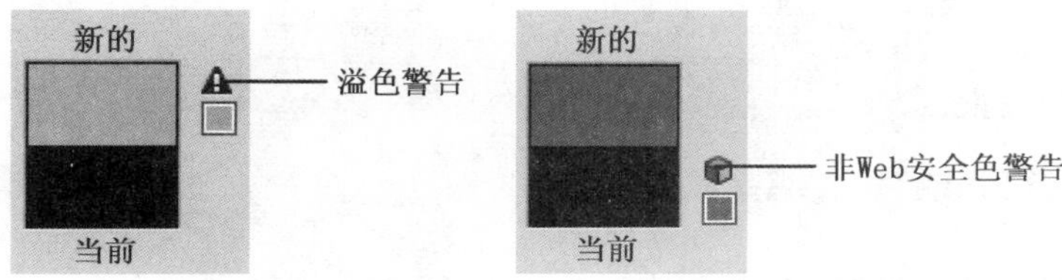

图 7-3　溢色警告　　**图 7-4　非 Web 安全色警告**

- 【只有 Web 颜色】：选择此选项，色域中只显示 Web 安全色，此时选择的任何颜色都是 Web 安全色。
- 【添加到色板】：单击此按钮，可以将当前设置的颜色添加到【色板】面板，使之成为面板中预设的颜色。
- 【颜色库】：单击【拾色器】对话框中的【颜色库】按钮，可以打开如图 7-5 所示的【颜色库】对话框。在【颜色库】对话框的【色库】下拉列表框中共有 27 种颜色库。这些颜色库是国际公认的色样标准。彩色印刷人员可以根据按这些标准制作的色样本或色谱表精确地选择和确定所使用的颜色。拖动滑块可以调整颜色的主色调，在左侧颜色框内单击颜色条可以选择颜色，再次单击【拾色器】按钮，即可返回到【拾色器】对话框中。

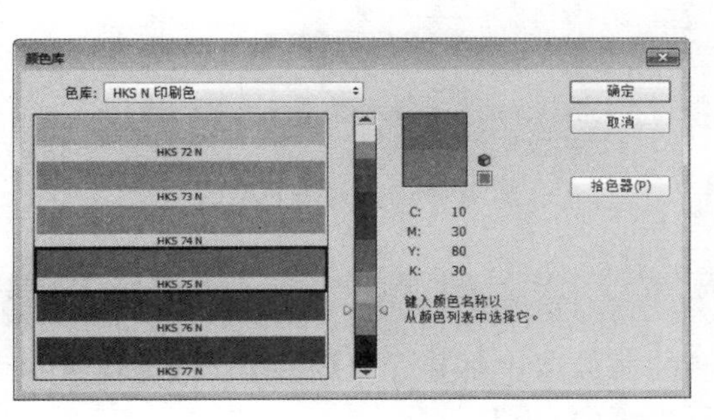

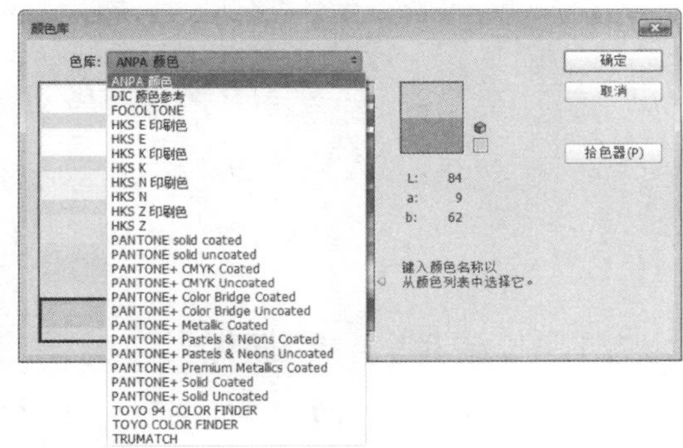

图 7-5　【颜色库】对话框

7.1.3 使用【颜色】面板

【颜色】面板根据文档的颜色模式默认显示对应的颜色通道。选择【窗口】|【颜色】命令，可以打开【颜色】面板。选择不同的色彩模式，面板中显示的滑动栏的内容也不同，如图 7-6 所示。

在【颜色】面板中的左上角有两个色块，用于表示前景色和背景色。用鼠标单击前景色或背景色色块，当色块上显示白色线框时，即表示其被选中。所有的调节只对选中的色块有效。用户也可以双击【颜色】面板中的前景色或背景色色块，打开【拾色器】对话框进行设置。用鼠标单击面板右上角的面板菜单按钮，在弹出的菜单中可以选择面板显示内容，如图 7-7 所示。

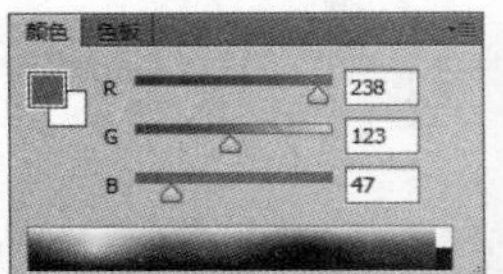

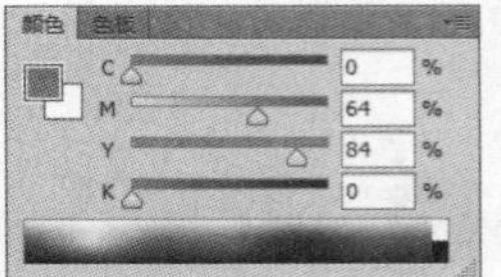

图 7-6 选择不同颜色模式的【颜色】面板显示

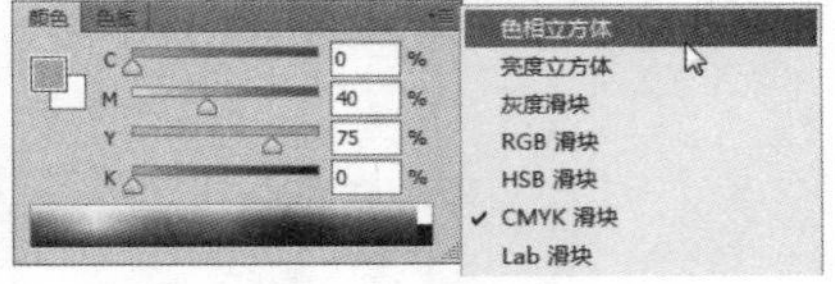

图 7-7 选择面板显示内容

在【颜色】面板中，通过拖动滑块或输入数值可改变颜色的组成，如图 7-8 所示。可以根据不同的需要，通过【颜色】面板底部的颜色条选择不同的颜色。在【颜色】面板中，当光标移至颜色条上时，会自动变成一个吸管，单击即可直接前景色或背景色，如图 7-9 所示。如果想选择黑色或白色，可在颜色条的最右端单击黑色或白色的小方块。

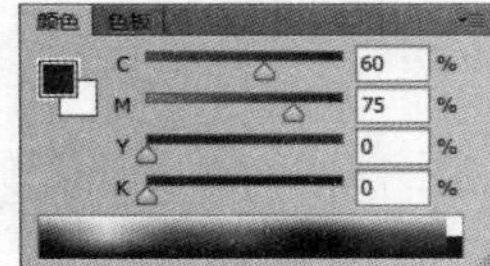

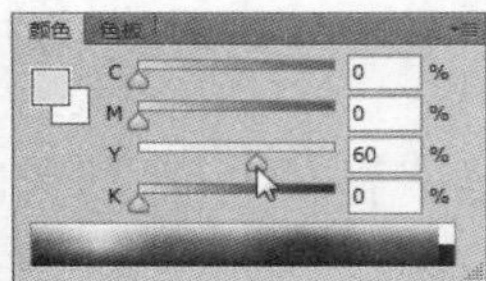

图 7-8 调整颜色

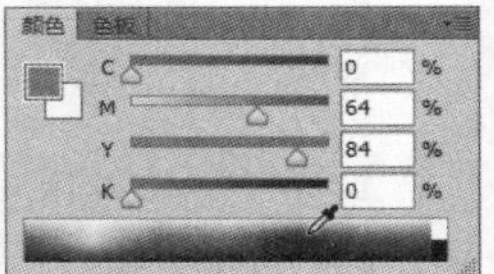

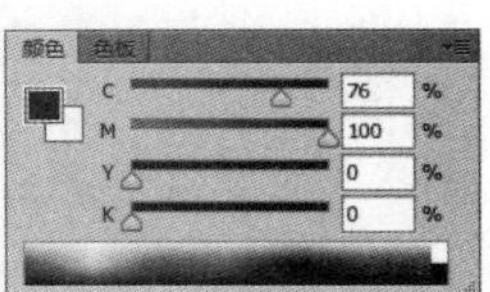

图 7-9 选取颜色

知识点滴

当所选颜色在印刷中无法实现时，在【颜色】面板中会出现溢色警告图标，在其右边会有一个替换的色块，替换的颜色一般都较暗，如图 7-10 所示。

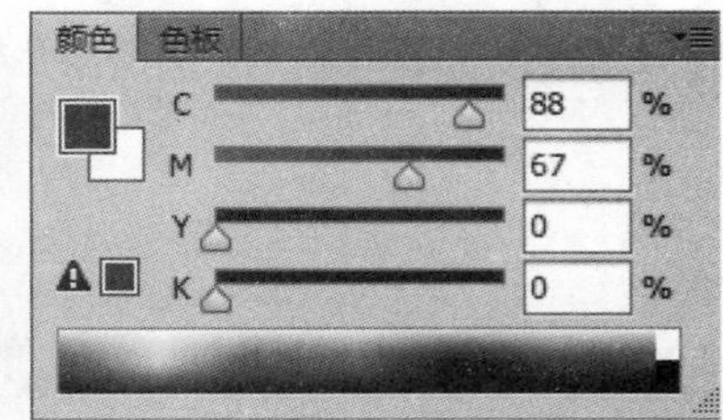

图 7-10 显示溢色警告

7.1.4 使用【色板】面板

在【基本功能】、【设计】、和【绘图】工作区右侧的面板组中都显示了【色板】面板，在其中可以快速调整颜色。选择【窗口】|【色板】命令，可以打开【色板】面板。将鼠标移到色板上，光标变为吸管形状时，单击鼠标就可设置前景色，如图 7-11 所示；按住 Ctrl 键单击鼠标就可设置

背景色。

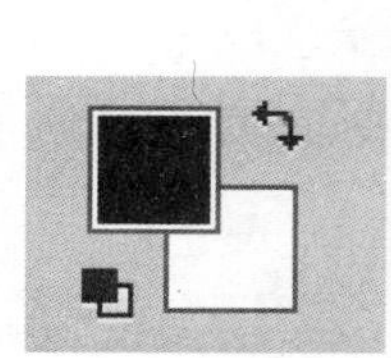

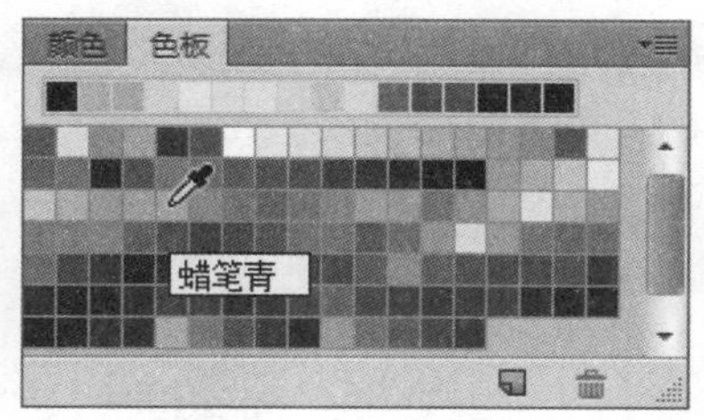

图 7-11 选取颜色

要在【色板】面板中新建色板，可用【吸管】工具在图像上选择颜色，当鼠标移到【色板】空白处时，就会变成油漆桶的形状，单击鼠标可打开【色板名称】对话框。或在面板菜单中选择【新建色板】命令，也可打开【色板名称】对话框。在对话框中，可以设置新色板名称，然后单击【确定】按钮即可将当前颜色添加到色板中，如图 7-12 所示。

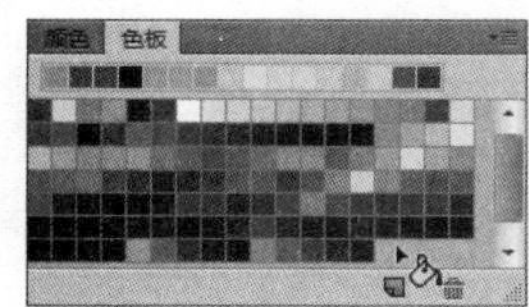

图 7-12 新建色板

要删除【色板】中的颜色，只要按住 Alt 键当光标变成剪刀形状时，在任意色块上单击，就可将此色块删除，如图 7-13 所示。

要恢复【色板】的默认设置，可在面板菜单中选择【复位色板】命令，在弹出的如图 7-14 所示的对话框中，单击【确定】按钮，即可恢复【色板】面板默认设置状态；单击【追加】按钮，可在加入预设颜色的同时保留现有的颜色；单击【取消】按钮，可取消此命令。

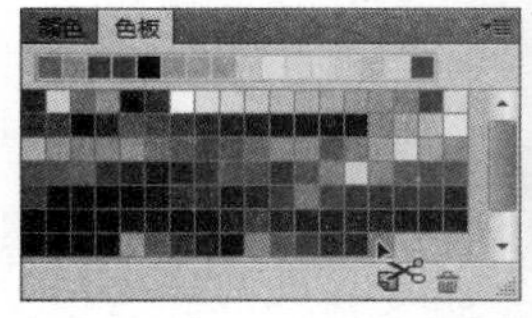

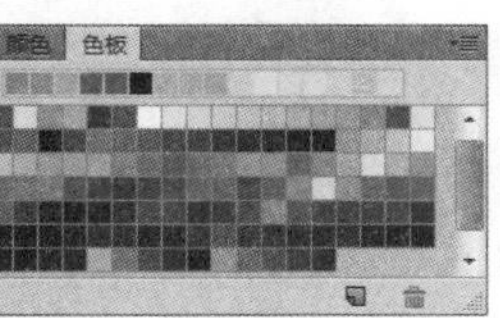

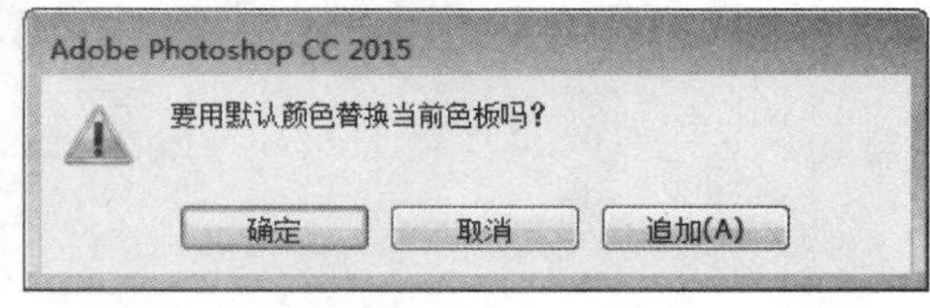

图 7-13 删除色板　　图 7-14 提示对话框

如果要将当前的颜色信息存储起来，可在【色板】面板的弹出菜单中选择【存储色板】命令。在打开的【另存为】对话框中，将色板存储到 Photoshop 安装路径下默认的 Color Swatches 文件夹中。如果要调用存储的色板文件，可以选择【载入色板】命令将颜色文件载入，也可以选择【替换色板】命令，用新的颜色文件代替当前【色板】面板的颜色文件。

7.2 填充描边

填充是指在图像或选区内填充颜色，描边则是指为选区描绘可见的边缘。进行填充和描边操作时，可以使用【油漆桶】工具、【填充】和【描边】命令。

7.2.1 使用【油漆桶】工具

利用【油漆桶】工具可以给指定容差范围的颜色或选区填充前景色或图案。选择【油漆桶】工具后，在如图 7-15 所示的选项栏的【填充】下拉列表中可以设置【前景】或【图案】的填充方式、颜色混合、不透明度、是否消除锯齿和填充容差等参数选项。

图 7-15 【油漆桶】工具选项栏

- 填充内容：单击油漆桶右侧的按钮，可以在下拉列表中选择填充内容，包括【前景色】和【图案】。
- 【模式】/【不透明度】：用来设置填充内容的混合模式和不透明度。
- 【容差】：用来定义必须填充的像素的颜色相似程度。低容差会填充颜色值范围与单击点像素非常相似的像素，高容差则填充更大范围内的像素。
- 【消除锯齿】：选中该复选框，可以平滑填充选区的边缘。
- 【连续的】：选中该复选框，只填充与鼠标单击点相邻的像素；取消选中，可填充图像中的所有相似像素。
- 【所有图层】：选中该复选框，基于所有可见图层中的合并颜色数据填充像素；取消选中，则填充当前图层。

【例 7-1】 使用【油漆桶】工具填充图像。 视频+素材

STEP 01 在 Photoshop 中，选择【文件】|【打开】命令，打开一个图像文件，如图 7-16 所示。

STEP 02 选择【编辑】|【定义图案】命令，在打开的【图案名称】对话框的【名称】文本框中输入 pattern，然后单击【确定】按钮，如图 7-17 所示。

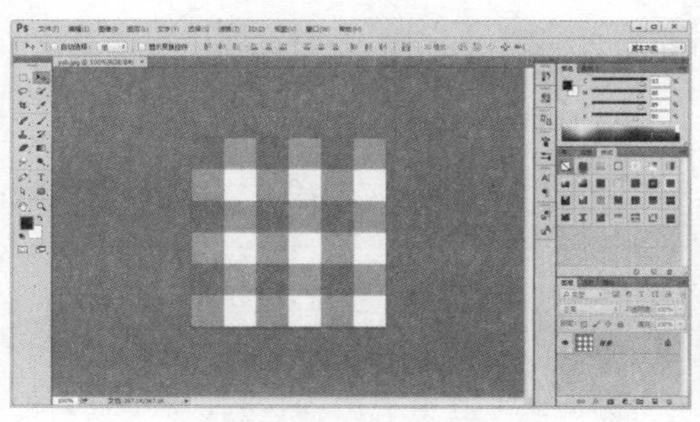

图 7-16 打开图像文件

图 7-17 定义图案

STEP 03 选择【文件】|【打开】命令，打开图像文件，并在【图层】面板中选中 bg 图层，如图 7-18 所示。

STEP 04 选择【油漆桶】工具，在选项栏中单击【设置填充区域的源】按钮，在弹出的下拉列表中选择【图案】选项，在右侧的下拉面板中单击选中刚定义的图案。然后用【油漆桶】工具在图像中单击填充图案，如图 7-19 所示。

轻松学电脑教程系列

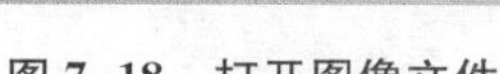

图 7-18 打开图像文件

图 7-19 使用【油漆桶】工具

7.2.2 使用【填充】命令

使用【填充】命令可以快速对图像或选区内图像进行颜色或图案的填充。选择【编辑】|【填充】命令，打开如图 7-20 所示的【填充】对话框。

- 【内容】选项：可以选择填充内容，如前景色、背景色和图案等。
- 【模式】/【不透明度】选项：可以设置填充时所采用的颜色混合模式和不透明度。
- 【保留透明区域】选项：选中该项后，只对图层中包含像素的区域进行填充。

【例 7-2】 使用【填充】命令为图像文件添加效果。 视频+素材

STEP 01 在 Photoshop 中，选择【文件】|【打开】命令，选择打开一个图像文件，并按 Ctrl + J 键复制【背景】图层。选择【套索】工具，在选项栏中设置【羽化】数值为 100 像素，然后在图像中随意拖动创建选区。选择【选择】|【反选】命令反选选区，如图 7-21 所示。

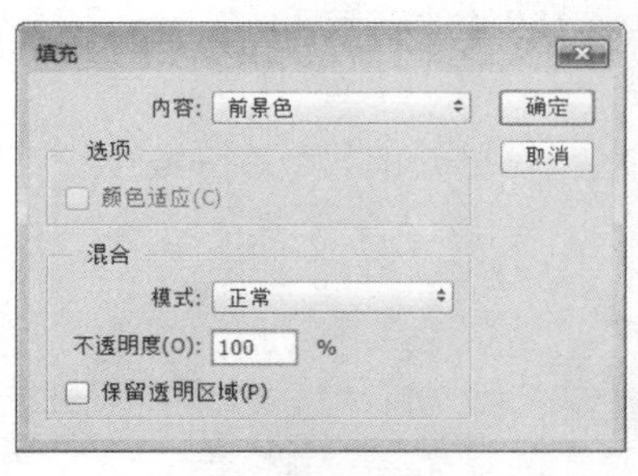

图 7-20 【填充】对话框

图 7-21 创建选区

STEP 02 选择【编辑】|【填充】命令，在打开的【填充】对话框的【内容】下拉列表中选择【图案】选项，单击【自定图案】选项右侧 的按钮，打开【图案】拾色器，单击【图案】拾色器中的 按钮，在弹出的菜单中选择【艺术家画笔画布】命令。在弹出的提示对话框中，单击【确定】按钮，如图 7-22 所示。

STEP 03 在载入的【艺术家画笔画布】图案组中单击选中【意大利画布(400×400 像素，RGB 模式)】选项，如图 7-23 所示。

STEP 04 单击【模式】下拉列表，选择【颜色加深】选项，设置【不透明度】数值为 50%，选中【脚本】复选框，在【脚本】下拉列表中选择【对称填充】选项，然后单击【确定】按钮，如图 7-24 所示。

轻松学电脑教程系列

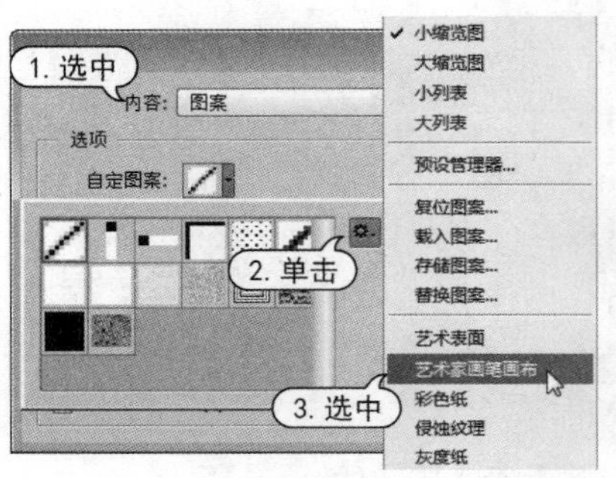

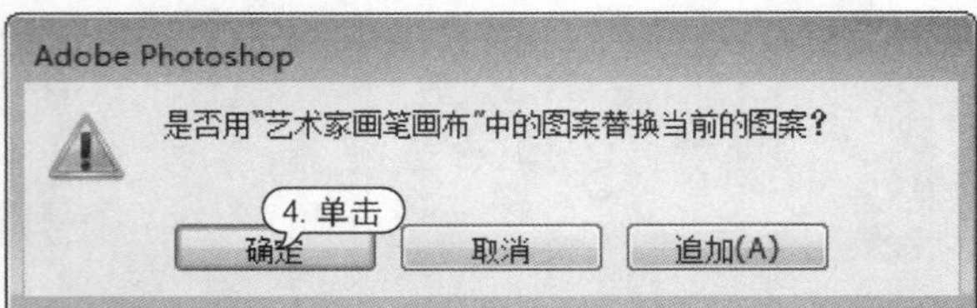

图 7-22　载入图案

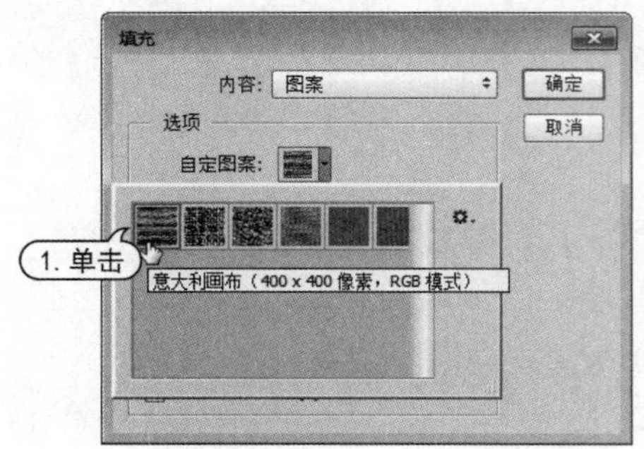

图 7-23　选中图案

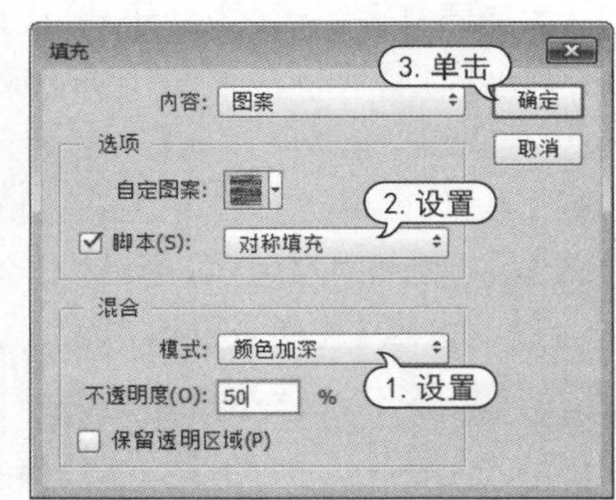

图 7-24　设置填充

STEP 05 在打开的【对称填充】对话框的【对称类型】下拉列表中选择【33：墙纸 P6M 对称】选项，设置【图案缩放】数值为 0.7，设置【图案沿指定宽度平移】26% 的宽度和【图案沿指定高度平移】26% 的高度，然后单击【确定】按钮，如图 7-25 所示。

STEP 06 按 Ctrl + D 键取消选区，选择【编辑】|【填充】命令，在打开的【填充】对话框的【对称填充】对话框中单击【确定】按钮应用填充，如图 7-26 所示。

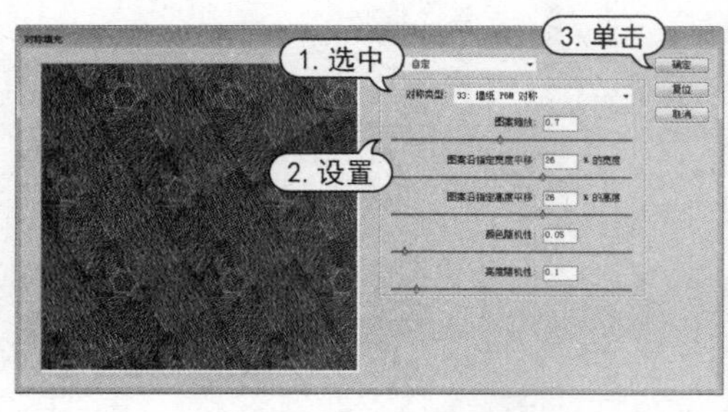

图 7-25　设置填充

图 7-26　填充图像

7.2.3　使用【描边】命令

使用【描边】命令可以使用前景色沿图像边缘进行描绘。选择【编辑】|【描边】命令，打开如图 7-27 所示【描边】对话框。

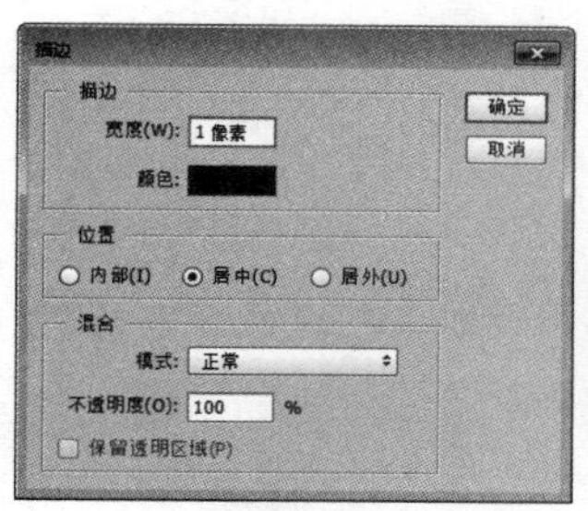

图 7-27　【描边】对话框

实用技巧

【描边】对话框中的【位置】选项用于选择描边的位置，包括【内部】、【居中】和【居外】。

7.2.4　填充图案

在应用填充工具进行填充时，除了单色和渐变外，还可以填充图案。图案是在绘画过程中可重复使用或拼接粘贴的图像，Photoshop CC 2015 为用户提供了各种默认图案，也可以自定义创建新图案，然后将它们存储起来，供不同的工具和命令使用。

【例 7-3】 创建自定义图案。视频+素材

STEP 01 选择【文件】|【打开】命令，打开一个素材图像文件，如图 7-28 所示。

STEP 04 选择【编辑】|【定义图案】命令，打开【图案名称】对话框。在对话框中的【名称】文本框中输入 air balloon，然后单击【确定】按钮，如图 7-29 所示。

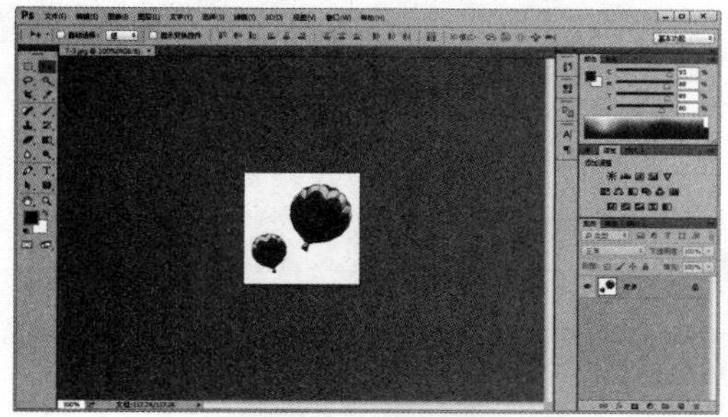

图 7-28　打开图像文件

图 7-29　定义图案

STEP 03 选择【文件】|【新建】命令，打开【新建】对话框。在对话框中，设置【宽度】数值为 800 像素，【高度】数值为 600 像素，【分辨率】数值为 72 像素/英寸，然后单击【确定】按钮新建文档，如图 7-30 所示。

STEP 04 选择【编辑】|【填充】命令，打开【填充】对话框。在对话框的【内容】下拉列表中选择【图案】选项，单击【自定图案】右侧的【点按可打开"图案"拾色器】区域，打开【图案拾色器】，选择刚才定义的 air balloon 图案，如图 7-31 所示。

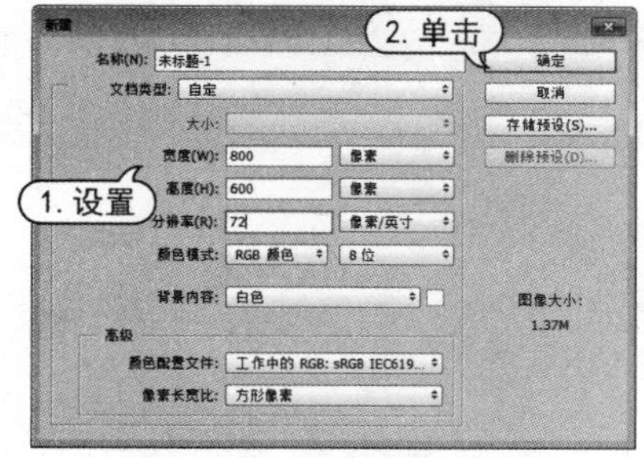

图 7-30　打开图像

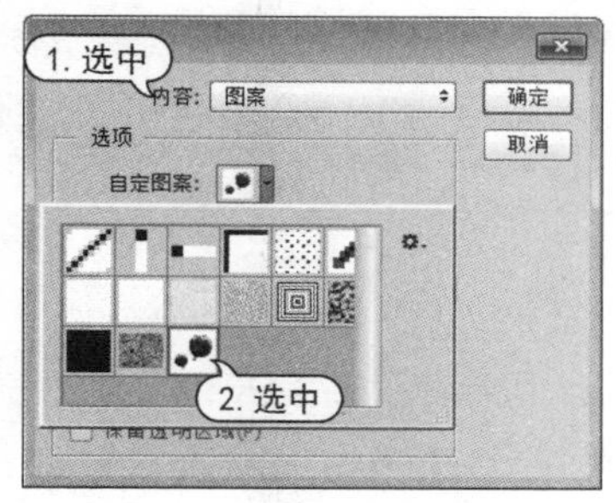

图 7-31　选择填充图案

STEP 05 设置完成后，单击【确定】按钮，将选择的图案填充到当前画布中，如图 7-32 所示。

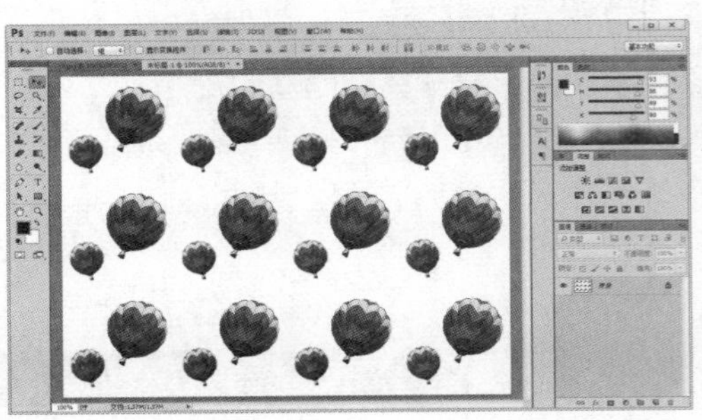

图 7-32　填充图案

知识点滴

将打开的图像定义为图案时，需要注意图像尺寸大小。如果图像中存在矩形选区，将以选区内内容为图案。

7.3　使用【渐变】工具

使用【渐变】工具可以在图像中创建多种颜色逐渐过渡混合的效果。选择该工具后，用户可以根据需要在【渐变编辑器】对话框中设置渐变颜色，也可以选择系统自带的预设渐变。按 G 键可选择工具箱中的【渐变】工具。

7.3.1　创建渐变

选择【渐变】工具后，在如图 7-33 所示的选项栏中设置需要的渐变样式和颜色，然后在图像中单击并拖动出一条直线，以标示渐变的起始点和终点，释放鼠标后即可填充渐变。

图 7-33　【渐变】工具选项栏

- 【点按可编辑渐变】选项：显示了当前的渐变颜色。单击它右侧的按钮可以打开一个下拉面板，在面板中可以选择预设的渐变。直接单击渐变颜色条可以打开【渐变编辑器】对话框，在【渐变编辑器】对话框中可以编辑、保存渐变颜色样式。
- 【渐变类型】：有【线性渐变】、【径向渐变】、【角度渐变】、【对称渐变】、【菱形渐变】5 种渐变方式，如图 7-34 所示。

线性渐变

径向渐变

角度渐变

对称渐变

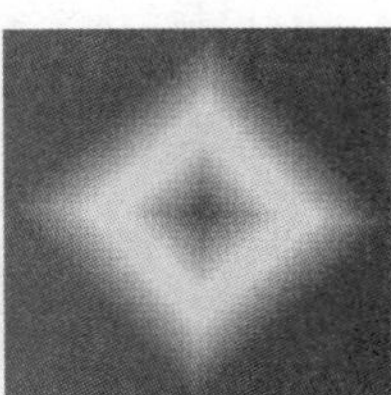

菱形渐变

图 7-34　渐变类型

- 【模式】：用来设置渐变效果的混合模式。
- 【不透明度】：用来设置渐变效果的不透明度。

- 【反向】:可转换渐变中的颜色顺序,得到反向的渐变效果。
- 【仿色】:可用较小的带宽创建较平滑的混合,可防止打印时出现条带化现象。但在屏幕上并不能明显地体现出仿色的作用。
- 【透明区域】:选中该项,可创建透明渐变;取消选中,可创建实色渐变。

单击选项栏中的渐变样式预览可以打开如图 7-35 所示的【渐变编辑器】对话框。

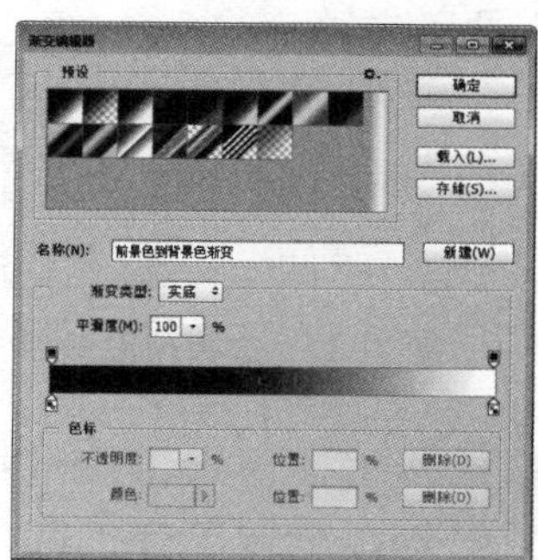

图 7-35　【渐变编辑器】对话框

知识点滴

对话框的【预设】窗口提供了自带的渐变样式缩览图。通过单击缩览图,即可选取渐变样式,并且对话框的下方将显示该渐变样式的各项参数及选项设置。

- 【名称】文本框:用于显示当前所选择渐变样式的名称或设置新建样式的名称。
- 【新建】按钮:单击该按钮,可以根据当前渐变设置创建一个新的渐变样式,并添加在【预设】窗口的末端位置。
- 【渐变类型】下拉列表:包括【实底】和【杂色】两个选项。当选择【实底】选项时,可以对均匀渐变的过渡色进行设置;选择【杂色】选项时,可以对粗糙渐变的过渡色进行设置。
- 【平滑度】选项:用于调节渐变的光滑程度。
- 【色标】滑块:用于控制颜色在渐变中的位置。在色标上单击并拖动鼠标,即可调整该颜色在渐变中的位置。要想在渐变中添加新颜色,可以在渐变颜色编辑条下方单击,创建一个新的色标,双击该色标,在打开的【拾取器】对话框中设置所需的色标颜色。也可以先选择色标,然后通过【渐变编辑器】对话框中的【颜色】选项进行颜色设置。
- 【颜色中点】滑块:在单击色标时,会显示其与相邻色标之间的颜色过渡中点。拖动该中点,可以调整渐变颜色之间的颜色过渡范围。
- 【不透明度色标】滑块:用于设置渐变颜色的不透明度。在渐变样式编辑条上选择【不透明度色标】滑块,然后通过【渐变编辑器】对话框中的【不透明度】文本框设置该位置颜色的不透明度。单击【不透明度色标】时,会显示其与相邻不透明度色标之间的不透明度过渡点。拖动该中点,可以调整渐变颜色之间的不透明度过渡范围。
- 【位置】文本框:用于设置色标或不透明度色标在渐变样式编辑条上的相对位置。
- 【删除】按钮:用于删除所选择的色标或不透明度色标。

【例 7-4】　使用【渐变】工具填充图像。 视频+素材

STEP 01 选择【文件】|【打开】命令,打开一个图像文件,单击【图层】面板中的【创建新图层】按钮,新建【图层 1】,如图 7-36 所示。

STEP 02 选择【渐变】工具,在工具选项栏中单击【径向渐变】按钮,单击渐变颜色条,打开【渐变编辑器】对话框。在【预设】选项中选择一个预设的渐变,该渐变的色标会显示在下方渐变条

上，如图 7-37 所示。

图 7-36 打开图像文件

图 7-37 选择预设渐变

STEP 03 选择一个色标，单击【颜色】选项右侧的颜色块，或双击该色标，打开【拾色器】对话框，在对话框中调整该色标的颜色为 R：206、G：233、B：238，修改渐变的颜色，如图 7-38 所示。

STEP 04 选择一个色标并拖动，或者在【位置】文本框中输入数值，可以改变渐变色的混合位置。拖动两个渐变色标之间的颜色中点，可以调整该点两侧颜色的混合位置，如图 7-39 所示。

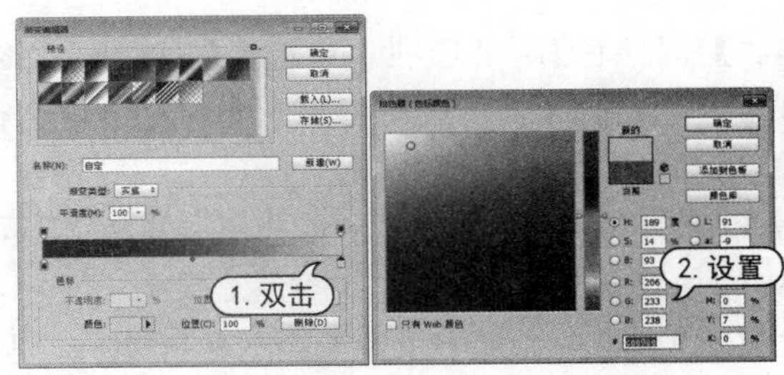

图 7-38 设置渐变颜色

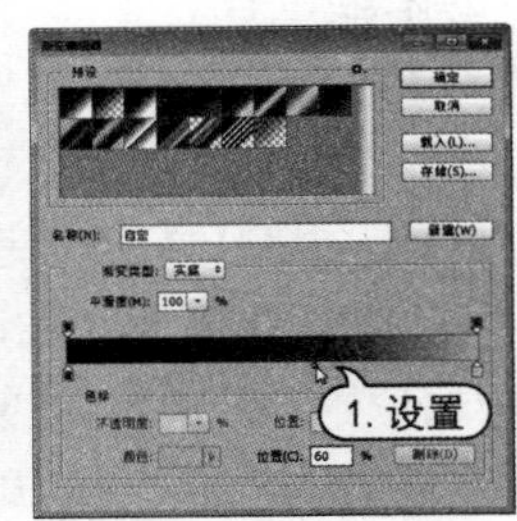

图 7-39 设置渐变中点

STEP 05 单击【确定】按钮关闭对话框，在画面中单击并拖动鼠标拉出一条直线，放开鼠标后，即可创建渐变，如图 7-40 所示。

STEP 06 在【图层】面板中，设置图层混合模式为【柔光】，如图 7-41 所示。

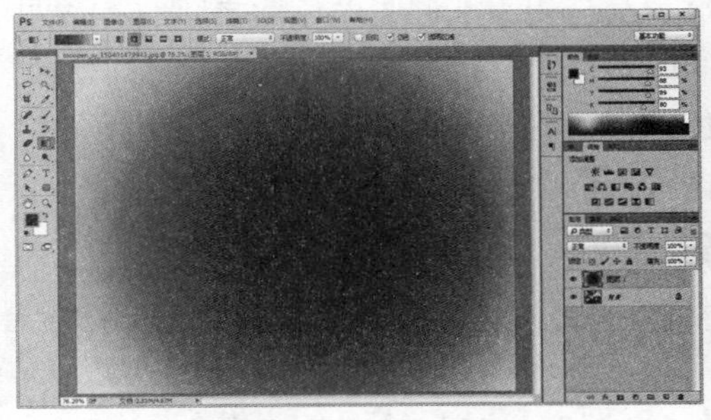

图 7-40 创建渐变

图 7-41 设置图层

 7.3.2　重命名与删除渐变

在渐变列表中选择一个渐变，单击鼠标右键，选择下拉菜单中的【重命名渐变】命令，打开【渐变名称】对话框，在其中可以修改渐变的名称，如图 7-42 所示。

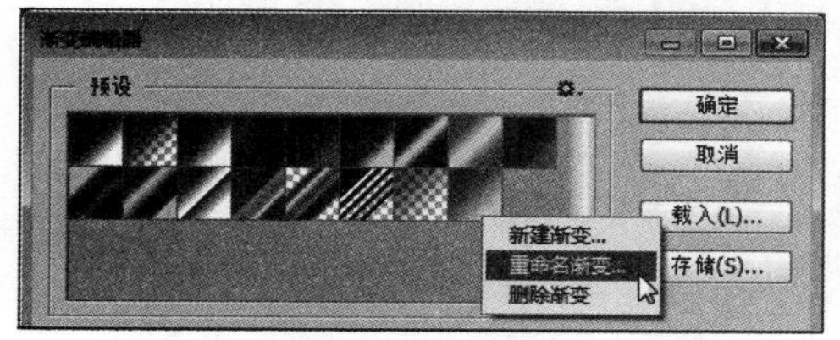

图 7-42　重命名渐变

如果选择下拉菜单中的【删除渐变】命令，则可删除当前选择的渐变，如图 7-43 所示。

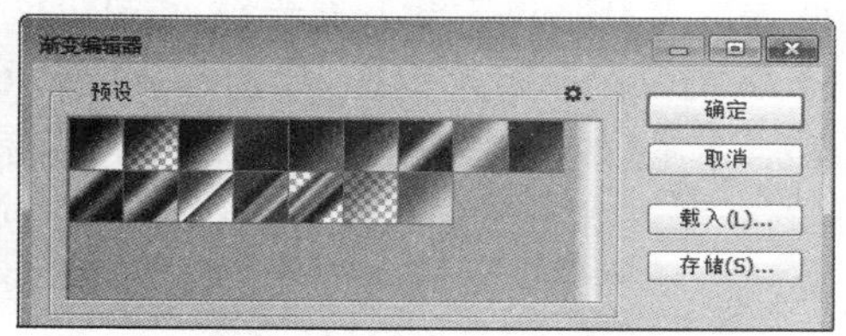

图 7-43　删除渐变

 7.3.3　复位渐变

载入渐变或删除渐变后，如果要恢复默认渐变，可选择对话框菜单中的【复位渐变】命令，在弹出的提示对话框中，单击【确定】按钮即可；单击【追加】按钮，可以将默认渐变添加到当前的渐变列表中，如图 7-44 所示。

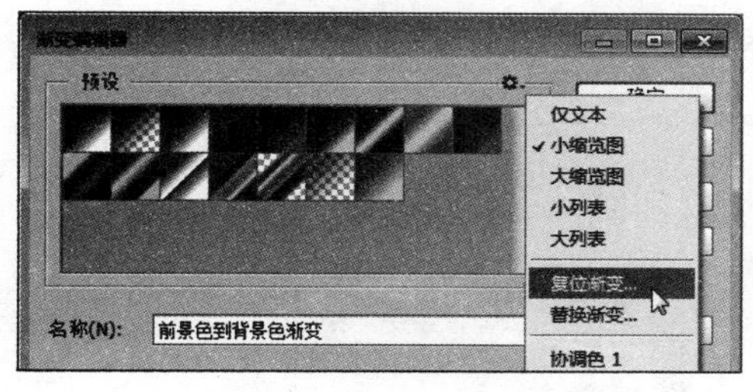

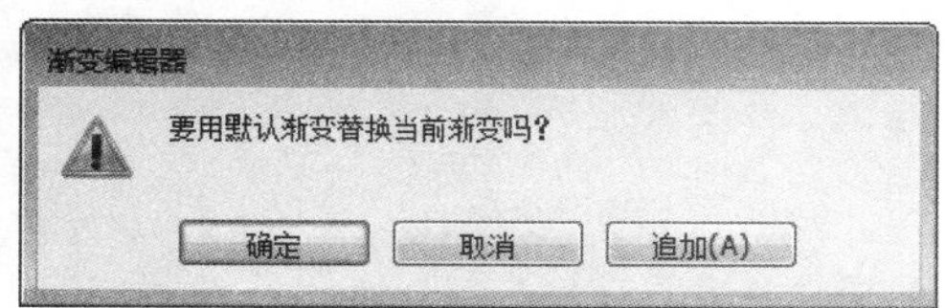

图 7-44　复位渐变

7.3.4　存储渐变

在【渐变编辑器】中调整好一个渐变后，在【名称】选项中输入渐变的名称，然后单击【新建】按钮，可将其保存到渐变列表中，如图 7-45 所示。

单击【存储】按钮，打开如图 7-46 所示的【另存为】对话框，可以将当前渐变列表中所有的渐变保存为一个渐变库。

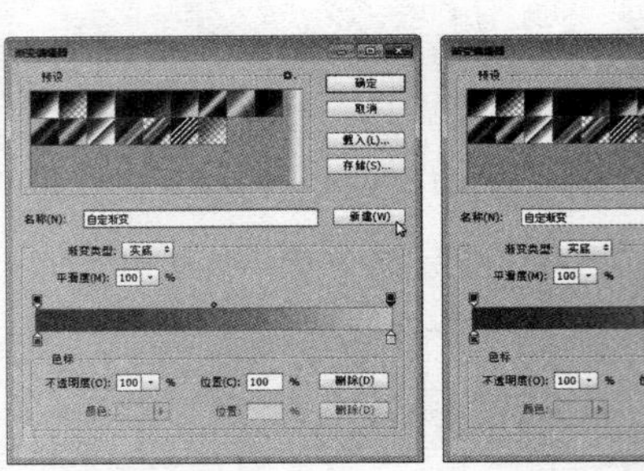

图 7-45　新建渐变

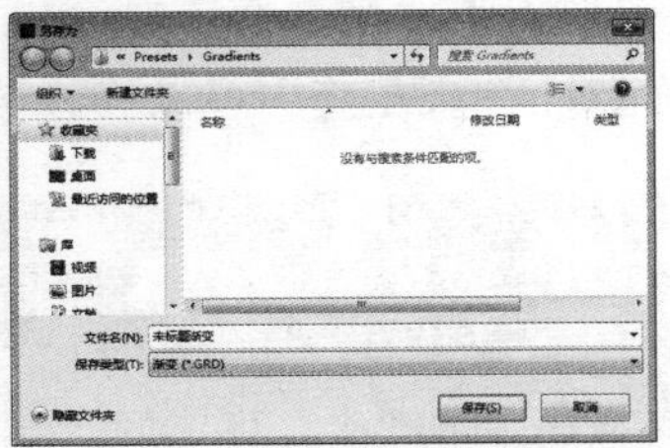

图 7-46　【另存为】对话框

7.3.5　载入渐变样式库

在【渐变编辑器】中，可以载入 Photoshop 提供的预设渐变库和用户自定义的渐变样式库。在【渐变编辑器】中，单击渐变列表右上角的⚙按钮，可以打开一个下拉菜单，菜单底部包含了 Photoshop 提供的预设渐变库，如图 7-47 所示。选择一个渐变库，会弹出如图 7-48 所示的提示对话框，单击【确定】按钮，该样式库中的渐变会替换列表中原有的渐变；单击【追加】按钮，可在原有渐变的基础上添加该样式库中的渐变；单击【取消】按钮，则取消操作。

图 7-47　选择预设渐变库

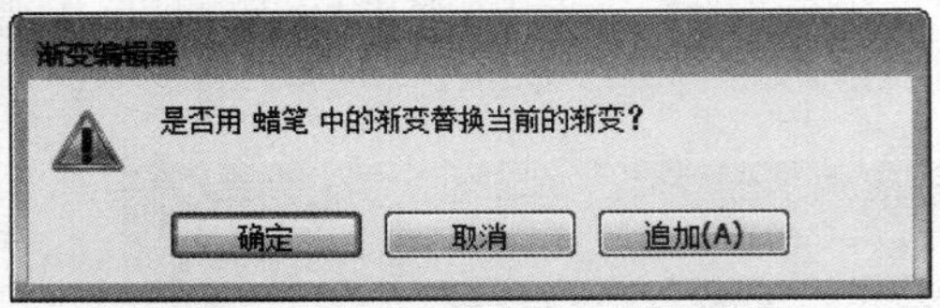

图 7-48　提示对话框

知识点滴

单击【渐变编辑器】中的【载入】按钮，打开【载入】对话框，在对话框中可以选择一个外部的渐变库，将其载入，如图 7-49 所示。

图 7-49　【载入】对话框

7.4 绘图工具

绘画工具可以更改图像像素的颜色。通过使用绘画和绘画修饰工具，并结合各种功能可以修饰图像、创建或编辑 Alpha 通道上的蒙版。结合【画笔】面板的设置，还可以自由地创作出精美的绘画效果，或模拟使用传统介质进行绘画。

7.4.1 【画笔】工具

【画笔】工具可以轻松地模拟真实的绘画效果，也可以用来修改通道和蒙版效果，是 Photoshop 中最为常用的绘画工具。选择【画笔】工具后，在如图 7-50 所示的选项栏中可以设置画笔各项参数选项，以调节画笔绘制效果。

图 7-50　【画笔】工具选项栏

- 【画笔预设】选取器：用于设置画笔的大小、样式及硬度等参数选项。
- 【模式】选项：该下拉列表用于设置绘画过程中画笔与图像产生的特殊混合效果。
- 【不透明度】选项：此数值用于设置画笔效果的不透明度，数值为 100%时表示画笔效果完全不透明，而数值为 1%时则表示画笔效果接近完全透明。
- 【流量】选项：此数值可以设置【画笔】工具应用油彩的速度，该数值较低会形成较轻的描边效果。

【例 7-5】 使用【画笔】工具为图像上色。 视频+素材

STEP 01 在 Photoshop 中，选择【文件】|【打开】命令，选择打开需要处理的图像文件，并在【图层】面板中单击【创建新图层】按钮，新建【图层 1】图层，如图 7-51 所示。

STEP 02 选择【画笔】工具，单击选项栏中的画笔预设选取器，在弹出的下拉面板中选择柔边圆画笔样式，设置【大小】数值为 500 像素，【不透明度】数值为 30%。在【颜色】面板中，设置前景色为 C:0、M:50、Y:50、K:0。在【图层】面板中，设置【图层 1】图层混合模式为【正片叠底】，【不透明度】数值为 80%。然后使用【画笔】工具给人物添加眼影，如图 7-52 所示。

图 7-51　打开图像文件

图 7-52　使用【画笔】工具

STEP 03 在【图层】面板中，单击【创建新图层】按钮，新建【图层 2】图层，设置【图层 2】图层混合模式为【叠加】，不透明度数值为 80%。在【色板】面板中单击【纯洋红】色板，使用【画笔】工具

在人物的嘴唇处涂抹，如图 7-53 所示。

STEP 04 选择【橡皮擦】工具，在选项栏中设置【不透明度】数值为 30%，使用【橡皮擦】工具在嘴唇边缘附近涂抹，修饰涂抹效果，如图 7-54 所示。

图 7-53 使用【画笔】工具

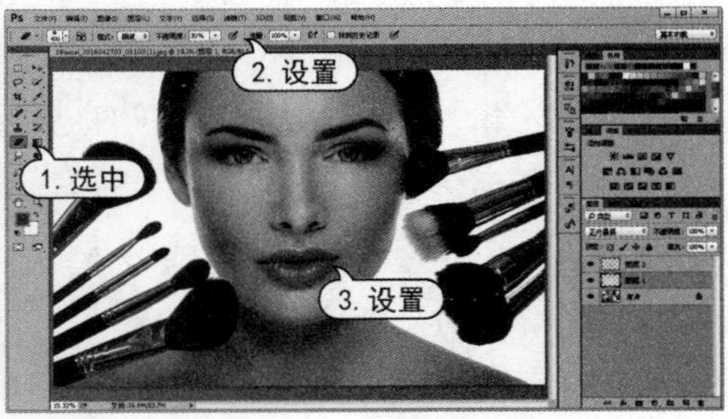

图 7-54 使用【橡皮擦】工具

 7.4.2 【颜色替换】工具

【颜色替换】工具可以简化图像中特定颜色的替换，并使用校正颜色在目标颜色上绘画。该工具可以设置颜色取样的方式和替换颜色的范围。但【颜色替换】工具不适用于【位图】、【索引】、【多通道】颜色模式的图像。单击【颜色替换】工具，即可显示如图 7-55 所示的【颜色替换】工具选项栏。

图 7-55 【颜色替换】工具选项栏

- 【模式】：用来设置替换的内容，包括【色相】、【饱和度】、【颜色】和【明度】。默认为【颜色】选项，表示可以同时替换色相、饱和度和明度。
- 【取样：连续】按钮：可以拖动鼠标连续对颜色取样。
- 【取样：一次】按钮：只替换单击处的颜色区域中的目标颜色。
- 【取样：背景色板】按钮：只替换包含当前背景色的区域。
- 【限制】下拉列表：在此下拉列表中，【不连续】选项用于替换出现在光标指针下任何位置的颜色样本；【连续】选项用于替换与在光标指针下的颜色邻近的颜色；【查找边缘】选项用于替换包含样本颜色的连续区域，可以更好地保留性状边缘的锐化程度。
- 【容差】选项：用于设置图像文件中颜色的替换范围。
- 【消除锯齿】复选框：可以去除替换颜色后的锯齿状边缘。

【例 7-6】 使用【颜色替换】工具调整图像效果。 视频+素材

STEP 01 在 Photoshop 中，选择【文件】|【打开】命令，打开图像文件。按 Ctrl + J 键复制【背景】图层，如图 7-56 所示。

STEP 01 选择【魔棒】工具，在工具选项栏中设置【容差】数值为 40，然后在图像粉绿色背景区域单击创建选区，如图 7-57 所示。

STEP 01 选择【选择】|【选取相似】命令，调整选区范围。选择【颜色替换】工具，在选项栏中设置画笔【大小】数值为 900 像素，【间距】数值 1%，在【模式】下拉列表中选择【颜色】选项。在

【颜色】面板中，设置颜色为 C：0、M：100、Y：0、K：20，使用【颜色替换】工具，在选区中拖动鼠标替换选区内图像的颜色。编辑结束后，按 Ctrl + D 键取消选区，如图 7-58 所示。

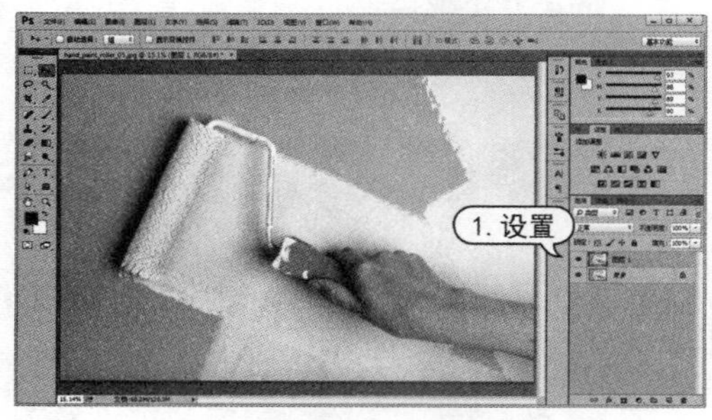

图 7-56　打开图像文件

图 7-57　创建选区

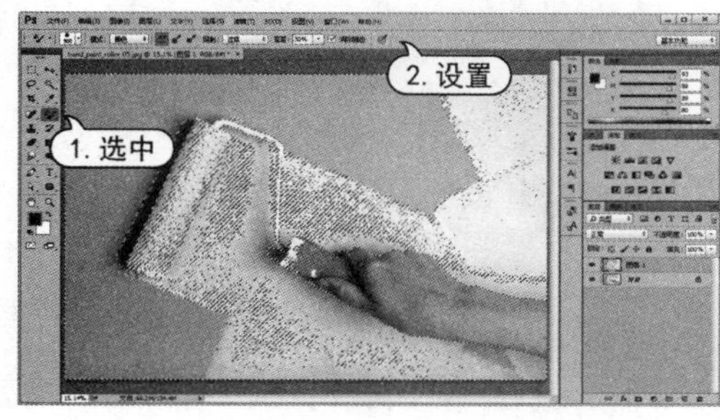

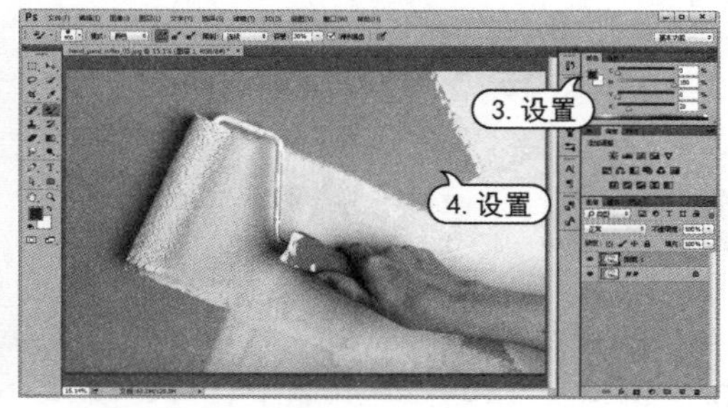

图 7-58　使用【颜色替换】工具

7.4.3　【历史记录画笔】工具

使用【历史记录画笔】工具可以将图像恢复到某个历史状态下的效果，画笔涂抹过的图像会恢复到上一步的图像效果，而未被涂抹修改过的区域将保持不变。

【例 7-7】　使用【历史记录画笔】工具制作图像变化效果。 视频+素材

STEP 01　选择【文件】|【打开】命令，打开图像文件，按 Ctrl + J 键复制【背景】图层，如图 7-59 所示。

STEP 02　选择【滤镜】|【模糊】|【径向模糊】命令，打开【径向模糊】对话框。在对话框中，选中【缩放】单选按钮，设置【数量】为 70，并在【中心模糊】区域中设置缩放中心点，然后单击【确定】按钮，如图 7-60 所示。

图 7-59　打开图像文件

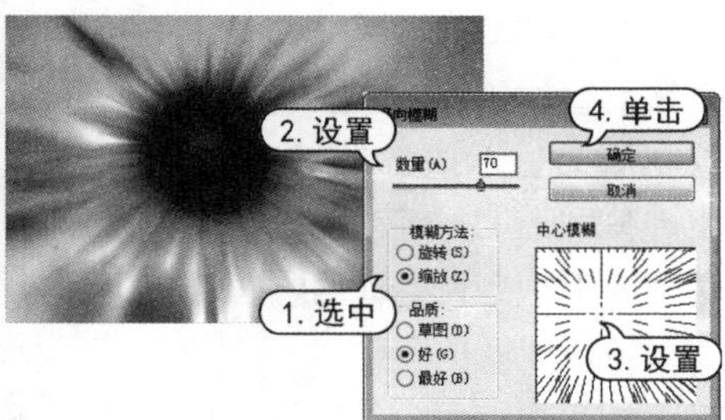

图 7-60　使用滤镜

STEP 03 选择【历史记录画笔】工具，在选项栏中单击画笔选取器，在弹出的下拉面板中选择柔边圆画笔样式，设置【大小】数值为 100 像素，【不透明度】数值为 50%，如图 7-61 所示。

STEP 04 在图像中，使用【历史记录画笔】工具在向日葵的中心部位进行涂抹，恢复图像未添加【径向模糊】滤镜时的效果，如图 7-62 所示。

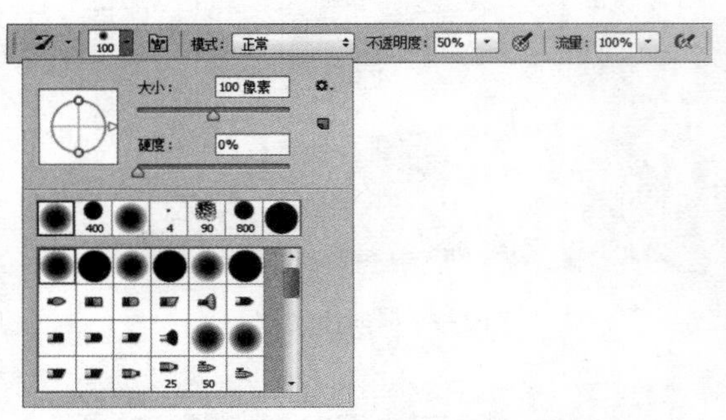

图 7-61 设置【历史记录画笔】工具

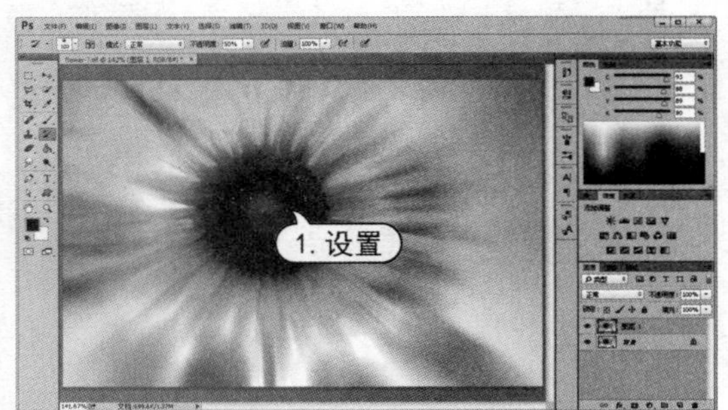

图 7-62 使用【历史记录画笔】工具

7.5 【画笔】面板

对于绘画编辑工具而言，选择和使用画笔是非常重要的一部分，因为其在很大程度上决定了绘制的效果。在 Photoshop 中，不仅可以选择预置的各种画笔，而且可以根据自己的需要创建不同的画笔。

 7.5.1 设置画笔

选择【窗口】|【画笔】命令，或单击【画笔】工具选项栏中的【切换画笔面板】按钮，或按快捷键 F5 键，打开如图 7-63 所示的【画笔】面板。在【画笔】面板的左侧选项列表中，单击选项名称即可选中要进行设置的选项，此时在右侧的区域中显示该选项的所有参数设置。【画笔】面板左下角的预览区域可以随时查看画笔样式的调整效果。

在【画笔】面板的左侧设置区中单击【画笔笔尖形状】选项，然后在其右侧显示的选项中可以设置直径、角度、圆度、硬度、间距等基本参数选项，用户可以通过控制选项更好的模拟绘画工具的画笔效果，如图 7-64 所示。

【形状动态】选项决定了描边中画笔笔迹的变化，单击选中【画笔】面板左侧的【形状动态】选项，面板右侧会显示该选项对应的设置参数，例如画笔的大小抖动、最小直径、角度抖动和圆度抖动，如图 7-65 所示。

【散布】选项用来指定描边中笔迹的数量和位置。单击选中【画笔】面板左侧的【散布】选项，面板右侧会显示该选项对应的设置参数，如图 7-66 所示。

【纹理】选项可以利用图案使画笔效果看起来好像是在带有纹理的画布上绘制的一样。单击选中【画笔】面板中左侧的【纹理】选项，面板右侧会显示该选项对应的设置参数，如图 7-67 所示。

【双重画笔】选项是通过组合两个笔尖来创建画笔笔迹，它可在主画笔的画笔描边内应用第二个画笔纹理，并且仅绘制两个画笔描边的交叉区域。如果要使用双重画笔，应首先在【画笔】面板的【画笔笔尖形状】选项中设置主要笔尖，然后从【画笔】面板的【双重画笔】选项中设置

另一个画笔笔尖，如图 7-68 所示。

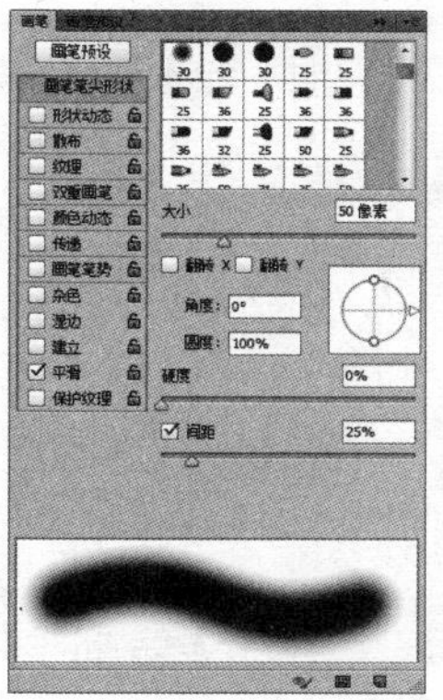

图 7-63 【画笔】面板

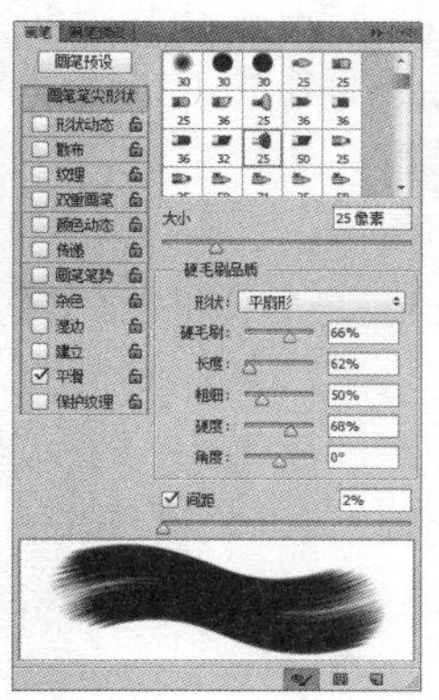

图 7-64 画笔笔尖形状

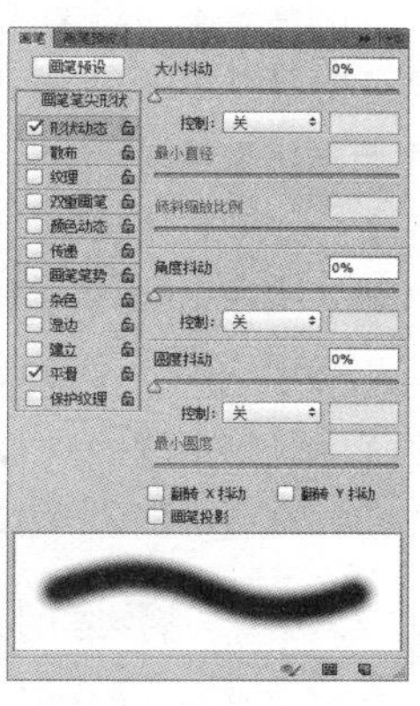

图 7-65 形状动态

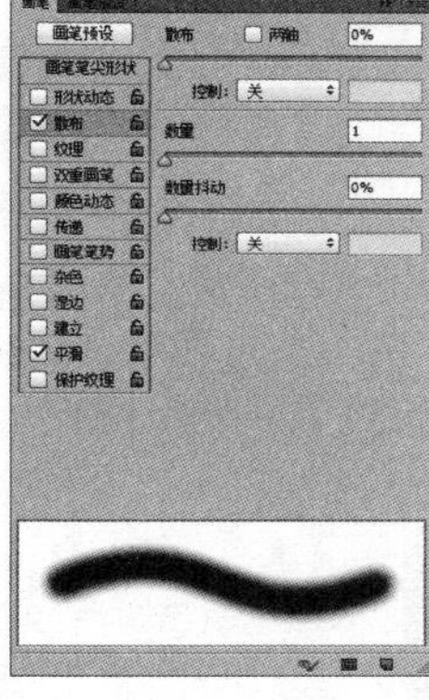

图 7-66 散布

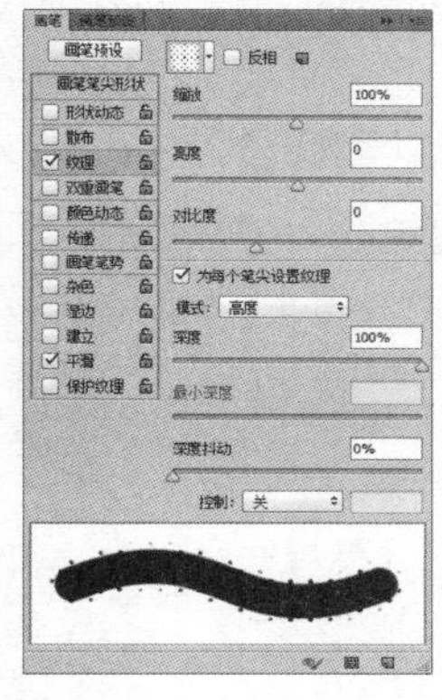

图 7-67 纹理

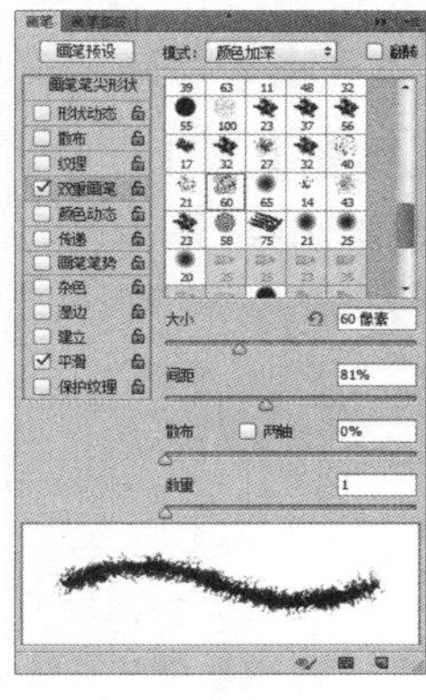

图 7-68 双重画笔

【颜色动态】选项决定了描边路径中油彩颜色的变化方式。单击选中【画笔】面板左侧的【颜色动态】选项，面板右侧会显示该选项对应的设置参数，如图 7-69 所示。

【传递】选项用来确定油彩在描边路线中的改变方式。单击选中【画笔】面板左侧的【颜色动态】选项，面板右侧会显示该选项对应的设置参数，如图 7-70 所示。

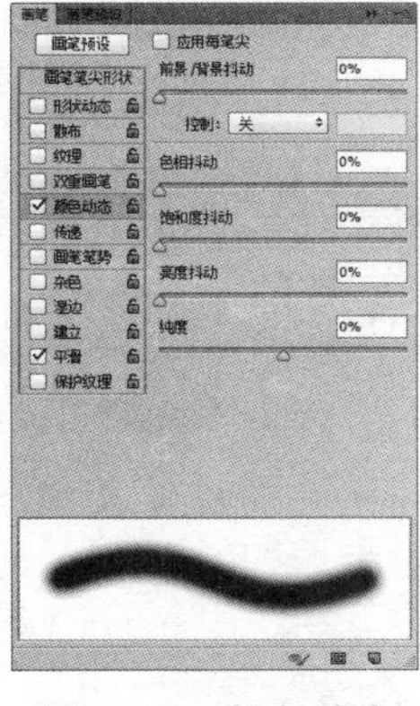

图 7-69 颜色动态

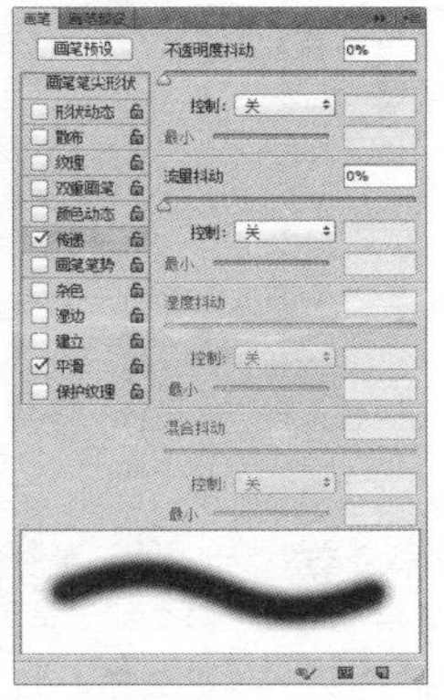

图 7-70 传递

【画笔】面板左侧还有 5 个单独的选项，包括【杂色】、【湿边】、【建立】、【平滑】和【保护纹理】。这 5 个选项没有控制参数，使用时只需将其选中即可。

- 【杂色】：可以为个别画笔笔尖增加额外的随机性。当应用于柔化笔尖时，此选项最有效。
- 【湿边】：可以沿画笔描边的边缘增大油彩量，从而创建水彩效果。
- 【建立】：可以将渐变色调应用于图像，同时模拟传统的喷枪技术。
- 【平滑】：可以在画笔描边中生成更平滑的曲线。当使用光笔进行快速绘画时，此选项最有效。但是在描边渲染中可能会导致轻微的滞后。
- 【保护纹理】：可以将相同图案和缩放比例应用于具有纹理的所有画笔预设。选择此选项后，在使用多个纹理画笔笔尖绘画时，可以模拟出一致的画布纹理。

7.5.2 存储自定义画笔

自定义画笔样式并存储到画笔库中，可以在以后的操作中重复使用。单击【从此画笔创建新的预设】按钮，在弹出的【画笔名称】对话框中新建画笔预设，单击【存储画笔】命令，即可将当前所有画笔存储到画笔库中。

【例 7-8】 存储自定义画笔。视频+素材

STEP 01 选择【画笔】工具，在选项栏中单击打开【画笔预设】选取器，如图 7-71 所示。

STEP 02 在【画笔预设】选取器中选中预设画笔“草”，设置【大小】数值为 100 像素，如图 7-72 所示。

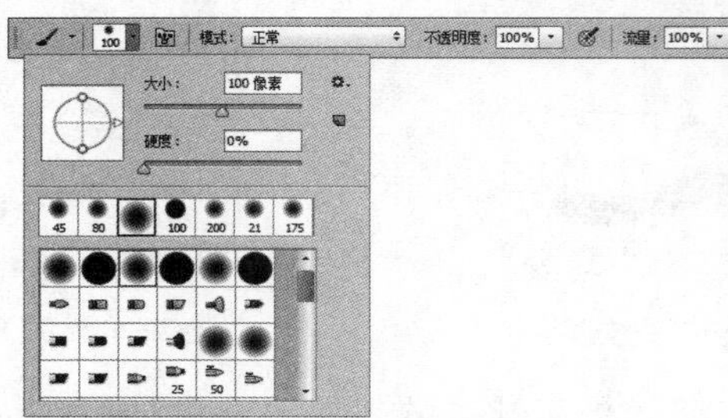

图 7-71 打开【画笔预设】选取器　　图 7-72 设置画笔样式

STEP 03 单击【从此画笔创建新的预设】按钮，打开【画笔名称】对话框。在对话框的【名称】文本框中输入 Grass，然后单击【确定】按钮，如图 7-73 所示。

STEP 04 单击【画笔预设】选取器中的按钮，在弹出的菜单中选择【存储画笔】命令，打开【另存为】对话框，单击【保存】按钮即可将当前所有画笔存储到画笔库中，如图 7-74 所示。

图 7-73 新建画笔

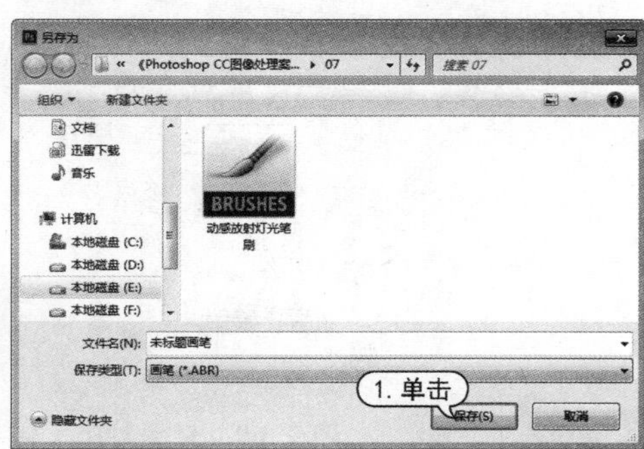

图 7-74 存储画笔

7.6 橡皮擦工具

Photoshop 中为用户提供了【橡皮擦】、【背景橡皮擦】和【魔术橡皮擦】3 种擦除工具。使用这些工具，用户可以根据特定的需要，进行图像画面的擦除处理。

7.6.1 【橡皮擦】工具

使用【橡皮擦】工具在图像中涂抹可擦除图像。选择【橡皮擦】工具后，出现如图 7-75 所示的选项栏。

图图 7-75　【橡皮擦】工具选项栏

- 【画笔】选项：可以设置橡皮擦工具使用的画笔样式和大小。
- 【模式】选项：可以设置不同的擦除模式。其中，选择【画笔】和【铅笔】选项时，其使用方法与【画笔】和【铅笔】工具相似；选择【块】选项时，在图像窗口中橡皮擦的大小固定不变。
- 【不透明度】数值框：可以设置擦除时的不透明度。设置为 100%时，被擦除的区域将变成透明色；设置为 1%时，不透明度将无效，将不能擦除任何图像画面。
- 【流量】数值框：用来控制工具的涂抹速度。
- 【抹到历史记录】复选框：选中该复选框后，可以将指定的图像区域恢复至快照或某一操作步骤下的状态。

知识点滴

如果在【背景】图层或锁定了透明区域的图层中使用【橡皮擦】工具，被擦除的部分会显示为背景色；在其他图层上使用时，被擦除的区域会显示透明，如图 7-76 所示。

图 7-76　使用【橡皮擦】工具

7.6.2 【背景橡皮擦】工具

【背景橡皮擦】工具是一种智能橡皮擦，它具有自动识别对象边缘的功能，可采集画笔中心的色样，并删除画笔内出现的颜色，使擦除区域成为透明区域，如图 7-77 所示。

选择工具箱中的【背景橡皮擦】工具后，出现如图 7-78 所示的选项栏。

- 【画笔】：单击其右侧的图标，弹出下拉面板。其中，【大小】用于设置擦除时画笔的大小；【硬度】用于设置擦除时边缘硬化的程度。
- 【取样】按钮：用于设置颜色取样的模式。按钮表示只对单击鼠标时光标下的图像颜色取样；按钮表示擦除图层中彼此相连但颜色不同的部分；按钮表示将背景色作为取

图 7-77　使用【背景橡皮擦】工具

图 7-78　【背景橡皮擦】工具选项栏

样颜色。

- 【限制】：单击右侧的按钮，在弹出的下拉菜单，可以选择使用【背景色橡皮擦】工具擦除的颜色范围。其中，【连续】选项表示可擦除图像中具有取样颜色的像素，但要求该部分与光标相连；【不连续】选项表示可擦除图像中具有取样颜色的像素；【查找边缘】选项表示在擦除与光标相连的区域的同时保留图像中物体锐利的边缘。
- 【容差】：用于设置被擦除的图像颜色与取样颜色之间差异的大小。
- 【保护前景色】复选框：选中该复选框可以防止具有前景色的图像区域被擦除。

【例 7-9】　使用【背景橡皮擦】工具调整图像。 视频+素材

STEP 01 选择【文件】|【打开】命令，打开素材图像文件，按 Ctrl + J 键复制【背景】图层，如图 7-79所示。

STEP 02 在【图层】面板中，关闭【背景】图层视图。选择【背景橡皮擦】工具，在选项栏中单击【画笔预设】选取器，在弹出的下拉面板中设置【大小】数值为 150 像素，【硬度】数值为 100%，【间距】数值为 1%；在【限制】下拉列表中选择【查找边缘】选项，设置【容差】数值为 20%，在图像的背景区域中单击并拖动以去除背景，如图 7-80 所示。

图 7-79　打开图像文件

图 7-80　使用【背景橡皮擦】工具

STEP 03 在【图层】面板中，选中【背景】图层。选择【文件】|【置入嵌入的智能对象】命令，打开

【置入嵌入对象】对话框。在对话框中，选中要置入的图像，然后单击【置入】按钮。调整置入的智能对象至合适的位置，然后按 Enter 键确认置入，如图 7-81 所示。

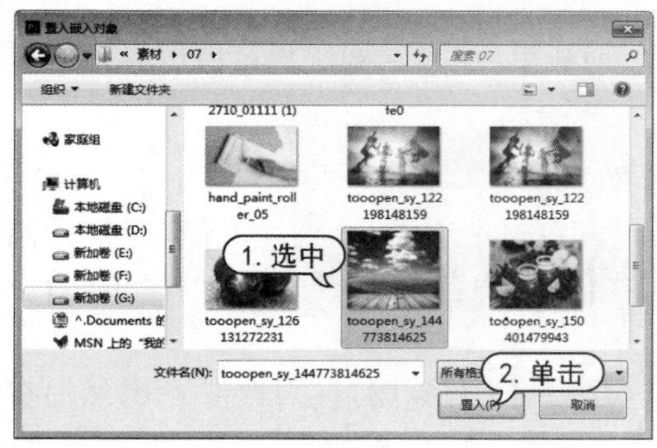

图 7-81 置入图像

7.6.3 【魔术橡皮擦】工具

【魔术橡皮擦】工具具有自动分析图像边缘的功能，用于擦除图层中具有相似颜色范围的区域，并以透明色代替被擦除区域，如图 7-82 所示。

图 7-82 使用【魔术橡皮擦】工具

选择工具箱中的【魔术橡皮擦】工具后，出现如图 7-83 所示的选项栏。

图 7-83 【魔术橡皮擦】工具选项栏

- 【容差】：可以设置被擦除图像颜色的范围。输入的数值越大，被擦除的颜色范围越大；输入的数值越小，被擦除的图像颜色与光标处的颜色越接近。
- 【消除锯齿】复选框：选中该复选框，可以使被擦除区域的边缘变得柔和平滑。
- 【连续】复选框：选中该复选框，可以使擦除工具仅擦除与鼠标单击处相连接的区域。
- 【对所有图层取样】复选框：选中该复选框，可以使擦除工具的应用范围扩展到图像中所有可见图层。
- 【不透明度】：可以设置擦除图像颜色的程度。设置为 100%时，被擦除的区域将变成透明色；设置为 1%时，不透明度将无效，将不能擦除任何图像画面。

7.7 案例演练

本章的案例演练为使用自定义画笔样式为图像添加效果，通过案例用户可以更好地掌握本章所介绍的绘图功能。

【例 7-10】 使用自定义画笔样式为图像添加效果。 视频+素材

STEP 01 选择【文件】|【新建】命令，打开【新建】对话框。在对话框中，分别设置【宽度】和【高度】数值为 500 像素，【分辨率】数值为 72 像素/英寸，在【背景内容】下拉列表中选择【透明】选项，然后单击【确定】按钮，如图 7-84 所示。

STEP 02 选择【多边形】工具，在选项栏中设置【设置工具模式】为【形状】，【边】数值为 6，然后在图像中心向外拖动，绘制六边形，如图 7-85 所示。

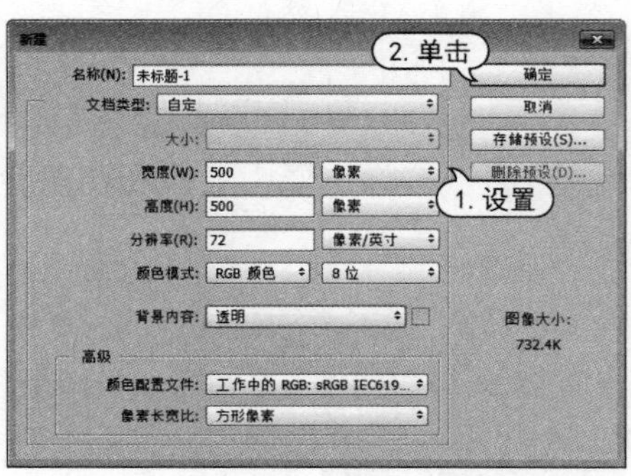

图 7-84　新建图像

图 7-85　绘制图形

STEP 03 【图层】面板中，设置【多边形 1】图层的【填充】数值为 0%，然后双击图层，打开【图层样式】对话框。在对话框中，选中【渐变叠加】选项，在【样式】下拉列表中选择【径向】选项，设置【渐变】颜色为 R:206、G:206、B:206 至 R:42、G:42、B:42，【不透明度】数值为 70%，如图 7-86 所示。

STEP 04 在【图层样式】对话框中选中【描边】选项，设置【大小】数值为 15 像素，然后单击【确定】按钮，如图 7-87 所示。

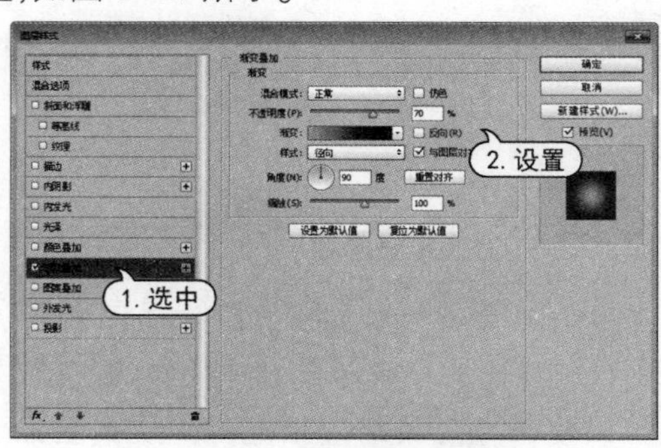

图 7-86　设置图层样式 1

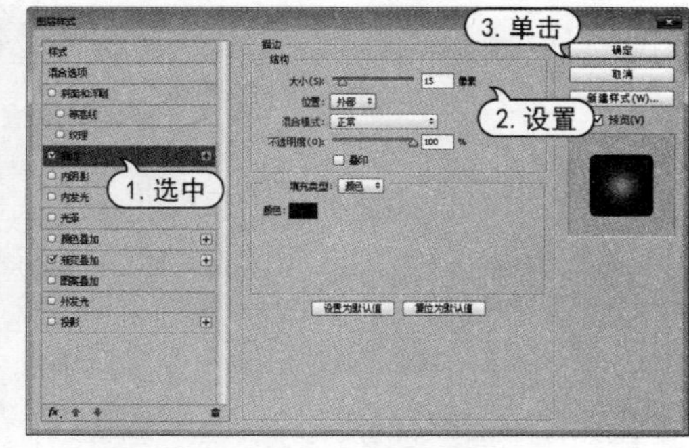

图 7-87　设置图层样式 2

STEP 05 选择【编辑】|【定义画笔预设】命令，打开【画笔名称】对话框。在对话框的【名称】文本框中输入“多边形样式”，然后单击【确定】按钮。如图 7-88 所示。

STEP 06 选择【文件】|【打开】命令，打开一个图像文件，如图 7-89 所示。

图 7-88　定义画笔预设

图 7-89　打开图像文件

STEP 07 在【图层】面板中，单击【创建新的填充或调整图层】按钮，在弹出的菜单中选择【纯色】命令，在打开的拾色器中设置填充颜色为 R:241、G:141、B:67，然后设置图层【不透明度】为 30%，如图 7-90 所示。

STEP 08 在【图层】面板中，选中【颜色填充 1】图层蒙版，选择【画笔】工具，在选项栏中设置画笔样式为柔边圆 800 像素，然后在图像中涂抹，如图 7-91 所示。

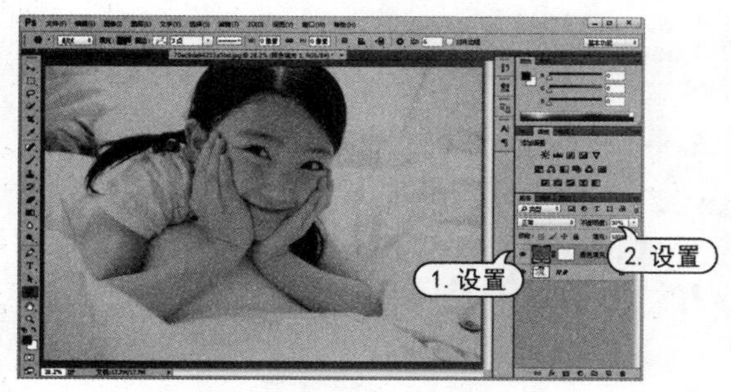

图 7-90　创建填充图层

图 7-91　调整填充图层

STEP 09 在【图层】面板中，单击【创建新图层】按钮，新建【图层 1】图层。选择【滤镜】|【渲染】|【云彩】命令，设置【图层 1】图层混合模式为【柔光】，如图 7-92 所示。

STEP 10 在【图层】面板中，单击【添加图层蒙版】按钮，然后选择【画笔】工具在蒙版中涂抹，如图 7-93 所示。

图 7-92　应用滤镜

图 7-93　添加图层蒙版

STEP 11 在选项栏中单击【切换画笔面板】按钮，打开【画笔】面板。选中[STEP05]自定义的画笔样式，设置【大小】数值为 270 像素，【间距】数值为 155%，如图 7-94 所示。

STEP 12 在【画笔】面板中选中【形状动态】选项，设置【大小抖动】数值为 85%，如图 7-95 所示。

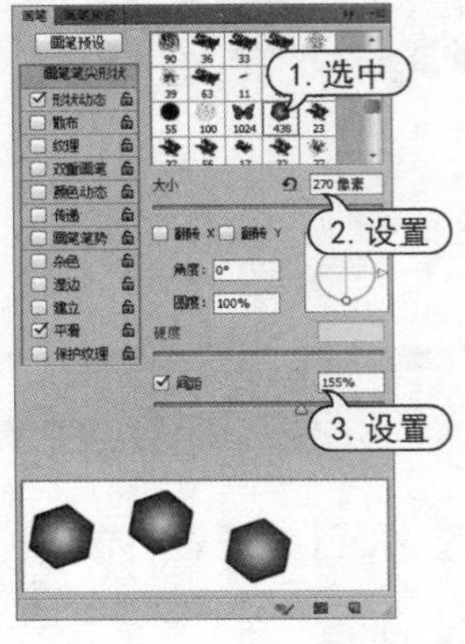

图7-94　设置自定义画笔

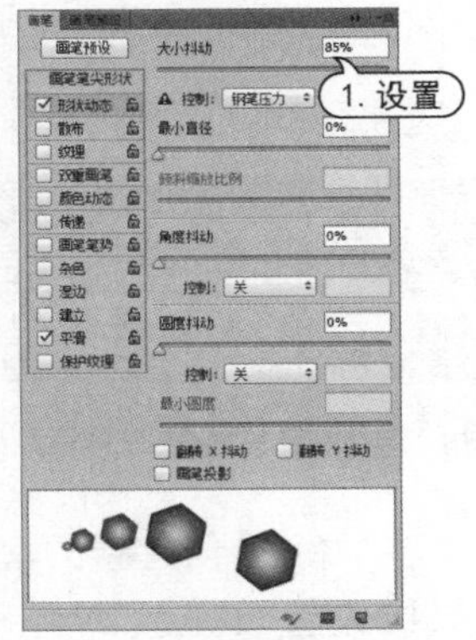

图 7-95　设置形状动态

STEP 13 选中【散布】选项，设置【散布】数值为 450%，如图 7-96 所示。

STEP 14 在【图层】面板中单击【创建新图层】按钮，新建【图层 2】图层，然后使用【钢笔】工具在图像中绘制路径，绘制完成后按 Esc 键结束操作，如图 7-97 所示。

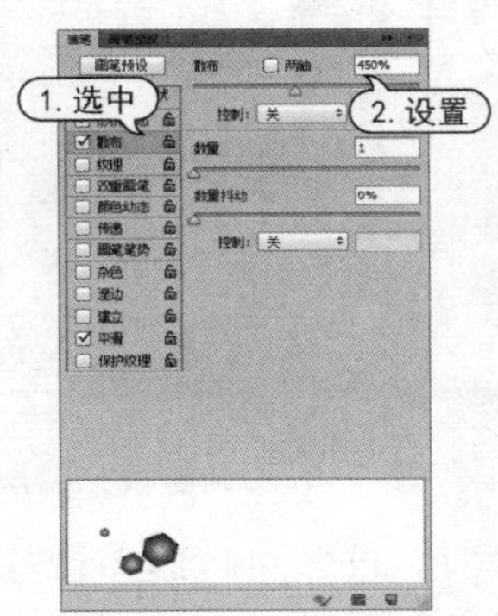

图 7-96　设置散布

图 7-97　绘制路径

STEP 15 在【路径】面板中，按住 Alt 键单击【用画笔描边路径】按钮，在打开的【描边路径】对话框中单击【工具】下拉列表，选择【画笔】选项，选中【模拟压力】复选框，然后单击【确定】按钮，如图 7-98 所示。

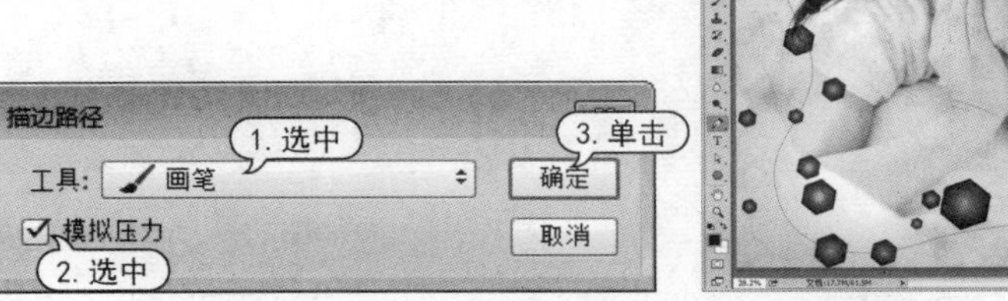
图 7-98　使用画笔描边路径 1

STEP 16 在【路径】面板中，单击【创建新路径】按钮，新建【路径 1】，然后使用【钢笔】工具在图像中绘制路径，单击【用画笔描边路径】按钮，如图 7-99 所示。

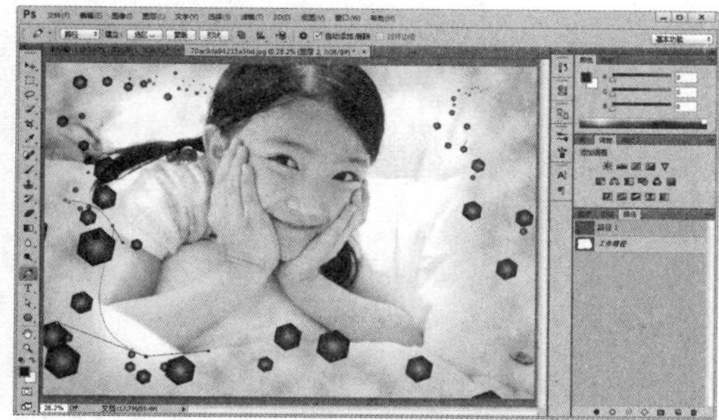

图 7-99　使用画笔描边路径 2

STEP 17 在【路径】面板中，单击【创建新路径】按钮，新建【路径 2】，然后使用【钢笔】工具在图像中绘制路径，单击【用画笔描边路径】按钮，如图 7-100 所示。

STEP 18 在【图层】面板中，设置【图层 2】图层混合模式为【叠加】，如图 7-101 所示。

图 7-100　使用画笔描边路径 3

图 7-101　设置图层混合模式

STEP 19 在【图层】面板中，双击【图层 2】图层，打开【图层样式】对话框。在对话框中，选中【外发光】选项，在【混合模式】下拉列表中选择【线性光】，设置【不透明度】数值为 40%，设置发光颜色为 R:244、G:242、B:187，【大小】数值为 95 像素，然后单击【确定】按钮，如图 7-102 所示。

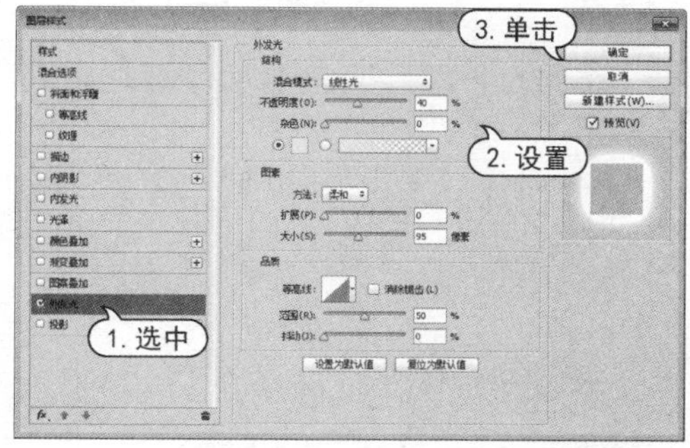

图 7-102　设置图层样式

轻松学电脑教程系列

第 8 章

路径和形状工具的应用

在 Photoshop 中，使用路径工具或形状工具能够在图像中绘制出准确的线条或形状，在图像设计应用中非常有用。本章主要介绍创建和编辑矢量路径的方法及所使用的工具。

对应的光盘视频

例 8-1　使用形状工具

例 8-2　使用【钢笔】工具

例 8-3　使用【变换路径】命令

例 8-4　应用路径与选区的转换

例 8-5　使用【描边路径】命令

例 8-6　制作播放按钮

8.1　了解路径与绘图

路径是由贝塞尔曲线构成的图形。由于贝塞尔曲线具有精确和易于修改的特点，因此被广泛应用于电脑图形领域，用于定义和编辑图像的区域。使用贝塞尔曲线可以精确定义一个区域，并且可以将其保存以便重复使用。

8.1.1　绘图模式

Photoshop 中的钢笔工具和形状工具可以创建不同类型的对象，包括形状、工作路径和填充像素。选择一个绘制工具后，需要先在工具选项栏中选择绘图模式(包括【形状】、【路径】和【像素】3 种)，然后才能进行绘图。

1.　创建形状

选择钢笔或形状工具后，在选项栏中设置绘制模式为【形状】，可以创建单独的形状图层，并可以设置填充、描边类型，如图 8-1 所示。

单击【填充】按钮，可以在弹出的面板中选择【无填充】、【纯色】、【渐变】或【图案】类型，如图 8-2 所示。

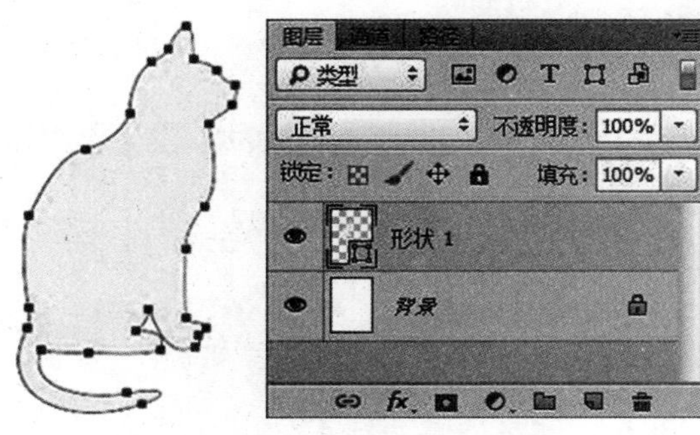

图 8-1　使用【形状】模式

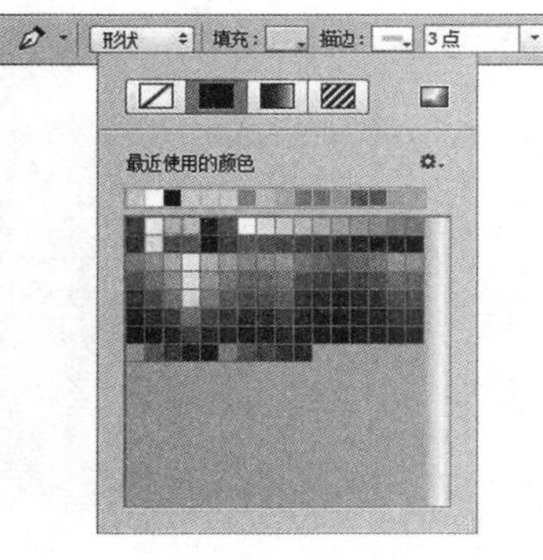

图 8-2　设置填充

单击【描边】按钮，弹出的面板与【填充】面板相同，如图 8-3 所示。在【描边】按钮右侧的数值框中，可以设置形状和描边宽度。单击【描边类型】按钮，在弹出的面板中可以选择预设的描边类型，还可以对描边的对齐方式、端点以及角点类型进行设置。

单击【更多选项】按钮，可以在弹出的【描边】对话框中创建新的描边类型，如图 8-4 所示。

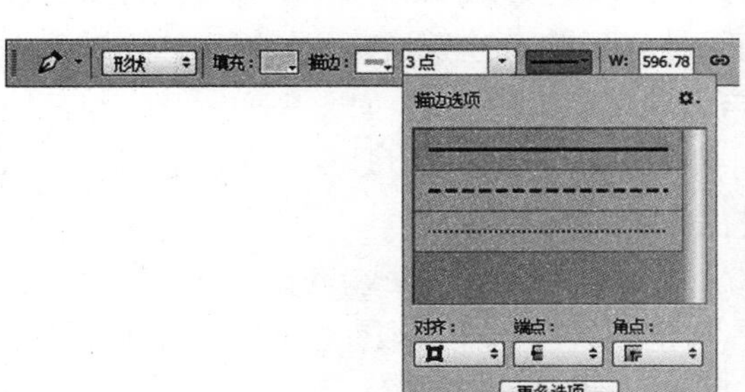

图 8-3　设置描边

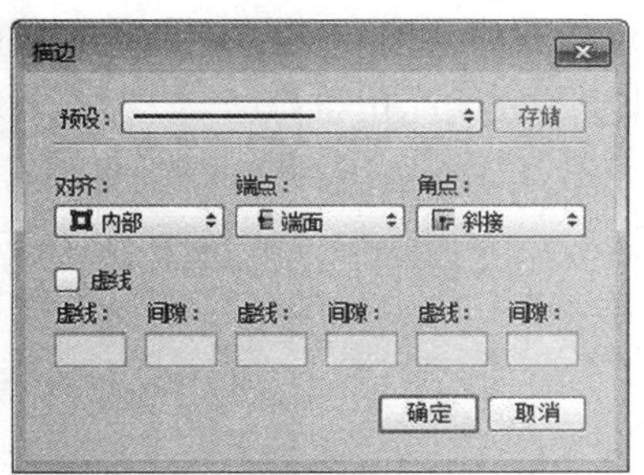

图 8-4　【描边】对话框

2. 创建路径

在选项栏中设置绘制模式为【路径】,可以创建工作路径。工作路径不会出现在【图层】面板中,只出现在【路径】面板中,如图 8-5 所示。

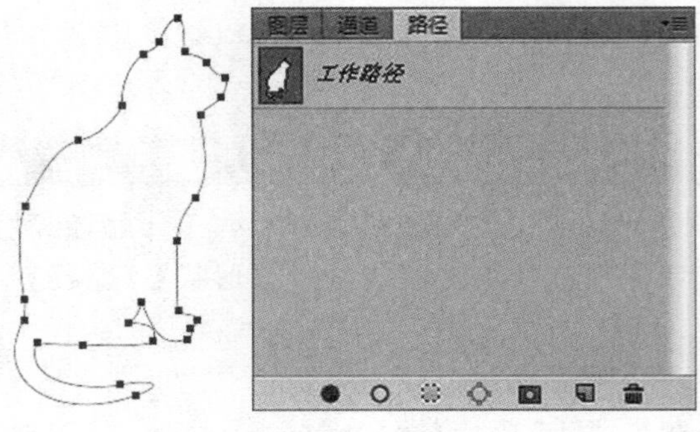

图 8-5 使用【路径】模式

> **知识点滴**
>
> 路径绘制完成后,可以在选项栏中通过单击【选区】、【蒙版】、【形状】按钮快速地将路径转换为选区、蒙版或形状。单击【选区】按钮,可以打开【建立选区】对话框。在对话框中可以设置选区效果,如图 8-6 所示。单击【蒙版】按钮,可以依据路径创建矢量蒙版。单击【形状】按钮,可将路径转换为形状图层。

3. 创建像素

在选项栏中设置绘制模式为【像素】,可以以当前前景色在所选图层中进行绘制,如图 8-7 所示。在选项栏中可以设置合适的混合模式与不透明度。

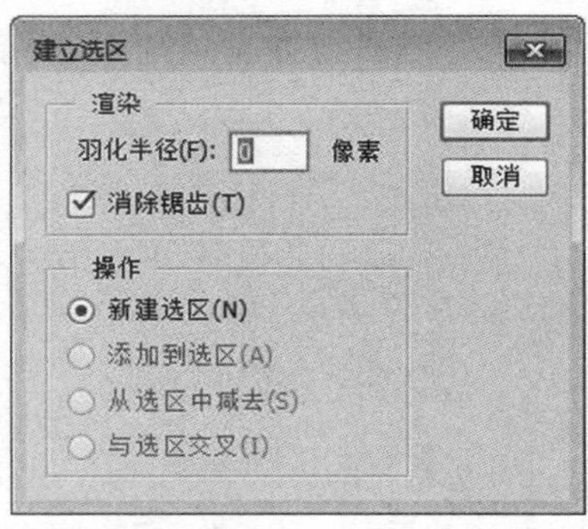

图 8-6 【建立选区】对话框

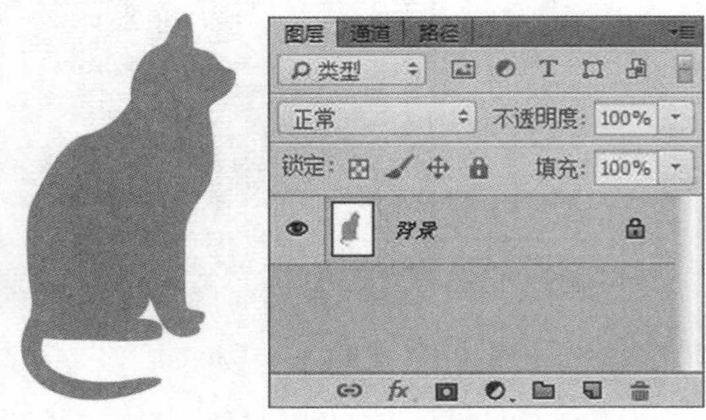

图 8-7 使用【像素】模式

 8.1.2 认识路径与锚点

路径是由多个锚点的矢量线条构成的图像。更确切地说,路径是由贝塞尔曲线构成的图形,而贝塞尔曲线是由锚点、线段、方向线与方向点组成的线段,如图 8-8 所示。与其他矢量图形软件相比,Photoshop 中的路径是不可打印的矢量形状,主要是用于勾画图像区域的轮廓,用户可以对路径进行填充和描边,还可以将其转换为选区。

- 线段:两个锚点之间连接的部分就称为线段。如果线段两端的锚点都是角点,则该线段为直线;如果任意一端的锚点是平滑点,则该线段为曲线段。当改变锚点属性时,通过该锚点的线段也会受到影响,如图 8-9 所示。
- 锚点:锚点又称为节点。绘制路径时,线段与线段之间由锚点链接。当锚点显示为白色空心时,表示该锚点未被选择;而当锚点为黑色实心时,表示该锚点为当前选择的点。

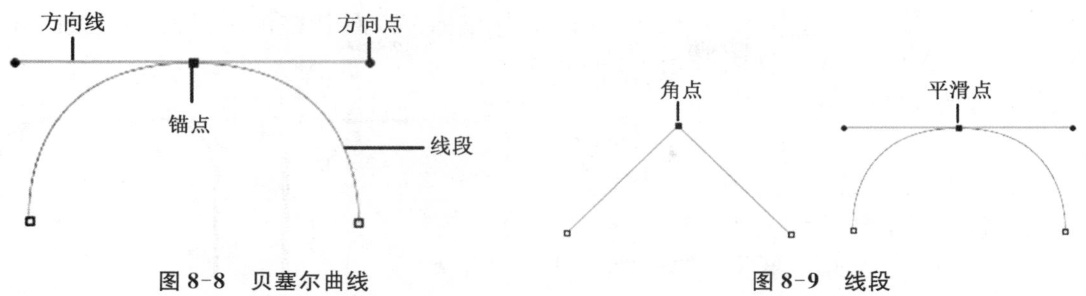

图 8-8　贝塞尔曲线　　　　图 8-9　线段

- 方向线：当用【直接选择】工具或【转换点】工具选择带有曲线属性的锚点时，锚点两侧会出现方向线。用鼠标拖曳方向线末端的方向点，可以改变曲线段的弯曲程度。

8.2　使用形状工具

在 Photoshop 中，用户还可以使用形状工具创建路径图形。形状工具分为两类：一类是基本几何体图形的形状工具；一类是图形形状较多样的自定形状。形状工具选项栏的前半部分与【钢笔】工具一样，后半部分可以根据绘制需要自行设置。

8.2.1　绘制基本形状

在 Photoshop 中，提供了【矩形】工具、【圆角矩形】工具、【椭圆】工具、【多边形】工具和【直线】工具等几种基本形状的创建工具。

1. 【矩形】工具

【矩形】工具用来绘制矩形和正方形。选择该工具后，单击并拖动鼠标即可创建矩形；按住 Shift 键拖动则可以创建正方形；按住 Alt 键拖动会以单击点为中心向外创建矩形；按住 Shift ＋Alt 键会以单击点为中心向外创建正方形，如图 8-10 所示。单击如图 8-11 所示的工具选项栏中的按钮，打开下拉面板，在面板中可以设置矩形的创建方法。

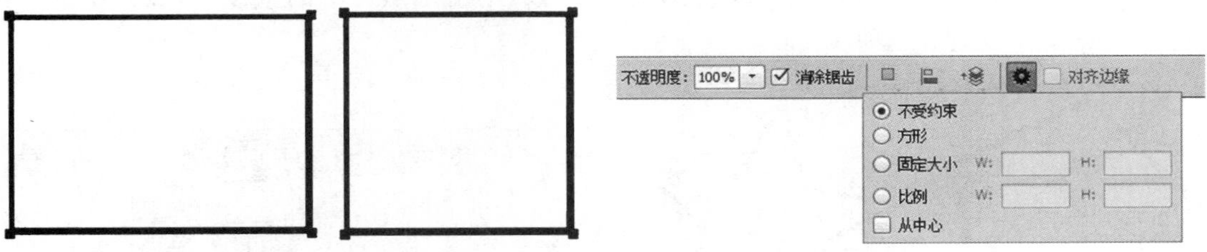

图 8-10　使用【矩形】工具　　　　图 8-11　【矩形】工具选项栏

- 【不受约束】单选按钮：选择该单选按钮，可以以任意尺寸或比例创建矩形图形。
- 【方形】单选按钮：选择该单选按钮，会创建正方形图形。
- 【固定大小】单选按钮：选择该单选按钮，会按该选项右侧的 W 与 H 文本框设置的宽、高尺寸创建矩形图形。
- 【比例】单选按钮：选择该单选按钮，会按该选项右侧的 W 与 H 文本框设置的宽、高比例

创建矩形图形。

▽【从中心】复选框：选中该复选框，创建矩形时，鼠标在画面中的单击点即为矩形的中心，拖动鼠标创建矩形对象时，将由中心向外扩展。

2. 【圆角矩形】工具

使用【圆角矩形】工具，可以快捷地绘制带有圆角的矩形图形，如图 8-12 所示。此工具的选项栏与【矩形】工具栏大致相同，只是多了一个用于设置圆角参数属性的【半径】文本框。用户可以在该文本框中输入所需的矩形圆角半径。

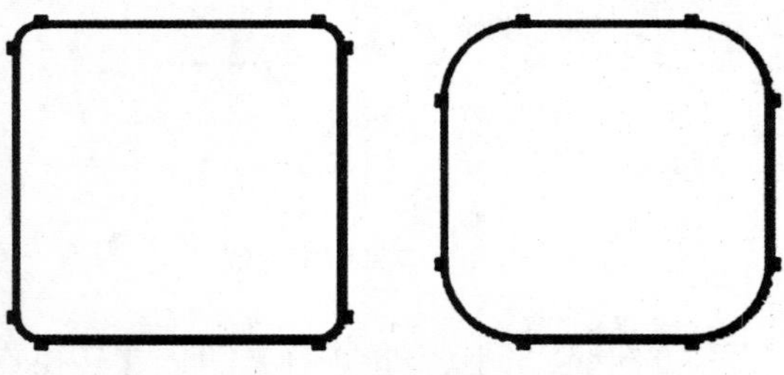

图 8-12　使用【圆角矩形】工具

3. 【椭圆】工具

【椭圆】工具用于创建椭圆形和圆形的图形对象。选择该工具后，单击并拖动鼠标即可创建椭圆形；按住 Shift 键拖动则可以创建圆形，如图 8-13 所示。该工具的选项栏及创建图形的操作方法与【矩形】工具基本相同，只是在如图 8-14 所示的对话框中少了【方形】单选按钮，而多了【圆(绘制直径或半径)】单选按钮。选择此单选按钮，可以以直径或半径方式创建圆形图形。

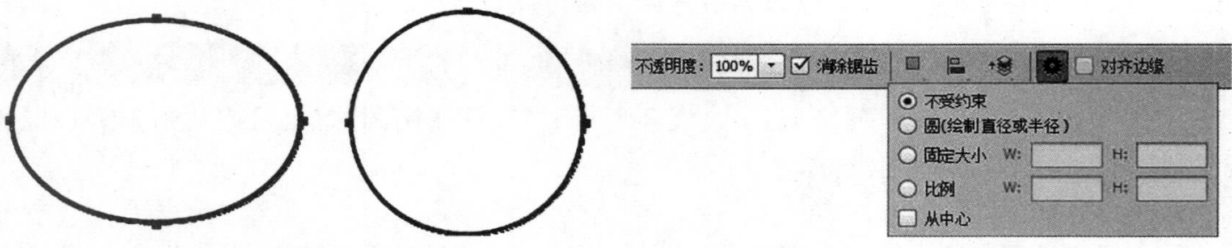

图 8-13　使用【椭圆】工具　　图 8-14　【椭圆】工具选项栏

4. 【多边形】工具

【多边形】工具可以用来创建多边形与星形图形，如图 8-15 所示。选择该工具后，需要在如图 8-16 所示的选项栏中设置多边形或星形的边数，单击选项栏中的⚙按钮，在弹出的下拉面板中可以设置多边形选项。

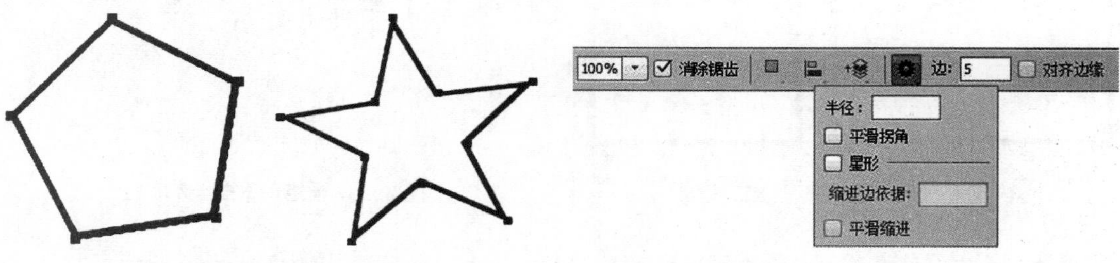

图 8-15　使用【多边形】工具　　图 8-16　【多边形】工具选项栏

▽【半径】文本框：用于设置多边形外接圆的半径。设置数值后，会按固定尺寸在图像文件窗口中创建多边形图形。

▽【平滑拐角】复选框：用于设置是否对多边形的夹角进行平滑处理，即用圆角代替尖角。

- 【星形】复选框：选中该复选框，会对多边形的边根据设置的数值进行缩进，使其变成星形。
- 【缩进边依据】文本框：该文本框在启用【星形】复选框后变为可用状态。它用于设置缩进边的百分比数值。
- 【平滑缩进】复选框：该复选框在启用【星形】复选框后变为可用状态。该选项用于决定是否在绘制星形时对其内夹角进行平滑处理。

5. 【直线】工具

【直线】工具可以绘制直线和带箭头的直线，如图 8-17 所示。选择该工具后，单击并拖动鼠标可以创建直线或线段，按住 Shift 键可以创建水平、垂直或以 45°角为增量的直线。【直线】工具选项栏中的【粗细】文本框用于设置创建直线的宽度。单击⚙按钮，在弹出的下拉面板中可以设置箭头的形状、大小，如图 8-18 所示。

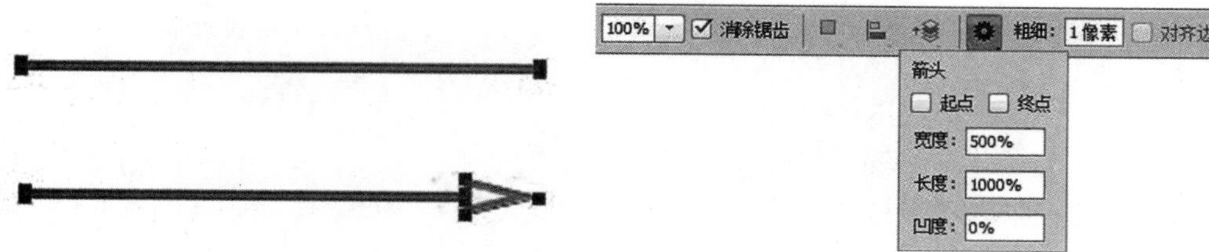

图 8-17　使用【直线】工具　　图 8-18　【直线】工具选项栏

 8.2.2　自定义形状

使用【自定义形状】工具可以创建预设的形状、自定义的形状或外部提供的形状。选择该工具后，单击如图 8-19 所示的选项栏中的【形状】下拉面板按钮，从打开的下拉面板中选取一种形状，然后单击并拖动鼠标即可创建该图形。如果要保持形状的比例，可以按住 Shift 键绘制图形。如果要使用其他方法创建图形，可以单击⚙按钮，在弹出的下拉面板中设置，如图 8-20 所示。

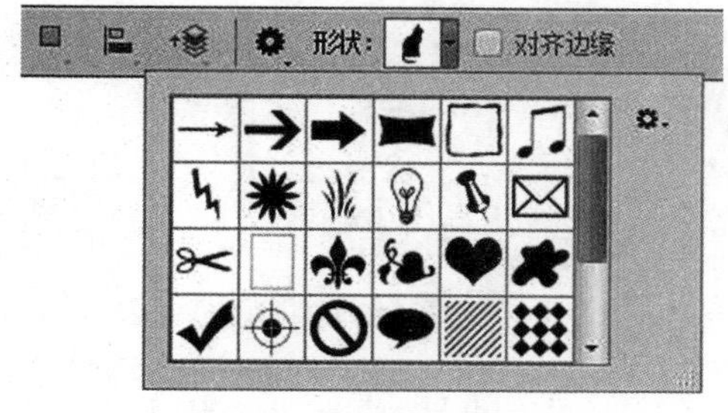

图 8-19　【自定义形状】工具选项栏

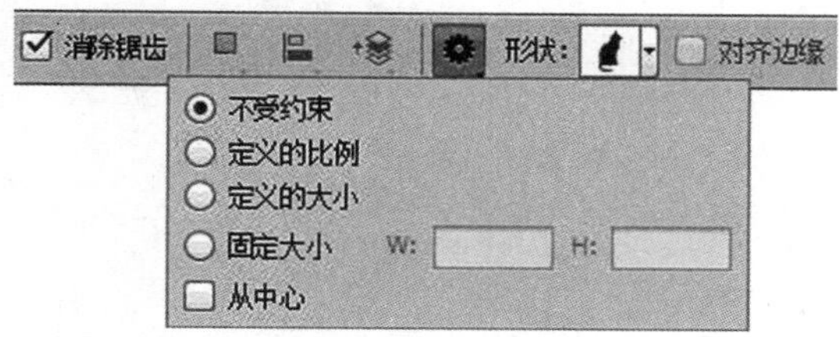

图 8-20　设置比例

【例 8-1】　使用形状工具创建小图标。 视频+素材

STEP 01 在 Photoshop 中，选择【文件】|【新建】命令，打开【新建】对话框。在对话框中【名称】文本框中输入 button，设置【宽度】为 800 像素，【高度】为 600 像素，【分辨率】为 300 像素/英寸，然后单击【确定】按钮新建文档，如图 8-21 所示。

STEP 02 选择【视图】|【显示】|【网格】命令，显示网格。选择【圆角矩形】工具，在工具选项栏中设置【半径】数值为 65 像素，然后使用【圆角矩形】工具绘制圆角矩形，如图 8-22 所示。

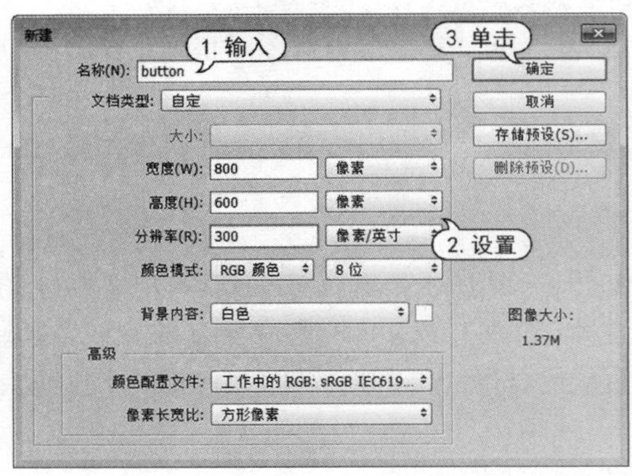

图 8-21 新建文档

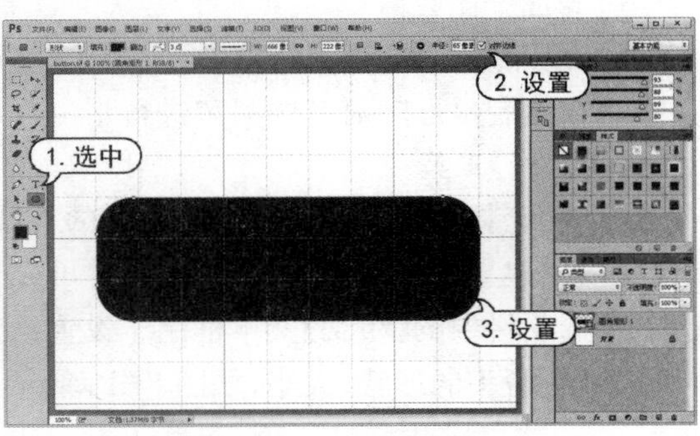

图 8-22 绘制图形

STEP 03 在【图层】面板中，双击【圆角矩形 1】图层，打开【图层样式】对话框。在对话框中，选中【渐变叠加】样式选项，单击渐变预览，打开【渐变编辑器】对话框，在对话框中设置渐变色为 R：255、G：253、B：109 至 R：239、G：128、B：25 至 R：255、G：253、B：109，然后单击【确定】按钮，如图 8-23 所示。

STEP 04 在【图层样式】对话框中，选中【斜面和浮雕】样式选项，设置【大小】数值为 109 像素，【软化】数值为 16 像素，单击【阴影模式】选项右侧的颜色块，在弹出的【拾色器】中设置颜色为 R：255、G：166、B：60，如图 8-24 所示。

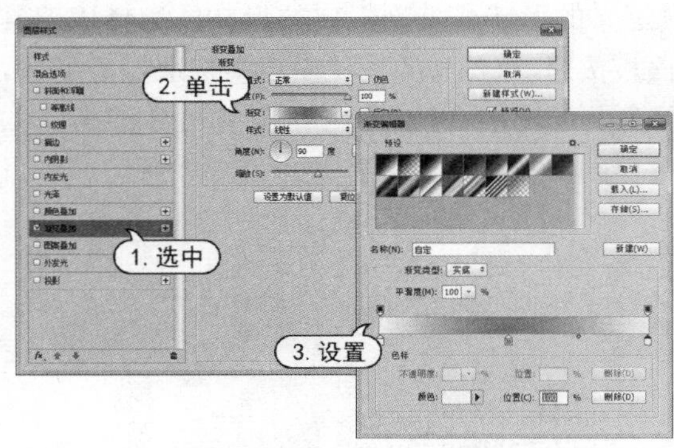

图 8-23 应用【渐变叠加】样式

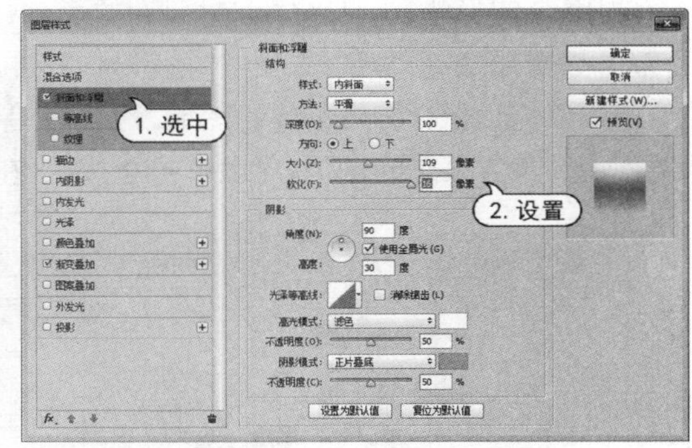

图 8-24 应用【斜面和浮雕】样式

STEP 05 在【图层样式】对话框中，选中【描边】样式选项，设置【大小】数值为 3 像素，【混合模式】下拉列表中选择【线性光】选项，单击【颜色】选项右侧的颜色块，在弹出的【拾色器】中设置颜色为 R：249、G：100、B：0，然后单击【确定】按钮，如图 8-25 所示。

STEP 06 选择【自定形状】工具，在选项栏中设置绘图模式为【形状】，【填充】颜色为白色，单击【自定形状】拾色器，选中【搜索】形状，然后在图像中拖动以绘制形状，如图 8-26 所示。

知识点滴

在绘制矩形、圆形、多边形、直线和自定义形状时，创建形状的过程中按下键盘中的空格键并拖动鼠标，可以移动形状的位置。

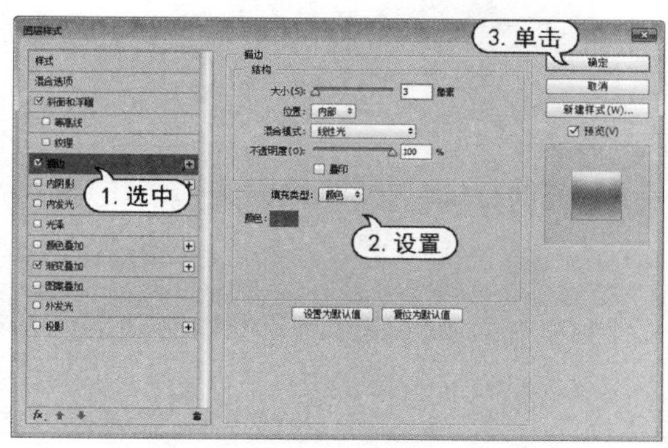

图 8-25　应用【描边】样式

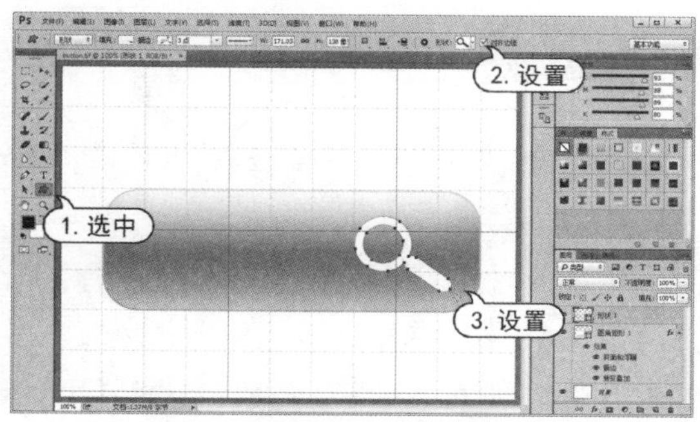

图 8-26　绘制形状

STEP 07 选择【横排文字】工具，在选项栏中设置字体样式为 Arial Bold，字体大小为 26 点，字体颜色为白色，然后在图像中输入文字内容，如图 8-27 所示。

STEP 08 在【图层】面板中，选中文字图层和【形状 1】图层，按 Ctrl + E 键合并图层，如图8-28 所示。

图 8-27　输入文字

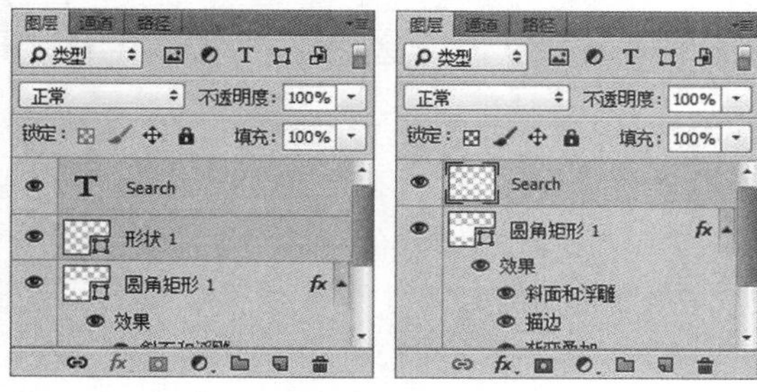

图 8-28　合并图层

STEP 09 双击合并后的图层，打开【图层样式】对话框。在对话框中，选中【投影】样式选项，设置【混合模式】为【线性加深】，【距离】数值为 4 像素，【扩展】数值为 2%。设置完成后，单击【确定】按钮，关闭【图层样式】对话框，如图 8-29 所示。

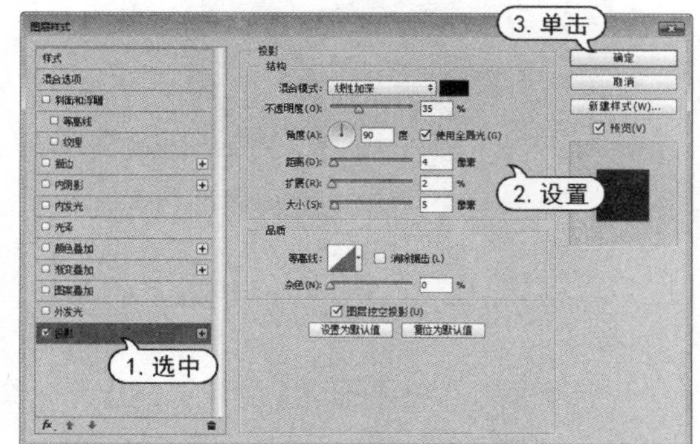

图 8-29　应用【投影】样式

轻松学电脑教程系列

8.3 创建自由路径

在 Photoshop 中，使用【钢笔】工具、【自由钢笔】工具，可以根据用户的需求创建任意形状的路径。

8.3.1 使用【钢笔】工具

【钢笔】工具是 Photoshop 中最为强大的绘制工具，它主要有两种用途：一是绘制矢量图形，二是选取对象。在作为选取工具使用时，钢笔工具绘制的轮廓光滑、准确，将路径转换为选区就可以准确地选择对象。

在【钢笔】工具的选项栏中单击⚙按钮会打开【钢笔选项】下拉面板，如图 8-30 所示。在该对话框中，如果启用【橡皮带】复选框，将可以在创建路径过程中直接自动产生连接线段，而不用等到单击创建锚点后才在两个锚点间创建线段。

图 8-30 【钢笔】工具选项栏

【例 8-2】 使用【钢笔】工具选取图像。视频+素材

STEP 01 选择【文件】|【打开】命令，打开素材图像文件，如图 8-31 所示。

STEP 02 选择【钢笔】工具，在选项栏中设置绘图模式为【路径】。在图像上单击鼠标，绘制出第一个锚点。在线段结束的位置再次单击鼠标，按住鼠标，拖动出方向线，调整路径段的弧度。依次在图像上单击，确定锚点位置。当鼠标回到初始锚点时，光标右下角出现一个小圆圈，这时单击鼠标即可闭合路径，如图 8-32 所示。

图 8-31 打开图像文件

图 8-32 创建路径

STEP 03 在选项栏中单击【路径操作】选项，选择【合并形状】选项，然后使用【钢笔】工具添加路径，如图 8-33 所示。

STEP 04 在选项栏中单击【选区】按钮，在弹出的【建立选区】对话框中设置【羽化半径】为 2 像素，然后单击【确定】按钮，按 Ctrl + C 键复制选区内图像，如图 8-34 所示。

图 8-33　添加路径

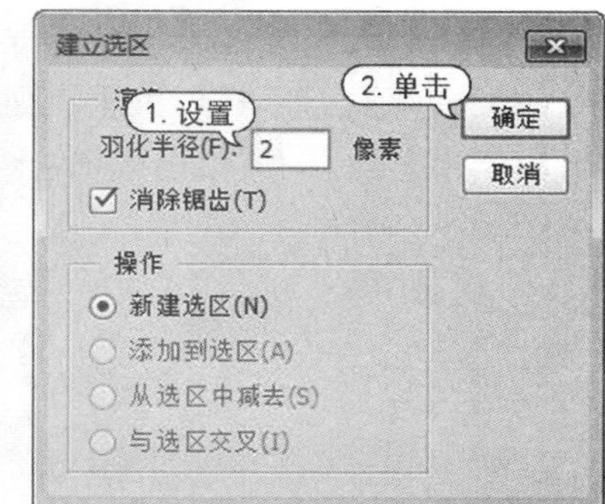

图 8-34　创建选区

STEP 05 选择【文件】|【打开】命令，打开素材图像文件。按 Ctrl + V 键粘贴图像，按 Ctrl + T 键应用【自由变换】命令，调整粘贴的图像大小，如图 8-35 所示。

图 8-35　粘贴图像

实用技巧

在绘制过程中，要移动或调整锚点，可以按住 Ctrl 键切换为【直接选择】工具；按住 Alt 键则切换为【转换点】工具。

STEP 06 双击【图层 1】，打开【图层样式】对话框。在对话框中，选中【外发光】样式，设置发光颜色为黑色，【大小】数值为 180 像素，然后单击【确定】按钮，如图 8-36 所示。

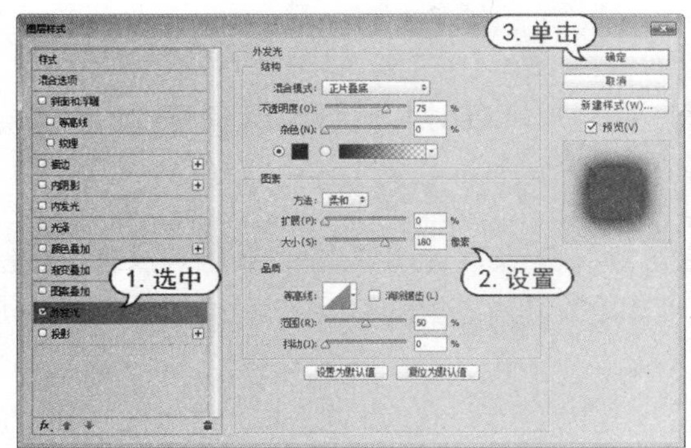

图 8-36　应用【外发光】样式

8.3.2　使用【自由钢笔】工具

使用【自由钢笔】工具绘图时，会沿着对象的边缘自动添加锚点，如图 8-37 所示。在【自由钢笔】工具的选项栏选中【磁性的】复选框，可以将【自由钢笔】工具切换为【磁性钢笔】工具，可以像使用【磁性套索】工具一样，快速勾勒出对象的轮廓。

在【自由钢笔】工具的选项栏中单击按钮，可以在弹出的【自由钢笔选项】下拉面板中进行设置，如图 8-38 所示。

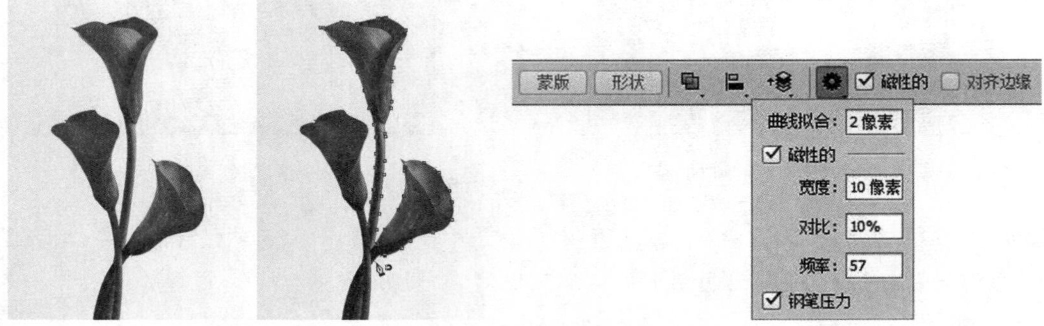

图 8-37　使用【自由钢笔】工具　　图 8-38　【自由钢笔】工具选项栏

- 【曲线拟合】：控制最终路径对鼠标或压感笔移动的灵敏度，该值越高，生成的锚点越少，路径也越简单。
- 【磁性的】：选中【磁性的】复选框，可激活如下设置参数：【宽度】用于设置磁性钢笔工具的检测范围，该值越高，工具的检测范围就越广；【对比】用于设置工具对图像边缘的敏感度，如果图像边缘与背景的色调比较接近，可将该值设置的大些；【频率】用于确定锚点的密度，该值越高，锚点的密度越大。
- 【钢笔压力】：如果计算机配置有数位板，则可以选中【钢笔压力】复选框，然后根据用户使用光笔时在数位板上的压力大小来控制检测宽度，钢笔压力的增加会使工具的检测宽度减小。

8.4 路径基本操作

使用 Photoshop 中的各种路径工具创建路径后，用户可以对其进行编辑调整，如增加、删除锚点，对路径锚点位置进行移动等，从而使路径的形状更加符合要求。

8.4.1 添加或删除锚点

通过工具箱中的【钢笔】工具、【添加锚点】工具和【删除锚点】工具，用户可以很方便的增加或删除路经中的锚点。

选择【添加锚点】工具，将光标放置在路径上；当光标变为状时，单击即可添加一个角点；如果单击并拖动鼠标，则可以添加一个平滑点，如图 8-39 所示。使用【钢笔】工具，在选中路径后，将光标放置在路径上，当光标变为状时，单击也可以添加锚点。

选择【删除锚点】工具，将光标放置在锚点上，当光标变为状时，单击可删除该锚点。在选择路径后，使用【钢笔】工具，将光标放置在锚点上，当光标变为状时，单击也可删除锚点，如图 8-40 所示。

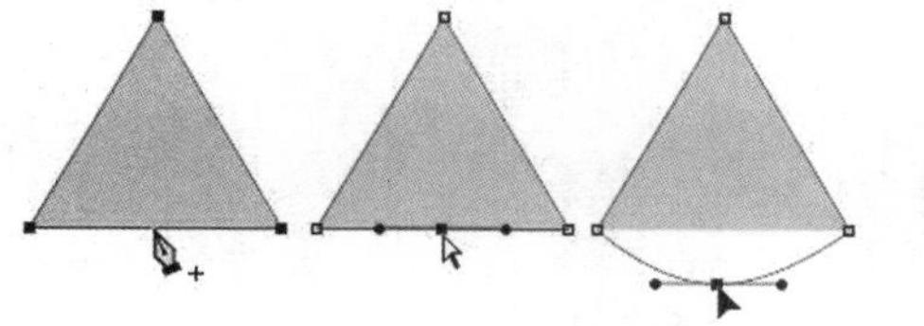

图 8-39　添加锚点

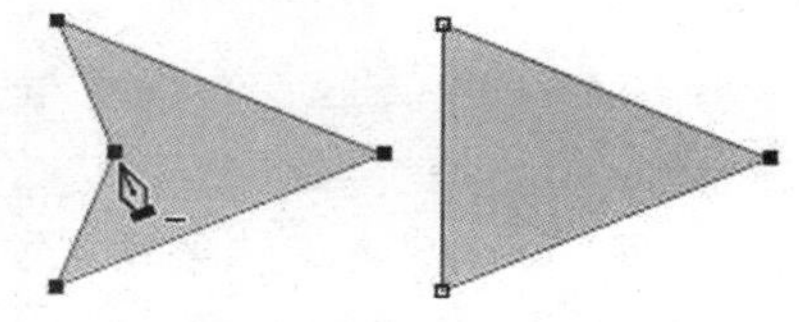

图 8-40　删除锚点

8.4.2　改变锚点类型

使用【直接选择】工具和【转换点】工具，可以转换路径中的锚点类型。一般先使用【直接选择】工具选择所需操作的路径锚点，再使用【转换点】工具对选择的锚点进行锚点类型的转换。

- 使用【转换点】工具，单击路径上任意锚点，可以直接将该锚点的类型转换为直角点，如图 8-41 所示。
- 使用【转换点】工具，在路径的任意锚点上单击并拖动鼠标，可以改变该锚点的类型为平滑点，如图 8-42 所示。

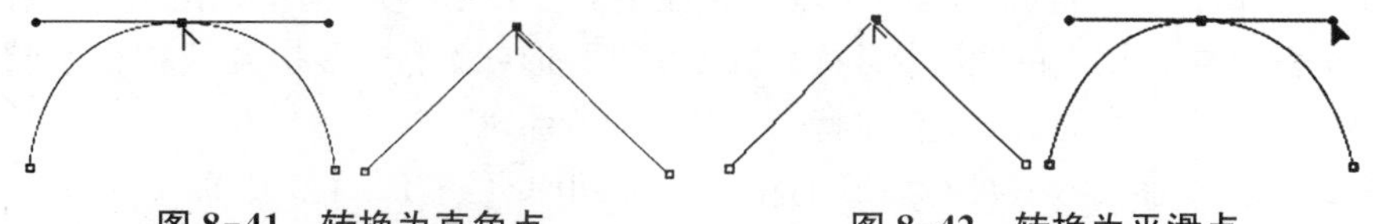

图 8-41　转换为直角点　　图 8-42　转换为平滑点

- 使用【转换点】工具，在路径的任意锚点的方向点上单击并拖动鼠标，可以改变该锚点的类型为曲线角点。
- 按住 Alt 键，使用【转换点】工具，在路径上的平滑点和曲线角点上单击，可以改变该锚点的类型为复合角点。

8.4.3　路径选择工具

使用工具箱中的【直接选择】工具和【路径选择】工具可以选择、移动锚点和路径。使用【直接选择】工具，单击一个锚点，即可选择该锚点，选中的锚点为实心方块，未选中的锚点为空心方块；单击一个路径段，可以选择该路径段。使用【直接选择】工具选择锚点后，拖动鼠标可以移动锚点，改变路径形状。使用【直接选择】工具选择路径段后，拖动鼠标可以移动路径段，如图 8-43 所示。如果按下键盘上的任一方向键，可按箭头方向一次移动 1 个像素。如果在按下键盘方向键的同时按住 Shift 键，则可以一次移动 10 个像素。使用【路径选择】工具，单击路径即可选择路径，拖动路径可以移动路径，如图 8-44 所示。

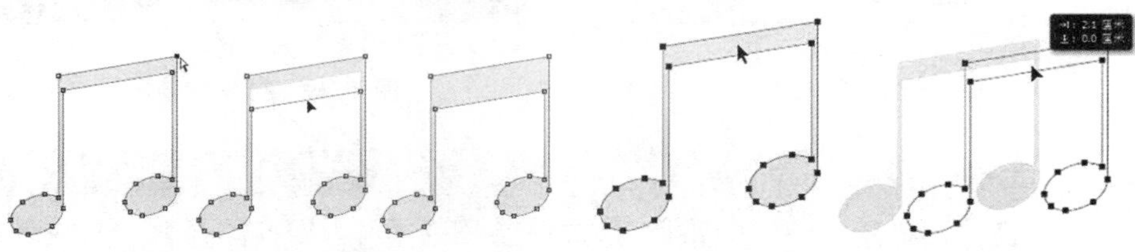

图 8-43　移动路径段　　图 8-44　移动路径

实用技巧

如果要添加选择锚点、路径段或是路径，可以按住 Shift 键逐一单击需要选择的对象，也可以单击并拖动出一个选框，将需要选择的对象框选，如图 8-45 所示。按住 Alt 键单击一个路径段，可以选择该路径段及路径段上的所有锚点。如果要取消选择，在画面的空白处单击即可。

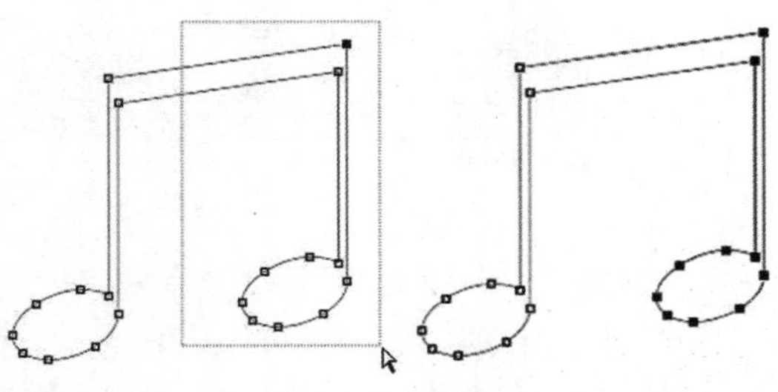

图 8-45 框选对象

8.5 编辑路径

使用 Photoshop 中的各种路径工具创建路径后，用户可以对其进行编辑调整，如对路径进行运算、变换路径、对齐、分布、排列等操作，从而使路径的形状更加符合要求。另外，用户还可以对路径进行描边和填充等效果编辑。

8.5.1 路径的运算

在使用【钢笔】工具或形状工具创建多个路径后，可以在选项栏中单击【路径操作】按钮，在弹出的下拉列表中选择相应的【合并形状】、【减去顶层形状】、【与形状区域相交】或【排除重叠形状】选项，设置路径运算的方式，创建特殊效果的图形形状。

- 【合并形状】：该选项可以将新绘制的路径添加到原有路径中，如图 8-46 所示。
- 【减去顶层形状】：该选项将从原有路径中减去新绘制的路径，如图 8-47 所示。

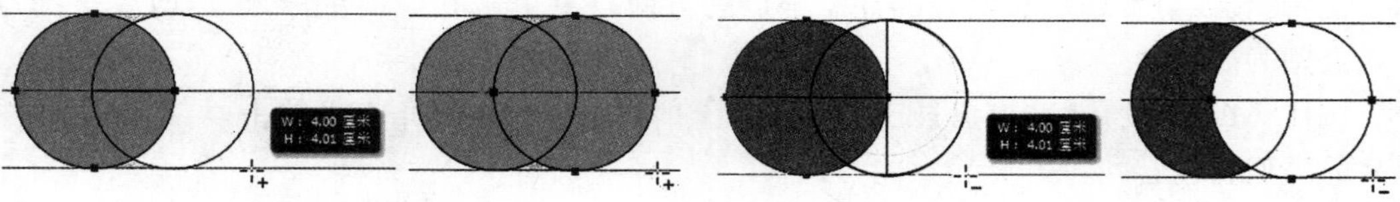

图 8-46 合并形状　　图 8-47 减去顶层形状

- 【与形状区域相交】：该选项得到的路径为新绘制路径与原有路径的交叉区域，如图8-48 所示。
- 【排除重叠形状】：该选项得到的路径为新绘制路径与原有路径重叠区域以外的路径形状，如图 8-49 所示。

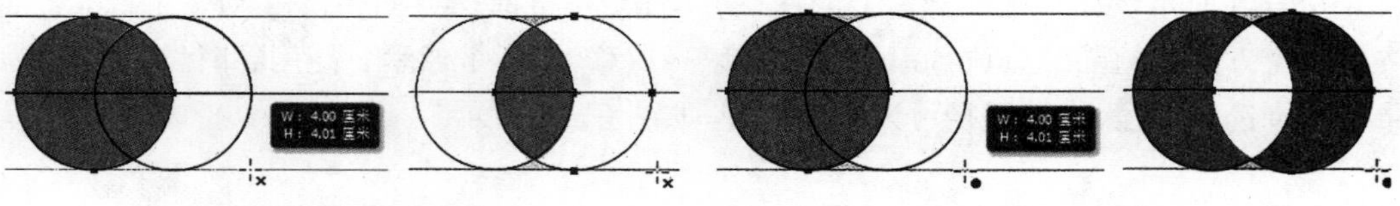

图 8-48 与形状区域相交　　图 8-49 排除重叠形状

8.5.2 变换路径

在图像文件窗口选择所需编辑的路径后，选择【编辑】|【自由变换路径】命令，或者选择【编

辑】|【变换路径】命令的级联菜单中的相关命令，在图像文件窗口中显示定界框，拖动定界框上的控制点即可对路径进行缩放、旋转、斜切和扭曲等变换操作，如图 8-50 所示。路径的变换方法与图像的变换方法相同。

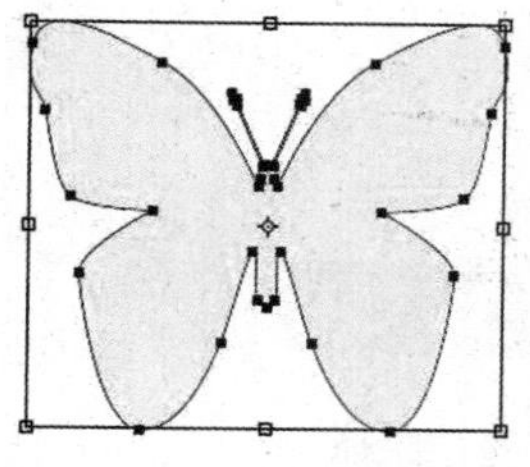

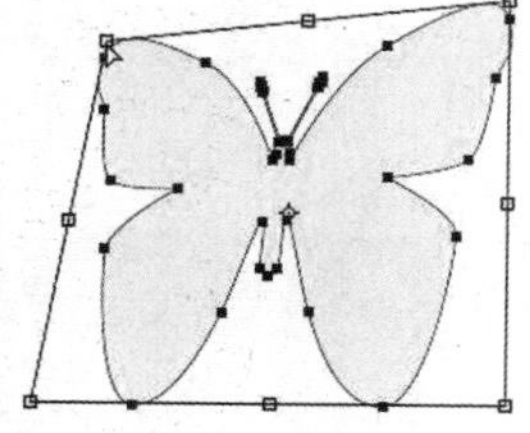

图 8-50　变换路径

> **知识点滴**
>
> 使用【直接选择】工具选择路径的锚点，再选择【编辑】|【自由变换点】命令，或者选择【编辑】|【变换点】命令的子菜单中的相关命令，可以编辑图像文件窗口中显示的控制点，从而实现路径部分线段的形状变换。

【例 8-3】　在图像文件中，绘制图形，并使用【变换路径】命令制作花边。 视频+素材

STEP 01 选择【文件】|【新建】命令，打开【新建】对话框。在对话框中，设置【宽度】数值为 100 毫米，【高度】数值为 50 毫米，【分辨率】数值为 105 像素/英寸，单击【确定】按钮新建文档，如图 8-51 所示。

STEP 02 选择工具箱中的【自定形状】工具，单击【色板】面板中的【纯洋红】色板，单击【形状】，在下拉面板中选择【花形装饰 3】，在图像中拖动绘制图形，如图 8-52 所示。

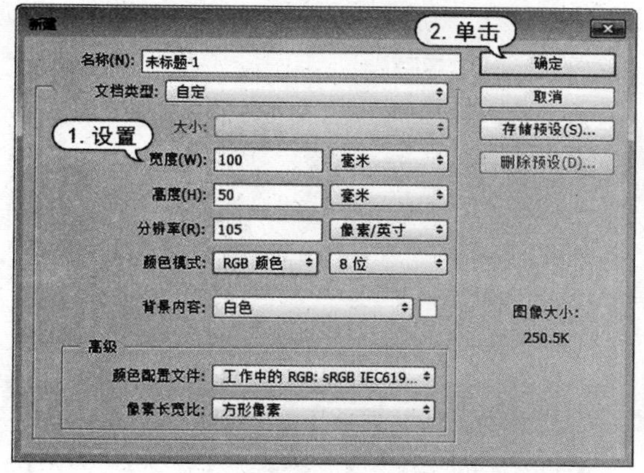

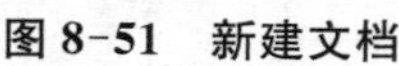
图 8-51　新建文档

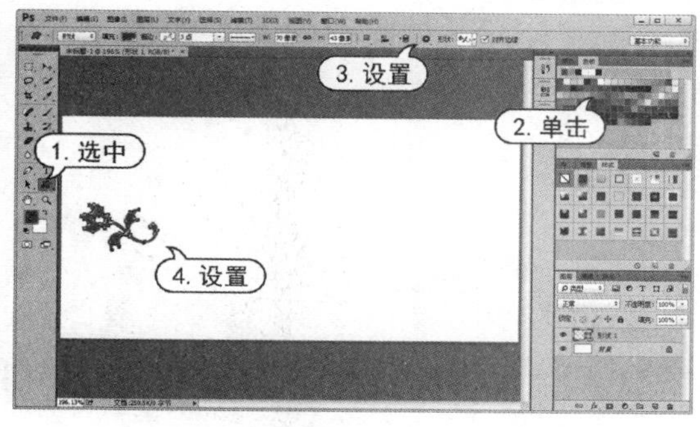

图 8-52　绘制形状

STEP 03 按 Ctrl + J 键复制【形状 1】图层，选择菜单栏中的【编辑】|【变换路径】|【旋转】命令，在选项栏中，设置旋转中心为右侧的中间位置，【旋转】为 180 度，按 Enter 键应用旋转，如图 8-53 所示。

STEP 04 使用[STEP03]的操作方法，重复复制旋转变换图形，如图 8-54 所示。

> **实用技巧**
>
> 使用【路径选择】工具选择多个路径，单击选项栏中的对齐与分布按钮，即可对所选路径进行对齐、分布操作，与图像的对齐分布方法相同。

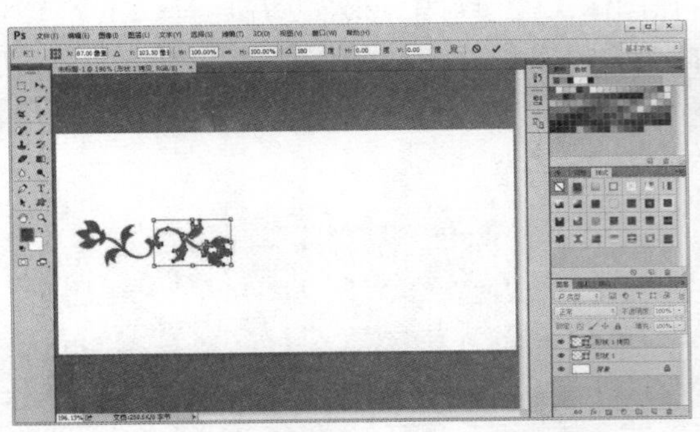

图 8-53　变换路径

图 8-54　变换路径

8.5.3　将路径转换选区

在 Photoshop 中，除了可以使用【钢笔】工具和形状工具创建路径外，还可以通过图像文件窗口中的选区来创建路径，用户只需在创建选区后单击【路径】面板底部的【从选区生成工作路径】按钮即可。

在 Photoshop 中，不但能够将选区转换为路径，而且还能够将路径转换为选区进行处理。要想将绘制的路径转换为选区，可以选择【路径】面板中的【将路径作为选区载入】按钮。如果操作的路径是开放路径，那么在转换为选区的过程中，会自动将该路径的起始点和终止点接在一起，从而形成封闭的选区范围。

【例 8-4】　应用路径与选区的转换制作图像效果。 视频+素材

STEP 01 选择【文件】|【打开】命令，打开素材图像文件。选择【钢笔】工具，在选项栏中设置绘图模式为【路径】，然后沿图像中的显示屏创建工作路径，如图 8-55 所示。

STEP 02 单击【路径】面板中的【将路径作为选区载入】按钮，将路径转换为选区，如图 8-56 所示。

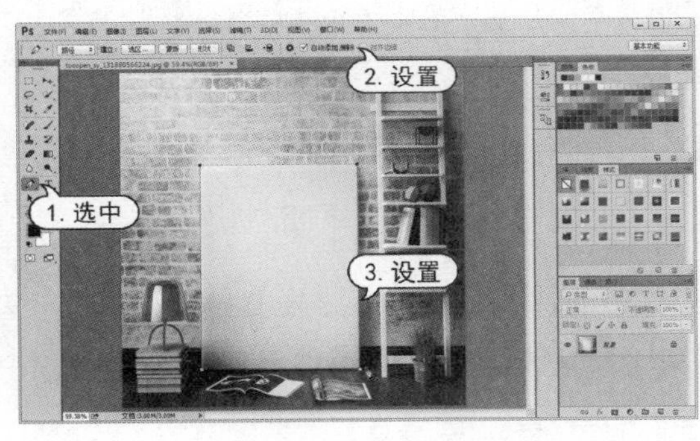

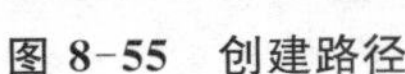
图 8-55　创建路径

图 8-56　转换为选区

STEP 03 选择【文件】|【打开】命令，打开一个素材文件，按 Ctrl + A 键全选图像画面，按 Ctrl + C 键复制图像，如图 8-57 所示。

STEP 04 返回第一个图像文件，选择【编辑】|【选择性粘贴】|【贴入】命令，贴入素材图像，按 Ctrl + T 键应用【自由变换】命令，调整图像大小，如图 8-58 所示。

图 8-57　复制图像

图 8-58　粘贴图像

 8.5.4　填充路径

填充路径是指用指定的颜色、图案或历史记录的快照填充路径内的区域。在进行路径填充前，要先设置好前景色；如果使用图案或历史记录的快照填充，还需要先将用于填充的图像定义成图案或创建历史记录的快照。在【路径】面板中单击【用前景色填充路径】按钮，可以直接使用预先设置的前景色填充路径。

在【路径】面板菜单中选择【填充路径】命令，或按住 Alt 键单击【路径】面板底部的【用前景色填充路径】按钮，打开如图 8-59 所示【填充路径】对话框。在对话框中，设置选项后，单击【确定】按钮，即可使用指定的颜色、图像状态和图案填充路径。

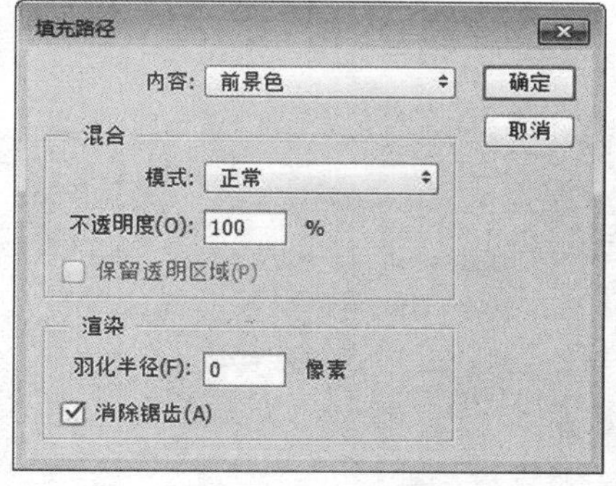

图 8-59　【填充路径】对话框

知识点滴

在【填充路径】对话框中，【内容】选项用于设置填充到路径中的内容对象，共有 9 种类型，分别是前景色、背景色、颜色、内容识别、图案、历史记录、黑色、50% 灰色和白色。【渲染】选项组用于设置应用填充的轮廓显示，可对轮廓的【羽化半径】参数进行设置，还可以平滑路径轮廓。

 8.5.5　描边路径

在 Photoshop 中，可以为路径添加描边，创建丰富的边缘效果。创建路径后，单击【路径】面板中【用画笔描边路径】按钮，可以使用【画笔】工具的当前设置对路径进行描边。

可以在面板菜单中选择【描边路径】命令，或按住 Alt 键单击【用画笔描边路径】按钮，打开如图 8-60 所示【描边路径】对话框。在其中可以选择画笔、铅笔、橡皮擦、背景橡皮擦、仿制图章、历史记录画笔、加深和减淡等工具描边路径。

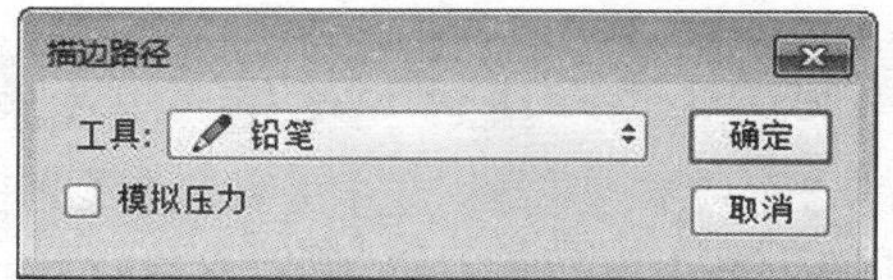

图 8-60　【描边路径】对话框

知识点滴

如果选中【模拟压力】复选框，则可以使描边的线条产生粗细变化。在描边路径前，需要先设置好工具的参数。

【例 8-5】 在图像文件中，使用【描边路径】命令制作图像效果。视频+素材

STEP 01 选择【文件】|【打开】命令，打开素材图像文件，如图 8-61 所示。

STEP 02 在【图层】面板中，右击文字图层，在弹出的菜单中选择【创建工作路径】命令，如图 8-62 所示。

图 8-61 打开图像文件

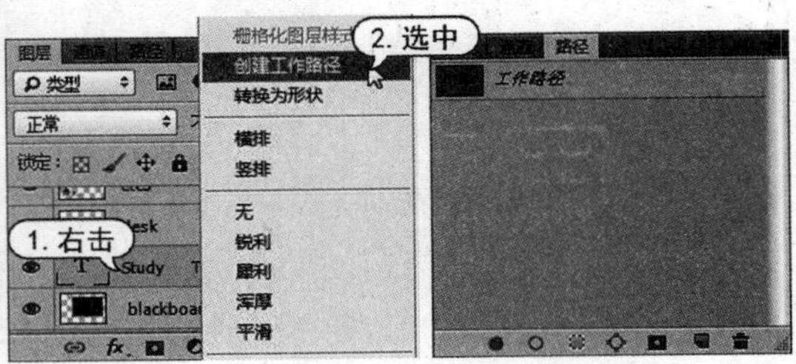

图 8-62 创建工作路径

STEP 03 在【图层】面板中，单击【创建新图层】按钮，新建【图层 1】图层。选择【画笔】工具，在选项栏中设置画笔样式，按 Shift + X 键切换前景色和背景色。在【图层】面板中，关闭文字图层视图。选中【路径】面板，按住 Alt 键单击【路径】面板中的【用画笔描边路径】按钮，打开【描边路径】对话框。在对话框的【工具】下拉列表中，选择【画笔】选项，选中【模拟压力】复选框，然后单击【确定】按钮，如图 8-63 所示。

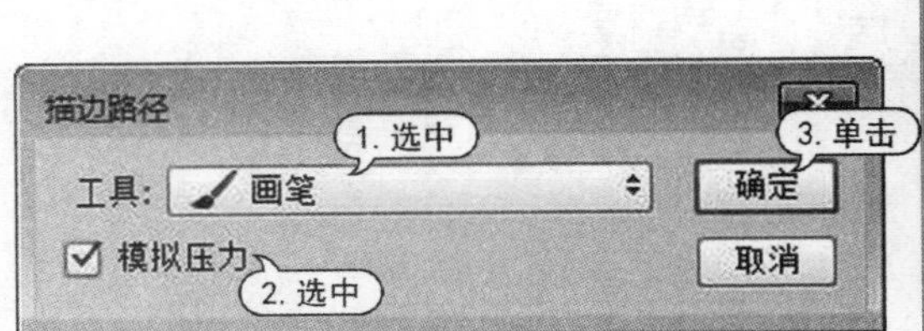

图 8-63 描边路径

8.6 使用【路径】面板

【路径】面板用于保存和管理路径，面板中显示了每条存储的路径、当前工作路径、当前矢量蒙版的名称和缩览图。

8.6.1 认识【路径】面板

在 Photoshop 中，路径的操作和管理是通过【路径】面板来进行的，选择【窗口】|【路径】命令，可以打开如图 8-64 所示的【路径】面板。在【路径】面板中可以对已创建的路径进行填充、

描边、创建选区和保存路径等操作。单击【路径】面板右上角的面板菜单按钮，可以打开路径菜单，如图 8-65 所示。

- 【用前景色填充路径】按钮：用设置好的前景色填充当前路径，且删除路径后，填充颜色依然存在。
- 【用画笔描边路径】按钮：使用设置好的画笔样式沿路径描边。描边的大小由画笔大小决定。
- 【将路径作为选区载入】按钮：将创建好的路径转换为选区。
- 【从选区生成工作路径】按钮：将创建好的选区转换为路径。
- 【添加蒙版】按钮：为创建的形状图层添加图层蒙版。
- 【创建新路径】按钮：可将一个路径重新存储，且与原路径互不影响。
- 【删除当前路径】按钮：可删除当前路径。

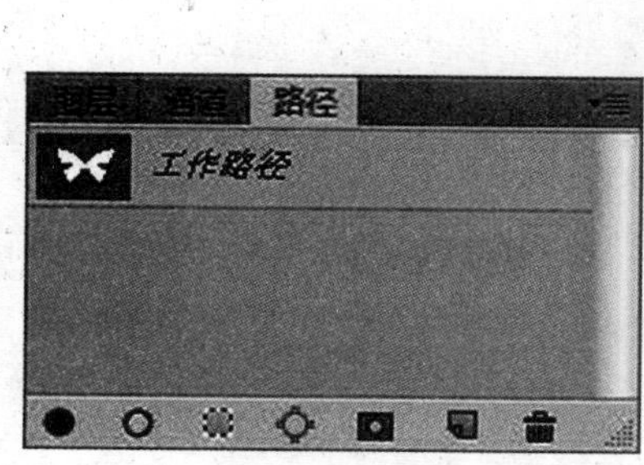

图 8-64　【路径】面板

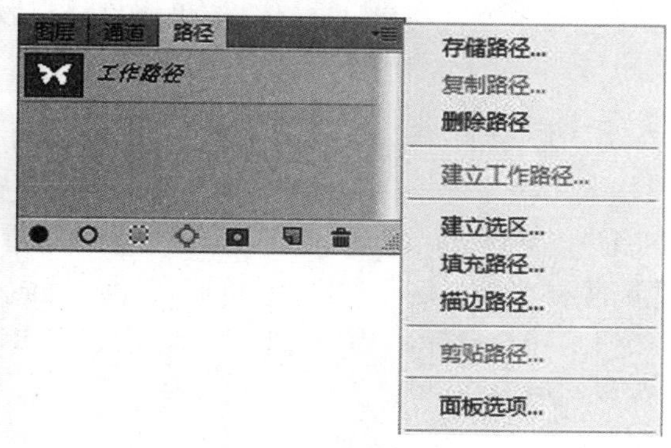

图 8-65　【路径】面板菜单

8.6.2　存储工作路径

由于【工作路径】层是临时保存的绘制路径，在绘制新路径时，原有的工作路径将被替代。因此，需要保存【工作路径】层中的路径。

如果要存储工作路径而不重命名，可以将工作路径拖动至面板底部的【创建新路径】按钮上释放；如果要存储并重命名，可以双击【工作路径】名称，或在面板菜单中选择【存储路径】命令，打开如图 8-66 所示的【存储路径】对话框。在该对话框中设置所需路径名称后，单击【确定】按钮即可。

8.6.3　新建路径

使用【钢笔】工具或形状工具绘制图形时，如果没有单击【创建新路径】按钮而直接绘制，那么创建的路径就是工作路径。

工作路径是出现在【路径】面板中的临时路径，用于定义形状的轮廓。在【路径】面板中，可以在不影响【工作路径】层的情况下创建新的路径图层，只需在【路径】面板底部单击【创建新路径】按钮，即可在【工作路径】层的上方创建一个新的路径层，然后就可以在该路径中绘制新的路径了。需要说明的是，在新建的路径层中绘制的路径立刻被保存在该路径层中，而不是像【工作路径】层中的路径那样是暂存的。

如果要在新建路径时设置路径名称，可以按住 Alt 键单击【创建新路径】按钮，在打开的如图 8-67 所示的【新建路径】对话框中输入路径名称。

图 8-66 【存储路径】对话框

图 8-67 【新建路径】对话框

8.6.4 复制、粘贴路径

要想拷贝路径，可以先通过工具箱中的【路径选择】工具选择所需操作的路径，然后使用菜单栏中的【编辑】|【拷贝】命令进行拷贝，再通过【粘贴】命令进行粘贴，接着使用【路径选择】工具移动该路径，如图 8-68 所示。

8.6.5 删除路径

要想删除图像文件中不需要的路径，可以通过【路径选择】工具选择该路径，然后直接按 Delete 键删除。

要想删除整个路径层中的路径，可以在【路径】面板中选择该路径层，再拖动其至【删除当前路径】按钮上释放鼠标，如图 8-69 所示。用户也可以通过选择【路径】面板菜单中的【删除路径】命令实现此项操作。

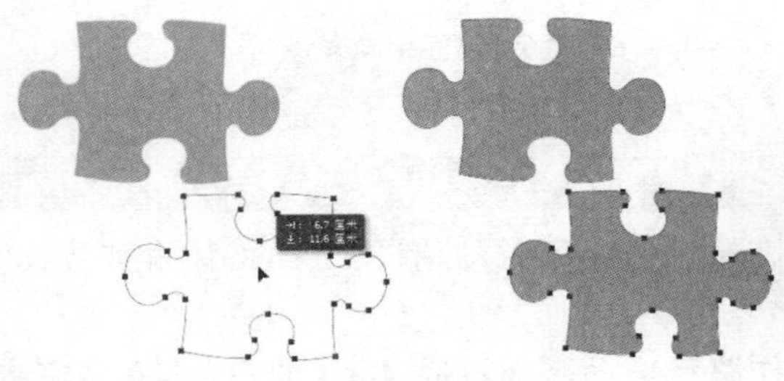
图 8-68 复制路径

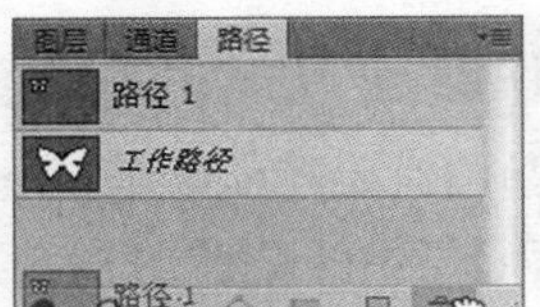

图 8-69 删除路径

8.7 案例演练

本章的案例演练为制作播放按钮，用户可以更好地掌握本章介绍的形状绘制与编辑的操作方法与技巧。

【例 8-6】 在 Photoshop 中，制作播放按钮。视频+素材

STEP 01 选择【文件】|【新建】命令，打开【新建】对话框。在对话框的【名称】文本框中输入“播放按钮”，设置【宽度】数值为 100 毫米，【高度】数值为 60 毫米，【分辨率】数值为 300 像素/英寸，然后单击【确定】按钮，如图 8-70 所示。

STEP 02 选择【视图】|【显示】|【网格】命令，在图像中显示网格，如图 8-71 所示。

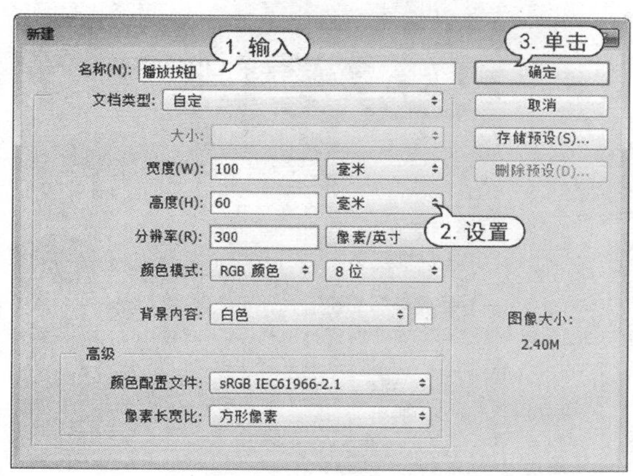

图 8-70　新建文档

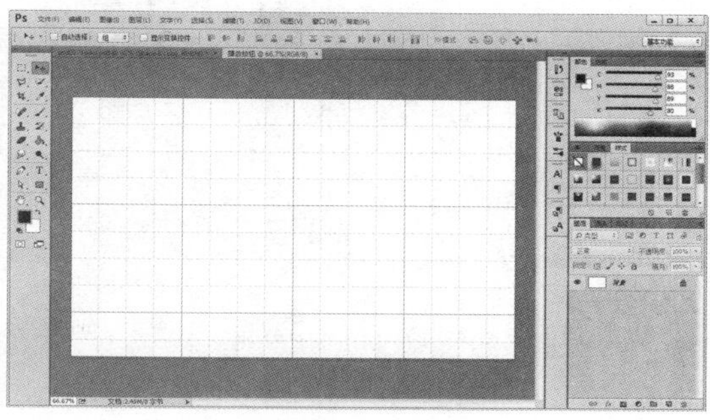

图 8-71　显示网格

STEP 03 选择【圆角矩形】工具，在选项栏中设置【半径】数值为 115 像素，然后在图像中按住 Alt 键，单击并拖动绘制圆角矩形，如图 8-72 所示。

STEP 04 在【图层】面板中，双击【圆角矩形 1】图层，打开【图层样式】对话框。在对话框中，选中【描边】样式选项，单击【颜色】选项色板，在打开的拾色器中设置描边颜色数值为 R：75、G：20、B：0，【大小】数值为 4 像素，如图 8-73 所示。

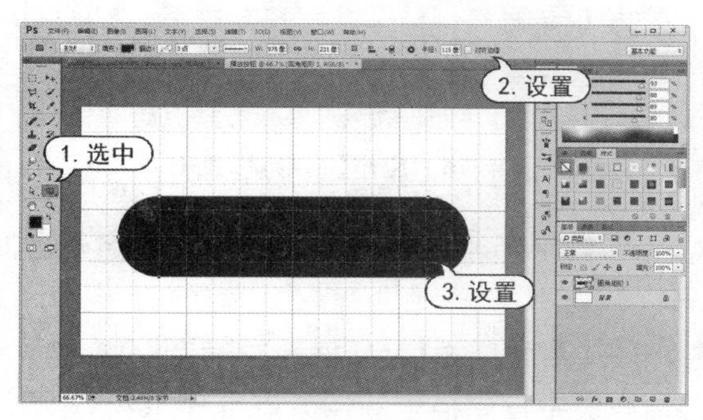

图 8-72　绘制图形 1

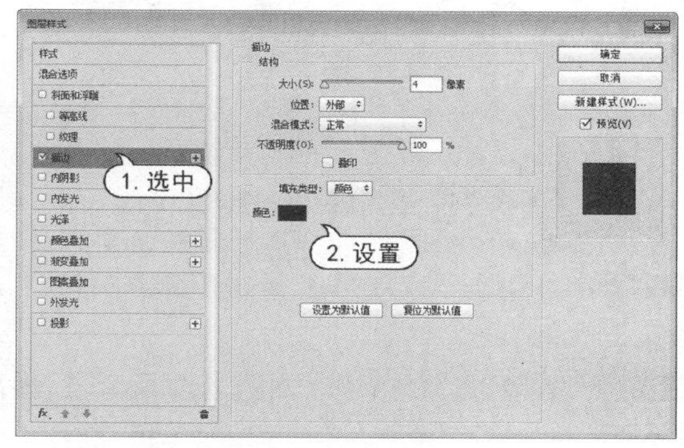

图 8-73　应用【描边】样式

STEP 05 在对话框中，选中【渐变叠加】样式选项，单击【渐变】选项旁的渐变预览，打开【渐变编辑器】对话框。在【渐变编辑器】对话框中，设置渐变颜色为 R：181、G：63、B：6 至 R：117、G：3、B：7 至 R：203、G：67、B：0 至 R：221、G：106、B：27 至 R：255、G：252、B：158，设置【混合模式】为【正常】，【不透明度】为 100%，如图 8-74 所示。

STEP 06 在对话框中，选中【内发光】样式选项，设置发光颜色数值为 R：255、G：228、B：0，设置【混合模式】为【线性减淡（添加）】；在【源】选项区中，选中【边缘】单选按钮，设置【大小】数值为 4 像素，如图 8-75 所示。

STEP 07 在对话框中，选中【投影】样式选项，设置【角度】数值为 120 度，【距离】数值为 4 像素，【大小】数值为 10 像素，然后单击【确定】按钮，如图 8-76 所示。

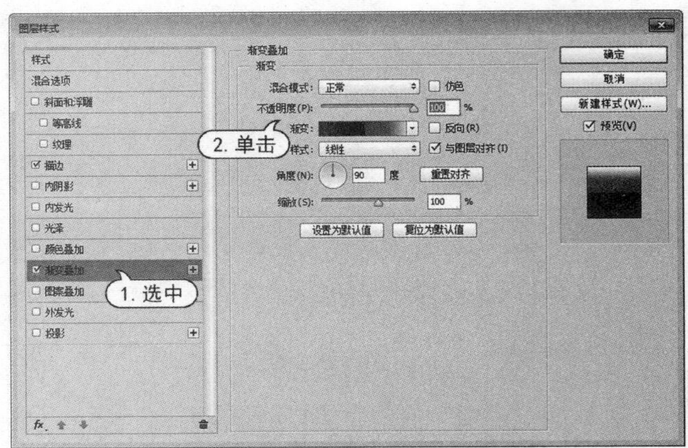

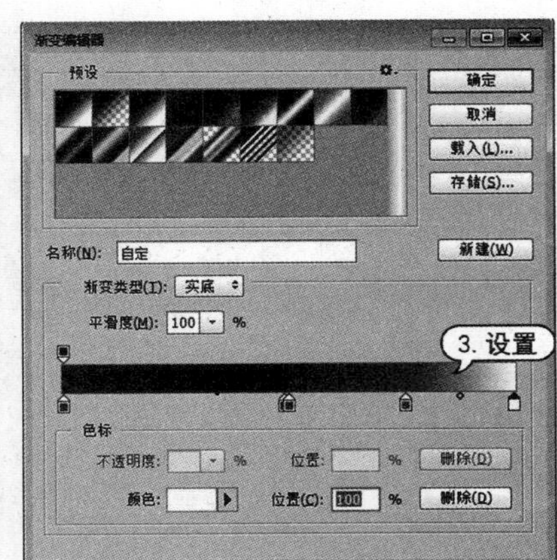

图 8-74　应用【渐变叠加】样式 1

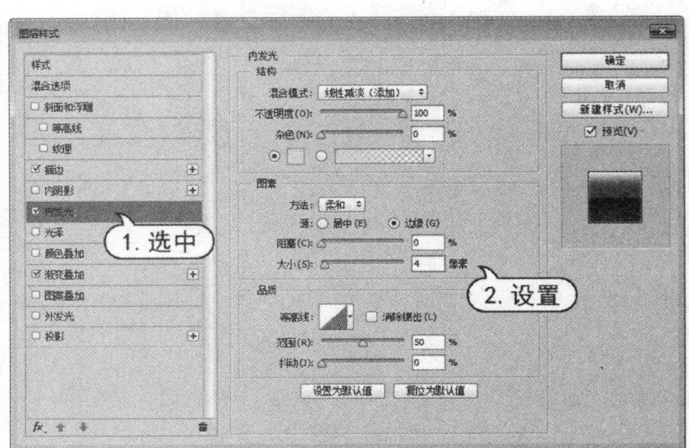

图 8-75　应用【内发光】样式 1

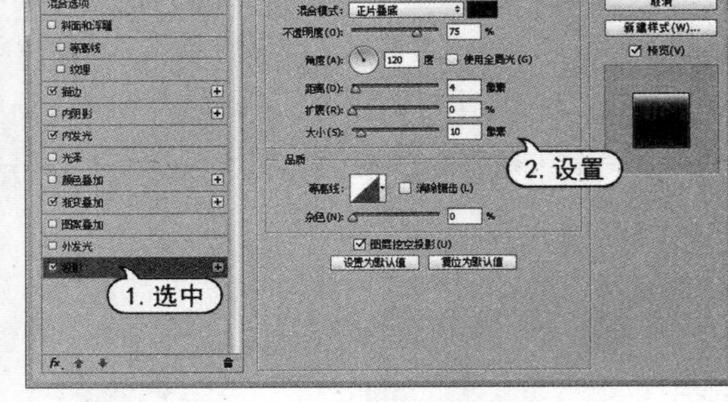

图 8-76　应用【投影】样式 1

STEP 08 使用【圆角矩形】工具，在图像中按住 Alt 键，单击并拖动绘制圆角矩形，如图 8-77 所示。

STEP 09 在【图层】面板中，双击【圆角矩形 2】图层，打开【图层样式】对话框。在对话框中，选中【描边】样式选项，单击【颜色】选项色板，在打开的拾色器中设置描边颜色数值为 R：108、G：29、B：1，【大小】数值为 2 像素，如图 8-78 所示。

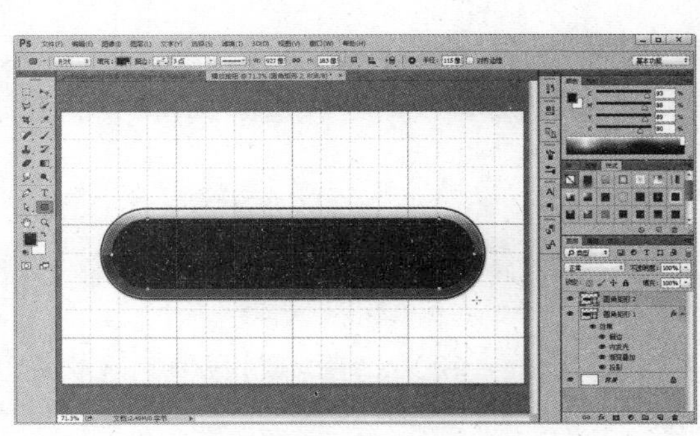

图 8-77　绘制图形 2

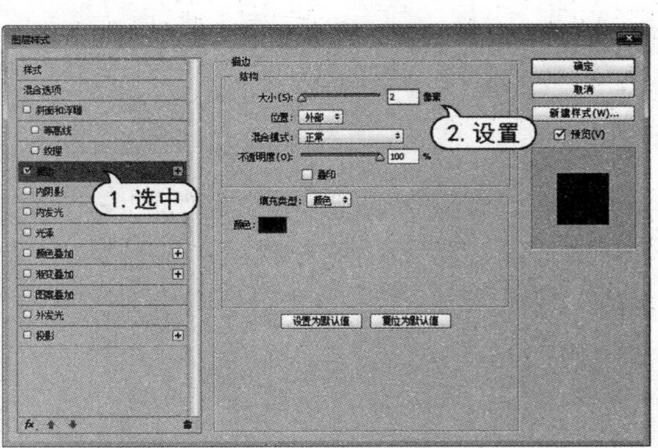

图 8-78　应用【描边】样式

STEP 10 在对话框中，选中【渐变叠加】样式选项，单击【渐变】选项旁的渐变预览，打开【渐变编辑器】对话框。在【渐变编辑器】对话框中，设置渐变颜色为 R: 255、G: 168、B: 0 至 R: 183、G: 65、B: 17 至 R: 255、G: 216、B: 0，选中【反向】复选框，如图 8-79 所示。

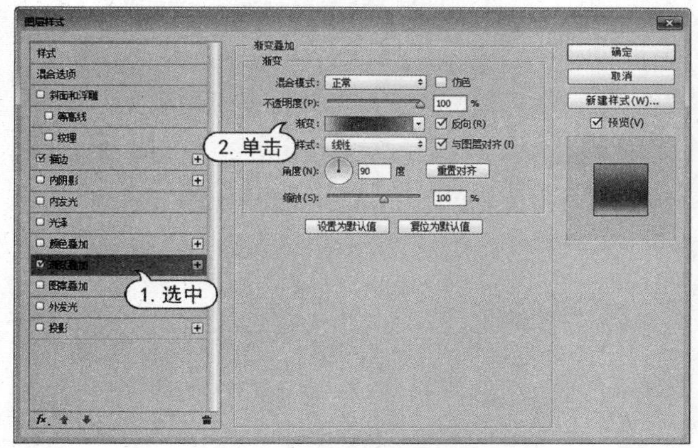

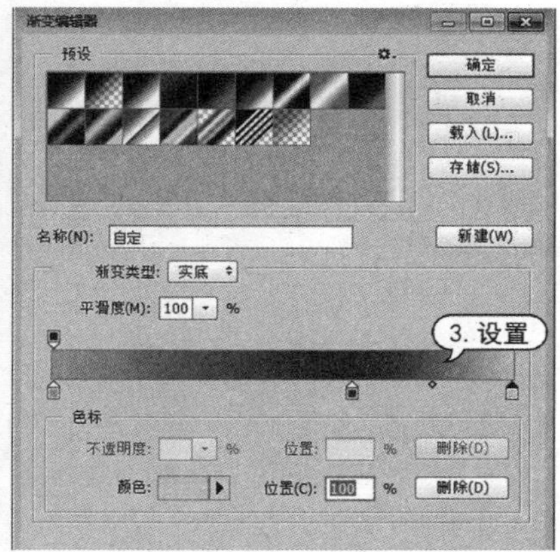

图 8-79　应用【渐变叠加】样式 2

STEP 11 在对话框中，选中【内阴影】样式选项，设置【混合模式】为【正常】，【不透明度】数值为 100%，【距离】数值为 4 像素，【大小】数值为 2 像素，如图 8-80 所示。

STEP 12 在对话框中，选中【内发光】样式选项，设置【混合模式】为【线性加深】，【不透明度】数值为 30%，内发光数值为 R: 159、G: 40、B: 4，【大小】数值为 32 像素，然后单击【确定】按钮，如图 8-81 所示。

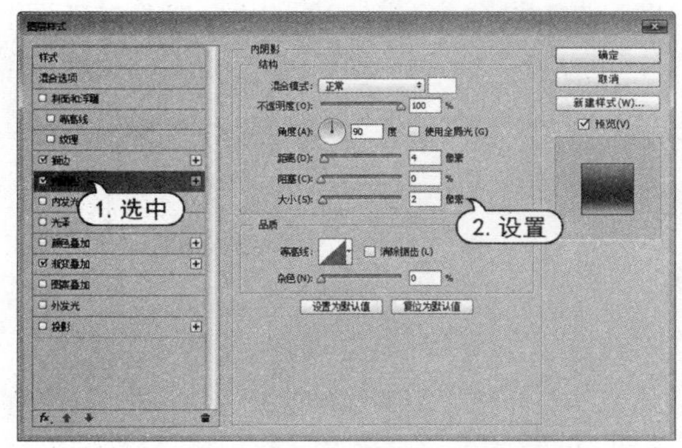

图 8-80　应用【内阴影】样式

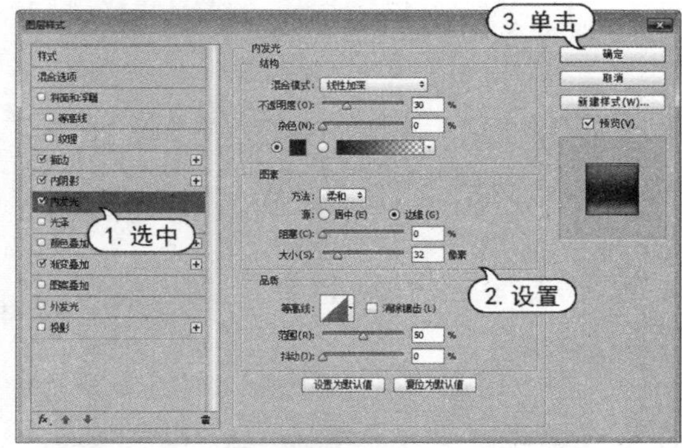

图 8-81　应用【内发光】样式 2

STEP 13 选择【矩形】工具绘制矩形，双击【矩形 1】图层，打开【图层样式】对话框。在对话框中，选中【渐变叠加】样式选项，设置渐变样式为透明至白色至透明，设置【混合模式】为【正常】，【不透明度】数值为 100%，【角度】数值为 0 度，然后单击【确定】按钮，如图 8-82 所示。

STEP 14 在【图层】面板中设置【矩形 1】的【填充】数值为 0%。选择【矩形】工具，在图像中绘制矩形。在【图层】面板的【圆角矩形 2】图层上单击鼠标右键，从弹出的菜单中选择【拷贝图层样式】命令，再在【矩形 2】图层上单击鼠标右键，从弹出的菜单中选择【粘贴图层样式】命令，如图 8-83 所示。

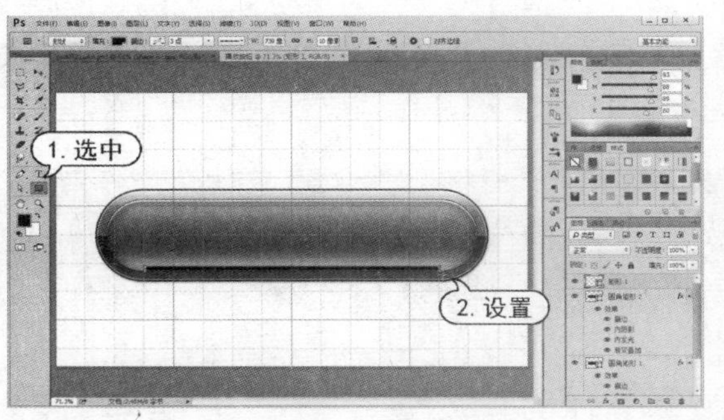

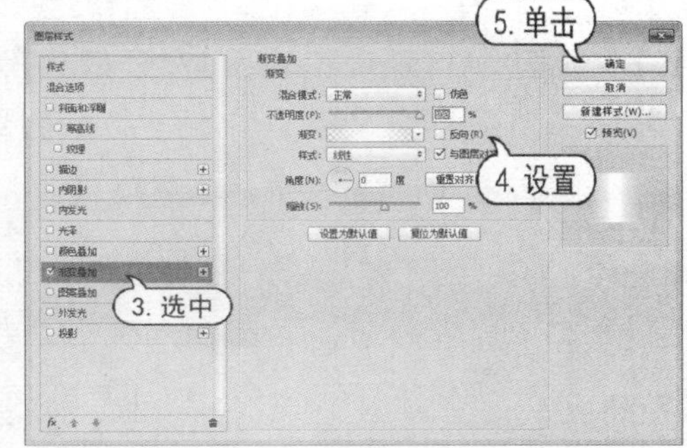

图 8-82　绘制形状

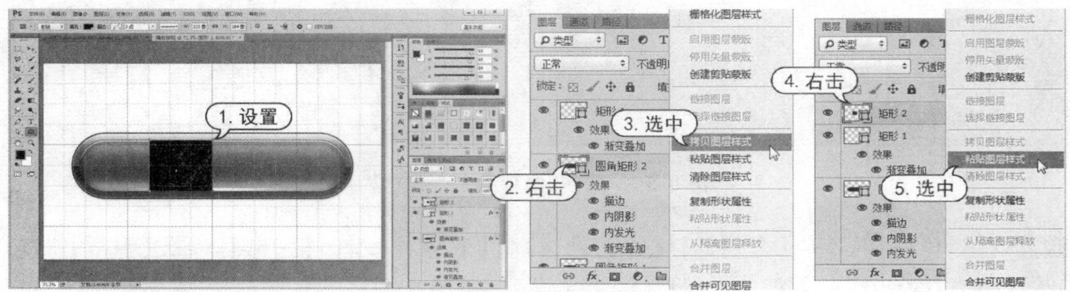

图 8-83　创建图形效果

STEP 15 按 Ctrl + J 键复制【矩形 2】图层，按住 Shift 键，使用【移动】工具移动形状位置，如图 8-84 所示。

STEP 16 双击【矩形 2】图层，打开【图层样式】对话框。在对话框中，选中【渐变叠加】样式选项，单击渐变预览，打开【渐变编辑器】对话框，更改渐变色为 R:203、G:96、B:2 至 R:142、G:16、B:3 至 R:181、G:87、B:2，然后单击【确定】按钮，如图 8-85 所示。

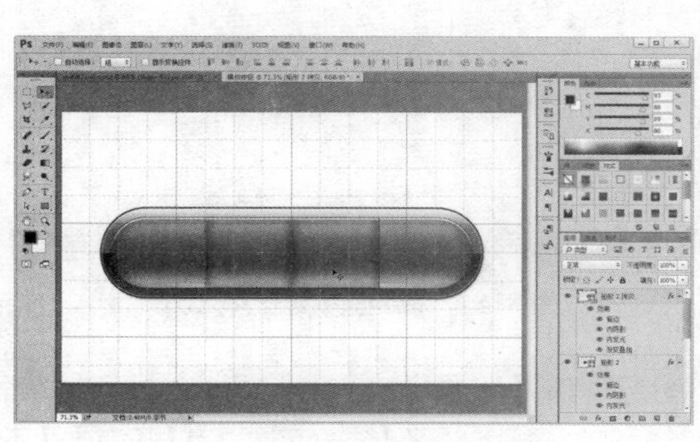

图 8-84　复制图形

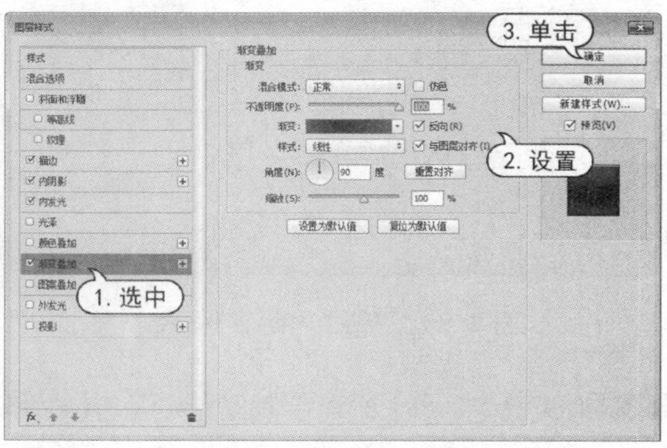

图 8-85　应用【渐变叠加】样式 3

STEP 17 在【图层】面板中，选中【矩形 1】图层，按 Shift + Ctrl +] 键将其置于顶层。选择【圆角矩形】工具，在图像中拖动绘制圆角矩形，在选项栏中设置形状填充颜色为白色，然后在【图层】面板中设置【不透明度】数值为 50%，如图 8-86 所示。

STEP 18 选择【添加锚点】工具，在刚绘制的圆角矩形上单击添加锚点，调整添加的锚点位置，

如图 8-87 所示。

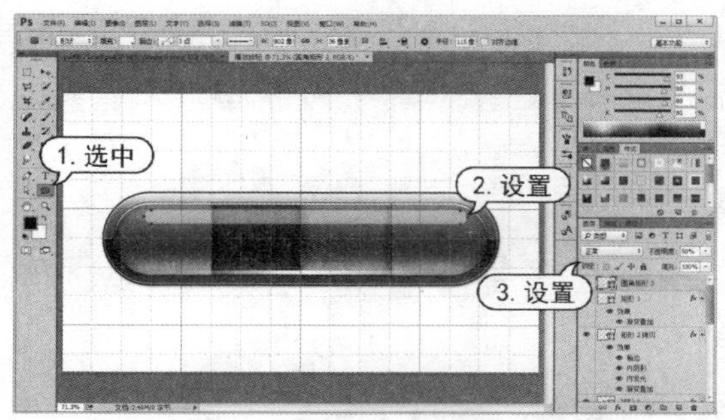

图 8-86　绘制图形 3

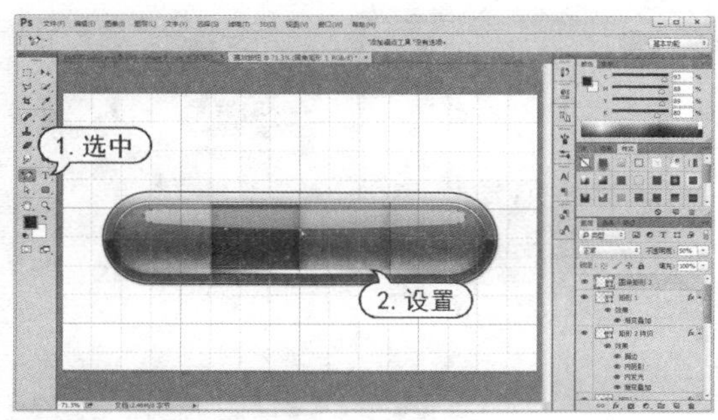

图 8-87　调整图形

STEP 19 选择【钢笔】工具，绘制三角形播放图标，如图 8-88 所示。

STEP 20 选择【矩形】工具，在工具选项栏中单击【路径操作】按钮，从弹出列表中选择【合并形状】选项，然后使用【矩形】工具在图像中绘制，如图 8-89 所示。

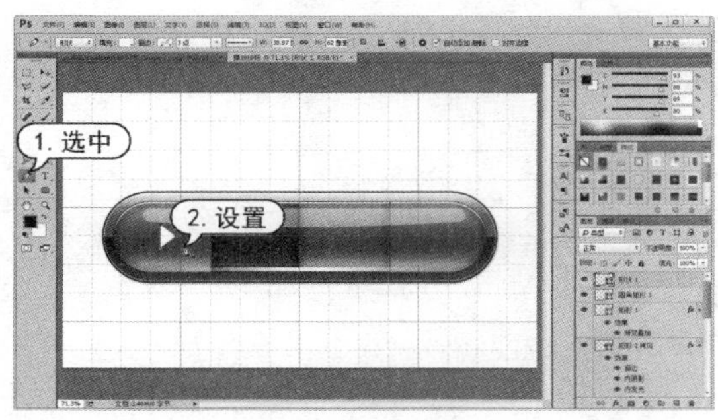

图 8-88　绘制图形 4

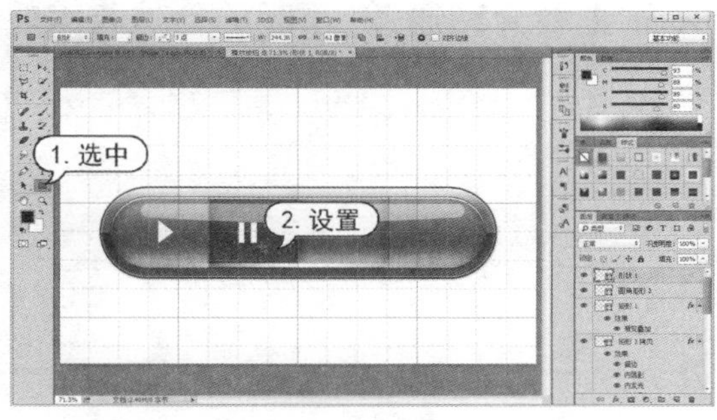

图 8-89　绘制图形 5

STEP 21 使用[STEP20]的操作方法继续绘制形状对象。双击【形状 1】图层，打开【图层样式】对话框。在对话框中，选中【投影】样式选项，设置【不透明度】数值为 25%，【距离】数值为 3 像素，【大小】数值为 2 像素，然后单击【确定】按钮，如图 8-90 所示。

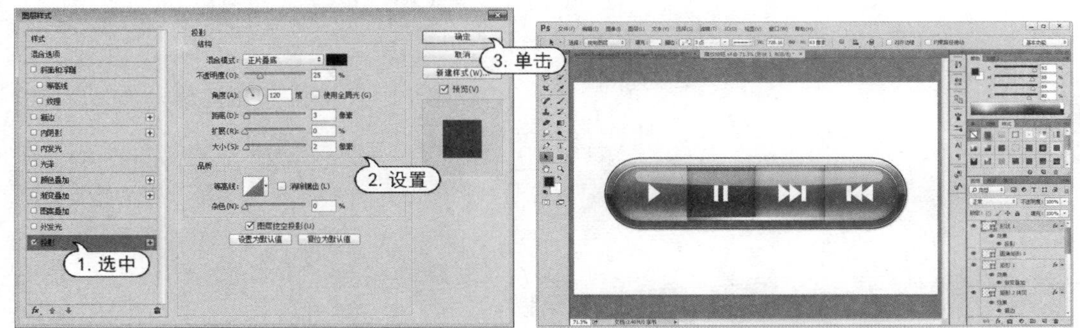

图 8-90　应用【投影】样式 2

轻松学电脑教程系列

第 9 章

通道与蒙版的应用

通道与蒙版在 Photoshop 的图像编辑应用中非常有用。用户可以通过不同的颜色通道，以及图层蒙版、矢量蒙版和剪贴蒙版创建丰富的画面效果。本章主要介绍通道、蒙版的创建与编辑等内容。

对应的光盘视频

例 9-1　新建、编辑专色通道

例 9-2　使用【应用图像】命令

例 9-3　使用【计算】命令

例 9-4　使用图层蒙版

例 9-5　使用剪贴蒙版

例 9-6　使用矢量蒙版

例 9-7　使用【属性】面板

例 9-8　制作图像合成效果

9.1　了解通道类型

通道是图像文件的一种颜色数据信息存储形式，它与图像文件的颜色模式密切关联，多个分色通道叠加在一起可以组成一幅具有颜色层次的图像。在 Photoshop 中，通道可以分为颜色通道、Alpha 通道和专色通道 3 类，每一类通道都有不同的功能与操作方法。

- 【颜色通道】：是用于保存图像颜色信息的通道，在打开图像时自动创建。图像所具有的原色通道的数量取决于图像的颜色模式。位图模式及灰度模式的图像有一个原色通道，RGB 模式的图像有 4 个原色通道，CMYK 模式有 5 个原色通道，Lab 模式有 3 个原色通道，HSB 模式的图像有 4 个原色通道。
- 【Alpha 通道】：用于存放选区信息，其中包括选区的位置、大小和羽化值等。Alpha 通道是灰度图像，可以像编辑任何其他图像一样使用绘画工具、编辑工具和滤镜命令对通道效果进行编辑处理。
- 【专色通道】：可以指定用于专色油墨印刷的附加印版。专色是特殊的预混油墨，用于替代或补充印刷色(CMYK)油墨，如金色、银色和荧光色等特殊颜色。印刷时每种专色都要求用专用的印版，而专色通道可以把 CMYK 油墨无法呈现的专色指定到专色印版上。

9.2　【通道】面板

【通道】面板用来创建、保存和管理通道。选择【窗口】|【通道】命令，即可打开如图 9-1 所示的【通道】面板。当打开一个新的图像时，Photoshop 会在【通道】面板中自动创建该图像的颜色信息通道。通道名称的左侧显示了通道内容的缩览图，在编辑通道时缩览图会自动更新。

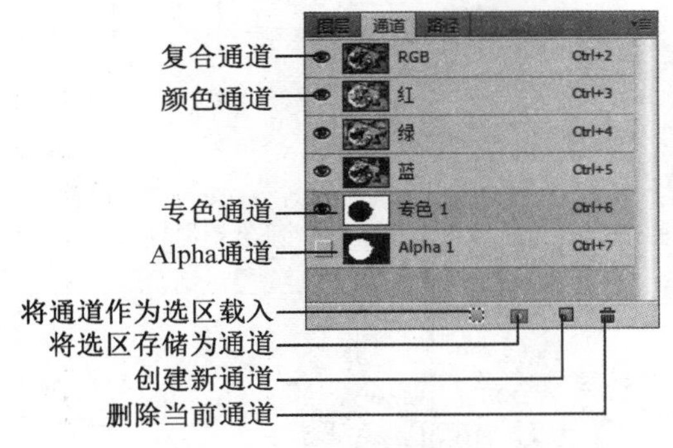

图 9-1　【通道】面板

实用技巧

按下 Ctrl＋数字键可以快速选择通道。如图像为 RGB 模式，按下 Ctrl＋3 键可以选择红通道，按下 Ctrl＋4 键可以选择绿通道，按下 Ctrl＋5 键可以选择蓝通道，按下 Ctrl＋6 键可以选择蓝通道下面的 Alpha 通道，按下 Ctrl＋2 键可以返回到 RGB 复合通道。

默认状态下，【通道】面板中的颜色通道都显示为灰色。选择【编辑】|【首选项】|【界面】命令，打开【首选项】对话框。在对话框中，选中【用彩色显示通道】复选框，所有的颜色通道都会以原色显示。

- 【将通道作为选区载入】按钮：单击该按钮，可以将通道中的图像内容转换为选区。
- 【将选区存储为通道】按钮：单击该按钮，可以将当前图像中的选区以图像方式存储在自动创建的 Alpha 通道中。
- 【创建新通道】按钮：单击该按钮，可以在【通道】面板中创建一个新通道。

▽【删除当前通道】按钮：单击该按钮，可以删除当前用户所选择的通道，但不会删除图像的原色通道。

在【通道】面板中，单击一个颜色通道即可选择该通道，图像窗口中会显示所选通道的灰度图像。按住 Shift 键单击其他通道，可以选择多个通道，此时窗口中将显示所选颜色通道的复合信息。选中复合通道时，可以重新显示其他颜色通道。在复合通道下可以同时预览和编辑所有的颜色通道。

9.3 通道基础操作

利用【通道】面板可以对通道进行有效的编辑和管理。【通道】面板主要用于创建新通道、复制通道、删除通道、分离通道和合并通道等。在对通道进行操作时，可以对各原色通道进行设置调整，甚至可以为某一单色通道添加滤镜效果，制作出很多特殊的效果。

9.3.1 创建通道

一般情况下，在 Photoshop 中创建的新通道是保存选择区域信息的 Alpha 通道。单击【通道】面板中的【创建新通道】按钮，即可将选区存储为 Alpha 通道，如图 9-2 所示。将选择区域保存为 Alpha 通道时，选择区域被保存为白色，而非选择区域则被保存为黑色。如果选择区域具有不为 0 的羽化值，则此类选择区域被保存为由灰色柔和过渡的通道。

创建 Alpha 通道并设置选项时，按住 Alt 键单击【创建新通道】按钮，或选择【通道】面板菜单中的【新建通道】命令，即可打开如图 9-3 所示的【新建通道】对话框。在该对话框中，可以设置创建的通道的参数选项，然后单击【确定】按钮即可创建新通道。

图 9-2 创建新通道

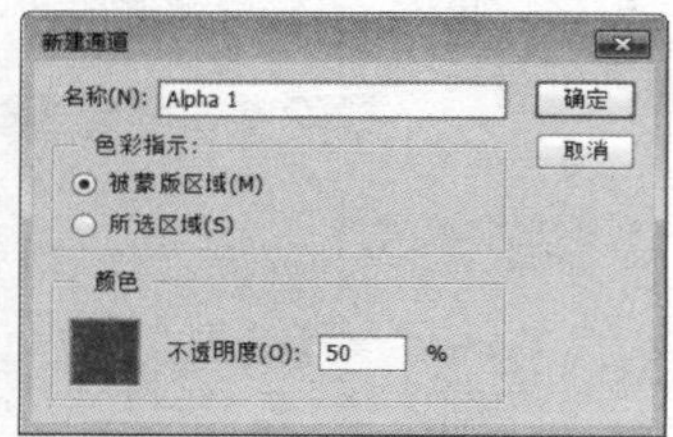

图 9-3 【新建通道】对话框

知识点滴

在【新建通道】对话框中，选中【被蒙版区域】单选按钮可以使新建的通道中被蒙版区域显示为黑色，选择区域显示为白色。选中【所选区域】单选按钮可以使新建的通道中，被蒙版区域显示为白色，选择区域显示为黑色。

【例 9-1】 在打开的图像文件中，新建、编辑专色通道。视频+素材

STEP 01 选择【文件】|【打开】命令，打开素材图像文件。选择【魔棒】工具在红色区域单击，然后选择【选择】|【选取相似】命令，如图 9-4 所示。

STEP 02 在【通道】面板菜单中选择【新建专色通道】命令，打开【新建专色通道】对话框。在对话框中，单击【颜色】色板，在弹出的【拾色器】对话框中设置颜色为 C:63、M:0、Y:3、K:0，然后单击【颜色库】按钮，如图 9-5 所示。

轻松学电脑教程系列

STEP 03 在显示的【颜色库】对话框的【色库】下拉列表中选择【HKS N 印刷色】选项，单击 HKS 37N 色，然后单击【确定】按钮关闭【颜色库】对话框，如图 9-6 所示。

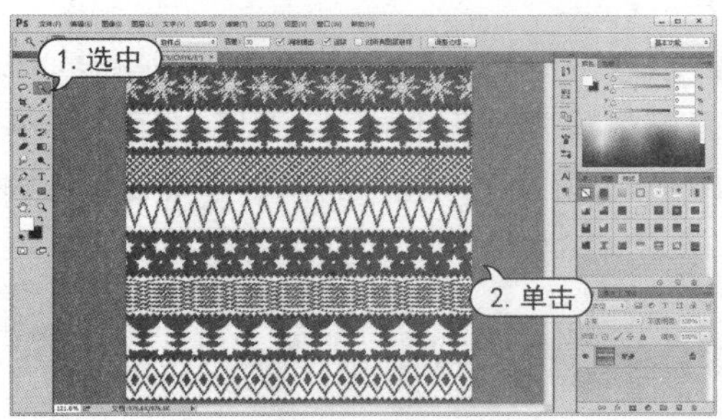

图 9-4 创建选区

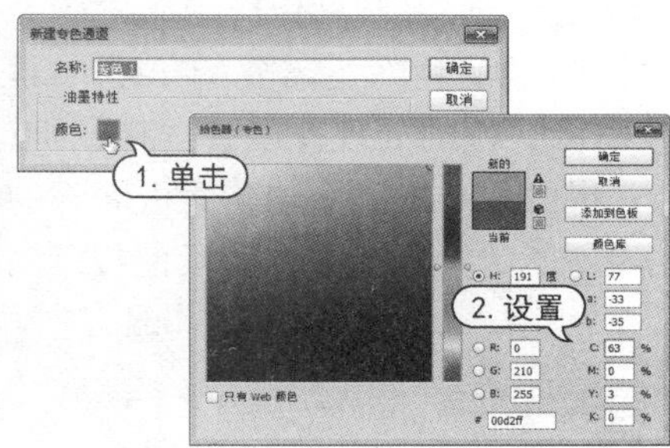

图 9-5 设置通道颜色

STEP 04 单击【确定】按钮关闭【新建专色通道】对话框。此时，新建专色通道出现在【通道】面板底部，如图 9-7 所示。

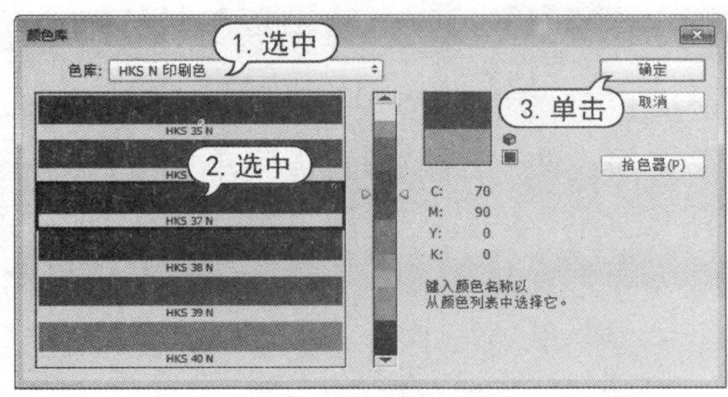

图 9-6 设置专色

图 9-7 新建专色通道

 9.3.2 复制、删除通道

在进行图像处理时，有时需要对某一通道进行多种处理，从而获得特殊的视觉效果，或者需要复制图像文件中的某个通道并应用到其他图像文件中，这时就需要进行通道的复制操作。在 Photoshop 中，不仅可以对同一图像文件中的通道进行多次复制，也可以在不同的图像文件之间任意复制的通道。

选择【通道】面板中所需复制的通道，然后在面板菜单中选择【复制通道】命令可以打开如图 9-8 所示的【复制通道】对话框复制通道。也可以将要复制的通道直接拖动到【通道】面板底部的【创建新通道】按钮上释放，在图像文件内快速复制通道，如图 9-9 所示。

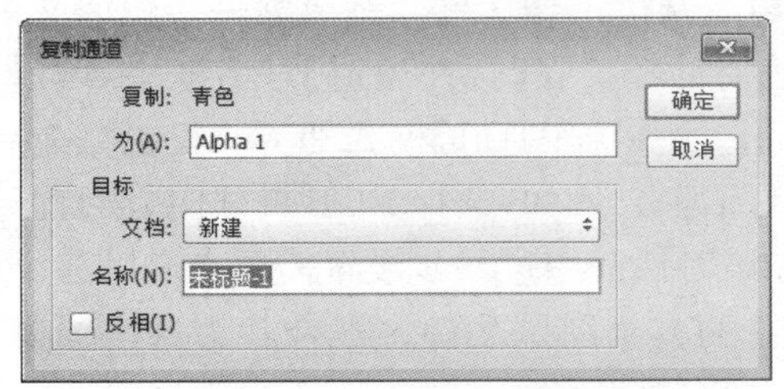

图 9-8 【复制通道】对话框

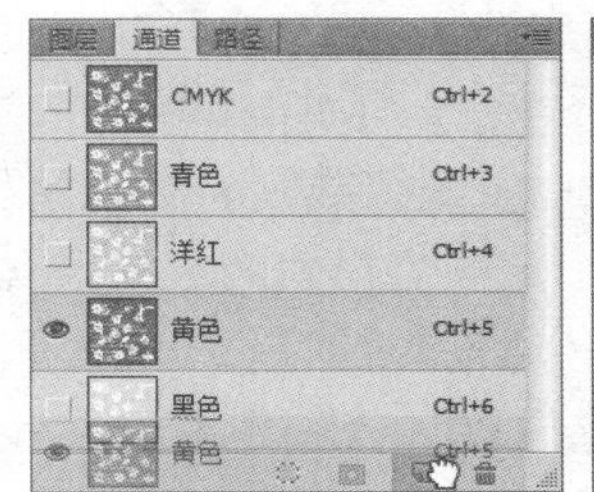

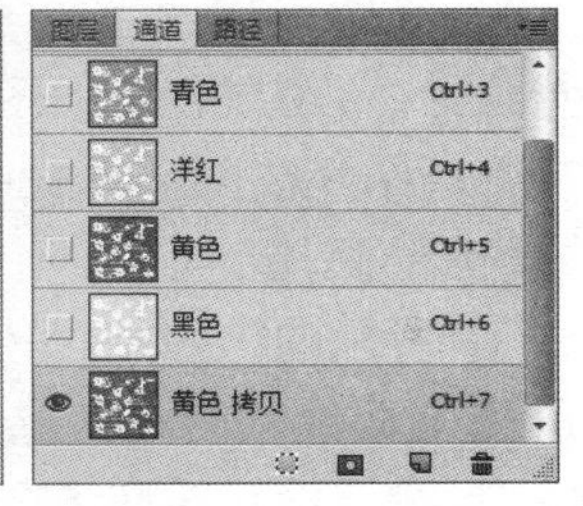

图 9-9 复制通道

轻松学电脑教程系列

要想复制当前图像文件的通道到其他图像文件中，直接拖动需要复制的通道至其他图像文件窗口中释放即可。需要注意的是，在图像之间复制通道时，通道必须具有相同的像素尺寸，并且不能将通道复制到位图模式的图像中。

在存储图像前删除不需要的 Alpha 通道，不仅可以减少图像文件占用的磁盘空间，而且可以提高图像文件的处理速度。选择【通道】面板中需要删除的通道，然后在面板菜单中选择【删除通道】命令；或将其拖动至面板底部的【删除当前通道】按钮上释放；或单击【删除当前通道】按钮，在弹出的如图 9-10 所示的提示对话框中单击【是】按钮即可。

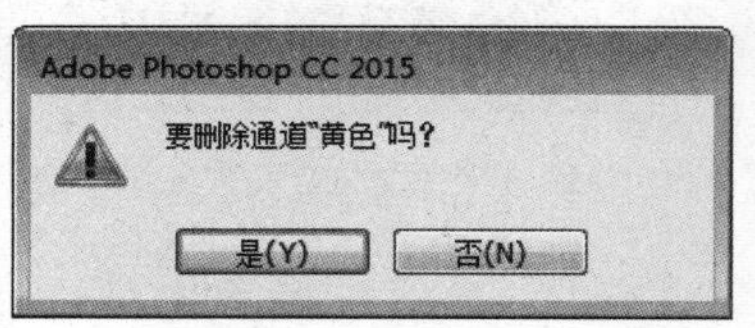

图 9-10 提示对话框

知识点滴

复合通道不能复制，也不能删除。颜色通道可以复制和删除，但如果删除了一个颜色通道，图像会自动转换为多通道模式。

9.3.3 分离、合并通道

在 Photoshop 中可以将一个图像文件的各个通道分离成单个灰度文件并分别存储，也可以将多个灰度文件合并为一个多通道的彩色图像文件。使用【通道】面板菜单中的【分离通道】命令可以把一个图像文件的通道拆分为单独的图像文件，并且关闭原文件，如图 9-11 所示。例如，可以将一个 RGB 颜色模式的图像文件分离为 3 个灰度图像文件，并且根据通道名称分别命名图像文件。

图 9-11 分离通道

选择【通道】面板菜单中的【合并通道】命令，可以将灰度图像文件合并成为一个图像文件。选择该命令，可以打开如图 9-12 所示的【合并通道】对话框。在【合并通道】对话框中，可以定义合并时采用的颜色模式以及通道数量。默认情况下，使用【多通道】模式即可。设置完成后，单击【确定】按钮，打开一个随颜色模式而定的设置对话框。例如，选择 RGB 模式时，会打开如图 9-13 所示的【合并 RGB 通道】对话框。用户可在该对话框中进一步设置需要合并的各个通道的图像文件。设置完成后，单击【确定】按钮，设置的多个图像文件将被合并为一个图像文件，并且按照设置转换各个图像文件为新图像文件中的分色通道。

图 9-12　【合并通道】对话框

图 9-13　【合并 RGB 通道】对话框

9.4　通道高级操作

在 Photoshop 中，通道的功能非常强大。通道不仅可以用来存储选区，还可以用于混合图像、调整图像颜色等操作。

9.4.1　【应用图像】命令

【应用图像】命令用来混合大小相同的两个图像，它可以将一个图像的图层和通道（源）与现用图像（目标）的图层和通道混合。如果两个图像的颜色模式不同，则可以对目标图层的复合通道应用单一通道。选择【图像】|【应用图像】命令，打开如图 9-14 所示的【应用图像】对话框。

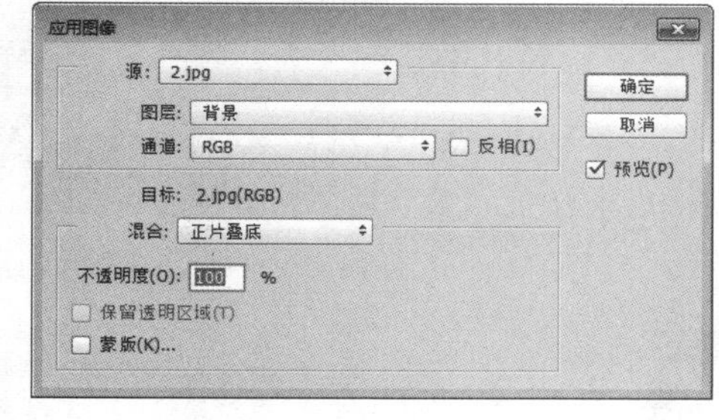

图 9-14　【应用图像】对话框

- 【源】选项：下拉列表列出当前所有打开图像的名称，默认设置为当前的活动图像。从中可以选择一个源图像与当前的活动图像相混合。
- 【图层】选项：下拉列表中指定用源文件中的哪一个图层来进行运算。如果没有图层，则只能选择【背景】图层；如果源文件有多个图层，则下拉列表中除包含有源文件的各图层外，还有一个合并选项，表示选择源文件的所有图层。
- 【通道】选项：在该下拉列表中，可以指定使用源文件中的哪个通道进行运算。
- 【反相】复选框：选择该复选框，则将【通道】列表框中的蒙版内容进行反相。
- 【混合】选项：在下拉列表中选择合成模式进行运算。该下拉列表中增加了【相加】和【减去】两种合成模式，其作用是增加和减少不同通道中像素的亮度值。当选择【相加】或【减去】合成模式时，在下方会出现【缩放】和【补偿值】两个参数，设置不同的数值可以改变像素的亮度值。
- 【不透明度】选项：可以设置运算结果对源文件的影响程度。与【图层】面板中的不透明度作用相同。
- 【保留透明区域】复选框：该选项用于保护透明区域。选择该复选框，表示只对非透明区域进行合并。若选择了【背景】图层，则该选项不能使用。
- 【蒙版】复选框：若要为目标图像设置可选取范围，可以选择【蒙版】复选框，将图像的蒙版应用到目标图像。通道、图层透明区域以及快速遮罩都可以作为蒙版使用。

【例 9-2】 使用【应用图像】命令调整图像效果。视频+素材

STEP 01 选择【文件】|【打开】命令，打开两个素材图像文件，如图 9-15 所示。

图 9-15　打开图像文件

STEP 02 选中 1.jpg 图像文件，选择【图像】|【应用图像】命令，打开【应用图像】对话框。在对话框的【源】下拉列表中选择“2.jpg”，在【混合】下拉列表中选择【叠加】。选中【蒙版】复选框，在【图像】下拉列表中选择 2.jpg，【通道】下拉列表中选择【蓝】选项。设置完成后，单击【确定】按钮应用图像调整，如图 9-16 所示。

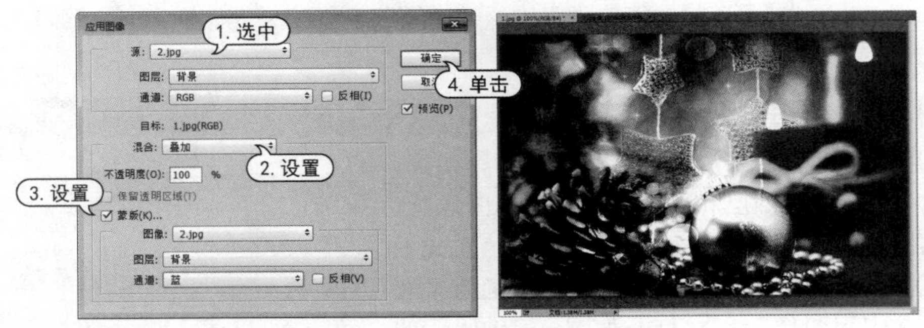

图 9-16　使用【应用图像】命令

9.4.2　【计算】命令

【计算】命令用于混合两个来自一个或多个源图像的单个通道，然后将结果应用到新图像、新通道、现用图像的选区。如果使用多个源图像，则这些图像的像素尺寸必须相同。选择【图像】|【计算】命令，可以打开如图 9-17 所示的【计算】对话框。

- 【源 1】和【源 2】选项：当前打开的源文件的名称。
- 【图层】选项：在该下拉列表中选择相应的图层。在合成图像时，源 1 和源 2 的顺序安排会对最终合成的图像效果产生影响。
- 【通道】选项：该下拉列表中列出了源文件相应的通道。
- 【混合】选项：在该下拉列表中选择合成模式进行运算。
- 【蒙版】复选框：若要为目标图像设置可选取范围，可以选择【蒙版】复选框，将图像的蒙版应用到目标图像中。通道、图层透明区域以及快速遮罩都可以作为蒙版使用。

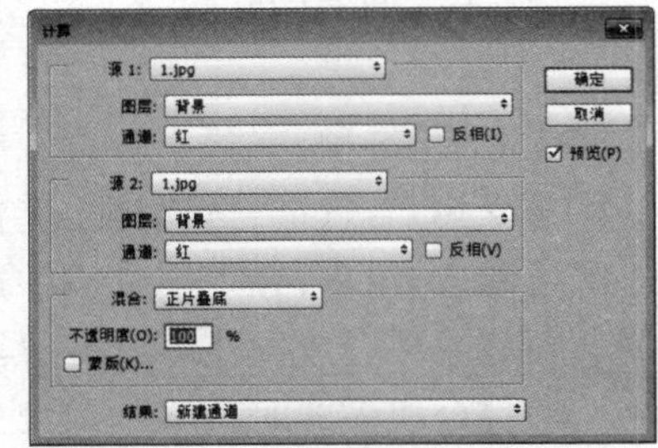

图 9-17　【计算】对话框

知识点滴

【结果】选项下拉列表中可指定一种混合结果。用户可以决定合成的结果是保存在一个灰度的新文档中，还是保存在当前活动图像的新通道中，或者直接转换成选取范围。

【例 9-3】 使用【计算】命令调整图像效果。 视频+素材

STEP 01 选择【文件】|【打开】命令，打开素材照片文件。并按 Ctrl + J 键复制【背景】图层，如图 9-18 所示。

STEP 02 选择【图像】|【计算】命令，打开【计算】对话框。在对话框中，设置源 1 的【通道】下拉列表中选择【蓝】选项，源 2 的【通道】下拉列表中选择【红】选项，【混合模式】为【正片叠底】，然后单击【确定】按钮生成 Alpha1 通道，如图 9-19 所示。

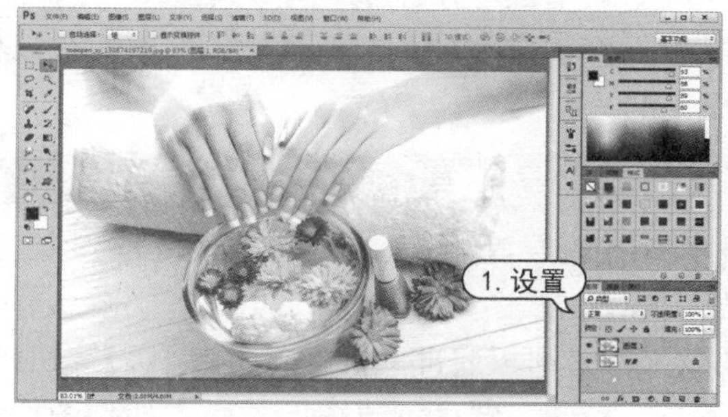

图 9-18　打开图像文件

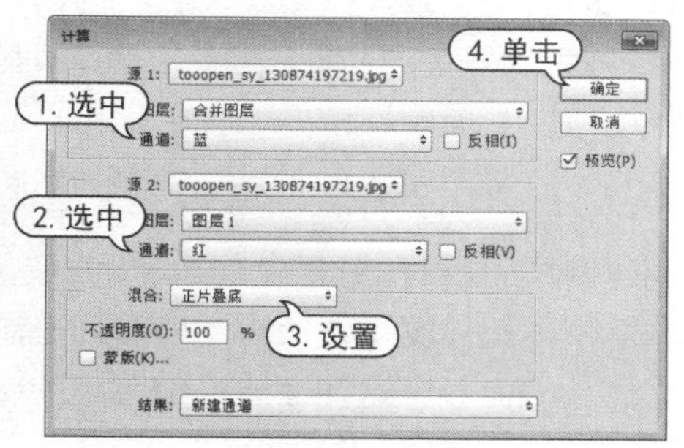

图 9-19　使用【计算】命令

STEP 03 在【通道】面板中，按 Ctrl + A 键全选 Alpha1 通道，再按 Ctrl + C 键复制。在【通道】面板中，选中【蓝】通道，并按 Ctrl + V 键将 Alpha 通道中图像粘贴到蓝通道中，如图 9-20 所示。

STEP 04 在【通道】面板中，单击 RGB 复合通道。按 Ctrl + D 键取消选区。选中【图层】面板，设置【图层 1】图层混合模式为【正片叠底】，如图 9-21 所示。

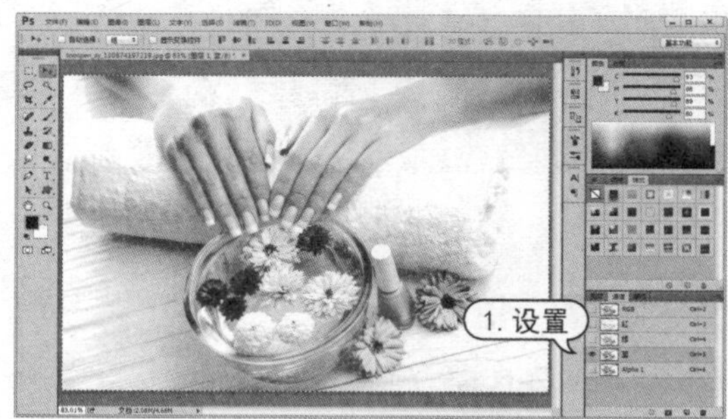

图 9-20　复制通道

图 9-21　设置图层

9.5　认识蒙版

蒙版是合成图像的重要工具，使用蒙版可以在不破坏图像的基础上，完成图像的拼接。实际上，蒙版是一种遮罩，使用蒙版可将图像中不需要编辑的图像区域进行保护，以达到制作画面融合的效果。

Photoshop 中提供了 3 种蒙版类型。图层蒙版、剪贴蒙版和矢量蒙版，每种类型的蒙版都有各自不同的特点，使用不同的蒙版可以得到不同的边缘过渡效果。图层蒙版通过蒙版中的灰度信息来控制图像的显示区域，可用于合成图像，也可以控制填充图层、调整图层、智能滤镜的有效范围；剪贴蒙版通过一个对象的形状来控制其他图层的显示区域；矢量蒙版则通过路径和矢量形状控制图像的显示区域。

9.6 图层蒙版

图层蒙版是图像处理中最为常用的蒙版，主要用来显示或隐藏图层的部分内容，保证原图像不因编辑而受到破坏。图层蒙版中的白色区域遮盖下面图层中的内容，只显示当前图层中的图像；黑色区域遮盖当前图层中的图像，显示出下面图层中的内容；蒙版中的灰色区域会根据其灰度值使当前图层中的图像呈现出不同层次的透明效果。

9.6.1 创建图层蒙版

创建图层蒙版时，需要确定是隐藏还是显示所有图层，也可以在创建蒙版之前建立选区，通过选区使创建的图层蒙版自动隐藏部分图层内容。

在【图层】面板中选择需要添加蒙版的图层后，单击面板底部的【添加图层蒙版】按钮，或选择【图层】|【图层蒙版】|【显示全部】(或【隐藏全部】)命令即可创建图层蒙版。如果图像中包含选区，选择【图层】|【图层蒙版】|【显示选区】命令，可基于选区创建图层蒙版；如果选择【图层】|【图层蒙版】|【隐藏选区】命令，则选区内的图像将被蒙版遮盖，如图 9-22 所示。用户也可以在创建选区后，直接单击【添加图层蒙版】按钮，由选区生成蒙版。

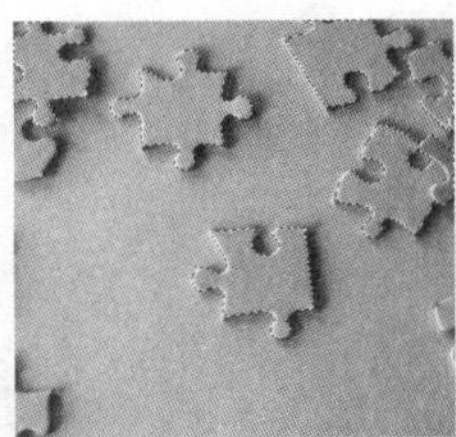
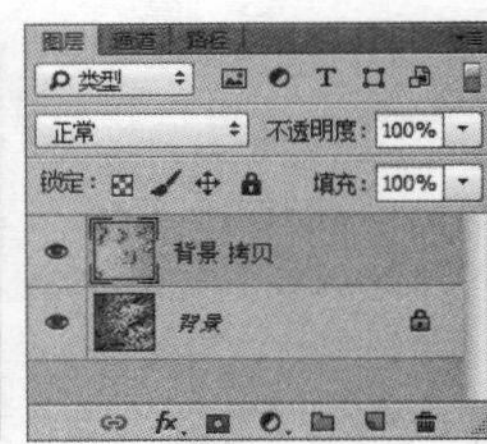

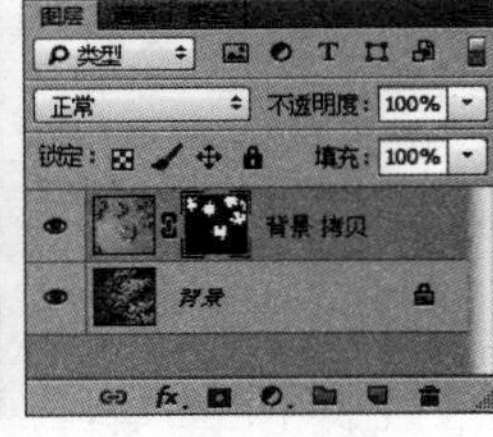

图 9-22 添加图层蒙版

【例 9-4】 创建图层蒙版制作图像效果。视频+素材

STEP 01 选择【文件】|【打开】命令，打开一个素材图像文件，如图 9-23 所示。

STEP 02 选择【文件】|【置入嵌入的智能对象】命令，打开【置入嵌入对象】对话框。在对话框中选中 shutterstock 图像文件，然后单击【置入】按钮，如图 9-24 所示。

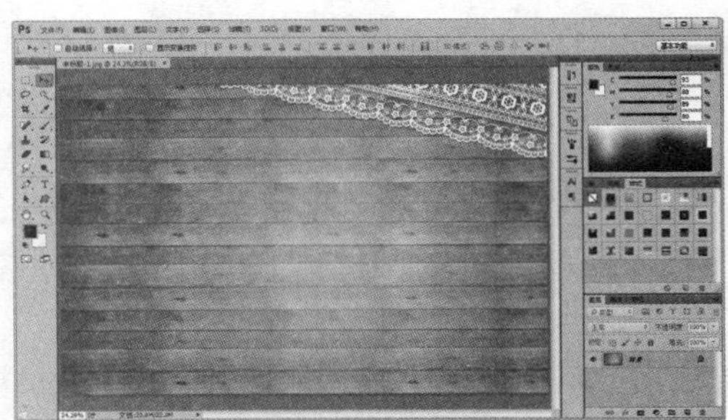

图 9-23 打开图像文件

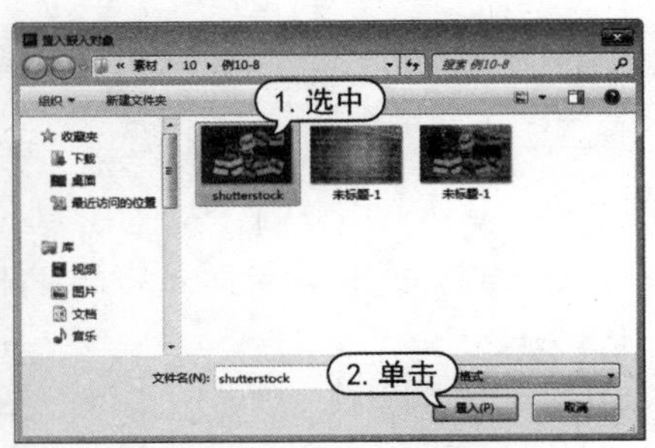

图 9-24 置入图像

STEP 03 选择【多边形套索】工具，在选项栏中单击【从选区减去】按钮，然后在图像中沿贴纸边缘创建选区，如图 9-25 所示。

STEP 04 在【图层】面板中，单击【添加图层蒙版】按钮创建图层蒙版，如 9-26 所示。

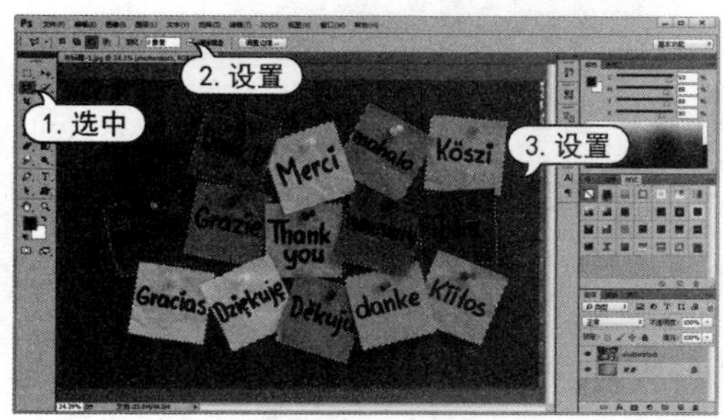

图 9-25　创建选区

图 9-26　添加图层蒙版

STEP 05 在【图层】面板中，双击 shutterstock 图层，打开【图层样式】对话框。在对话框中，选中【投影】样式选项，设置【角度】数值为 90 度，【距离】数值为 35 像素，【大小】数值为 30 像素，【杂色】数值为 5%，然后单击【确定】按钮应用，如图 9-27 所示。

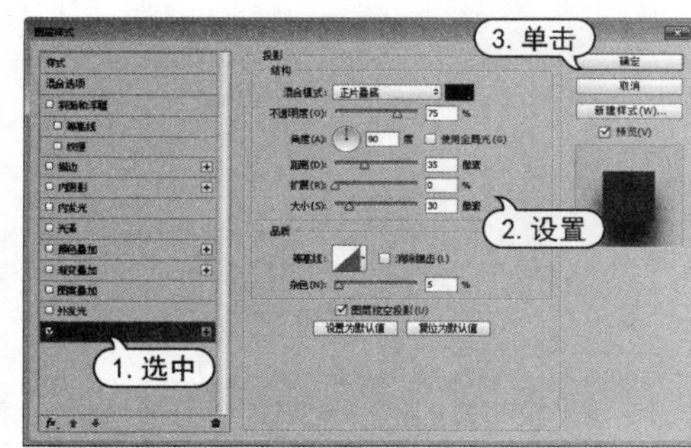

图 9-27　应用【投影】样式

9.6.2　停用、启用图层蒙版

如果要停用图层蒙版，选择【图层】|【图层蒙版】|【停用】命令，或按住 Shift 键单击图层蒙版缩览图，或在图层蒙版缩览图上单击鼠标右键，然后在弹出的菜单中选择【停用图层蒙版】命令，如图 9-28 所示。停用蒙版后，在【属性】面板的缩览图和【图层】面板的蒙版缩览图中都会出现一个红色叉号。

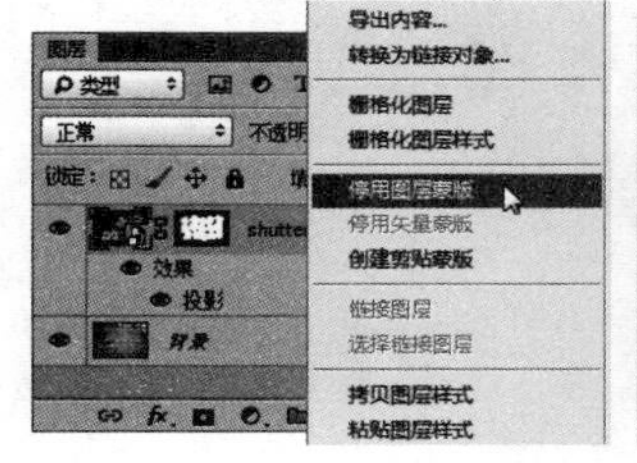

图 9-28　停用蒙版

实用技巧

用户也可以在选择图层蒙版后，通过单击【属性】面板底部的【停用/启用蒙版】按钮停用或启用图层蒙版。

要重新启用图层蒙版，可选择【图层】|【图层蒙版】|【启用】命令，或直接单击图层蒙版缩览图，或在图层蒙版缩览图上单击鼠标右键，在弹出的菜单中选择【启用图层蒙版】命令即可。

实用技巧

按住 Alt 键的同时，单击图层蒙版缩览图，可以只显示图层蒙版，如图 9-29 所示。

图 9-29　显示图层蒙版

9.6.3　链接、取消链接图层蒙版

创建图层蒙版后，图层蒙版缩览图和图像缩览图中间有一个链接图标，它表示蒙版与图像处于链接状态。此时，进行变换操作，蒙版会与图像一同变换。选择【图层】|【图层蒙版】|【取消链接】命令，或者单击该图标，可以取消链接，如图 9-30 所示。取消链接后可以单独变换图像，也可以单独变换蒙版。

图 9-30　取消链接

知识点滴

若要重新链接蒙版，可以选择【图层】|【图层蒙版】|【链接】命令，或再次单击链接图标位置即可。

9.6.4　复制、移动图层蒙版

按住 Alt 键，将一个图层蒙版拖至另一图层上，可以将蒙版复制到目标图层，如图 9-31 所示。如果直接将蒙版拖至另一图层上，则可以将该蒙版转移到目标图层，原图层将不再有蒙版，如图 9-32 所示。

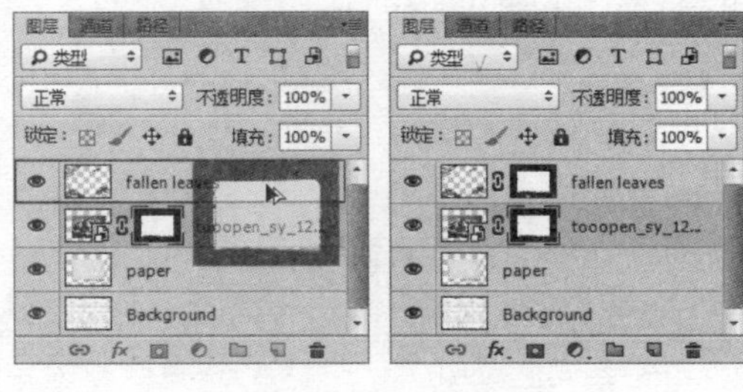

图 9-31　复制图层蒙版

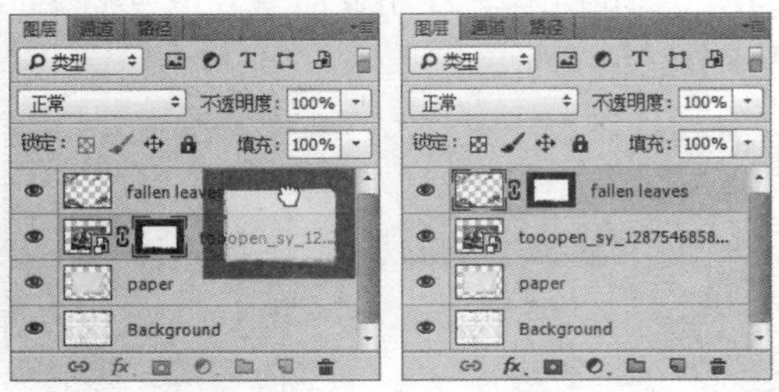

图 9-32　移动图层蒙版

9.6.5 应用、删除图层蒙版

应用图层蒙版是指将图像中对应蒙版中的黑色区域删除，白色区域保留，而灰色区域呈透明效果，同时删除图层蒙版。在图层蒙版缩览图上单击鼠标右键，在弹出的菜单中选择【应用图层蒙版】命令，可以将蒙版应用在当前图层中，如图 9-33 所示。

如果要删除图层蒙版，可以采用以下 4 种方法来完成。

- 选择蒙版，然后直接在【属性】面板中单击【删除蒙版】按钮。
- 选中图层，选择【图层】|【图层蒙版】|【删除】命令。
- 在图层蒙版缩览图上单击鼠标右键，在弹出的菜单中选择【删除图层蒙版】命令。
- 将图层蒙版缩览图拖拽到【图层】面板下面的【删除图层】按钮上，或直接单击【删除图层】按钮，然后在弹出的对话框中单击【删除】按钮，如图 9-34 所示。

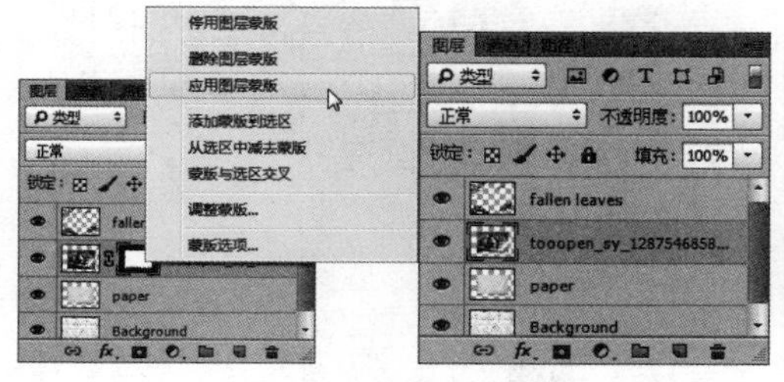

图 9-33　应用图层蒙版

图 9-34　删除图层蒙版

9.7 剪贴蒙版

剪贴蒙版是使用某个图层的内容来遮盖其上方的图层。遮盖效果由基底图层和其上方图层的内容决定。基底图层中的非透明区域形状决定了创建剪贴蒙版后内容图层的显示。

9.7.1 创建剪贴蒙版

剪贴蒙版可以用于多个图层，但它们必须是连续的。在剪贴蒙版中，最下面的图层为基底图层，上面的图层为内容图层，如图 9-35 所示。基底图层名称下带有下划线，内容图层的缩览图是缩进的，并且带有剪贴蒙版图标。

图 9-35　剪贴蒙版

剪贴蒙版的内容图层既可以是普通的像素图层，也可以是调整图层、形状图层、填充图层等类型。使用调整图层作为剪贴蒙版的内容图层是非常常见的，主要用作对某一图层的调整而致不影响其他图层。

要创建剪贴蒙版，先在【图层】面板中选中内容图层，然后选择【图层】|【创建剪贴蒙版】命令；或在要应用剪贴蒙版的图层上单击右键，在弹出的菜单中选择【创建剪贴蒙版】命令；或按 Alt+Ctrl+G 键；或按住 Alt 键，将光标放在【图层】面板中分隔两组图层的线上，然后单击鼠标即可。

【例 9-5】 使用剪贴蒙版制作图像效果。视频+素材

STEP 01 选择【文件】|【打开】命令，打开素材图像文件，并在【图层】面板中选中【图层 1】图层，如图9-36所示。

STEP 02 选择【文件】|【置入嵌入的智能对象】命令，打开【置入嵌入对象】对话框。在对话框中，选中素材图像，然后单击【置入】按钮置入图像，如图 9-37 所示。

图 9-36　打开图像文件

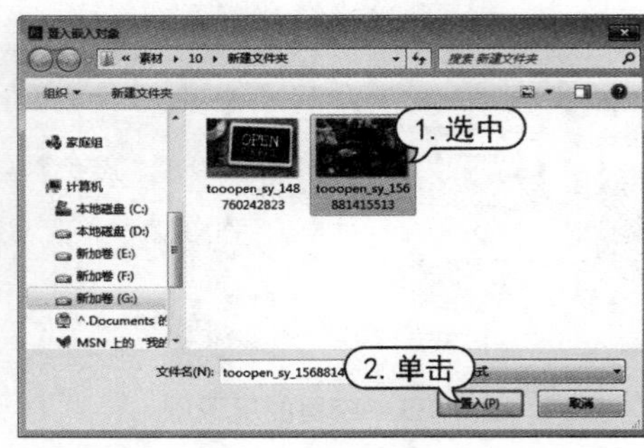

图 9-37　置入图像

STEP 03 在【图层】面板中，右击智能对象图层，在弹出的快捷菜单中选择【创建剪贴蒙版】命令，如图 9-38 所示。

STEP 04 按 Ctrl + T 键应用【自由变换】命令，调整图像大小，如图 9-39 所示。

图 9-38　创建剪贴蒙版

图 9-39　应用【自由变换】命令

9.7.2　将图层加入、移出剪贴蒙版

将一个图层拖动到剪贴蒙版的基底图层上，可将其加入到剪贴蒙版中，如图 9-40 所示。

选择一个内容图层，选择【图层】|【释放剪贴蒙版】命令；或右击图层，在弹出的快捷菜单中选择【释放剪贴蒙版】命令可以从剪贴蒙版中释放出该图层，如果该图层上还有其他内容图层，则这些图层也将会同时释放，如图 9-41 所示。

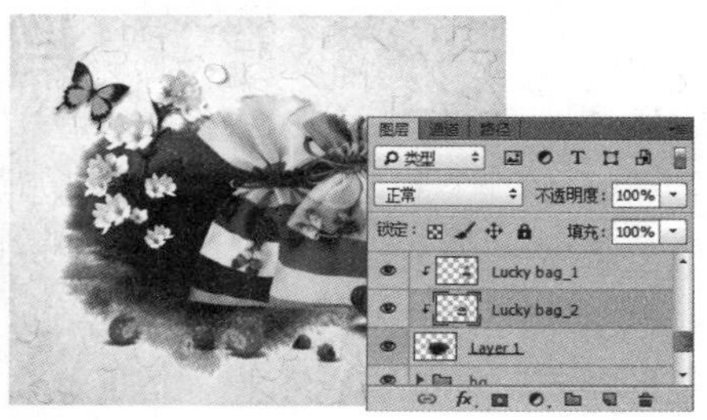

图 9-40　将图层加入剪贴蒙版

图 9-41　将图层移出剪贴蒙版

9.7.3　编辑剪贴蒙版

剪贴蒙版使用基底图层的不透明度和混合模式属性。因此，可以通过调整基底图层的不透明度和混合模式时，控制整个剪贴蒙版的不透明度和混合模式，如图 9-42 所示。

而当调整内容图层的不透明度和混合模式时，仅对其自身产生作用，不会影响剪贴蒙版中其他图层的不透明度和混合模式，如图 9-43 所示。

图 9-42　调整基底图层

图 9-43　调整内容图层

9.7.4　释放剪贴蒙版

选择基底图层正上方的内容图层，选择【图层】|【释放剪贴蒙版】命令；或按 Alt+Ctrl+G

键;或直接在要释放的图层上单击右键,在弹出的菜单中选择【释放剪贴蒙版】命令,可释放全部剪贴蒙版。

按住 Alt 键,将光标放在剪贴蒙版中两个图层之间的分隔线上,然后单击鼠标也可以释放剪贴蒙版中的图层,如图 9-44 所示。如果选中的内容图层上方还有其他内容图层,则这些图层也将会同时释放。

图 9-44 释放剪贴蒙版

9.8 矢量蒙版

矢量蒙版是通过【钢笔】工具或形状工具创建的与分辨率无关的蒙版。它通过路径和矢量形状来控制图像的显示区域,可以任意缩放,还可以应用图层样式为蒙版内容添加图层效果。用于创建各种风格的按钮、面板或其他的 Web 设计元素。

9.8.1 创建矢量蒙版

要创建矢量蒙版,可以在图像中绘制路径后,单击工具选项栏中的【蒙版】按钮即可,也可以选择【图层】|【矢量蒙版】|【当前路径】命令,即可将当前路径创建为矢量蒙版。

【例 9-6】 创建矢量蒙版制作图像效果。视频+素材

STEP 01 选择【文件】|【打开】命令,打开一个素材图像文件,如图 9-45 所示。

STEP 02 选择【文件】|【置入嵌入的智能对象】命令,打开【置入嵌入对象】对话框。在对话框中选中 gingerbread.jpg 图像文件,然后单击【置入】按钮,如图 9-46 所示。

STEP 03 选择【自由钢笔】工具,在选项栏的【选择工具模式】下拉列表中选择【路径】选项,选中【磁性的】复选框,单击⚙按钮,在弹出的面板中设置【宽度】数值为 2 像素,【频率】数值为 60。使用【自由钢笔】工具沿西兰花图形绘制路径,然后选择【图层】|【矢量蒙版】|【当前路径】命令创建矢量蒙版,如图 9-47 所示。

图 9-45 打开图像文件

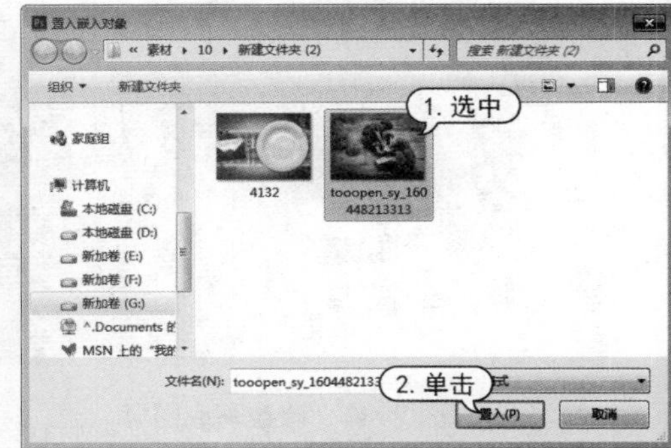

图 9-46 置入图像

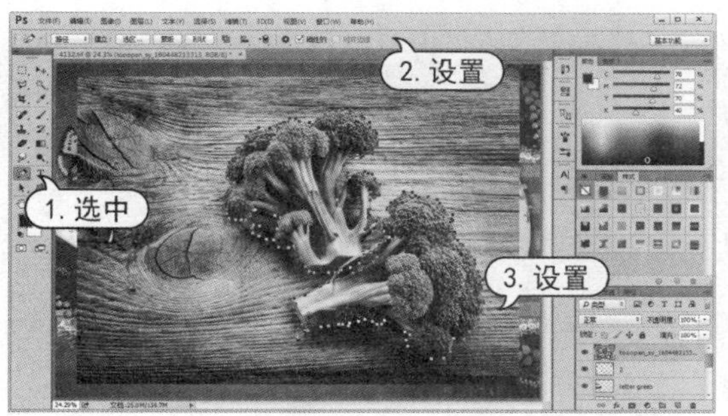

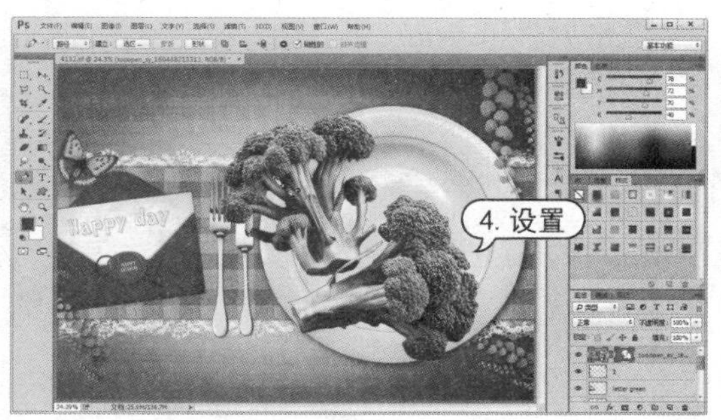

图 9-47　创建矢量蒙版

STEP 04 选择【移动】工具，并按 Ctrl + T 键应用【自由变换】命令调整图像，如图 9-48 所示。

图 9-48　应用【自由变换】命令

知识点滴

选择【图层】|【矢量蒙版】|【显示全部】命令，可以创建显示全部图像的矢量蒙版；选择【图层】|【矢量蒙版】|【隐藏全部】命令，可以创建隐藏全部图像的矢量蒙版。

STEP 05 在【图层】面板中，双击嵌入图像图层，打开【图层样式】对话框。在对话框中，选中【投影】样式选项，设置【角度】数值为 120 度，【距离】数值为 35 像素，【大小】数值为 75 像素，然后单击【确定】按钮应用，如图 9-49 所示。

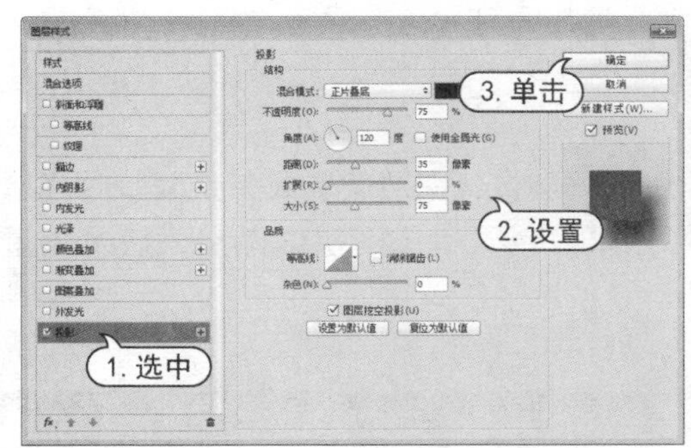

图 9-49　应用【投影】图层样式

9.8.2　链接、取消链接矢量蒙版

在默认状态下，图层与矢量蒙版是链接在一起的，当移动、变换图层时，矢量蒙版也会跟着发生变化。如果不想在变换图层或矢量蒙版时影响对象，可以单击链接图标取消链接，如图 9-50 所示。如果要恢复链接，可以在取消链接的地方单击鼠标左键，或选择【图层】|【矢量蒙

版】|【链接】命令。

知识点滴

选择【图层】|【矢量蒙版】|【停用】命令;或在蒙版上右击鼠标,在弹出的菜单中选择【停用矢量蒙版】命令,可以暂时停用矢量蒙版,这时蒙版缩览图上会出现一个红色的叉号,如图 9-51 所示。如果要重新启用矢量蒙版,可以选择【图层】|【矢量蒙版】|【启用】命令。

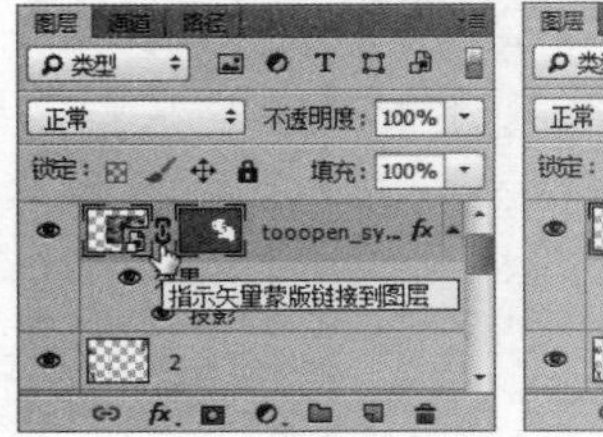
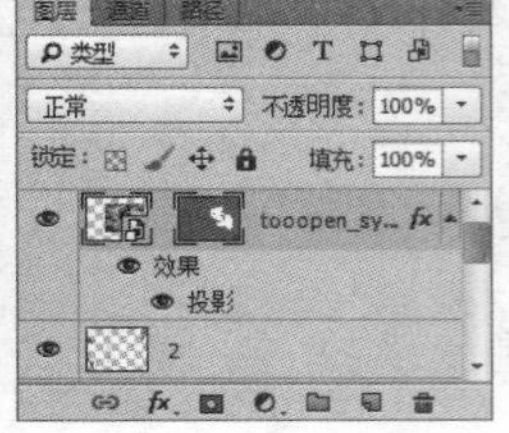

图 9-50　取消链接

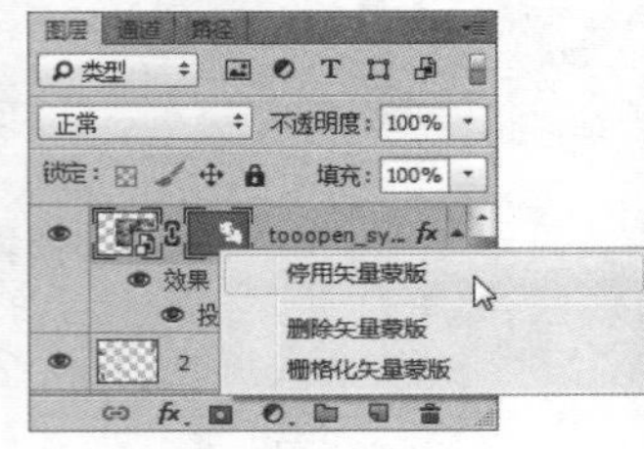

图 9-51　停用矢量蒙版

9.8.3　转换矢量蒙版

矢量蒙版是基于矢量形状创建的,当不再需要改变矢量蒙版中的形状,或者需要对形状做进一步的灰度改变时,就可以将矢量蒙版进行栅格化。栅格化操作实际上就是将矢量蒙版转换为图层蒙版的过程。

选择矢量蒙版所在的图层,选择【图层】|【栅格化】|【矢量蒙版】命令,或直接单击右键,在弹出的菜单中选择【栅格化矢量蒙版】命令,即可栅格化矢量蒙版,将其转换为图层蒙版,如图 9-52 所示。

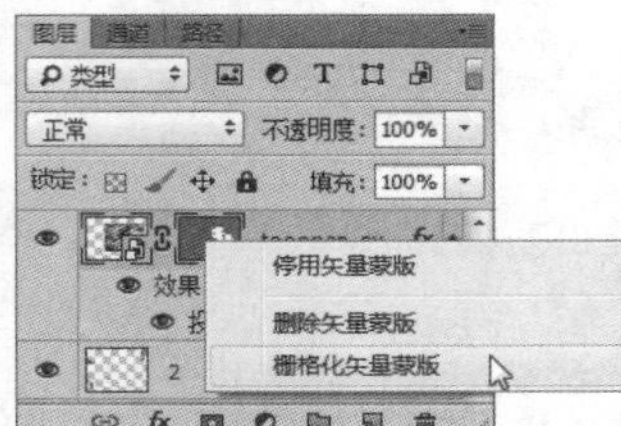
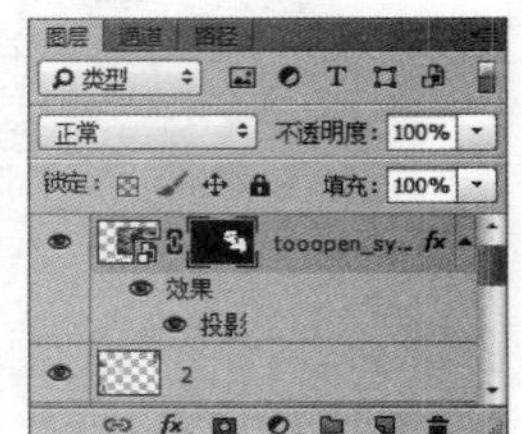

图 9-52　栅格化矢量蒙版

9.9　使用【属性】面板

选择【窗口】|【属性】命令,打开【属性】面板。当所选图层包含图层蒙版或矢量蒙版时,【属性】面板将显示蒙版的参数设置,如图9-53所示。在这里可以对所选图层的图层蒙版及矢量蒙版的不透明度和羽化参数等进行调整。

- 【浓度】选项:拖动滑块,可以控制选定的图层蒙版或矢量蒙版的不透明度。
- 【羽化】选项:拖动滑块,可以设置蒙版边缘的羽化程度。
- 【蒙版边缘】按钮:单击该按钮,即可打开【调整蒙版】对话框,该对话框中提供了多种修改蒙版边缘的控件,如平滑、收缩和扩展。
- 【颜色范围】按钮:单击该按钮,即可打开【色彩范围】对话框。

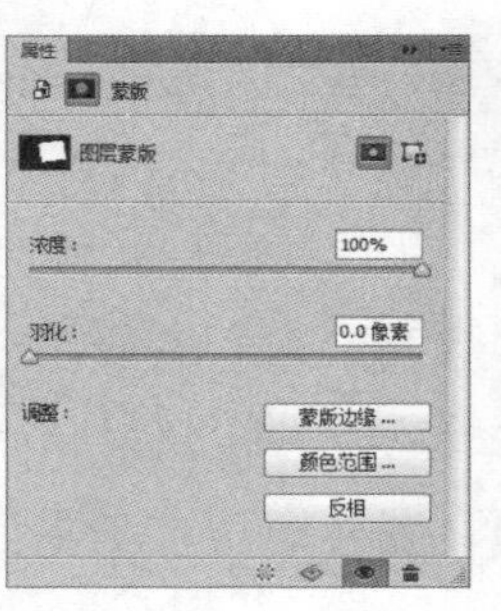
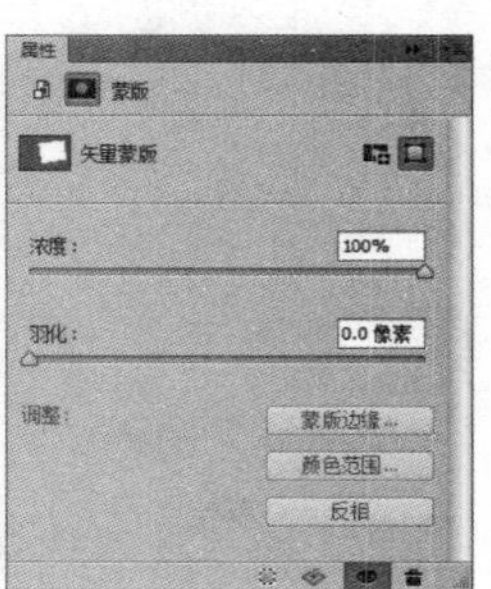

图 9-53　【属性】面板

▽【反相】按钮：单击该按钮，即可反转蒙版遮盖区域。

知识点滴

在面板中，单击【从蒙版中载入选区】按钮可将图像中的蒙版转换为选区。单击【应用蒙版】按钮可将蒙版应用于图层图像中，并删除蒙版。单击【停用/启用蒙版】按钮可以显示或隐藏蒙版效果。单击【删除蒙版】按钮可将添加的蒙版删除。

【例 9-7】 使用【属性】面板调整蒙版效果。 视频+素材

STEP 01 选择【文件】|【打开】命令，打开一个素材图像文件，如图 9-54 所示。

STEP 02 选择【文件】|【置入嵌入的智能对象】命令，打开【置入嵌入对象】对话框。在对话框中选中 valentine. jpg 图像文件，然后单击【置入】按钮，如图 9-55 所示。

图 9-54　打开图像文件　　图 9-55　置入图像

STEP 03 调整置入图像，在【图层】面板中设置图层混合模式为【正片叠底】，不透明度数值为 80%，如图 9-56 所示。

STEP 04 选择【套索】工具，在图像中创建选区。然后选择【图层】|【图层蒙版】|【隐藏选区】命令，如图 9-57 所示。

图 9-56　设置图层　　图 9-57　创建蒙版

STEP 05 选中图层蒙版，在【属性】面板中设置【羽化】数值为 70 像素，如图 9-58 所示。

9.10 案例演练

本章的案例演练为制作图像合成效果，用户可以通过它更好地掌握本章介绍的通道和蒙版的操作方法与技巧。

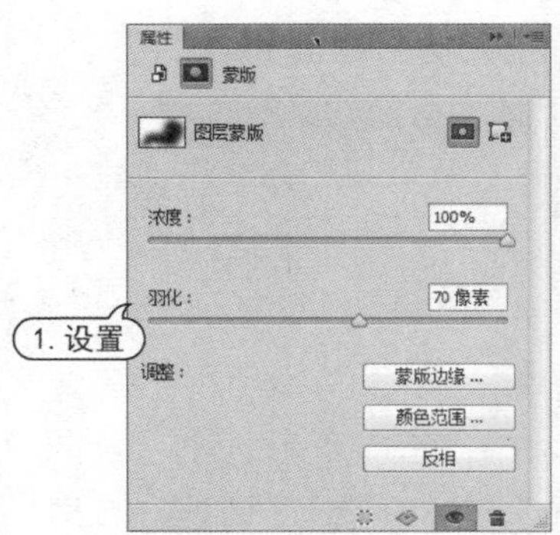

图 9-58　调整蒙版

【例 9-8】 制作图像合成效果。视频+素材

STEP 01 选择【文件】|【打开】命令，打开“底纹”素材图像，并在【图层】面板中单击【创建新图层】按钮，新建【图层 1】图层，如图 9-59 所示。

STEP 02 选择【矩形选框】工具，在图像中拖动创建选区，并按快捷键 Ctrl + Delete 键填充背景色，如图 9-60 所示。

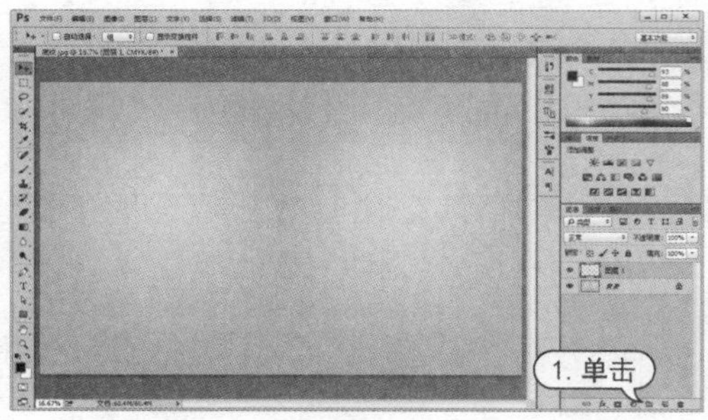

图 9-59　新建文档

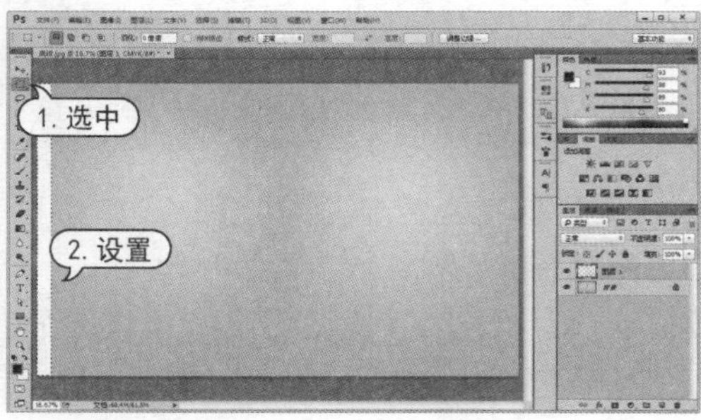

图 9-60　绘制选区

STEP 03 选择【移动】工具，按住 Shift + Ctrl + Alt 键，拖动选区内图像，复制矩形条，复制完成后按 Ctrl + D 键取消选区，如图 9-61 所示。

STEP 04 选择【滤镜】|【扭曲】|【极坐标】命令，打开【极坐标】对话框。在对话框中，选中【平面坐标到极坐标】单选按钮，然后单击【确定】按钮，如图 9-62 所示。

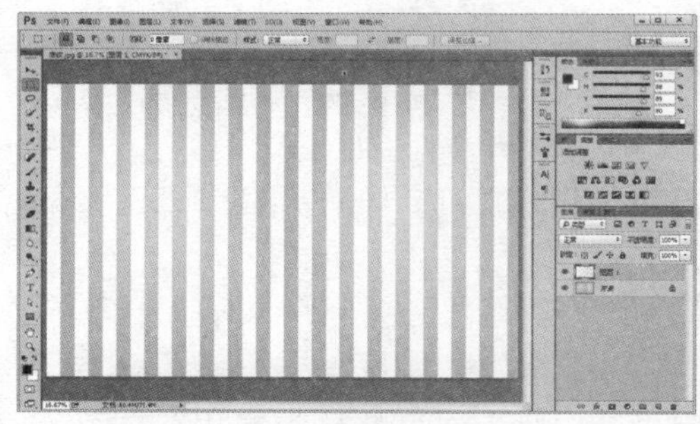

图 9-61　复制选区图像

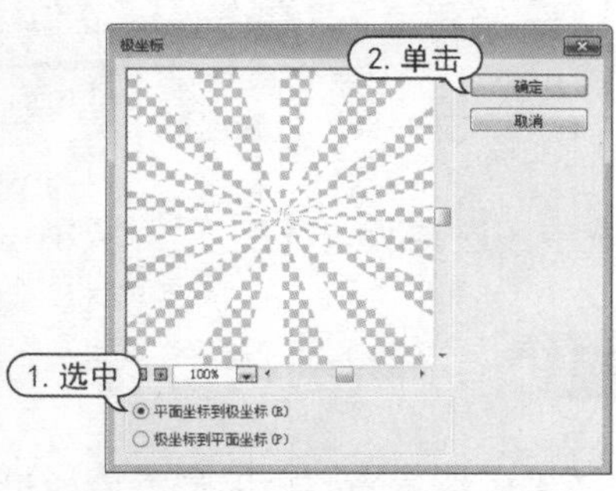

图 9-62　应用【极坐标】滤镜

STEP 05 选择【文件】|【置入嵌入的智能对象】命令，打开【置入嵌入对象】对话框。在对话框中，选中“墨-1”图像文件，然后单击【置入】按钮。如图 9-63 所示。

STEP 06 调整置入图像大小，并在【图层】面板中设置置入图像图层混合模式为【正片叠底】。如图 9-64 所示。

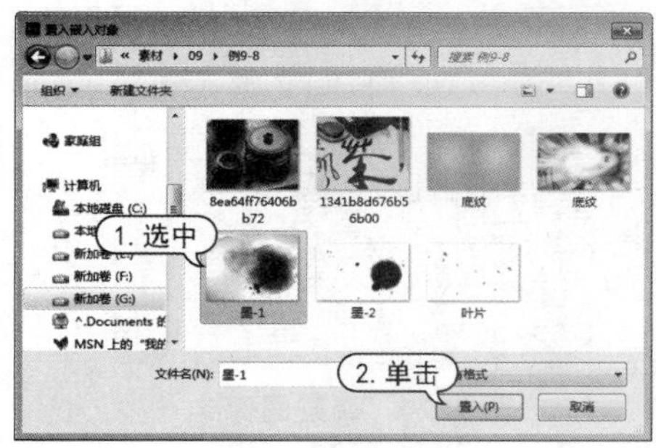

图 9-63　置入对象 1

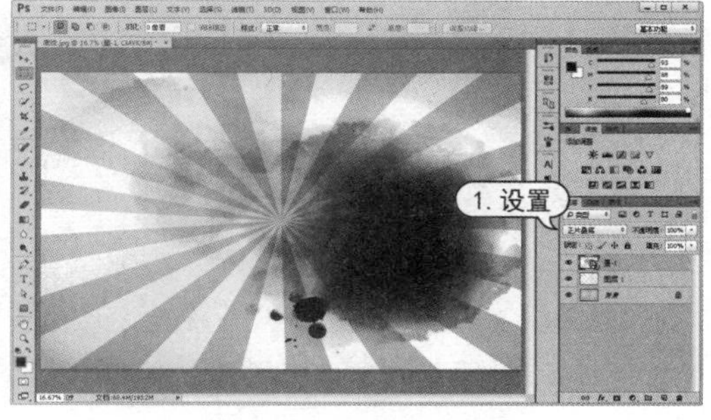

图 9-64　调整置入图像

STEP 07 选择【文件】|【打开】命令，打开“墨-2”素材图像。选择【魔棒】工具，在选项栏中设置【容差】数值为 40，然后使用【魔棒】工具在白色背景中单击创建选区，如图 9-65 所示。

STEP 08 按 Shift + Ctrl + I 键反选选区，并按 Ctrl + C 键复制选区内图像。返回编辑的“底纹”图像文件，按 Ctrl + V 键粘贴图像，如图 9-66 所示。

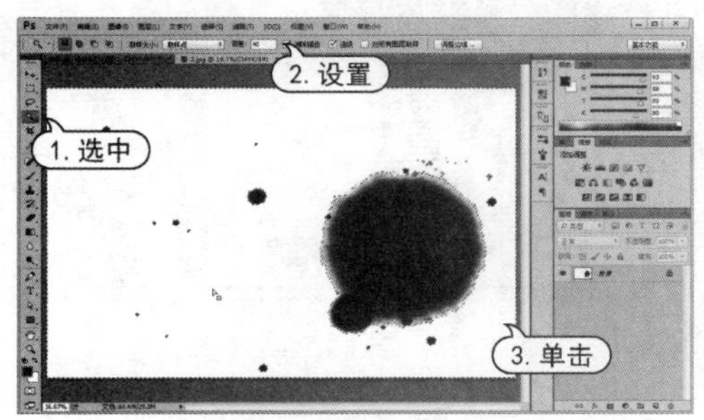

图 9-65　创建选区 1

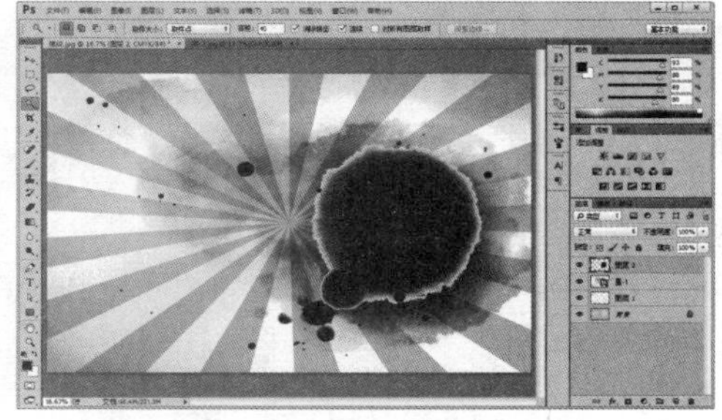

图 9-66　复制粘贴选区内图像

STEP 09 在【图层】面板中，设置【图层 2】图层混合模式为【变暗】，并按 Ctrl + T 键应用【自由变换】命令，调整图像大小及位置，如图 9-67 所示。

STEP 10 在【图层】面板中，选中【图层 1】图层，设置【不透明度】数值为 75%，并按 Ctrl + T 键应用【自由变换】命令，调整图像大小及位置，如图 9-68 所示。

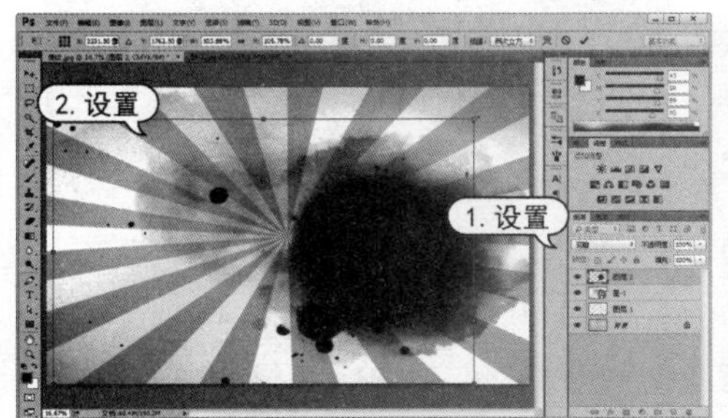

图 9-67　调整图像 1

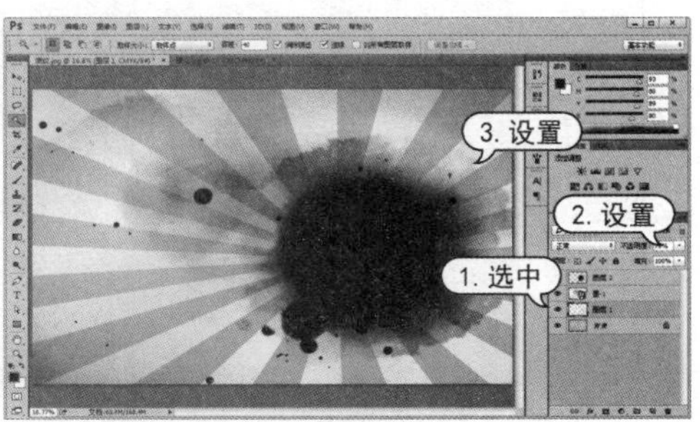

图 9-68　调整图像 2

轻松学电脑教程系列

STEP 11 选择【文件】|【打开】命令，打开素材图像文件，如图 9-69 所示。

STEP 12 在【通道】面板中选中【洋红】通道，选择【图像】|【调整】|【色阶】命令，打开【色阶】对话框。在对话框中，设置输入色阶数值为 96、9.99、175，然后单击【确定】按钮。如图 9-70 所示。

图 9-69　打开图像文件

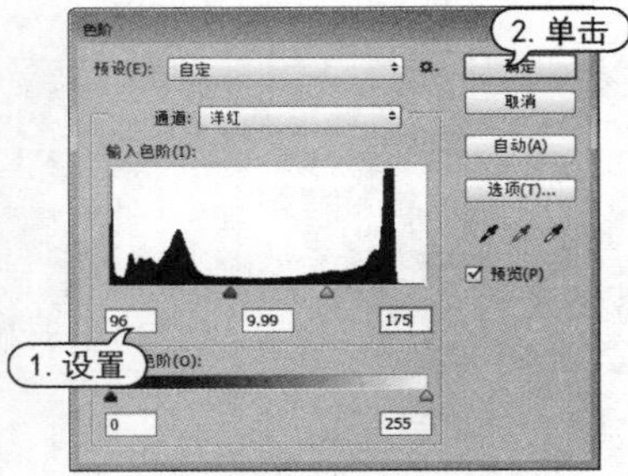

图 9-70　调整图像 3

STEP 13 使用【魔棒】工具，在选项栏中设置【容差】数值为 32，然后使用【魔棒】工具在黑色区域中单击创建选区，如图 9-71 所示。

STEP 14 选择【选择】|【选取相似】命令，并按 Ctrl + C 键复制选区内图像，如图 9-72 所示。

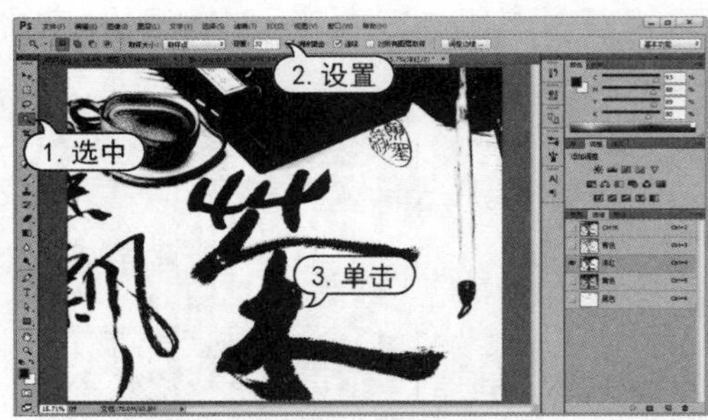

图 9-71　创建选区 2

图 9-72　复制选区内图像

STEP 15 返回"底纹"图像文件，按 Ctrl + V 键粘贴图像。在【图层】面板中，设置【图层 3】图层混合模式为【颜色加深】，【不透明度】数值为 55%，并按 Ctrl + T 键应用【自由变换】命令，调整图像大小及位置，如图 9-73 所示。

STEP 16 在【图层】面板中，选中【图层 2】图层。选择【文件】|【置入嵌入的智能对象】命令，打开【置入嵌入对象】对话框。在对话框中，选中茶壶茶杯图像文件，然后单击【置入】按钮，如图 9-74 所示。

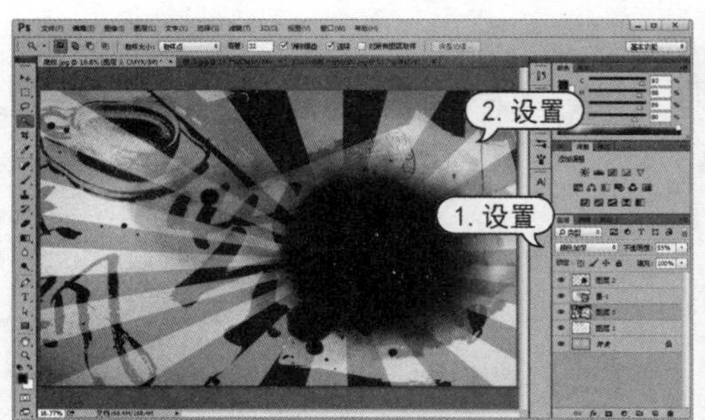

图 9-73　粘贴、调整图像

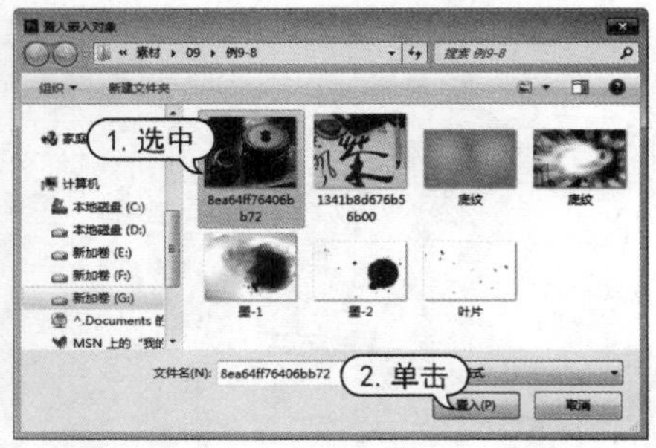

图 9-74　置入对象 2

STEP 17 在【图层】面板中，单击【添加图层蒙版】按钮添加图层蒙版。选择【多边形套索】工具，在选项栏中设置【羽化】数值为 2 像素，然后使用【多边形套索】工具依据图像中的茶壶茶杯图形创建选区，如图 9-75 所示。

STEP 18 按 Shift + Ctrl + I 键反选选区，并按 Alt + Delete 键使用前景色填充选区，创建图层蒙版效果，如图 9-76 所示。

图 9-75　创建选区 3

图 9-76　创建蒙版

STEP 19 按 Ctrl + D 键取消选区，并按 Ctrl + T 键应用【自由变换】命令调整图像大小及位置。如图 9-77 所示。

STEP 20 在【图层】面板中，双击茶壶茶杯图形图层，打开【图层样式】对话框。在对话框中，选中【投影】样式，设置【距离】数值为 125 像素，【大小】数值为 60 像素，然后单击【确定】按钮，如图 9-78 所示。

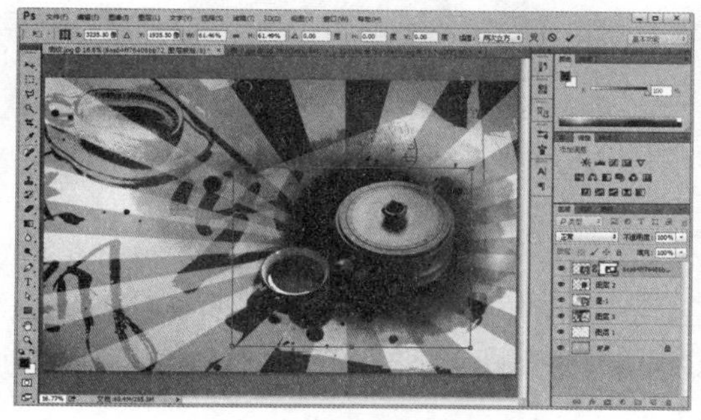

图 9-77　调整图像 4

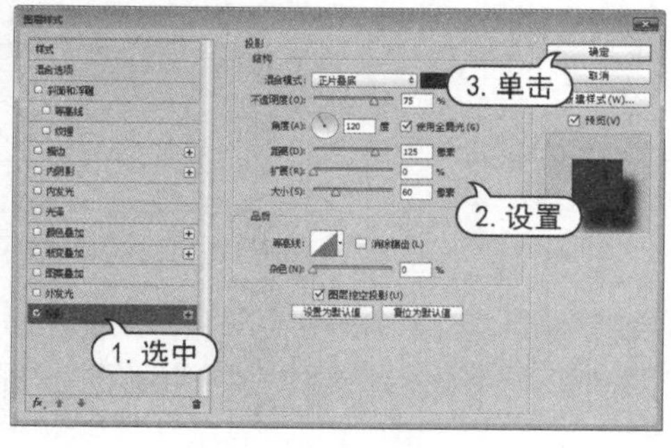

图 9-78　应用图层样式

STEP 21 选择【文件】|【置入嵌入的智能对象】命令，打开【置入嵌入对象】对话框。在对话框中，选中“叶片”图像文件，然后单击【置入】按钮，如图 9-79 所示。

STEP 22 在【通道】面板中，单击【创建新通道】按钮，新建 Alpha 1 通道。选择【矩形选框】工具在 Alpha 1 通道的中间绘制一个矩形选区。然后按 Shift + Ctrl + I 键反选选区，并按 Ctrl + Delete键使用背景色填充选区，如图 9-80 所示。

STEP 23 按 Ctrl + D 键取消选区，选择【滤镜】|【模糊】|【高斯模糊】命令，打开【高斯模糊】对话框。在对话框中输入【半径】数值为 270 像素，然后单击【确定】按钮，如图 9-81 所示。

STEP 24 选择【滤镜】|【扭曲】|【旋转扭曲】命令，打开【旋转扭曲】对话框。在对话框中，设置【角度】数值为 300 度，然后单击【确定】按钮，如图 9-82 所示。

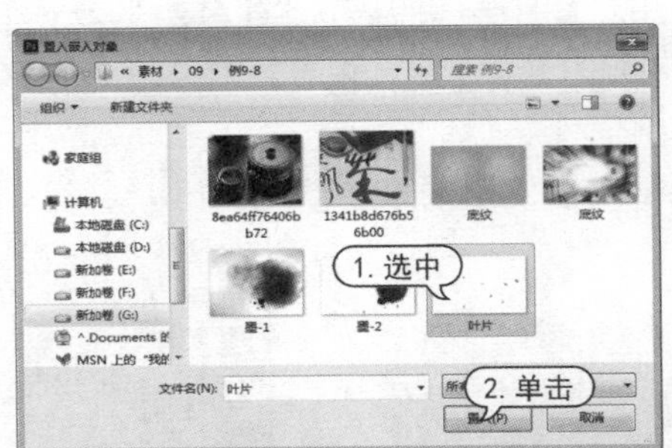

图 9-79　置入对象 3

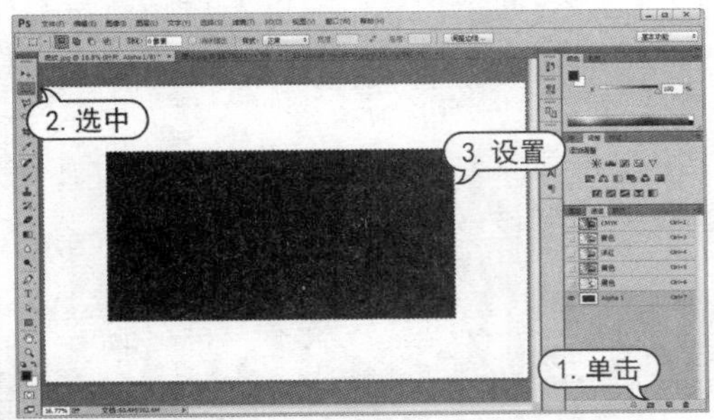

图 9-80　创建通道

STEP 25 选择【滤镜】|【像素化】|【彩色半调】命令，打开【彩色半调】对话框。在对话框中，设置【最大半径】数值为 50 像素，然后单击【确定】按钮，如图 9-83 所示。

STEP 26 在【通道】面板中，单击【将通道作为选区载入】按钮，载入通道选区，如图 9-84 所示。

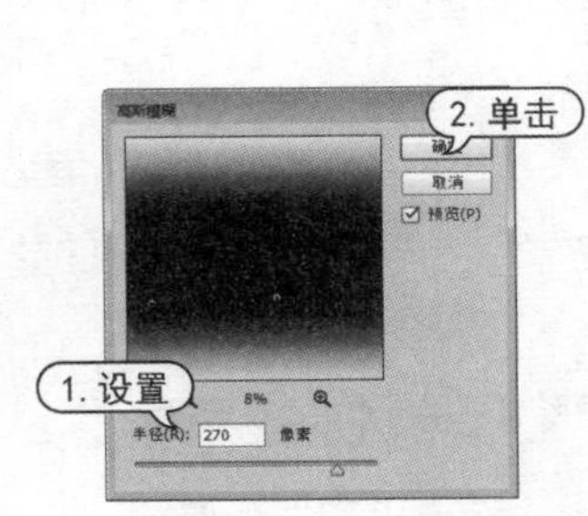

图 9-81　应用【高斯模糊】滤镜

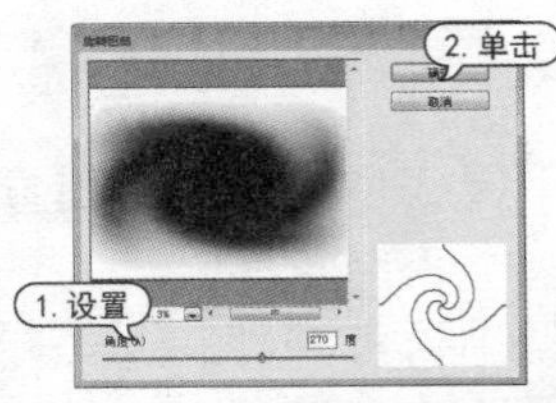

图 9-82　应用【旋转扭曲】滤镜

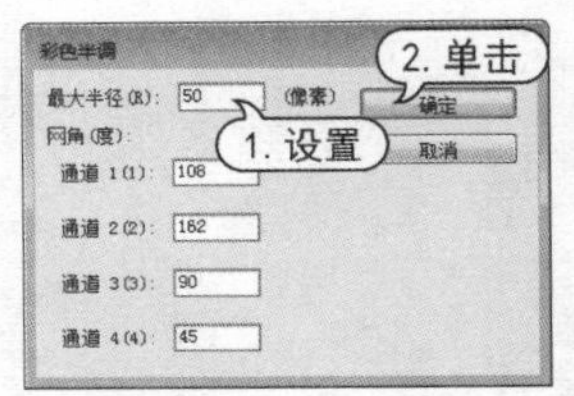

图 9-83　应用【彩色半调】滤镜

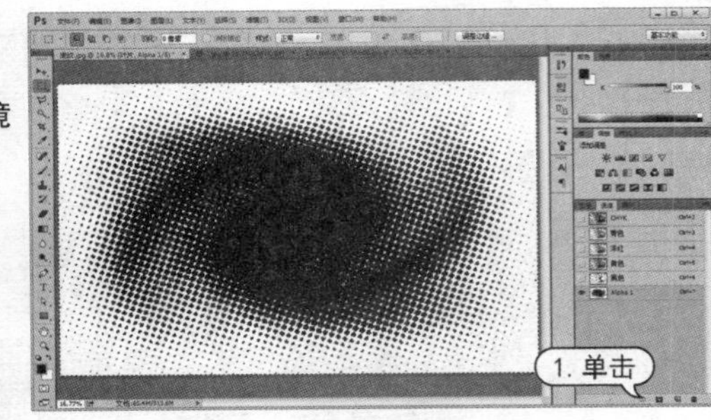

图 9-84　载入通道选区

STEP 27 单击【通道】面板中的 CMYK 复合通道，再在【图层】面板中，选中【图层 1】图层，并单击【创建新图层】按钮新建【图层 4】图层。选择【选择】|【反选】命令，并按 Ctrl+Delete 键使用背景色填充选区，如图 9-85 所示。

STEP 28 按 Ctrl+D 键取消选区，在【图层】面板中设置图层混合模式为【柔光】，如图 9-86 所示。

图 9-85　新建图层

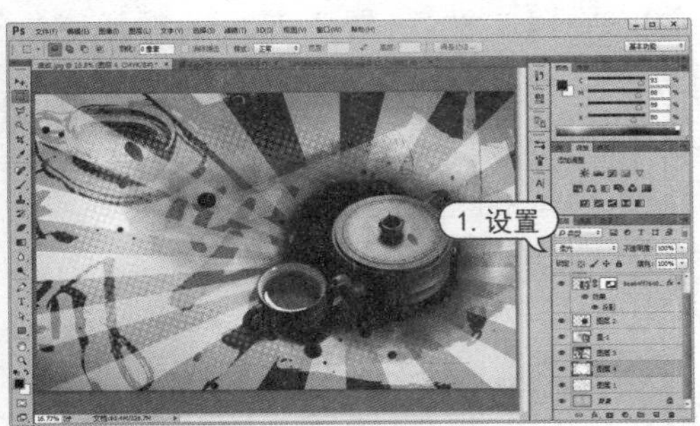

图 9-86　设置图层混合模式

第 10 章

文字的应用

文字在设计作品中起着解释说明的作用。Photoshop 中为用户提供了便捷的文字输入、编辑功能。本章介绍了创建文字、设置文字属性等操作方法,使用户在设计作品时更加轻松自如地应用文字。

对应的光盘视频

例 10-1 使用文字工具
例 10-2 使用文字蒙版工具
例 10-3 创建路径文字
例 10-4 创建变形文字
例 10-5 设置段落文本
例 10-6 创建、应用字符样式
例 10-7 载入字符样式
例 10-8 将文字转换为形状
例 10-9 制作促销海报

10.1 认识文字工具

Photoshop 中的文字是由以数字方式定义的形状组成的。在将文字栅格化以前，Photoshop 会保留基于矢量的文字轮廓，用户可以任意缩放文字或调整文字大小。

Photoshop 提供【横排文字】、【直排文字】、【横排文字蒙版】和【直排文字蒙版】4 种创建文字的工具，如图 10-1 所示。

【横排文字】工具和【直排文字】工具主要用来创建点文字、段落文字和路径文字。

【横排文字蒙版】工具和【直排文字蒙版】工具主要用来创建文字选区。

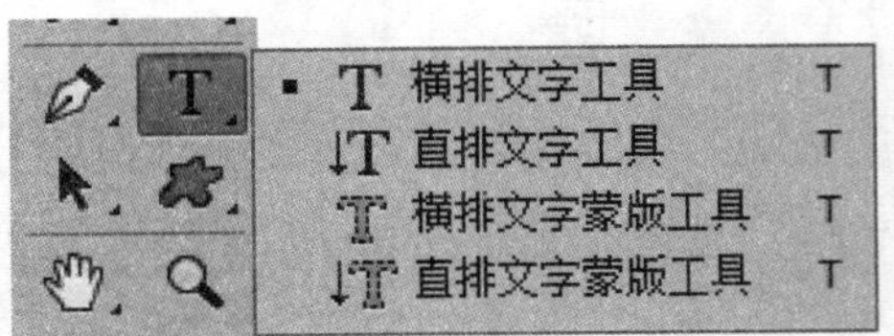

图 10-1 文字工具

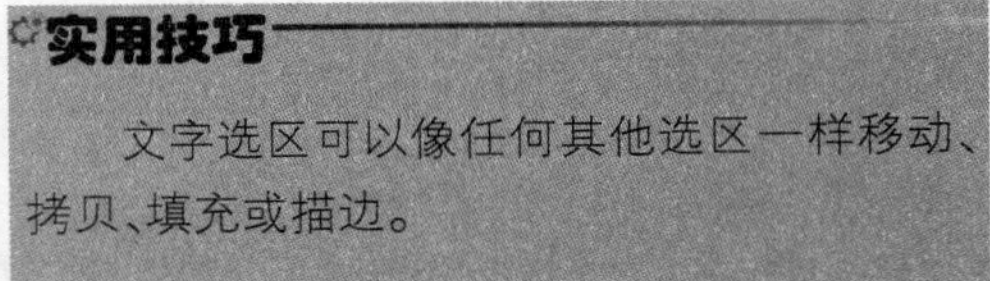
实用技巧

文字选区可以像任何其他选区一样移动、拷贝、填充或描边。

在使用文字工具输入文字之前，用户需要在工具选项栏或【字符】面板中设置字符的属性，包括字体、大小、文字颜色等。

选择文字工具后，可以在如图 10-2 所示的选项栏中设置字体的系列、样式、大小、颜色和对齐方式等。

图 10-2 文字工具选项栏

- 【切换文本取向】按钮：如果当前文字为横排文字，单击该按钮，可将其转换为直排文字；如果是直排文字，则可将其转换为横排文字。
- 【设置字体】：在该下拉列表中可以选择字体，如图 10-3 所示。
- 【设置字体样式】：用来为字符设置样式，包括 Regular（规则的）、Italic（斜体）、Bold（粗体）、Bold Italic（粗斜体），该选项只对英文字体有效，如图 10-4 所示。

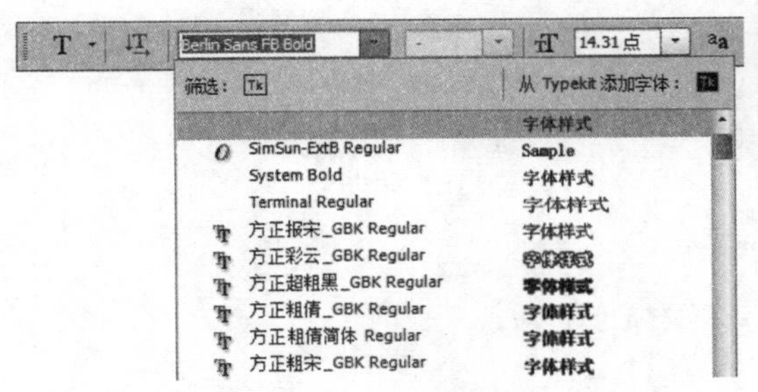

图 10-3 设置字体

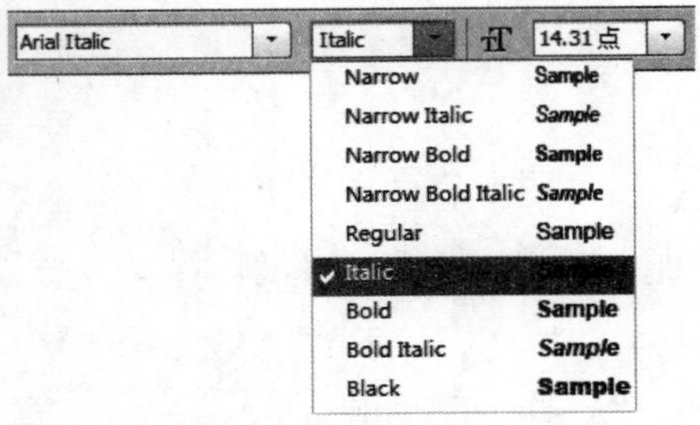

图 10-4 设置字体样式

- 【设置字体大小】：可以选择字体的大小，或直接输入数值进行设置，如图 10-5 所示。
- 【设置取消锯齿的方法】：可为文字选择消除锯齿的方法，Photoshop 会通过部分填充边

缘像素来产生边缘平滑的文字。有【无】、【锐利】、【犀利】、【浑厚】、【平滑】、Windows LCD 和 Windows 7 个选项供用户选择，如图 10-6 所示。

- 【设置文本对齐】：在该选项区域中，可以设置文本对齐的方式，包括【左对齐文本】按钮、【居中对齐文本】按钮和【右对齐文本】按钮。
- 【设置文本颜色】：单击该按钮，可以打开【拾色器（文本颜色）】对话框以设置创建文字的颜色。默认情况下，Photoshop 使用前景色作为创建的文字颜色。

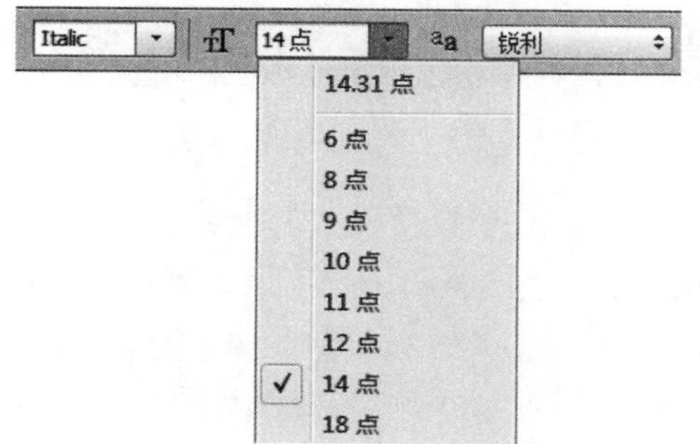

图 10-5　设置字体大小

图 10-6　设置取消锯齿的方法

- 【创建文字变形】按钮：单击该按钮，可以打开【变形文字】对话框。通过该对话框，用户可以设置文字的变形样式。
- 【切换字符和段落面板】按钮：单击该按钮，可以打开或隐藏【字符】面板和【段落】面板。

【例 10-1】 使用文字工具创建文字效果。 视频+素材

STEP 01 选择【文件】|【打开】命令，选择打开一个素材图像文件，如图 10-7 所示。

STEP 02 选择【横排文字】工具，在图像中单击输入文字内容，并按 Ctrl + Enter 键结束文字输入，如图 10-8 所示。

图 10-7　打开图像文件

图 10-8　输入文字

STEP 03 在选项栏中，单击【设置字体系列】下拉列表，选择 Candara Bold Italic 字体；在【设置字体大小】文本框中输入 72 点；单击【设置文本颜色】色块，在弹出的【拾色器】对话框中，设置颜色为 R：255、G：187、B：120，如图 10-9 所示。

STEP 04 使用[STEP02]～[STEP03]的操作输入第二行文字，并在选项栏中设置【设置字体大小】数值为 135 点，如图 10-10 所示。

图 10-9 设置文字

图 10-10 输入文字

STEP 05 在【图层】面板中，双击 Vacation 文字图层，打开【图层样式】对话框。在对话框中，选中【投影】样式，在【混合模式】下拉列表中选择【线性光】选项，设置【距离】数值为 6 像素，【大小】数值为 10 像素，【杂色】数值为 5%，然后单击【确定】按钮，如图 10-11 所示。

STEP 06 在【图层】面板中，按 Ctrl + Alt 键拖动并复制 Vacation 文字图层图层样式至 Summer 文字图层，如图 10-12 所示。

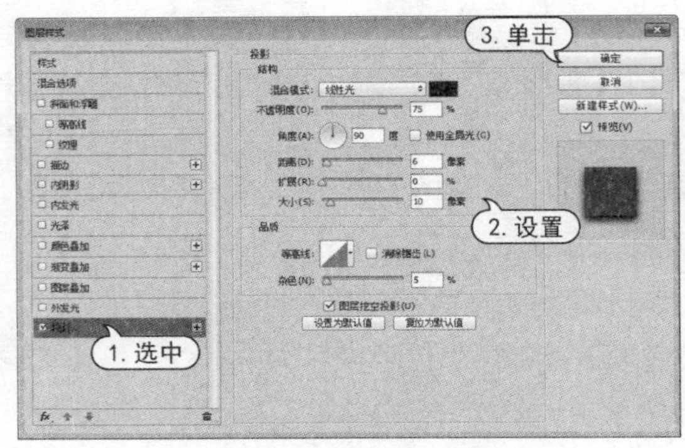

图 10-11 应用【投影】样式

图 10-12 复制图层样式

 10.2 创建不同形式的文字

在 Photoshop 中，使用文字工具创建的文字可以分为点文字、段落文字、路径文字和变形文字。

10.2.1 点文字和段落文字

点文字是一个水平或垂直的文本行，每行文字都是独立的，如图 10-13 所示。行的长度随着文字的输入而不断增加，不会进行自动换行，需要手动按 Enter 键换行。在处理标题等字数较少的文字时，可以通过点文字来完成。

段落文字是在文本框内输入的文字，它具有自动换行、可以调整文字区域大小等优势，如图 10-14 所示。在需要处理文字量较大的文本时，可以使用段落文字来完成。

点文本和段落文本可以互相转换。如果是点文本，可选择【文字】|【转换为段落文本】命令，将其转换为段落文本；如果是段落文本，可选择【文字】|【转换为点文本】命令，将其转换为

点文本。将段落文本转换为点文本时，所有溢出定界框的字符都会被删除。因此，为了避免丢失文字，应首先调整定界框，使所有文字在转换前都显示出来。

图 10-13　点文字

图 10-14　段落文字

【例 10-2】 使用文字蒙版制作图像水印。视频+素材

STEP 01 选择【文件】|【打开】命令打开素材图像文件，如图 10-15 所示。

STEP 02 选择【横排文字蒙版】工具，在选项栏中设置字体系列为 Arial Bold Italic，字体大小为 36 点，单击【居中对齐文本】按钮，然后在图像中单击输入文字内容，输入结束后按 Ctrl + Enter 键完成当前操作，如图 10-16 所示。

图 10-15　打开图像文件

图 10-16　创建文字蒙版

STEP 03 调整文字选区位置，并按 Ctrl + J 键复制选区内图像，生成【图层 1】图层，设置图层混合模式为【线性加深】，如图 10-17 所示。

STEP 04 双击【图层 1】图层，打开【图层样式】对话框。在打开的对话框中，选中【外发光】样式，设置【混合模式】为【变亮】，【扩展】数值为 5%，【大小】数值为 8 像素，如图 10-18 所示。

图 10-17　设置图层

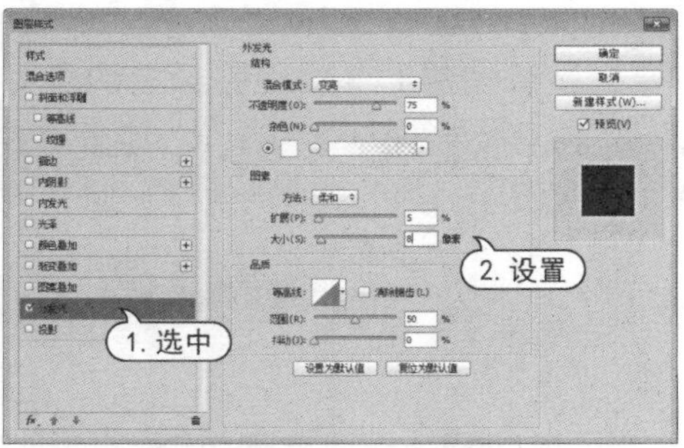

图 10-18　应用【外发光】样式

STEP 05 在打开的对话框中，选中【斜面和浮雕】样式，设置【方法】为【雕刻清晰】，【深度】数值为 378%，【大小】数值为 6 像素，然后单击【确定】按钮应用，如图 10-19 所示。

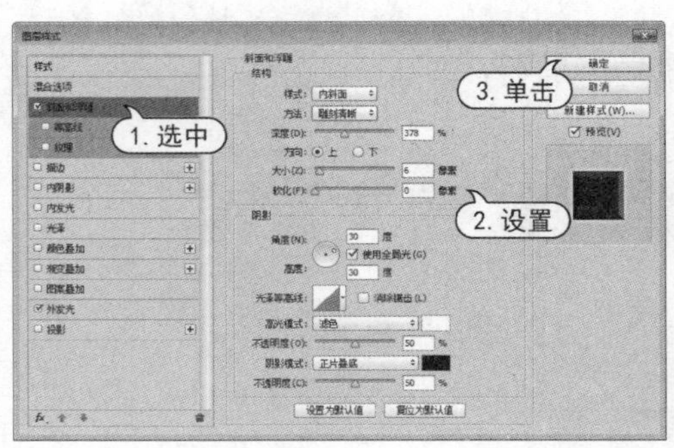

图 10-19 应用【斜面和浮雕】样式

10.2.2 路径文字

路径文字是指创建在路径上的文字，文字会沿着路径排列。改变路径形状时，文字的排列方式也会随之改变。在 Photoshop 中可以添加两种路径文字，一种是沿路径排列的文字，一种是路径内部的文字。

要想沿路径创建文字，需要先在图像中创建路径，然后选择文字工具，放置光标在路径上，当其显示为⅓时单击，即可在路径上显示文字插入点，从而可以沿路径创建文字，如图 10-20 所示。要想在路径内创建路径文字，需要先在图像文件窗口中创建闭合路径，然后选择工具箱中的文字工具，移动光标至闭合路径中，当光标显示为Ⓘ时单击，即可在路径区域中显示文字插入点，从而可以在路径闭合区域中创建文字内容，如图 10-21 所示。

图 10-20 沿路径创建文字

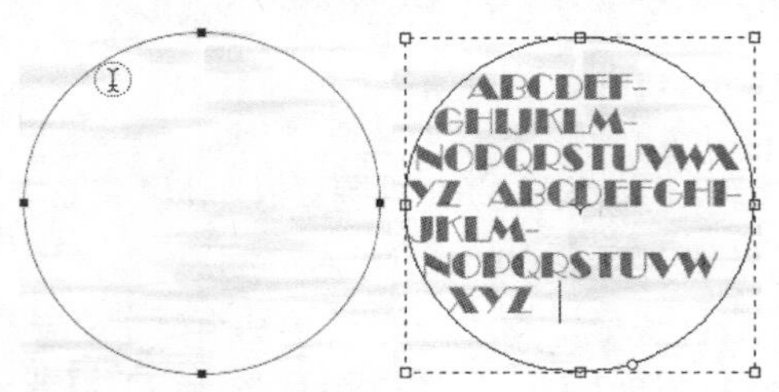

图 10-21 路径内创建文字

要调整所创建的文字在路径上的位置，可以在工具箱中选择【直接选择】工具或【路径选择】工具，再移动光标至文字上，当其显示为⟩或⟨时按下鼠标，沿着路径方向拖移文字即可；在拖移文字过程中，还可以拖动文字至路径的内侧或外侧，如图 10-22 所示。

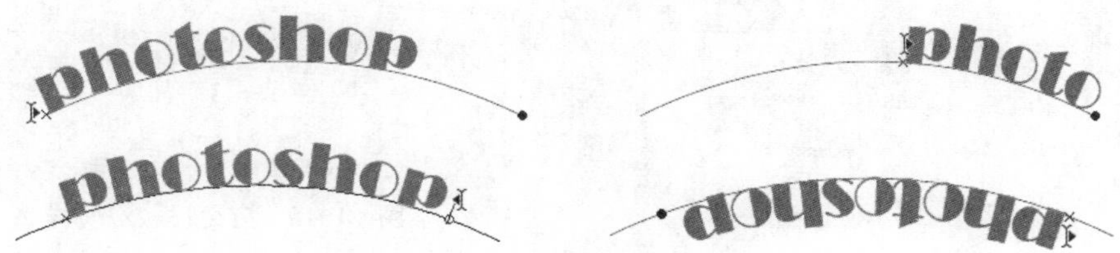

图 10-22 调整路径文字

【例 10-3】 在图像文件中，创建路径文字。视频+素材

STEP 01 选择【文件】|【打开】命令，打开素材图像文件，如图 10-23 所示。

STEP 02 选择【钢笔】工具，在选项栏中设置绘图模式为【路径】选项，然后在图像文件中创建路径，如图 10-24 所示。

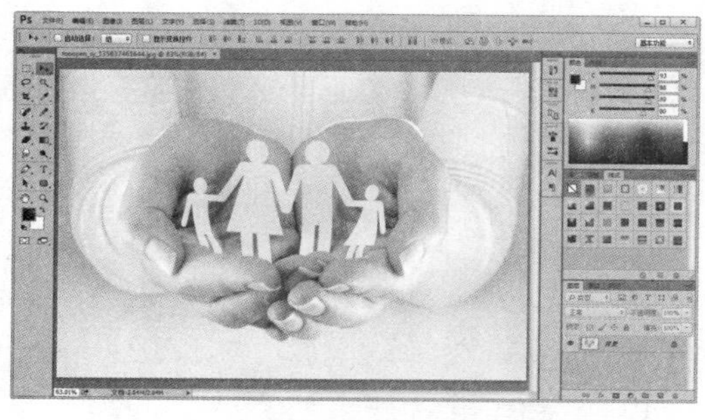

图 10-23　打开图像文件

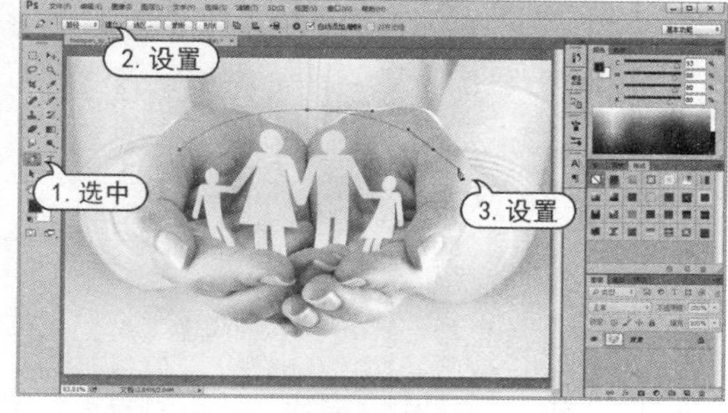

图 10-24　创建路径

STEP 03 选择【横排文字】工具，在选项栏中设置字体系列为 Bodoni MT Black，字体大小为 48 点。然后使用【横排文字】工具在路径上单击并输入文字内容。输入结束后按 Ctrl + Enter 键完成当前操作，如图 10-25 所示。

STEP 04 选择【路径选择】工具调整路径上文字位置，如图 10-26 所示。

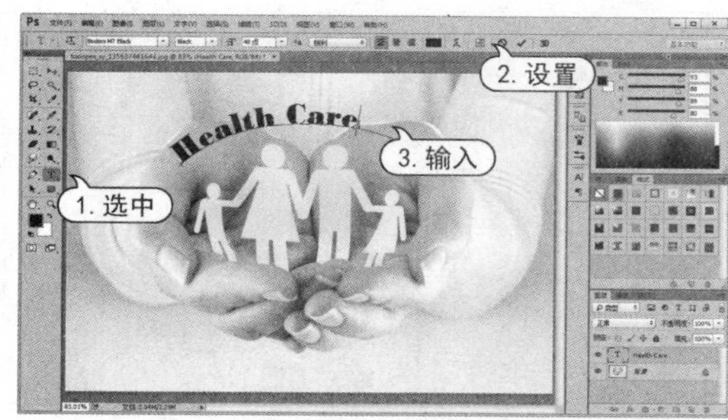

图 10-25　输入文字

图 10-26　调整路径文字

STEP 05 在【图层】面板中，设置文字图层的图层混合模式为【叠加】，如图 10-27 所示。

STEP 06 双击文字图层，打开【图层样式】对话框。在对话框中，选中【描边】样式选项，设置【大小】数值为 4 像素，【位置】为【外部】，颜色为白色，如图 10-28 所示。

图 10-27　设置图层

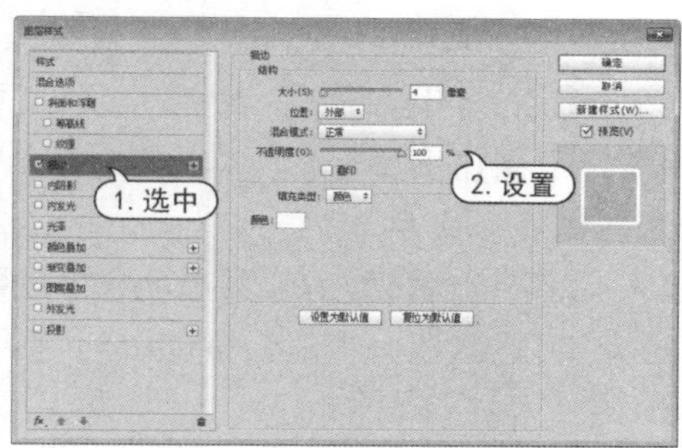

图 10-28　应用【描边】样式

轻松学电脑教程系列

STEP 07 在【图层样式】对话框中，选中【投影】样式选项，设置【距离】数值为 10 像素，【大小】数值为 15 像素，如图 10-29 所示。

STEP 08 在【图层样式】对话框中，选中【内阴影】样式选项，在【混合模式】下拉列表中选择【深色】选项，设置【不透明度】数值为 23%，【角度】数值为 67 度，【距离】数值为 3 像素，【大小】数值为 0 像素，然后单击【确定】按钮应用图层样式，如图 10-30 所示。

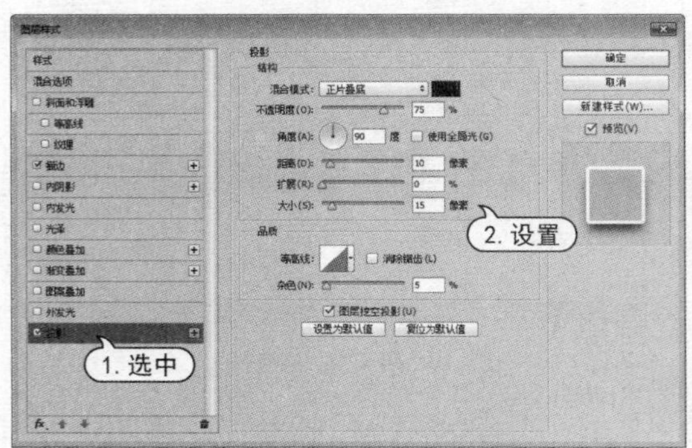

图 10-29 应用【投影】样式

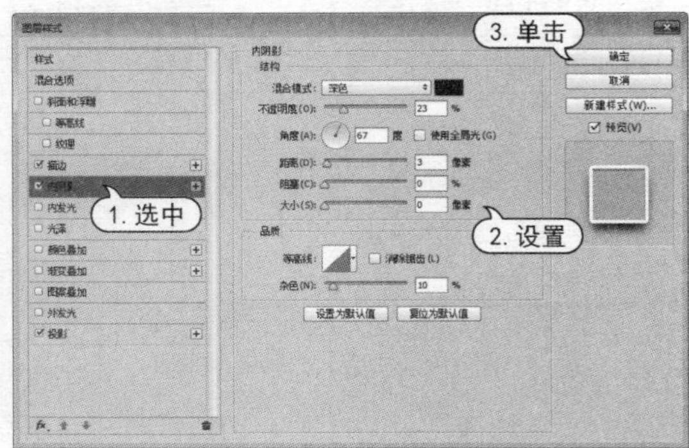

图 10-30 应用【内阴影】样式

STEP 09 打开【字符】面板，设置字符字距数值为 75，设置基线偏移数值为 20 点，如图 10-31 所示。

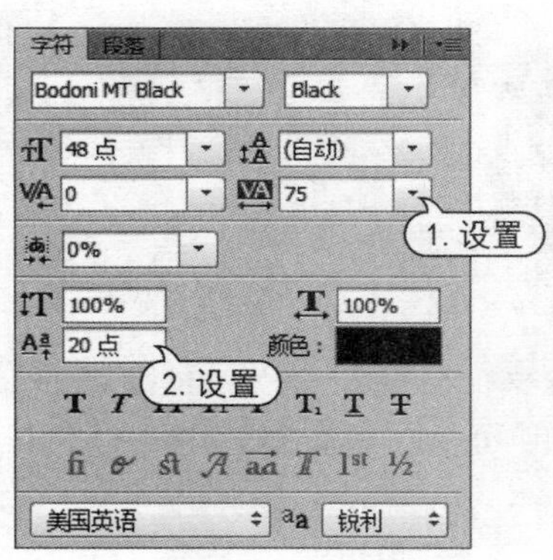

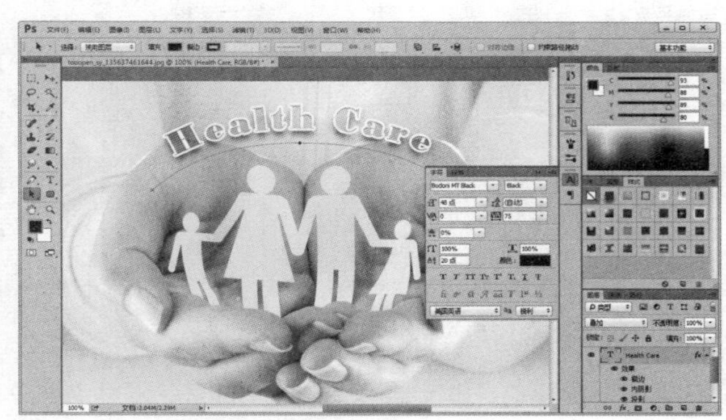

图 10-31 设置字符

10.2.3 变形文字

在 Photoshop 中，可以对文字对象进行变形操作，通过这些变形操作可以在不栅格化文字图层的情况下制作多种变形文字。

1. 创建变形文字

输入文字对象后，单击工具选项栏中的【创建文字变形】按钮，可以打开如图 10-32 所示的【变形文字】对话框。在对话框的【样式】下拉列表中选择一种变形样式即可设置文字的变形效果。

- 【样式】：在此下拉列表中可以选择一个变形样式。

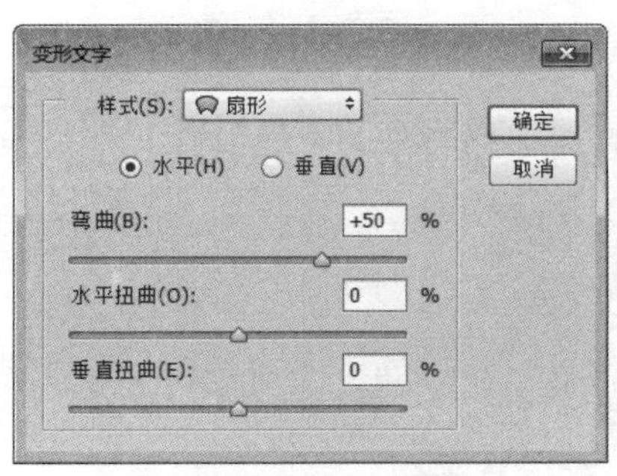

图 10-32　【变形文字】对话框

实用技巧

使用横排文字蒙版工具和直排文字蒙版工具创建选区时，在文本输入状态下同样可以进行变形操作，这样就可以得到变形的文字选区。

- 【水平】和【垂直】单选按钮：选择【水平】单选按钮，可以将变形效果设置为水平方向；选择【垂直】单选按钮，可以将变形设置为垂直方向。
- 【弯曲】：可以调整对图层应用的变形程度。
- 【水平扭曲】和【垂直扭曲】：拖动【水平扭曲】和【垂直扭曲】的滑块，或输入数值，可以为变形应用透视。

【例 10-4】 在图像文件中，创建变形文字。 视频+素材

STEP 01 选择【文件】|【打开】命令，打开素材图像文件，如图 10-33 所示。

STEP 02 选择【横排文字】工具，在工具选项栏中设置字体系列为 Arial Bold，字体大小为 72 点，字体颜色为白色，然后使用文字工具在图像中单击并输入文字内容，输入结束后按 Ctrl + Enter 键完成当前操作，如图 10-34 所示。

图 10-33　打开图像文件

图 10-34　输入文字

STEP 03 在选项栏中单击【创建文字变形】按钮，打开【变形文字】对话框。在对话框的【样式】下拉列表中选择【旗帜】选项，设置【弯曲】数值为 45%，【水平扭曲】数值为 66%，【垂直扭曲】数值为-9%，然后单击【确定】按钮，如图 10-35 所示。

STEP 04 在【样式】面板中，单击【双环发光(按钮)】样式。在【图层】面板中，设置文字图层混合模式为【柔光】，如图 10-36 所示。

2. 重置变形与取消变形

使用横排文字工具和直排文字工具创建的文本，在没有将其栅格化或者转换为形状前，可以随时重置与取消变形。

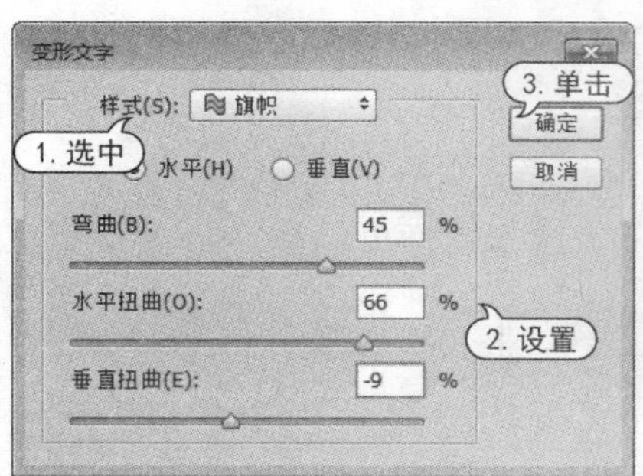

图 10-35　变形文字

图 10-36　应用图层样式

选择一个文字工具，单击工具选项栏中的【创建文字变形】按钮，或选择【文字】|【文字变形】命令，可以打开【变形文字】对话框修改变形参数，或在【样式】下拉列表中选择另一种样式。

要取消文字变形，在【变形文字】对话框的【样式】下拉列表中选择【无】选项，然后单击【确定】按钮关闭对话框，即可将文字恢复为变形前的状态。

10.3　编辑文本对象

在 Photoshop 中创建文本对象后，可以对文字的样式、大小、颜色、行距等参数进行设置，还可以对文本对象进行排版。

10.3.1　修改文本属性

【字符】面板用于设置文字的基本属性，如设置文字的字体、字号、字符间距及文字颜色等。选择任意一个文字工具，单击选项栏中的【切换字符和段落面板】按钮，或者选择【窗口】|【字符】命令都可以打开如图 10-37 所示的【字符】面板，通过设置面板选项即可设置文字属性。

- 【设置字体系列】下拉列表：该选项用于设置文字的字体样式，如图 10-38 所示。
- 【设置字体大小】下拉列表：该选项用于设置文字的字符大小，如图 10-39 所示。

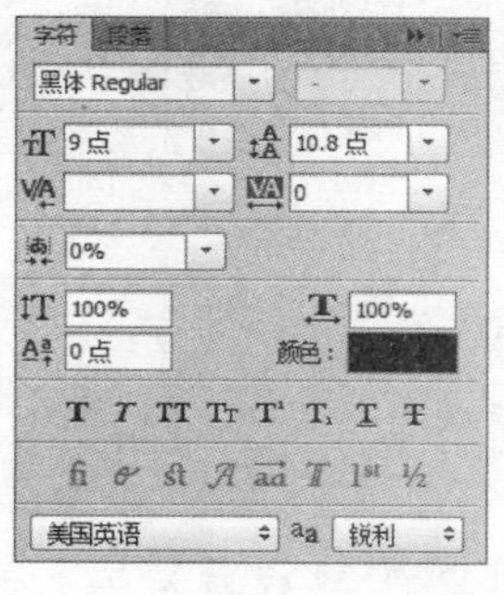

图 10-37　【字符】面板

图 10-38　设置字体系列

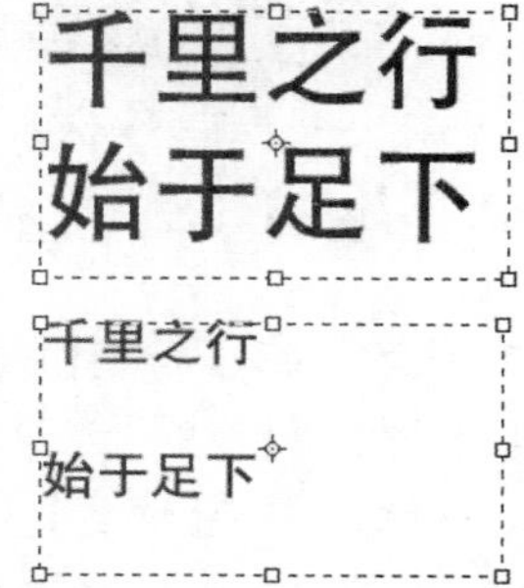

图10-39　设置字体大小

- 【设置行距】下拉列表：该选项用于设置文本对象中两行文字之间的间隔距离。设置【设置行距】选项时，可以通过其下拉列表框选择预设的数值，也可以在文本框中自定义数值，还可以选择下拉列表框中的【自动】选项，根据创建文本对象的字体大小自动设置适当的行距数值，如图 10-40 所示。

- 【设置两个字符之间的字距微调】选项：该选项用于微调光标位置前字符间距。与【设置所选字符的字距调整】选项不同的是，该选项只能设置光标位置前的字距。用户可以在其下拉列表框中选择 Photoshop 预设的参数数值，也可以在其文本框中直接输入所需的参数数值。需要注意的是，该选项只在没有选择文字的情况下为可设置状态，如图 10-41 所示。

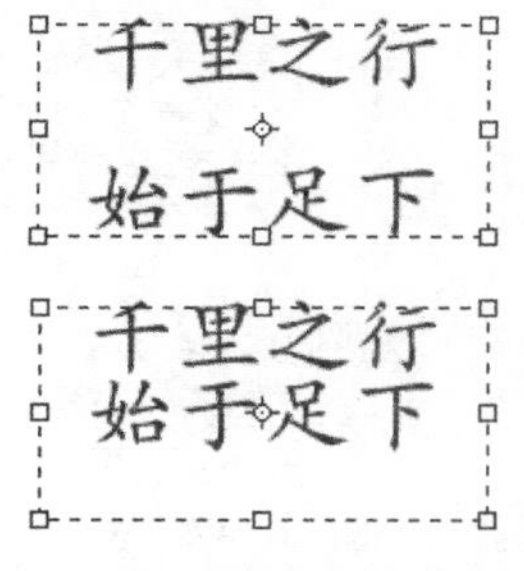

图 10-40　设置行距　　图10-41　设置两个字符之间的字距微调

- 【设置所选字符的字距调整】选项：该选项用于设置两个字符的间距。用户可以在其下拉列表框中选择 Photoshop 预设的参数数值，也可以在其文本框中直接输入所需的参数数值，如图 10-42 所示。
- 【设置所选字符的比例间距】选项：该选项用于设置文字字符间的比例间距，数值越大，字距越小。
- 【垂直缩放】文本框和【水平缩放】文本框：这两个文本框用于设置文字的垂直和水平缩放比例，如图 10-43 所示。
- 【设置基线偏移】文本框：该文本框用于设置选择文字向上或向下偏移的数值。设置该选项参数后，不会影响整体文本对象的排列方向，如图 10-44 所示。

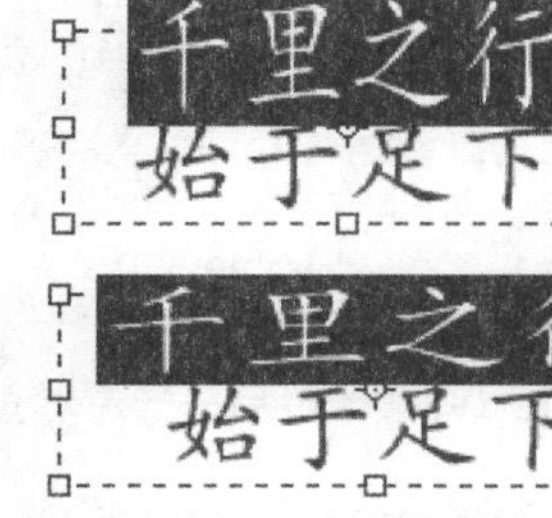

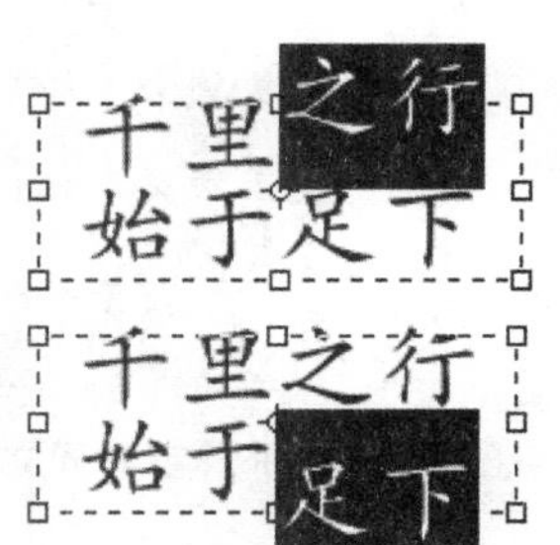

图 10-42　设置所选字符的字距调整　　图 10-43　垂直缩放和水平缩放　　图 10-44　设置基线偏移

- 【字符样式】选项区域：在该选项区域中，通过单击不同的字符样式按钮，可以设置仿粗体、仿斜体、全部大写字母、小型大写字母、上标、下标、下划线、删除线等样式。

10.3.2　编辑段落文本

【段落】面板用于设置段落文本的编排方式，如设置段落文本的对齐方式、缩进值等。单击选项栏中的【显示/隐藏字符和段落面板】按钮，或者选择【窗口】|【段落】命令都可以打开如图 10-45 所示的【段落】面板，通过设置选项即可设置段落文本的属性。

- 【左对齐文本】按钮▤：单击该按钮，创建的文字会以整个文本对象的左边为界，强制进行左对齐。【左对齐文本】按钮为段落文本的默认对齐方式，如图 10-46 所示。
- 【居中对齐文本】按钮▤：单击该按钮，创建的文字会以整个文本对象的中心线为界，强制进行居中对齐，如图 10-47 所示。

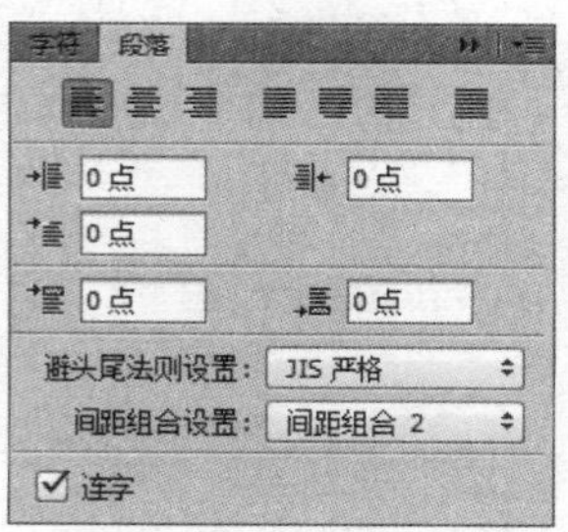

图 10-45　【段落】面板

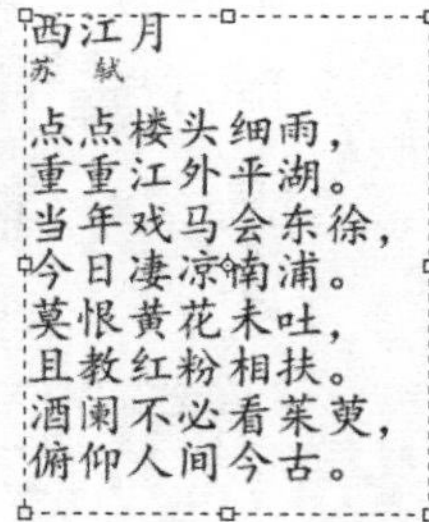

图 10-46　左对齐文本

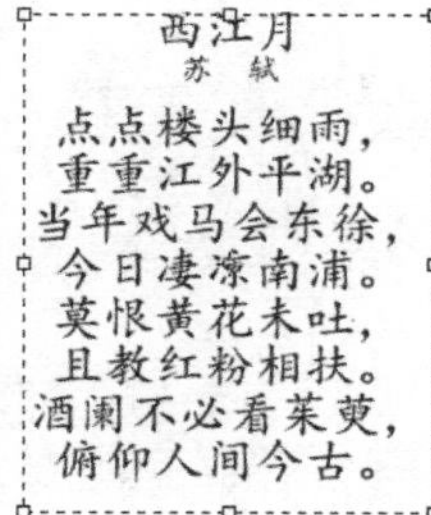

图 10-47　居中对齐文本

- 【右对齐文本】按钮▤：单击该按钮，创建的文字会以整个文本对象的右边为界，强制进行右对齐，如图 10-48 所示。
- 【最后一行左对齐】按钮▤：单击该按钮，创建的文字会以整个文本对象的左右两边为界强制对齐，同时将处于段落文本最后一行的文本以其左边为界进行强制左对齐。该按钮为段落对齐时较常使用的对齐方式，如图 10-49 所示。
- 【最后一行居中对齐】按钮▤：单击该按钮，创建的文字会以整个文本对象的左右两边为界强制对齐，同时将处于段落文本最后一行的文本以其中心线为界进行强制居中对齐，如图 10-50 所示。

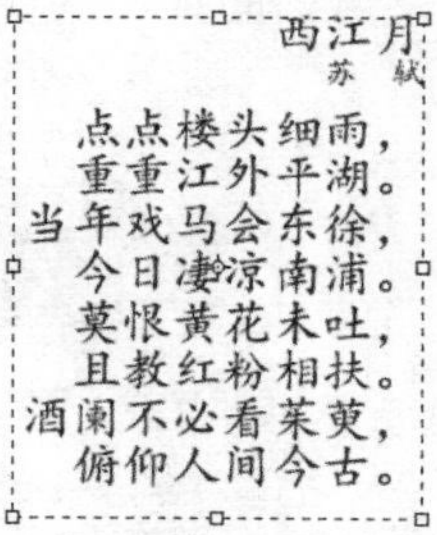

图 10-48　右对齐文本 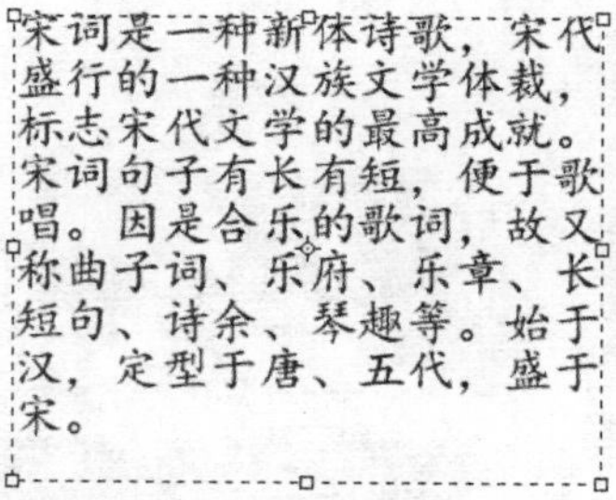　　图 10-49　最后一行左对齐 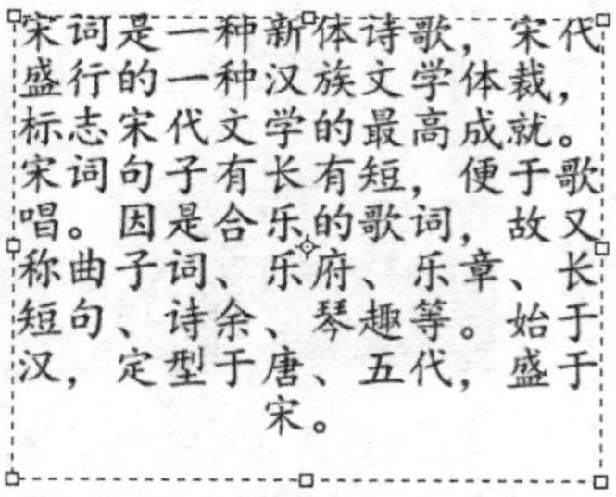　　图 10-50　最后一行居中对齐

- 【最后一行右对齐】按钮▤：单击该按钮，创建的文字会以整个文本对象的左右两边为界强制对齐，同时将处于段落文本最后一行的文本以其右边为界进行强制右对齐，如图 10-51所示。
- 【全部对齐】按钮▤：单击该按钮，创建的文字会以整个文本对象的左右两边为界强制对齐，如图 10-52 所示。
- 【左缩进】文本框：用于设置段落文本中，每行文本两端与文字定界框左边界向右的间隔距离，或上边界(对于直排格式的文字)向下的间隔距离，如图 10-53 所示。
- 【右缩进】文本框：用于设置段落文本中，每行文本两端与文字定界框右边界向左的间隔距离，或下边界(对于直排格式的文字)向上的间隔距离，如图 10-54 所示。

▽【首行缩进】文本框：用于设置段落文本中，第一行文本与文字定界框左边界向右，或上边界（对于直排格式的文字）向下的间隔距离，如图 10-55 所示。

宋词是一种新体诗歌，宋代盛行的一种汉族文学体裁，标志宋代文学的最高成就。宋词句子有长有短，便于歌唱。因是合乐的歌词，故又称曲子词、乐府、乐章、长短句、诗余、琴趣等。始于汉，定型于唐、五代，盛于宋。

图 10-51　最后一行右对齐

宋词是一种新体诗歌，宋代盛行的一种汉族文学体裁，标志宋代文学的最高成就。宋词句子有长有短，便于歌唱。因是合乐的歌词，故又称曲子词、乐府、乐章、长短句、诗余、琴趣等。始于汉，定型于唐　、　五　代　，　盛　于　宋　。

图 10-52　全部对齐

宋词是一种新体诗歌，宋代盛行的一种汉族文学体裁，标志宋代文学的最高成就。宋词句子有长有短，便于歌唱。因是合乐的歌词，故又称曲子词、乐府、乐章、长短句、诗余、琴趣等。始于汉，定型于唐、五代，盛于宋。

图 10-53　左缩进

宋词是一种新体诗歌，宋代盛行的一种汉族文学体裁，标志宋代文学的最高成就。宋词句子有长有短，便于歌唱。因是合乐的歌词，故又称曲子词、乐府、乐章、长短句、诗余、琴趣等。始于汉，定型于唐、五代，盛于宋。

图 10-54　右缩进

　　宋词是一种新体诗歌，宋代盛行的一种汉族文学体裁，标志宋代文学的最高成就。宋词句子有长有短，便于歌唱。因是合乐的歌词，故又称曲子词、乐府、乐章、长短句、诗余、琴趣等。始于汉，定型于唐、五代，盛于宋。

图 10-55　首行缩进

▽【段前添加空格】文本框：用于设置当前段落与其前面段落的间隔距离，如图10-56 所示。

▽【段后添加空格】文本框：用于设置当前段落与其后面段落的间隔距离，如图10-57 所示。

　　宋词是一种新体诗歌，宋代盛行的一种汉族文学体裁，标志宋代文学的最高成就。

　　宋词句子有长有短，便于歌唱。因是合乐的歌词，故又称曲子词、乐府、乐章、长短句、诗余、琴趣等。
　　始于汉，定型于唐、五代，盛于宋。

图 10-56　段前添加空格

　　宋词是一种新体诗歌，宋代盛行的一种汉族文学体裁，标志宋代文学的最高成就。
　　宋词句子有长有短，便于歌唱。因是合乐的歌词，故又称曲子词、乐府、乐章、长短句、诗余、琴趣等。

　　始于汉，定型于唐、五代，盛于宋。

图 10-57　段后添加空格

▽ 避头尾法则设置：不能出现在一行的开头或结尾的字符称为避头尾字符。避头尾法则是用于指定亚洲文本的换行方式。

▽ 间距组合设置：用于为文本编排指定预定义的间距组合。

▽【连字】复选框：启用该复选框，会在输入英文词过程中，根据文字定界框，自动在换行时添加连字符。

【例 10-5】 在图像文件中，设置段落文本属性。 视频+素材

STEP 01 选择【文件】|【打开】命令，打开素材图像文件，如图 10-58 所示。

STEP 02 选择【横排文字】工具，在图像文件中按住鼠标拖动创建文本框。在选项栏中设置字体系列为方正粗圆_GBK Regular，字体大小为 14 点，字体颜色为 R：163、G：91、B：96，然后在文本框中输入文字内容。输入结束后按 Ctrl + Enter 键完成当前操作，如图 10-59 所示。

STEP 03 单击选项栏中【切换字符和段落面板】按钮，打开【段落】面板，单击【最后一行左对齐】按钮，设置【首行缩进】为 25 点，【段后添加空格】数值为 10 点，【避头尾法则设置】下拉列表中选择【JIS 严格】，【间距组合设置】下拉列表中选择【间距组合 1】选项，如图 10-60 所示。

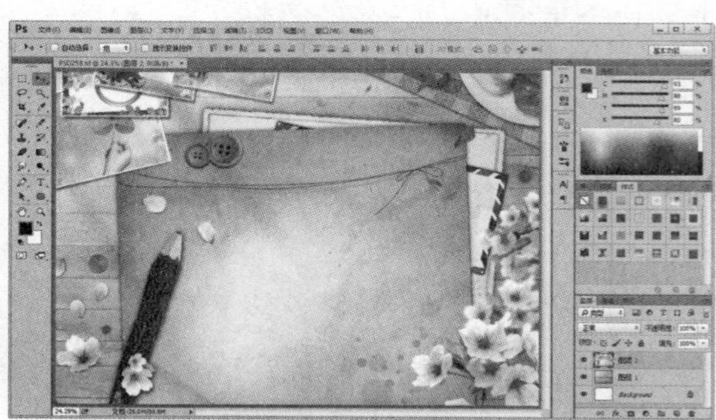

图 10-58 打开图像文件

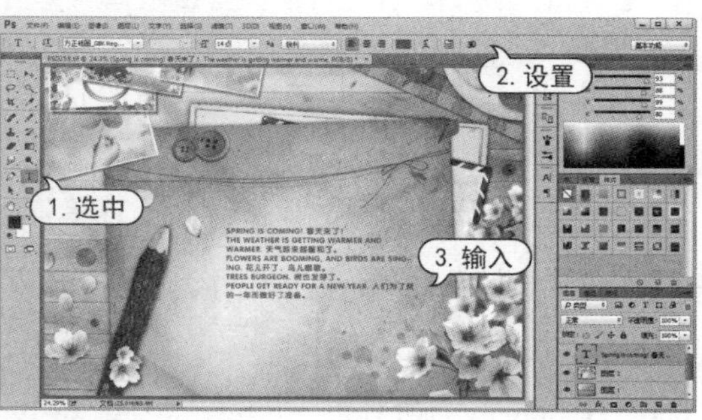

图 10-59 输入文字

图 10-60 设置段落

STEP 04 使用【横排文字】工具在图像中单击，在选项栏中设置字体样式为 Lucida Handwriting Italic，字体大小为 36 点，然后输入文字内容。输入结束后按 Ctrl + Enter 键完成当前操作，如图 10-61 所示。

STEP 05 在【段落】面板中，设置【首行缩进】为 0 点。在【图层】面板中双击刚创建的文字图层，打开【图层样式】对话框。在【图层样式】面板中，选中【投影】样式，设置【混合模式】为【柔光】，【不透明度】数值为 100%，【角度】数值为 30 度，【距离】数值为 29 像素，【大小】数值为 5 像素，然后单击【确定】按钮应用图层样式，如图 10-62 所示。

图 10-61 输入文字

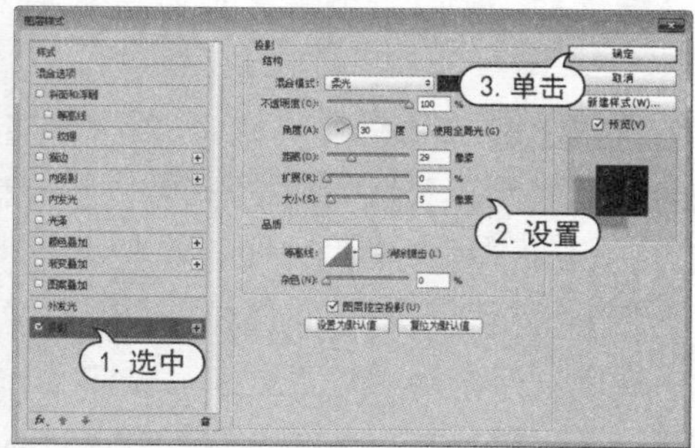

图 10-62 应用【投影】样式

STEP 06 在图层面板中，选中两个文字图层。按 Ctrl + T 键应用【自由变换】命令，在选项栏中设置【设置旋转】数值为 -3 度，然后按 Enter 键应用，如图 10-63 所示。

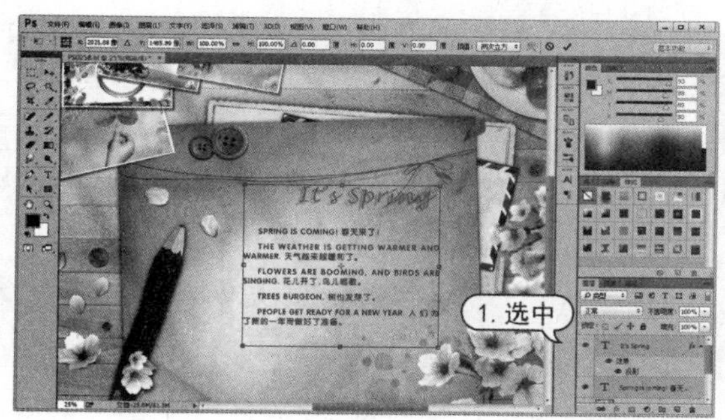

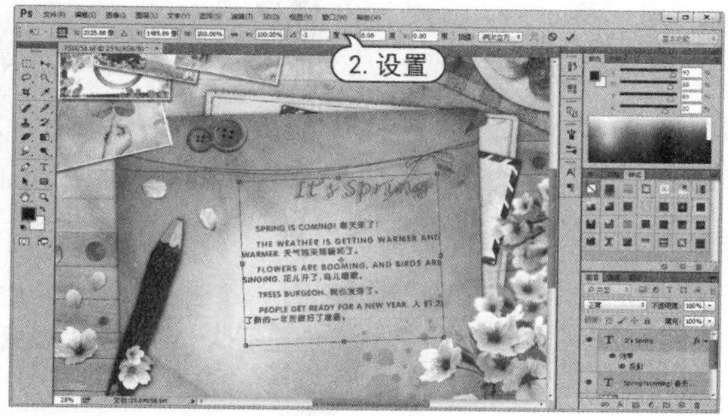

图 10-63　变换文字

10.4 【字符样式】和【段落样式】面板

在进行书籍、报纸杂志等包含大量文字排版的工作时，经常会需要为多个文字图层赋予相同的样式，Photoshop 的【字符样式】面板和【段落样式】面板中提供了便利的操作方式。

10.4.1 使用【字符样式】面板

选择【窗口】|【字符样式】命令，打开如图 10-64 所示的【字符样式】面板。在【字符样式】面板中可以创建字符样式、更改字符属性；并可存储字符属性，在需要使用时，只需要选中文字图层，然后单击相应的字符样式即可。

- 清除覆盖：单击该按钮即可清除当前字体样式。
- 通过合并覆盖重新定义字符样式：单击该按钮，即可以所选文字合并覆盖当前字符样式。
- 创建新样式：单击该按钮可以创建新的样式。
- 删除当前字符样式：单击该按钮，可以将当前选中的字符样式删除。

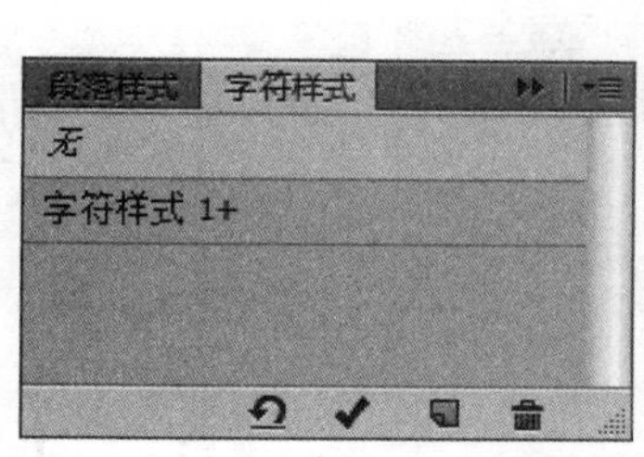

图 10-64　【字符样式】面板

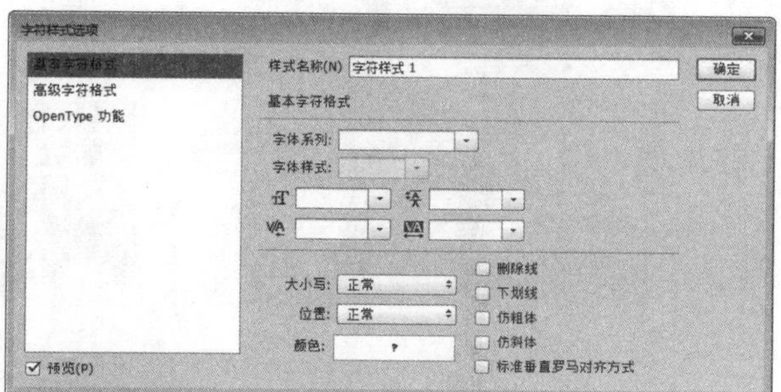

图 10-65　【字符样式选项】对话框

1. 创建字符样式

在【字符样式】面板中单击【创建新样式】按钮，然后双击新创建出的字符样式，即可打开如

图 10-65 所示的【字符样式选项】对话框，其中包含【基本字符格式】、【高级字符格式】和【OpenType 功能】3 组设置页面，可以对字符样式进行详细的编辑。【字符样式选项】对话框中的选项与【字符】面板中的设置选项基本相同。

【例 10-6】 在图像文件中，创建、应用字符样式。 视频+素材

STEP 01 选择【文件】|【打开】命令，打开素材图像文件，如图 10-66 所示。

STEP 02 选择【横排文字】工具，在选项栏中设置字体样式为方正大标宋简体，字体大小数值为 60 点，单击【居中对齐文本】按钮，设置字体颜色为白色，然后在图像中输入文字内容，如图 10-67 所示。

STEP 03 使用【横排文字】工具在图像中输入文字内容，并在选项栏中将字体样式更改为汉真广标 regular，如图 10-68 所示。

STEP 04 选择【窗口】|【字符样式】命令，打开【字符样式】面板。在【字符样式】面板中单击【创建新的字符样式】按钮，创建一个新的字符样式，如图 10-69 所示。

STEP 05 在【字符样式】面板中选中新建的字符样式，在该样式名称的后方会出现 + 号，单击【通过合并覆盖重新定义字符样式】按钮，即可将刚输入的文字样式创建为字符样式，如图 10-70 所示。

图 10-66 打开图像文件

图 10-67 输入文字

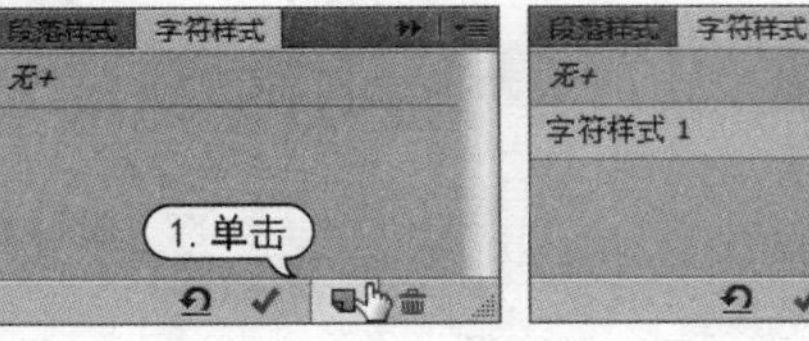

图 10-68 输入文字

图 10-69 创建新样式

STEP 06 在【图层】面板中选中"健康生活"文字图层，在【字符样式】面板中选中【字符样式 1】，然后在面板菜单中选择【清除覆盖】命令，如图 10-71 所示。

2. 载入字符样式

可以将另一个 PSD 文档的字符样式导入到当前文档中。打开【字符样式】面板，在【字符

样式】面板菜单中选择【载入字符样式】命令，然后在弹出的【载入】对话框中找到需要导入的素材，双击即可将该文件包含的样式导入到当前文档中。

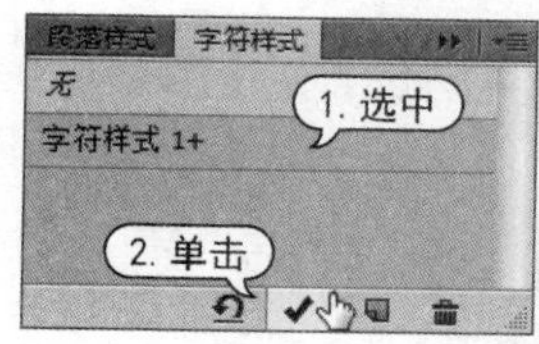

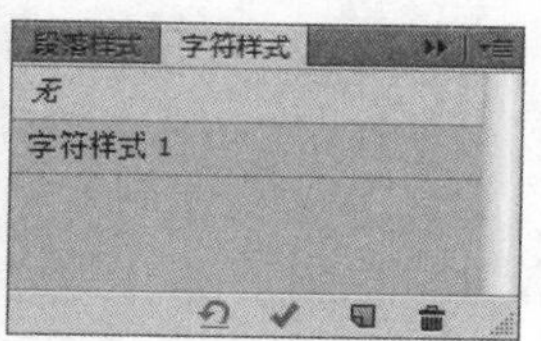

图 10-70　重新定义字符样式

图 10-71　应用字符样式

【例 10-7】 在图像文件中，应用载入的字符样式。视频+素材

STEP 01 选择【文件】|【打开】命令，打开素材图像文件，如图 10-72 所示。

STEP 02 选择【横排文字】工具，在选项栏中设置字体样式为 Arial Italic，字体大小数值为 60 点，然后在图像中输入文字内容，如图 10-73 所示。

STEP 03 打开【字符样式】面板，在【字符样式】面板菜单中选择【载入字符样式】命令。在打开的【载入】对话框中，选中需要的素材，单击【载入】按钮，如图 10-74 所示。

图 10-72　打开图像文件

图 10-73　输入文字内容

STEP 04 在【字符样式】面板中，选中【字符样式 1】样式，然后选择面板菜单中的【清除覆盖】命令，如图 10-75 所示。

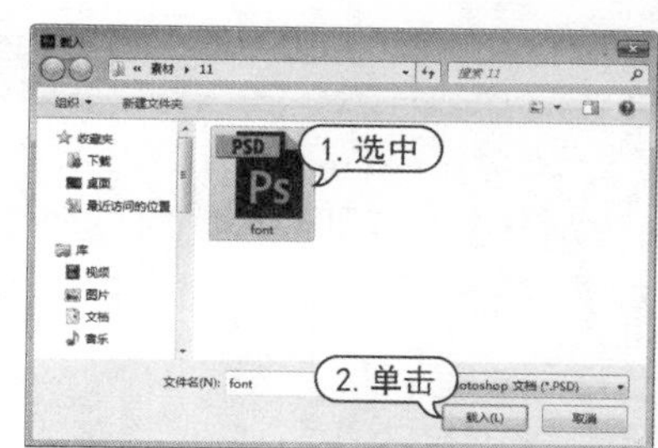

图 10-74　载入字符样式

图 10-75　应用载入字符样式

轻松学 电脑教程系列

STEP 05 在【字符样式】面板中，双击【字符样式 1】样式，打开【字符样式选项】对话框。在对话框中，设置【字体系列】为 Papyrus，字体大小数值为 80 点，字体颜色为 R:200、G:35、B:35，然后单击【确定】按钮，如图 10-76 所示。

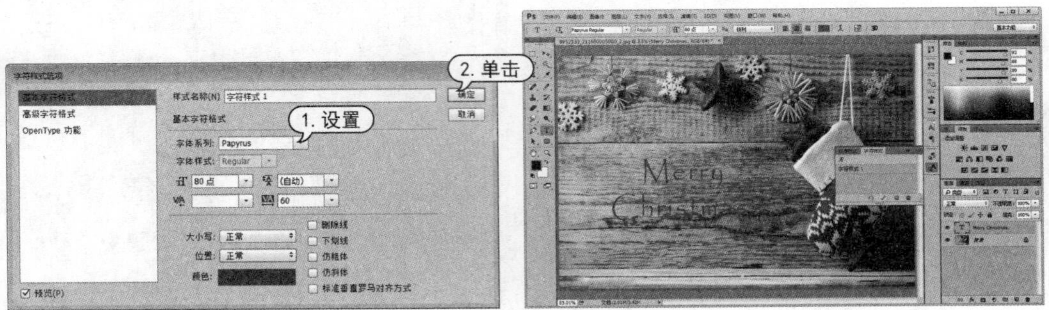

图 10-76 修改字符样式

3. 复制、删除字符样式

如果需要复制或删除某一字符样式，只需在【字符样式】面板中将其选中，然后在面板菜单中选择【复制样式】或【删除样式】命令即可。如果需要去除当前文字图层的样式，可以选中该文字图层，然后单击【字符样式】面板中的【无】即可。

10.4.2 使用【段落样式】面板

选择菜单栏中的【窗口】|【段落样式】命令，打开如图10-77所示的【段落样式】面板。【段落样式】面板与【字符样式】面板的使用方法相同，可以进行样式的定义、编辑与调用。字符样式主要用于类似标题的较少文字的排版，而段落样式的设置选项多应用于类似正文的大段文字的排版。

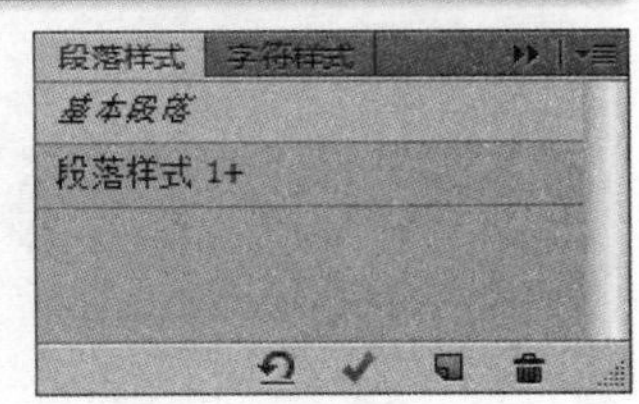

图 10-77 【段落样式】面板

10.5 转换文字图层

在 Photoshop 中，文字作为特殊的矢量对象，不能够像普通对象一样进行编辑操作。因此，在编辑、处理文字时，需要先将文字图层进行转换。转换后的文字对象无法再编辑、更改属性。

10.5.1 将文字转换为形状

要将文字转换为形状，在【图层】面板中需操作的文字图层上右击，在弹出的快捷菜单中选择【转换为形状】命令，或选择菜单栏中的【文字】|【转换为形状】命令即可。使用该命令后，文字图层转换为形状图层，用户可以使用路径选择工具对文字效果进行调节，创建自己喜欢的字形。

【例 10-8】 在图像文件中，将文字转换为形状。 视频+素材

STEP 01 选择【文件】|【打开】命令，打开素材图像文件，如图 10-78 所示。

STEP 02 选择【横排文字】工具，在工具选项栏中设置字体系列为 Script MT Bold Regular，字体

大小为 120 点，单击【居中对齐文本】按钮，然后输入文字内容，输入结束后按 Ctrl + Enter 键完成当前操作，如图 10-79 所示。

图 10-78　打开图像文件

图 10-79　输入文字

STEP 03 在【图层】面板中，右击文字图层，在弹出的菜单中选择【转换为形状】命令。选择【直接选择】工具，在文字形状上选中锚点调整文字形状，如图 10-80 所示。

STEP 04 在【样式】面板菜单中，选择【载入样式】命令，打开【载入】对话框。在对话框中，选中 12Awesome 3D Text Effect Styles 样式库，然后单击【载入】按钮，如图 10-81 所示。

图 10-80　调整文字形状

图 10-81　载入样式

STEP 05 在【样式】面板中，单击 12Qolloriz- Imdesigns 样式，如图 10-82 所示。

STEP 06 选择【图层】|【图层样式】|【缩放效果】命令，打开【缩放图层效果】对话框。在对话框中，设置【缩放】数值为 50%，然后单击【确定】按钮，如图 10-83 所示。

图 10-82　应用样式

图 10-83　缩放效果

10.5.2 将文字创建为工作路径

选择一个文字图层，选择【文字】|【创建工作路径】命令，或在文字图层上右击鼠标，在弹出的快捷菜单中选择【创建工作路径】命令，可以基于文字创建工作路径，原文字属性保持不变。生成的工作路径可以应用填充和描边，或者通过调整锚点得到变形文字。

10.5.3 栅格化文字图层

在 Photoshop 中，用户不能对在文本图层中创建的文字对象使用描绘工具或【滤镜】命令等工具和命令。要想使用这些命令和工具，必须在应用命令或使用工具之前栅格化文字，即将文字图层转换为普通图层，并使其内容成为不可编辑的文本图像图层。

要转换文本图层为普通图层，只需在【图层】面板中选择所需操作的文本图层，然后选择【图层】|【栅格化】|【文字】命令即可。也可在【图层】面板中需操作的文本图层上右击，在打开的快捷菜单中选择【栅格化文字】命令，如图 10-84 所示。

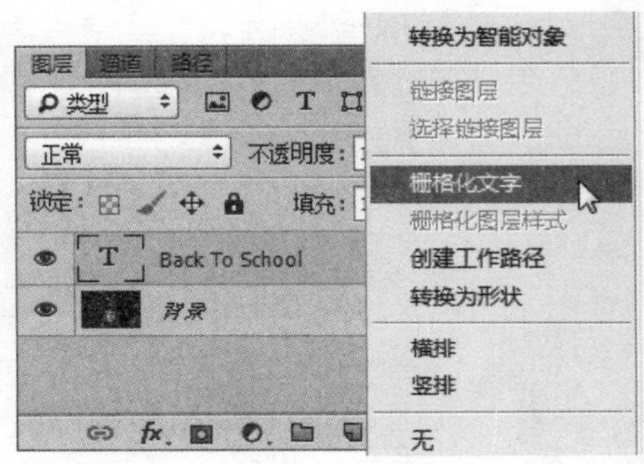

图 10-84 转换文字图层类型

10.6 案例演练

本章的案例演练为制作节日促销海报，用户通过它可以更好地掌握本章所介绍的创建、编辑文本对象的操作方法与技巧。

【例 10-9】 制作节日促销海报。视频+素材

STEP 01 选择【文件】|【打开】命令，打开一个素材图像文件，如图 10-85 所示。

STEP 02 使用【横排文字】工具在图像中单击，在选项栏中设置字体为【方正粗倩简体】，字体大小为 118 点，单击【居中对齐文本】按钮，然后输入文字内容。输入完成后，按 Ctrl + Enter 键结束操作。单击选项栏中【切换字符和段落面板】按钮，打开【字符】面板，设置行距数值为 150 点，如图 10-86 所示。

STEP 03 在【图层】面板的文字图层上单击鼠标右键，从弹出的菜单中选择【转换为形状】命令，如图 10-87 所示。

STEP 04 选择【编辑】|【变换路径】|【透视】命令，调整文字路径的透视效果，如图 10-88 所示。

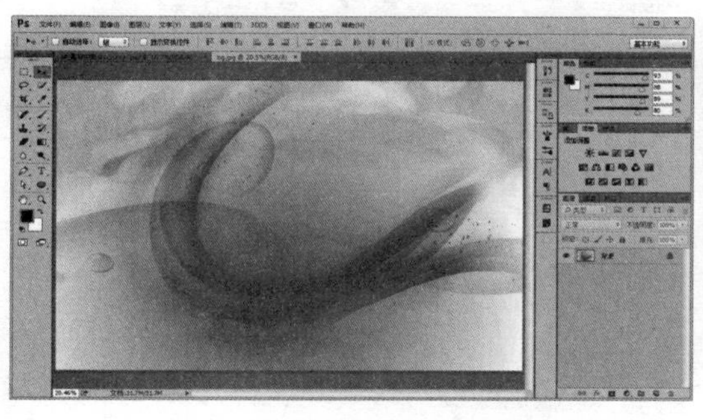

图 10-85　打开图像文件

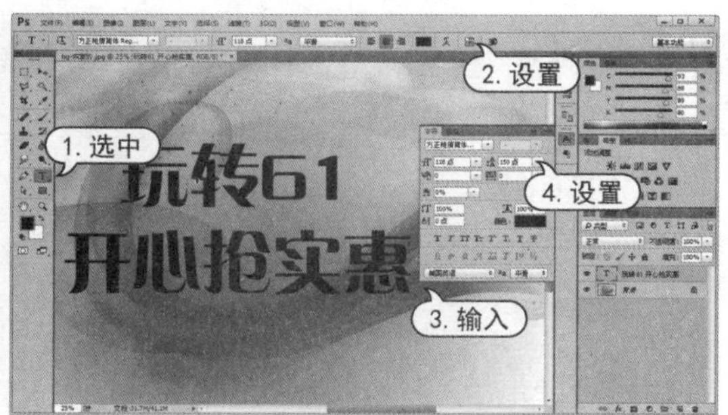

图 10-86　输入文字

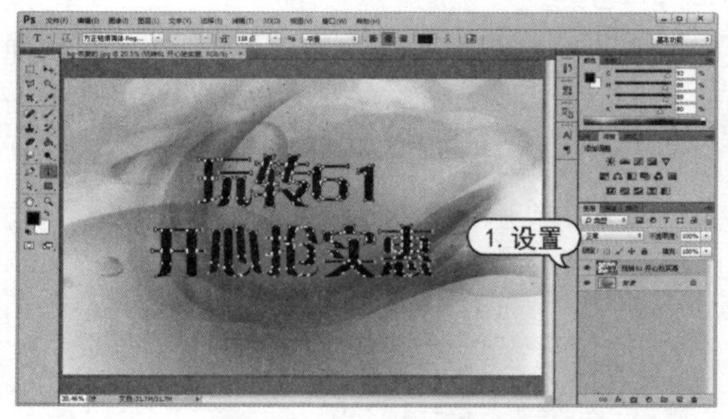

图 10-87　转换为形状

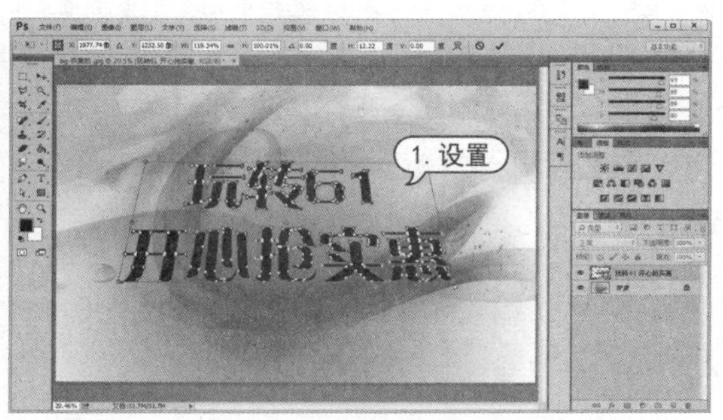

图 10-88　变换路径

STEP 05 使用【直接选择】工具选中数字部分路径，按 Ctrl + T 键应用【自由变换】命令，调整数字大小及位置，如图 10-89 所示。

STEP 06 使用【直接选择】工具，配合【转换点】工具调整文字形状，如图 10-90 所示。

图 10-89　调整文字效果

图 10-90　调整文字形状

STEP 07 选择【多边形】工具，在选项栏中单击【路径操作】按钮，从弹出的列表中选择【合并形状】选项；单击⚙按钮，从弹出的下拉面板中选择【星形】复选框，然后在图像中添加星形，如图 10-91 所示。

STEP 08 在【图层】面板中双击文字形状图层，打开【图层样式】对话框。在对话框中，选中【颜色叠加】样式选项，单击色板，打开【拾色器(叠加颜色)】对话框。在对话框中设置叠加颜色为 R:244、G:231、B:41，如图 10-92 所示。

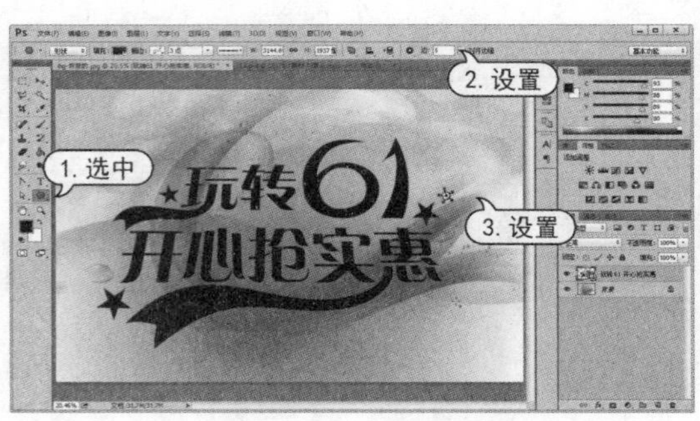

图 10-91　绘制图形

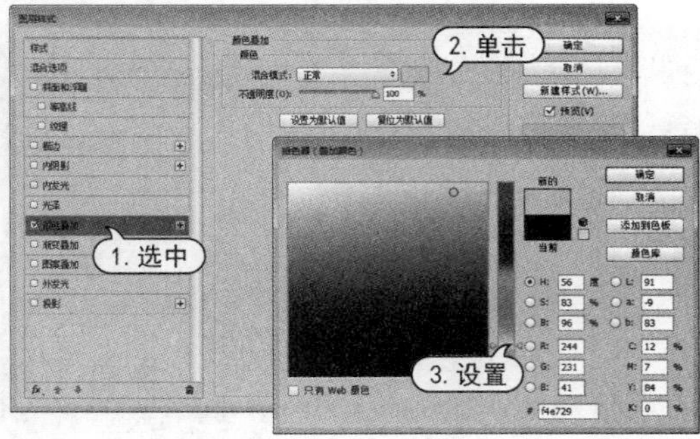

图 10-92　应用【颜色叠加】样式

STEP 09 在【图层样式】对话框中，选中【斜面和浮雕】样式选项，设置【深度】数值为 235%，【大小】数值为 32 像素，【软化】数值为 4 像素，【角度】数值为 114 度，单击【光泽等高线】选项，从弹出的列表框中选择【锥形】选项，设置高光模式颜色为 R:241、G:245、B:213，【不透明度】数值为 70%，设置阴影模式颜色为 R:165、G:157、B:30，【不透明度】数值为 40%，如图 10-93 所示。

STEP 10 在【图层样式】对话框中，选中【等高线】样式选项，单击【等高线】选项，从弹出的列表框中选择【高斯】选项，设置【范围】数值为 6%，如图 10-94 所示。

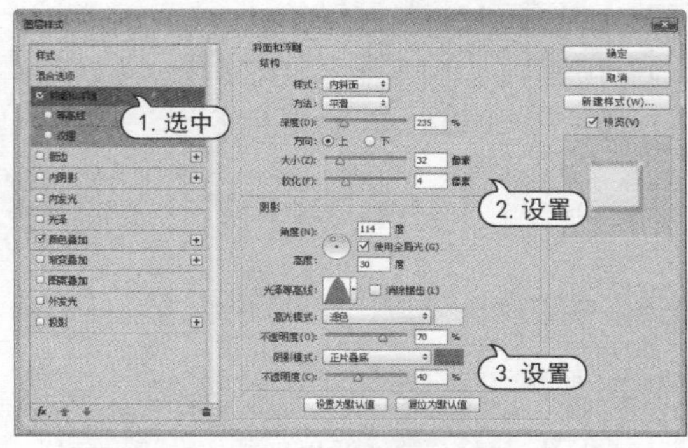

图 10-93　应用【斜面和浮雕】样式

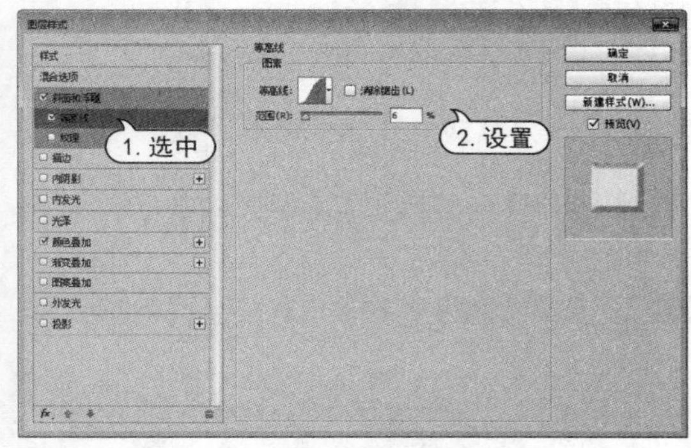

图 10-94　应用【等高线】样式 1

STEP 11 在【图层样式】对话框中，选中【投影】样式选项，设置投影颜色为 R:150、G:33、B:35，【混合模式】为【线性加深】，【角度】数值为 114 度，【距离】数值为 25 像素，【扩展】数值为 100%，【大小】数值为 6 像素，然后单击【确定】按钮应用，如图 10-95 所示。

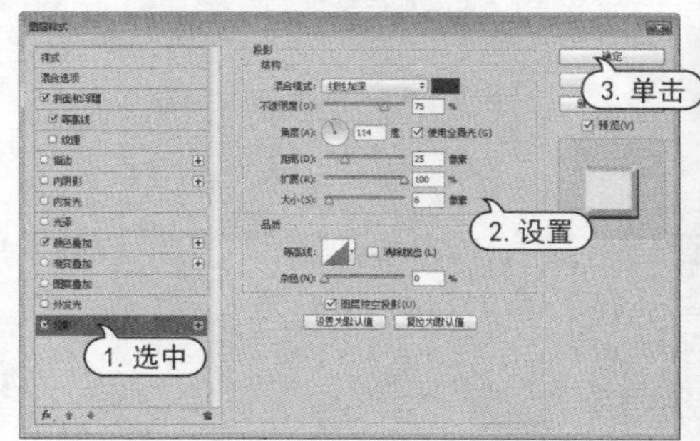

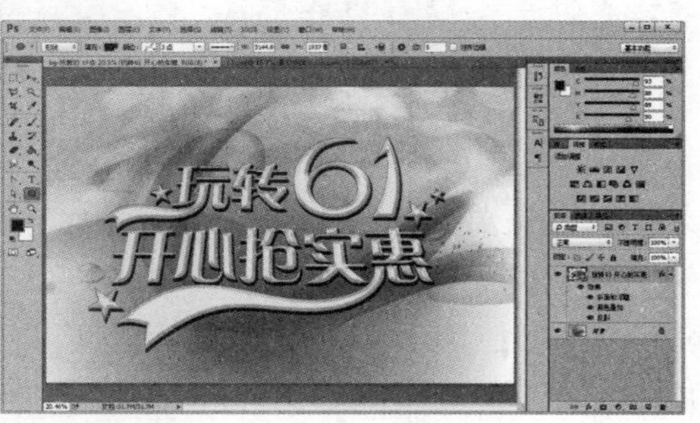

图 10-95　应用【投影】样式

STEP 12 在【图层】面板中，按住 Ctrl 并单击文字形状图层，载入选区，如图 10-96 所示。

STEP 13 选择【选择】|【修改】|【收缩】命令，打开【收缩选区】对话框。在对话框中，设置【收缩量】数值为 10 像素，然后单击【确定】按钮，如图 10-97 所示。

图 10-96 载入选区

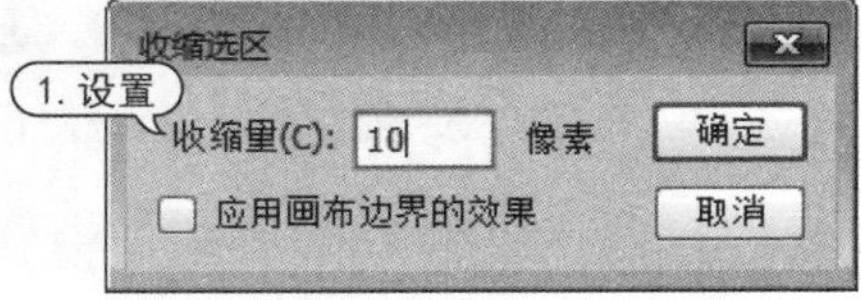

图 10-97 收缩选区

STEP 14 在【图层】面板中单击【创建新图层】按钮，新建【图层 1】，并按 Alt + Delete 键使用前景色填充选区。填充完成后，按 Ctrl + D 键取消选区。如图 10-98 所示。

STEP 15 在【图层】面板中双击【图层 1】图层，打开【图层样式】对话框。在对话框中，选中【颜色叠加】样式选项，单击色板，打开【拾色器(叠加颜色)】对话框。在对话框中设置叠加颜色为 R:244、G:231、B:41，如图 10-99 所示。

图 10-98 填充选区

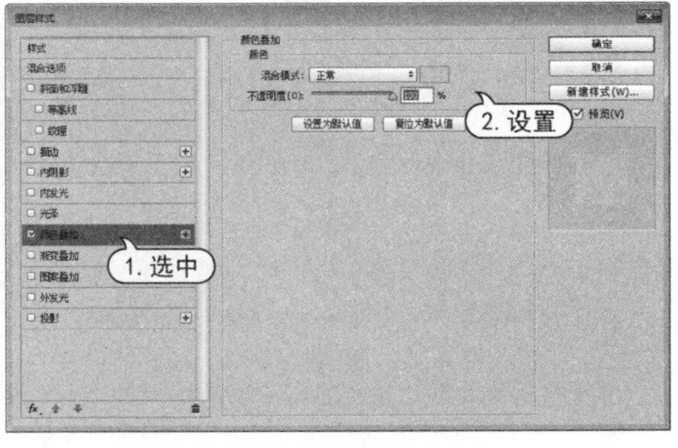

图 10-99 应用【颜色叠加】样式

STEP 16 在【图层样式】对话框中，选中【斜面和浮雕】样式选项，设置【深度】数值为 235%，【大小】数值为 53 像素，【软化】数值为 9 像素，【角度】数值为 114 度，单击【光泽等高线】选项，从弹出的列表框中选择【锥形】选项，设置高光模式颜色为 R:252、G:246、B:178，【不透明度】数值为 70%，设置阴影模式颜色为 R:242、G:235、B:45，【不透明度】数值为 40%，如图 10-100 所示。

STEP 17 在【图层样式】对话框中，选中【等高线】样式选项，单击【等高线】选项，从弹出的列表框中选择【高斯】选项，设置【范围】数值为 6%，然后单击【确定】按钮应用，如图 10-101所示。

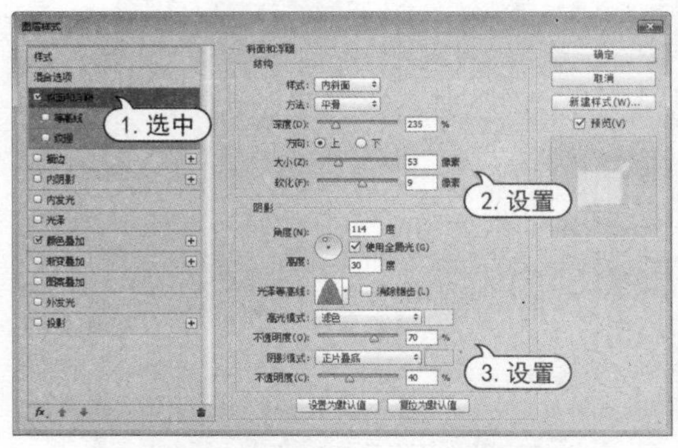

图 10-100　应用【斜面和浮雕】样式

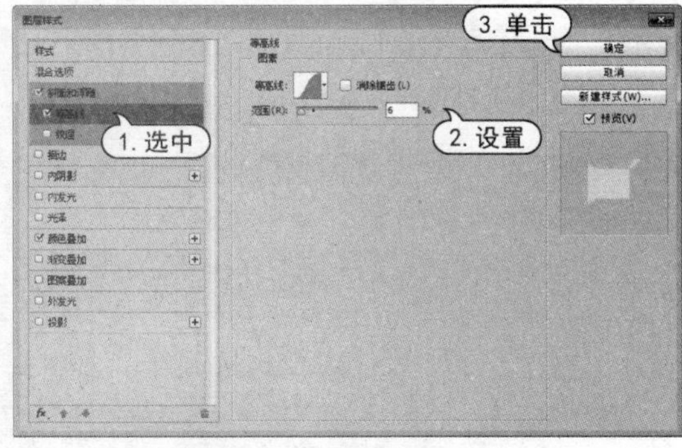

图 10-101　应用【等高线】样式 2

STEP 18 在【图层】面板中，选中【背景】图层。选择【文件】|【置入嵌入的智能对象】命令，打开【置入嵌入对象】对话框。在对话框中，选择所需要的图像，单击【置入】按钮。在图像中单击置入的图像，调整置入图像的大小、角度及位置，如图 10-102 所示。

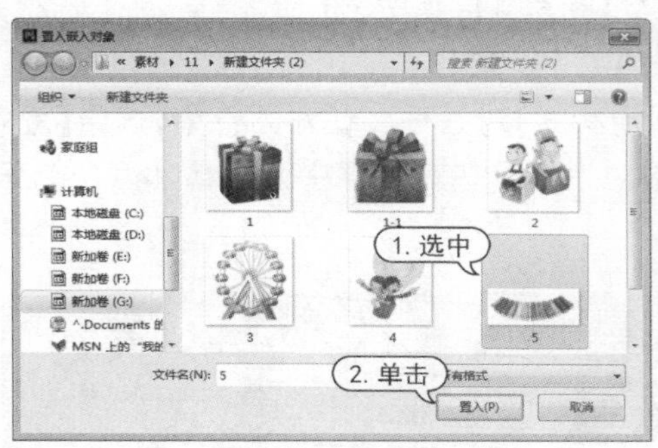

图 10-102　置入图像 1

STEP 19 置入其他图像并调整，如图 10-103 所示。

STEP 20 在【图层】面板中，单击【创建新图层】按钮，新建【图层 2】。选择【画笔】工具，在选项栏中设置画笔样式为柔边圆，【不透明度】数值为 20%。在【色板】面板中，单击【RGB 蓝】色板，然后在图像中涂抹。在【图层】面板中，设置【图层 2】混合模式为【深色】，【不透明度】数值为 65%，如图 10-104 所示。

图 10-103　置入图像 2

图 10-104　使用【画笔】工具

第 11 章

滤镜的应用

在 Photoshop 中，根据滤镜产生的效果不同可以分为独立滤镜、校正滤镜、变形滤镜、效果滤镜和其他滤镜。通过应用不同的滤镜可以制作出丰富多彩的图像效果。

对应的光盘视频

例 11-1　使用滤镜
例 11-2　使用【渐隐】命令
例 11-3　使用智能滤镜
例 11-4　调整智能滤镜
例 11-5　使用【Camera Raw 滤镜】
例 11-6　使用【镜头校正】命令
例 11-7　使用【消失点】命令
例 11-8　制作水珠效果

 11.1 初识滤镜

Photoshop 中的滤镜是一种插件模块，它通过改变图像像素的位置或颜色来生成各种特殊的效果。Photoshop 的【滤镜】菜单中提供了一百多种滤镜，大致可以分为 3 种类型。第一种是修改类滤镜，它们可以修改图像中的像素，如扭曲、纹理、素描等滤镜，这类滤镜的数量最多；第二种是复合类滤镜，它们有自己的工具和独特的操作方法，更像是一个独立的软件，如【液化】和【消失点】滤镜等；第三种是创造类滤镜，只有【云彩】滤镜，是唯一不需要借助任何像素便可以产生效果的滤镜。

11.1.1 滤镜的使用

要使用滤镜，首先在文档窗口中，指定要应用滤镜的图像或图像区域，然后执行【滤镜】菜单中的相关滤镜命令，打开滤镜对话框，对该滤镜进行参数的设置。设置完成后，单击【确定】按钮即可。

除此之外，滤镜也可以处理图层蒙版、快速蒙版或通道。需要注意的是，滤镜的处理效果是以像素为单位进行计算的。因此，相同的参数处理不同分辨率的图像时，其效果也会不同。只有【云彩】滤镜可应用在没有像素的区域，其他滤镜都必须应用在包含像素的区域。

【例 11-1】 使用滤镜调整图像效果。视频+素材

STEP 01 在 Photoshop 中，选择菜单栏中的【文件】|【打开】命令，选择打开一个图像文件，并按 Ctrl+J 键复制【背景】图层，如图 11-1 所示。

图 11-1 打开图像文件

实用技巧

RGB 模式的图像可以使用全部滤镜，部分滤镜不能用于 CMYK 模式的图像，索引模式和位图模式的图像不能使用滤镜。如果要对位图、索引或 CMYK 模式的图像应用一些特殊滤镜，可以将它们转换为 RGB 模式，再进行处理。

STEP 02 选择【滤镜】|【像素化】|【点状化】命令，打开【点状化】对话框。在对话框中，设置【单元格大小】数值为 5。设置完成后，单击【确定】按钮关闭【点状化】对话框，应用滤镜，如图 11-2 所示。

11.1.2 滤镜的编辑

掌握 Photoshop 中滤镜的使用技巧，可以更好的应用滤镜。

1. 复位滤镜

在滤镜对话框中，如果想要复位当前滤镜到默认设置时，可以按住 Alt 键，此时对话框中的【取消】按钮将变成【复位】按钮，单击该按钮可将该滤镜参数恢复到默认设置状态。

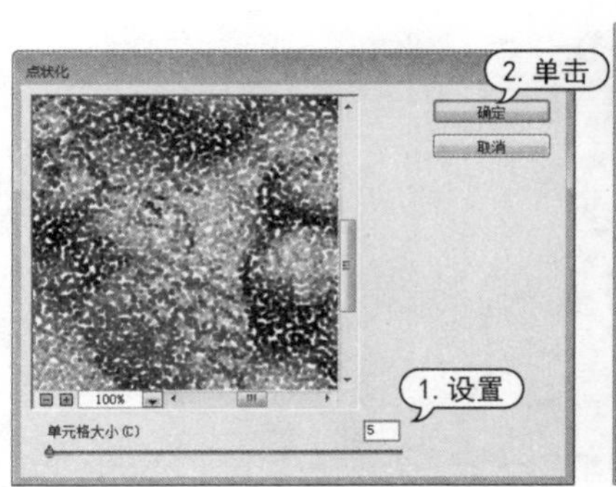

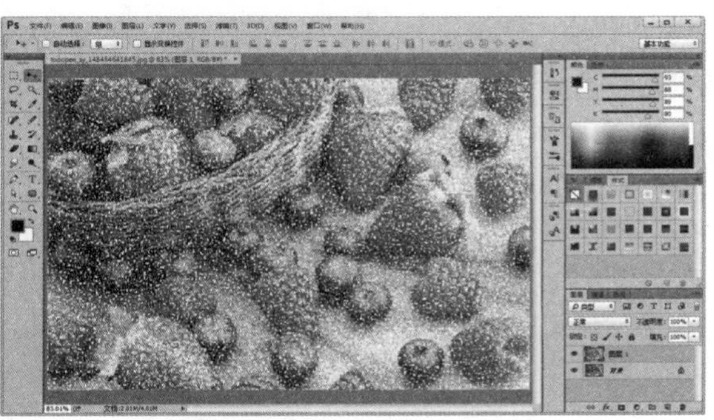

图 11-2　应用【点状化】滤镜

2.【渐隐】命令

使用滤镜处理图像后，可以执行【编辑】|【渐隐】命令修改滤镜效果的混合模式和不透明度。【渐隐】命令必须是在进行编辑操作后立即执行，如果这中间进行了其他操作，则无法使用该命令。

【例 11-2】 使用【渐隐】命令调整滤镜效果。 视频+素材

STEP 01 在 Photoshop 中，选择菜单栏中的【文件】|【打开】命令，选择打开一个图像文件，并按 Ctrl + J 键复制【背景】图层，如图 11-3 所示。

STEP 02 选择菜单栏中的【滤镜】|【滤镜库】对话框。在对话框中，选中【艺术效果】滤镜组中的【壁画】滤镜，设置【画笔大小】数值为 2，【画笔细节】数值为 8，【纹理】数值为 1，然后单击【确定】按钮应用，如图 11-4 所示。

图 11-3　打开图像文件

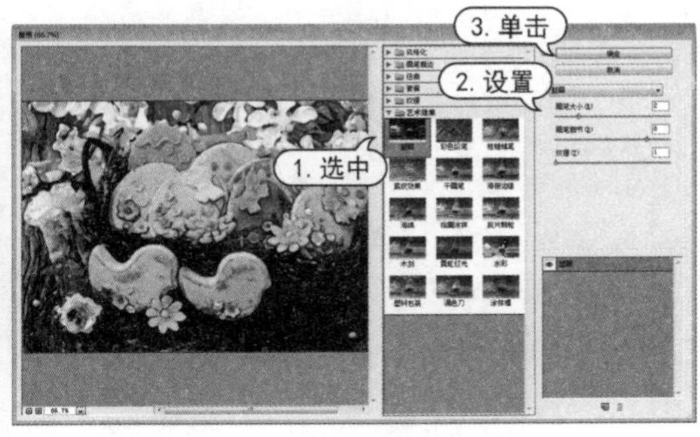

图 11-4　应用【壁画】滤镜

STEP 03 选择【编辑】|【渐隐滤镜库】命令，打开【渐隐】对话框。在对话框中，设置【不透明度】数值为 70%，在【模式】下拉列表中选择【柔光】选项，然后单击【确定】按钮，如图 11-5 所示。

3. 重复应用滤镜

当执行完一个滤镜操作后，在【滤镜】菜单的顶部将出现刚使用过的滤镜名称，选择该命令，或按 Ctrl+F 键，可以以相同的参数再次应用该滤镜。如果按 Alt+Ctrl+F 键，则会打开上一次执行的滤镜对话框。

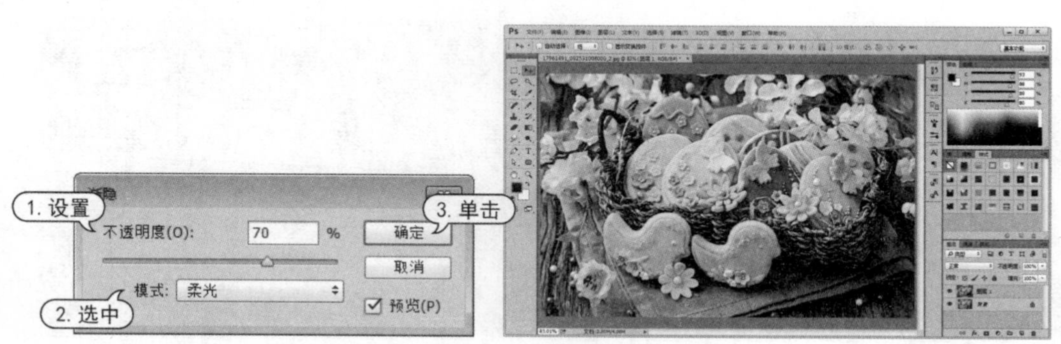

图 11-5　使用【渐隐】命令

11.1.3　智能滤镜

智能滤镜是一种非破坏性的滤镜，可以像使用图层样式一样随时调整滤镜参数、隐藏或者删除，且都不会对图像造成任何实质性的破坏。

1. 使用智能滤镜

选择需要应用滤镜的图层，选择【滤镜】|【转换为智能滤镜】命令，将所选图层转换为智能对象，然后再使用滤镜，即可创建智能滤镜。如果当前图层为智能对象，可直接对其应用滤镜。除了【液化】、【消失点】滤镜外，其他滤镜都可以作智能滤镜使用。

【例 11-3】 使用智能滤镜调整图像效果。 视频+素材

STEP 01 在 Photoshop 中，选择菜单栏中的【文件】|【打开】命令，选择打开一个图像文件，如图 11-6 所示。

STEP 02 【图层】面板的【背景】图层上右击鼠标，在弹出快捷菜单中选择【转换为智能对象】命令，如图 11-7 所示。

图 11-6　打开图像文件

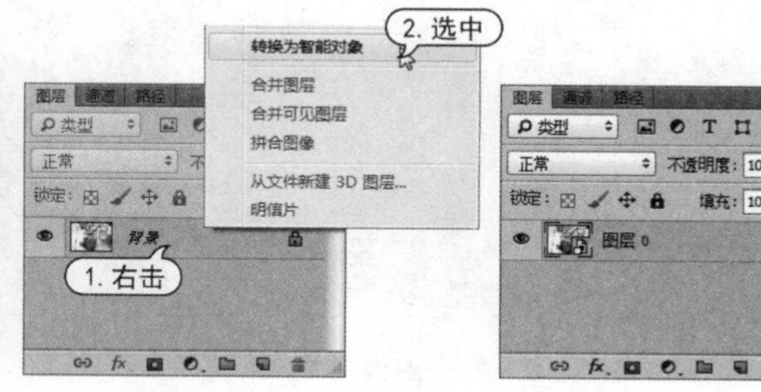

图 11-7　转换为智能对象

STEP 03 选择【滤镜】|【滤镜库】命令，打开滤镜库对话框。在对话框中，选中【艺术效果】滤镜组中的【绘画涂抹】滤镜，设置【画笔大小】数值为 5，【锐化程度】数值为 10，如图 11-8 所示。

STEP 04 在滤镜库对话框中单击【新建效果图层】按钮。选中【艺术效果】滤镜组中的【水彩】滤镜，设置【画笔细节】数值为 14，【阴影强度】数值为 0，【纹理】数值为 1，然后单击【确定】按钮应用滤镜，如图 11-9 所示。

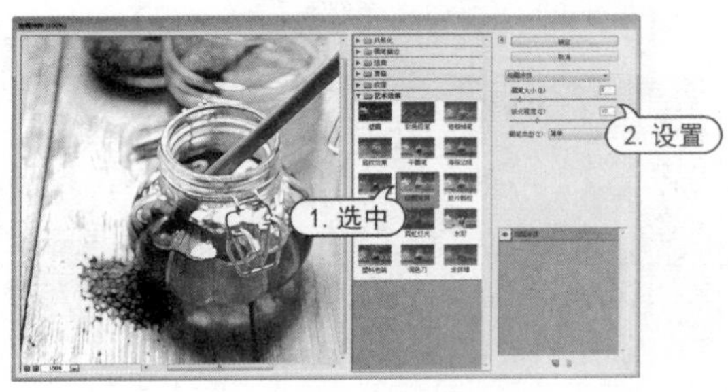

图 11-8　应用【绘画涂抹】工具

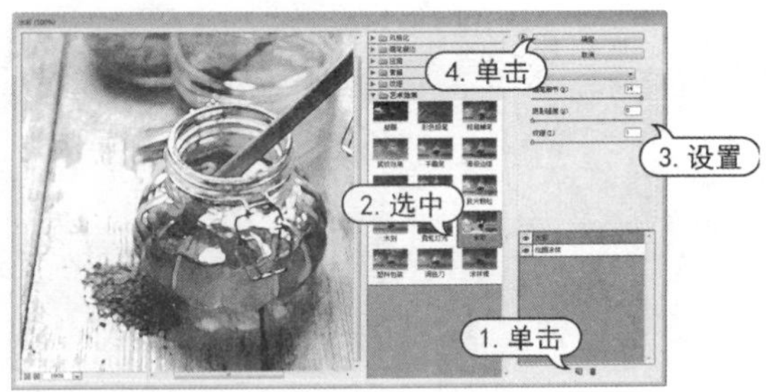

图 11-9　应用【水彩】滤镜

2. 显示与隐藏智能滤镜

如果要隐藏单个智能滤镜，可单击该智能滤镜旁的可视图标，如图 11-10 所示。如果要隐藏应用于智能对象图层的所有智能滤镜，可单击智能滤镜行旁的可视图标，或执行【图层】|【智能滤镜】|【停用智能滤镜】命令。在可视图标处单击，可重新显示智能滤镜。

3. 编辑智能滤镜

如果智能滤镜包含可编辑的设置，则可以随时编辑它，也可以编辑智能滤镜的混合选项。在【图层】面板中双击一个智能滤镜，可以打开该滤镜的设置对话框，以修改滤镜参数。单击【确定】按钮关闭对话框，即可更新滤镜效果。

双击一个智能滤镜旁边的编辑混合选项图标，可以打开如图 11-11 所示的【混合选项】对话框。此时可设置滤镜的不透明度和混合模式。编辑智能滤镜的混合选项类似于在对传统图层应用滤镜后使用【渐隐】命令。

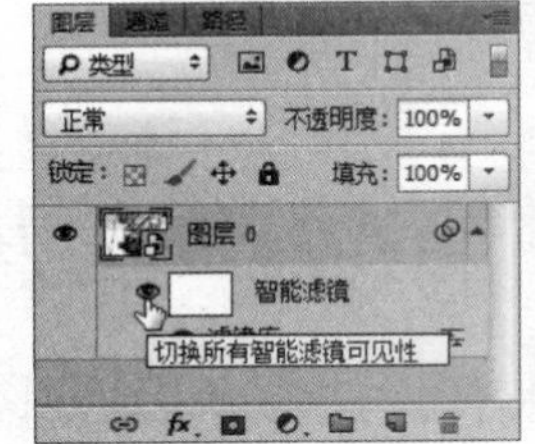

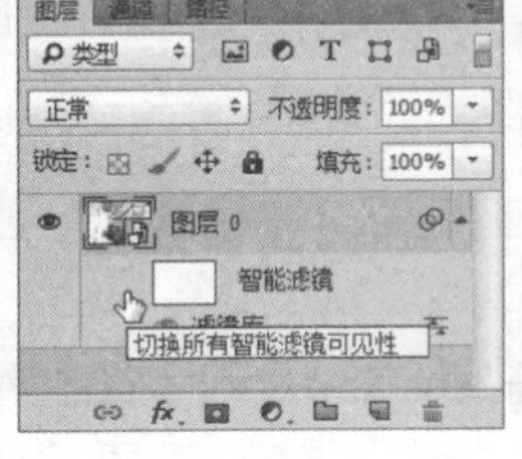

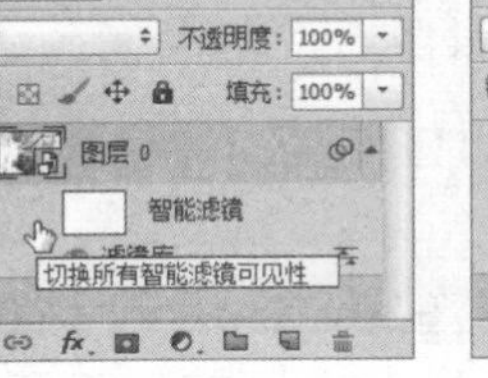

图 11-10　隐藏智能滤镜

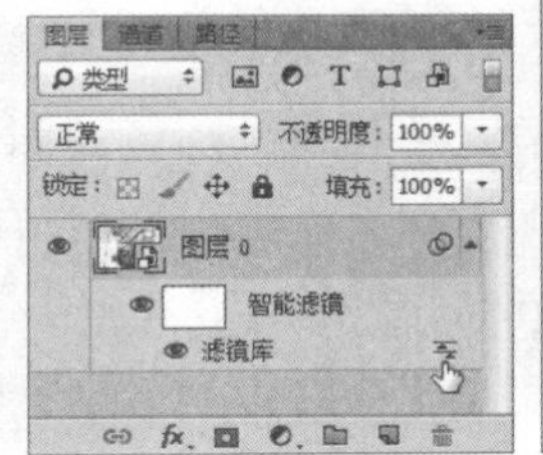

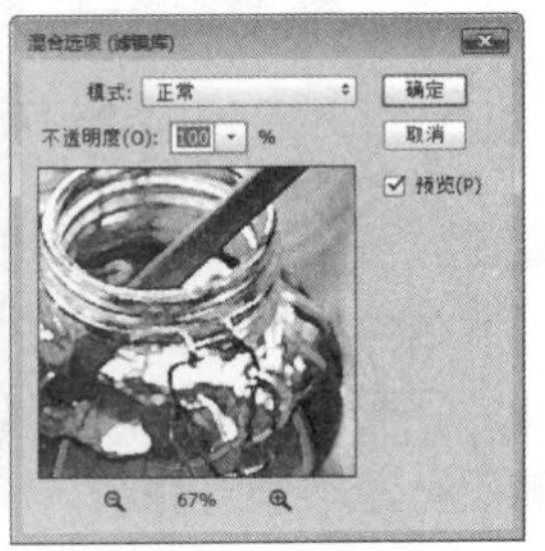

图 11-11　打开【混合选项】对话框

4. 遮盖智能滤镜

智能滤镜包含一个蒙版，默认情况下，该蒙版显示完整的滤镜效果。编辑滤镜蒙版可有选择地遮盖智能滤镜，如图 11-12 所示。滤镜蒙版的工作方式与图层蒙版相同，用黑色绘制的区域将隐藏滤镜效果；用白色绘制的区域滤镜是可见的；用灰度绘制的区域滤镜将以不同级别的透明度出现。单击蒙版将其选中，使用【渐变】工具或【画笔】工具在图像中创建黑白线性渐变，渐变会应用到蒙版中，并对滤镜效果进行遮盖。

【例 11-4】 调整智能滤镜效果。 视频+素材

STEP 01 在 Photoshop 中，选择菜单栏中的【文件】|【打开】命令，选择打开一个图像文件，并按 Ctrl + J 键复制背景图层，如图 11-13 所示。

图 11-12　编辑滤镜蒙版

STEP 02 在【图层】面板中，单击右上角的面板菜单按钮，在弹出的菜单中选择【转换为智能对象】命令，将【图层 1】图层转换为智能对象。选择【滤镜】|【锐化】|【USM 锐化】命令，打开【USM 锐化】对话框。在对话框中，设置【数量】数值为 100%，【半径】数值为 1.5 像素，【阈值】数值为 3 色阶，然后单击【确定】按钮，如图 11-14 所示。

图 11-13　打开图像文件

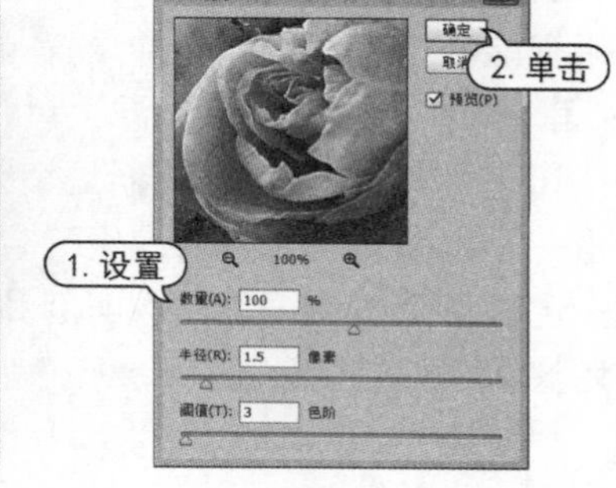

图 11-14　应用【USM 锐化】滤镜

STEP 03 选择【滤镜】|【滤镜库】命令，打开滤镜库对话框。在滤镜库对话框中，选中【画笔描边】滤镜组中的【喷溅】滤镜，设置【喷色半径】数值为 10，【平滑度】数值为 5，然后单击【确定】按钮即可添加智能滤镜效果，如图 11-15 所示。

STEP 04 在【图层】面板中，双击【滤镜库】滤镜旁的编辑混合选项图标，可以打开【混合选项】对话框。在【混合模式】下拉列表中选择【正片叠底】选项，设置滤镜的【不透明度】数值为 80%，然后单击【确定】按钮应用，如图 11-16 所示。

图 11-15　应用【喷溅】滤镜

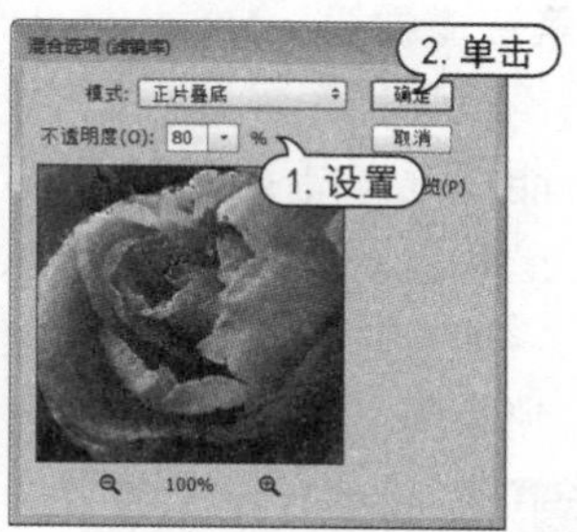

图 11-16　设置混合选项

轻松学电脑教程系列

5. 复制与删除智能滤镜

在【图层】面板中，按住 Alt 键将智能滤镜从一个智能对象拖动到另一个智能对象，或拖动到智能滤镜列表中的新位置，可以复制智能滤镜。如果要复制所有智能滤镜，可按住 Alt 键并拖动智能对象图层旁的智能滤镜图标至新位置即可，如图 11-17 所示。

如果要删除单个智能滤镜，可将它拖动到【图层】面板中的【删除图层】按钮上；如果要删除应用于智能对象图层的所有智能滤镜，可以选择该智能对象图层，然后选择【图层】|【智能滤镜】|【清除智能滤镜】命令，如图 11-18 所示。

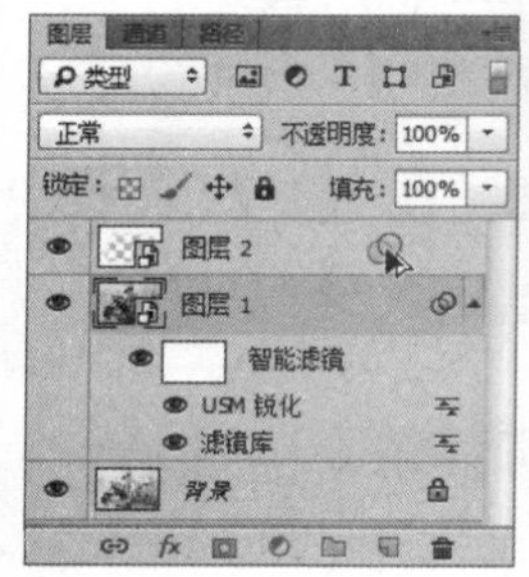

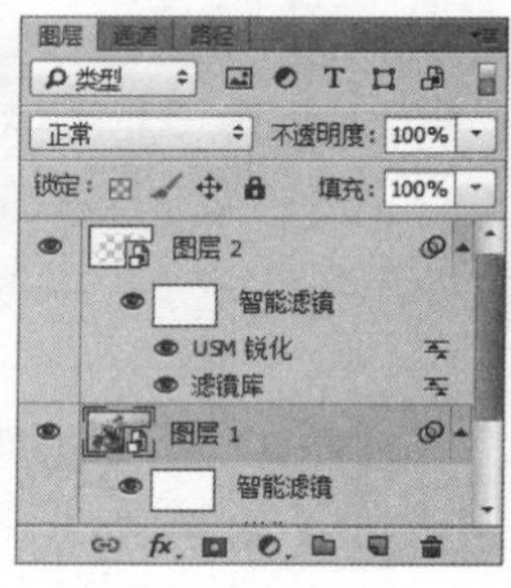

图 11-17　复制智能滤镜

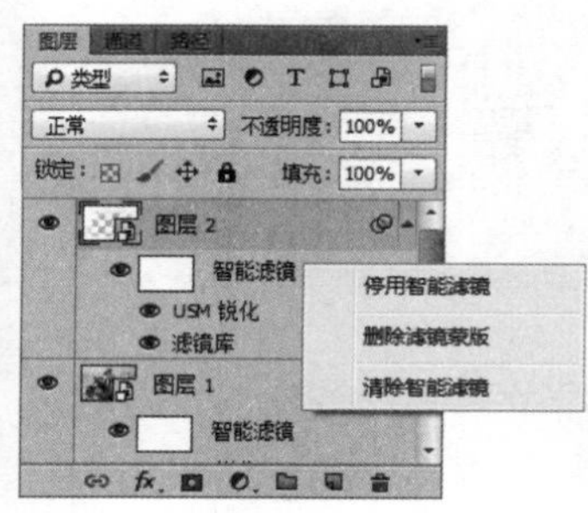

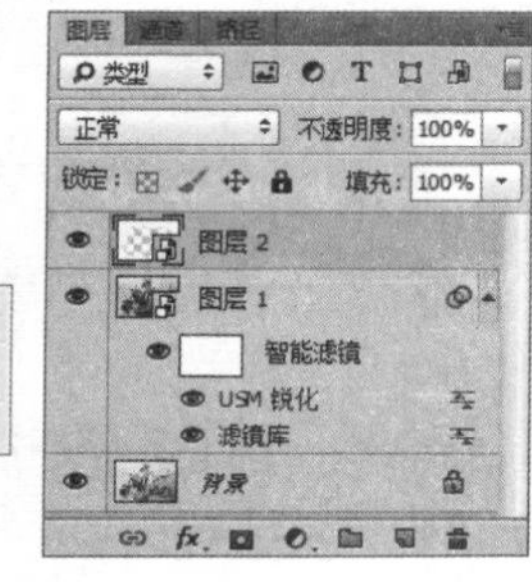

图 11-18　删除智能滤镜

11.2 校正和改善数字图片

在 Photoshop 中，提供了几个独立的特殊滤镜。使用这些滤镜可以校正图像缺陷，改变图像透视、画面效果。

11.2.1 【Camera Raw 滤镜】命令

选择【滤镜】|【Camera Raw 滤镜】命令，打开如图 11-19 所示的 Camera Raw 对话框。在对话框中，可以调整图像的画质效果。

【例 11-5】 使用【Camera Raw 滤镜】命令调整图像效果。视频+素材

STEP 01 选择【文件】|【打开】命令，打开【打开】对话框。在对话框中，选中需要打开的图像文件，单击【打开】按钮。选择【滤镜】|【Camera Raw 滤镜】命令，打开 Camera Raw 对话框，如图 11-20 所示。

图 11-19　Camera Raw 对话框

图 11-20　打开 Camera Raw 对话框

轻松学电脑教程系列

STEP 02 在右侧的【基本】面板中，设置【色温】数值为 20，【色调】数值为 45，【曝光】数值为-1.00，【高光】数值为 10，【清晰度】数值为 15，【自然饱和度】数值为 50，如图 11-21 所示。

STEP 03 单击【细节】按钮，切换到【细节】面板。在【锐化】选项区中，设置【数量】数值为 150，然后单击【确定】按钮应用滤镜，如图 11-22 所示。

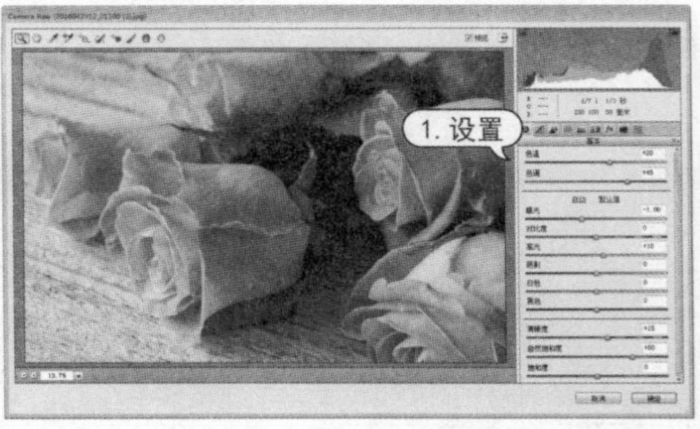

图 11-21 设置基本参数

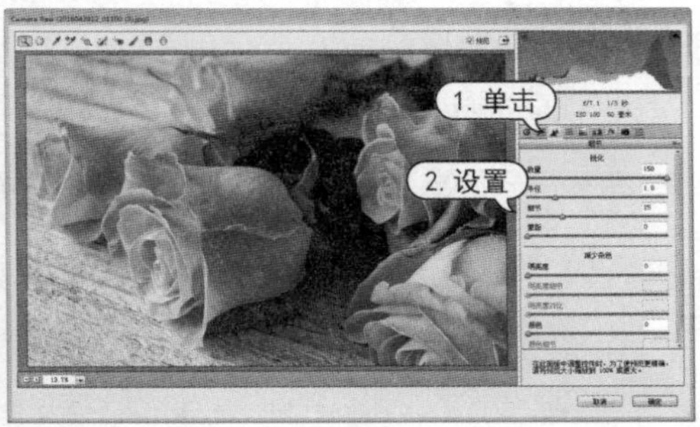

图 11-22 设置细节参数

11.2.2 【镜头校正】命令

【镜头校正】滤镜可用于修复常见的镜头缺陷，如桶形失真、枕形失真、色差以及晕影等，也可以用来旋转图像，或修复由于相机垂直或水平倾斜而导致的图像透视现象。在进行变换和变形操作时，该滤镜比【变换】命令更为有用。该滤镜提供的网格可以使调整更为轻松、精确。选择【滤镜】|【镜头校正】命令，或按快捷键 Shift+Ctrl+R，可以打开如图 11-23 所示的【镜头校正】对话框。对话框左侧是该滤镜可使用的工具，中间是预览和操作窗口，右侧是参数设置区。

【例 11-6】 使用【镜头校正】命令调整图像效果。视频+素材

STEP 01 选择【文件】|【打开】命令，打开【打开】对话框。在对话框中，选中需要打开的图像文件，单击【打开】按钮。选择【滤镜】|【镜头校正】命令，打开【镜头校正】对话框。在对话框中，单击【自定】选项卡，如图 11-24 所示。

图 11-23 【镜头校正】对话框

图 11-24 打开【镜头校正】对话框

STEP 02 在对话框中，选中【显示网格】复选框，选择【拉直】工具，沿图像中的建筑墙壁单击并按住鼠标左键拖动，创建校正参考线，释放鼠标左键即可校正图像水平，如图 11-25 所示。

STEP 03 在【晕影】选项区中，设置【数量】数值为 80，【中心】数值为 75。设置完成后，单击【确

定】按钮应用【镜头校正】滤镜效果，如图 11-26 所示。

图 11-25　校正图像水平

图 11-26　设置晕影

11.2.3 【消失点】命令

【消失点】滤镜的作用是帮助用户对含有透视平面的图像进行透视调节和编辑。使用【消失点】工具时，先选定图像中的平面，在透视平面的指导下，运用绘画、克隆、复制或粘贴、变换等编辑工具对图像中的内容进行修饰、添加或移动，使其最终效果更加逼真。选择【滤镜】|【消失点】命令，或按 Alt+Ctrl+V 键，可以打开【消失点】对话框。对话框左侧是该滤镜可使用的工具，中间是预览和操作窗口，右侧是参数设置区。

【例 11-7】 使用【消失点】命令调整图像效果。 视频+素材

STEP 01 选择【文件】|【打开】命令，打开【打开】对话框。在对话框中，选中需要打开的图像文件，单击【打开】按钮，如图 11-27 所示。

STEP 02 打开另一个素材图像文件。按 Ctrl + A 键将图像选区选中，然后按 Ctrl + C 键复制该图像，如图 11-28 所示。

图 11-27　打开图像文件

图 11-28　复制图像文件

STEP 03 切换到[STEP01]中打开的图像，选择【滤镜】|【消失点】命令，打开【消失点】对话框。选择【创建平面】工具在图像上拖拽并单击添加透视网格，如图 11-29 所示。

STEP 04 按 Ctrl + V 键，将[STEP02]复制的对象粘贴到当前图像中，并选择工具栏中的【变换】工具，调整图形大小。完成设置后，单击【确定】按钮，即可将刚才设置的透视效果应用到当前图像中，如图 11-30 所示。

图 11-29　添加透视网格

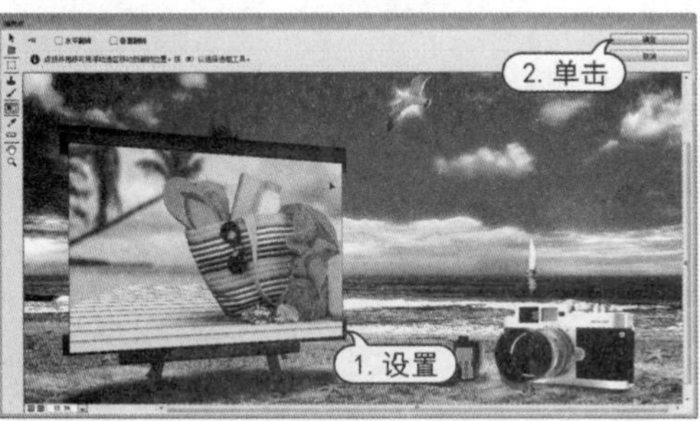

图 11-30　粘贴图像

11.3 【滤镜库】命令

滤镜库是一个整合了多组常用滤镜命令的集合库。利用滤镜库可以累积应用多个滤镜或多次应用单个滤镜，还可以重新排列滤镜或更改已应用的滤镜设置。

选择【滤镜】|【滤镜库】命令，打开滤镜库对话框。在滤镜库对话框中，提供了【风格化】、【画笔描边】、【扭曲】、【素描】、【纹理】和【艺术效果】等 6 组滤镜。

11.3.1　滤镜库的使用

【滤镜库】对话框的左侧是预览区域，使用户可以更加方便地设置滤镜效果的参数选项。在预览区域下方，通过单击⊟按钮或⊞按钮可以调整图像预览显示的大小，也可单击预览区域下方的【缩放比例】按钮，在弹出的列表中选择 Photoshop 预设的各种缩放比例，如图 11-31 所示。

【滤镜库】对话框中间显示的是滤镜命令选择区域，只需单击该区域中显示的滤镜命令效果缩略图即可选择该命令，同时在对话框的右侧显示当前选择的滤镜的参数选项。用户还可以从右侧的下拉列表中，选择更多的滤镜命令。

图 11-31　选择缩放比例

要想隐藏滤镜命令选择区域，从而有更多空间显示预览区域，只需单击对话框中的【显示/隐藏滤镜命令选择区域】按钮⌃即可，如图 11-32 所示。

在【滤镜库】对话框中，用户可以使用滤镜叠加功能，即在同一个图像上同时应用多个滤镜效果。对图像应用一个滤镜效果后，单击滤镜效果列表区域下方的【新建效果图层】按钮▣，即

图 11-32　显示/隐藏滤镜命令选择区域

可在滤镜效果列表中添加一个滤镜效果图层。然后，选择需增加的滤镜命令并设置其参数选项，就可以为图像增加一个滤镜效果，如图 11-33 所示。

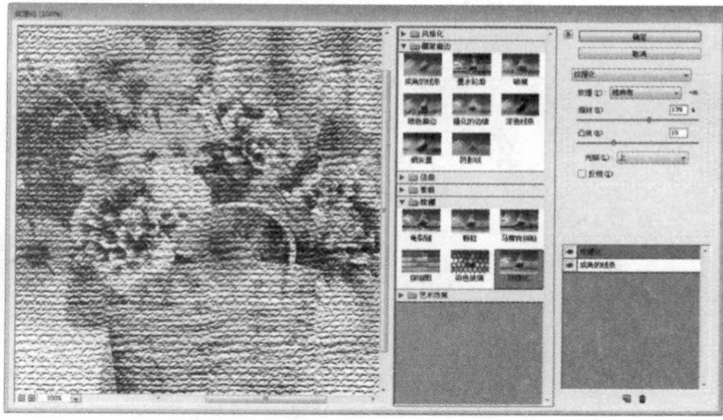

图 11-33　增加滤镜效果

在滤镜库中为图像设置多个效果图层后，如果不再需要某些效果图层，可以选中该效果图层后，单击【删除效果图层】按钮🗑，将其删除。

11.3.2 【画笔描边】滤镜组

【画笔描边】滤镜组下的命令可以模拟出用不同画笔或油墨笔刷勾画图像的效果。

1. 【成角的线条】

【成角的线条】滤镜模拟画笔以某种成直角状的方向绘制图像，暗部区域和亮部区域分别为不同的线条方向，如图 11-34 所示。选择【滤镜】|【滤镜库】命令，在打开的【滤镜库】对话框中单击【画笔描边】滤镜组中的【成角的线条】滤镜，显示设置选项。

2. 【墨水轮廓】

【墨水轮廓】滤镜根据图像的颜色边界，描绘其黑色轮廓，以画笔画的风格，用精细的细线在原来细节上重绘图像，强调图像的轮廓，如图 11-35 所示。

3. 【喷溅】

【喷溅】滤镜可以使图像产生笔墨喷溅的艺术效果。在相应的对话框中可以设置喷溅的范围、喷溅效果的轻重程度，如图 11-36 所示。

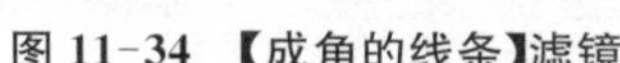

图 11-34 【成角的线条】滤镜

图 11-35 【墨水轮廓】滤镜

4. 【喷色描边】

【喷色描边】滤镜和【喷溅】滤镜效果相似，可以模拟用某个方向的笔触或某种喷溅的颜色进行绘图的效果，如图 11-37 所示。

图 11-36 【喷溅】滤镜

图 11-37 【喷色描边】滤镜

5. 【强化的边缘】

【强化的边缘】滤镜可以对图像的边缘进行强化处理。设置高的边缘亮度值时，强化效果类似白色粉笔；设置低的边缘亮度值时，强化效果类似黑色油墨，如图 11-38 所示。

6. 【深色线条】

【深色线条】滤镜通过使用短而紧密地深色线条绘制图像中的暗部区域，用长的白色线条绘制图像中的亮部区域，从而产生一种强烈的反差效果，如图 11-39 所示。

图 11-38 【强化的边缘】滤镜

图 11-39 【深色线条】滤镜

7. 【烟灰墨】

【烟灰墨】滤镜和【深色线条】滤镜效果较为相似，该滤镜可以通过计算图像中像素值的分布，对图像进行概括性的描述，进而更加生动地表现出木炭或墨水被纸张吸收后的模糊效果，如图 11-40 所示。

8. 【阴影线】

【阴影线】滤镜可以使图像产生十字交叉网线描绘或雕刻的效果，产生网状的阴影，如图 11-41 所示。

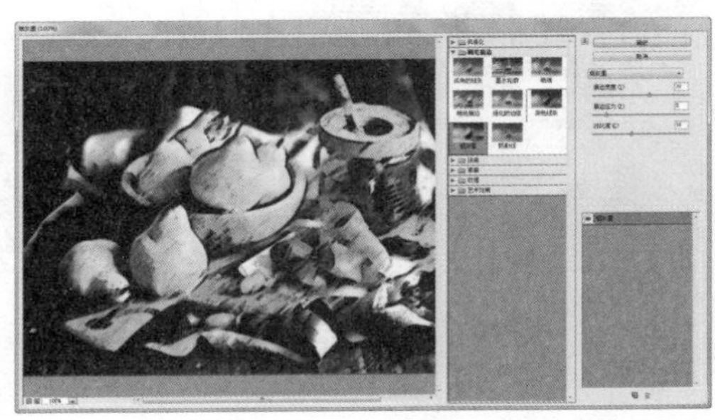

图 11-40　【烟灰墨】滤镜

图 11-41　【阴影线】滤镜

11.3.3　【素描】滤镜组

【素描】滤镜组中的滤镜根据图像中色调分布情况，使用前景色和背景色，按特定的运算方式填充添加纹理，使图像产生素描、速写以及三维的艺术效果。

1. 【半调图案】

【半调图案】滤镜使用前景色和背景色将图像处理为带有圆形、网点或直线形状的半调网屏效果，如图 11-42 所示。

2. 【便条纸】

【便条纸】滤镜可以使图像产生类似浮雕的凹陷压印效果，其中前景色作为凹陷部分，而背景色作为凸出部分，如图 11-43 所示。

3. 【粉笔和炭笔】

【粉笔和炭笔】滤镜可以制作出粉笔和炭笔绘制图像的效果。使用前景色在图像上绘制出粗糙的高亮区域，使用背景色在图像上绘制出中间色调，其中粉笔使用背景色绘制，炭笔使用前景色绘制，如图 11-44 所示。

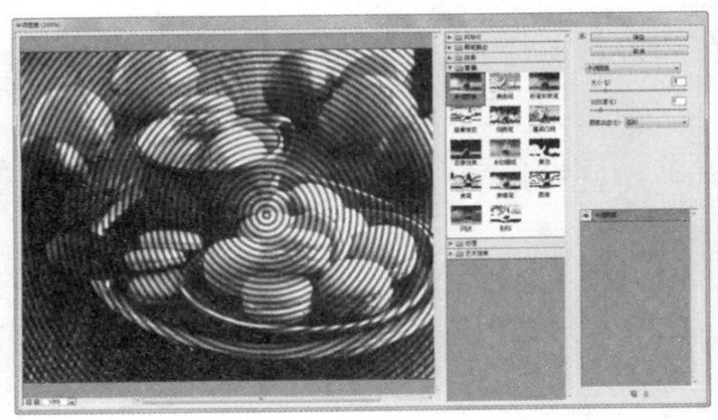

图 11-42　【半调图案】滤镜

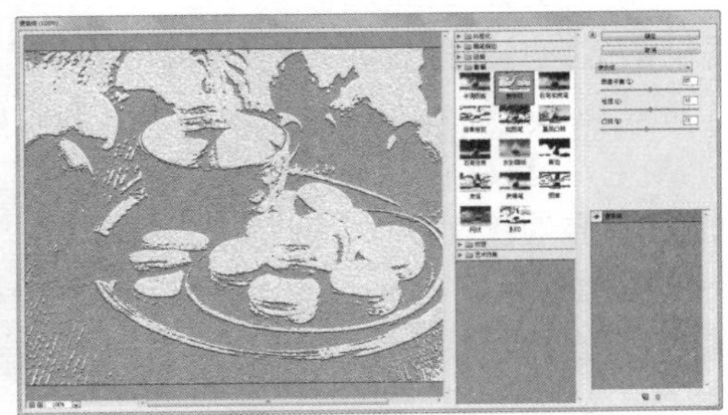

图 11-43　【便条纸】滤镜

4. 【绘图笔】

【绘图笔】滤镜将前景色和背景色生成钢笔画素描效果。图像中没有轮廓，只有变化的笔触效果。它使用细的、线状的油墨描边来捕捉原图像画面中的细节，前景色作为油墨，背景色作为纸张，以替换原图像中的颜色，如图 11-45 所示。

图 11-44 【粉笔和炭笔】滤镜

图 11-45 【绘图笔】滤镜

5. 【撕边】

【撕边】滤镜可以重建图像，模拟由粗糙、撕破的纸片组成的效果，然后使用前景色与背景色为图像着色，如图 11-46 所示。对于文本或高对比度的对象，此滤镜尤其有用。

6. 【炭笔】

【炭笔】滤镜可以产生色调分离的涂抹效果。图像的主要边缘以粗线条绘制，而中间色调用对角描边进行素描，炭笔是前景色，背景是纸张颜色，如图 11-47 所示。

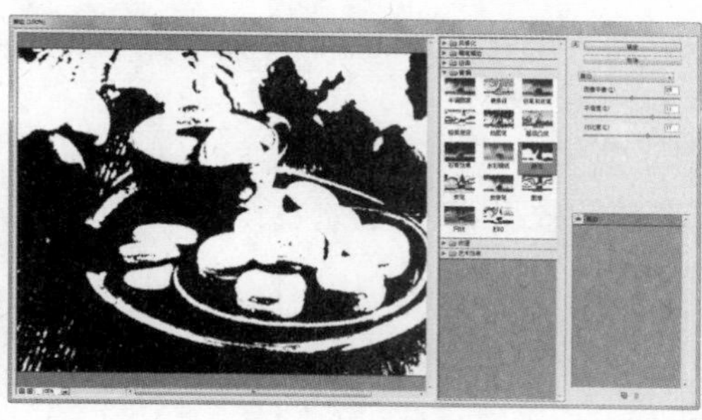

图 11-46 【撕边】滤镜

图 11-47 【炭笔】滤镜

7. 【炭精笔】

【炭精笔】滤镜可以在图像上模拟浓黑和纯白的炭精笔纹理，暗区使用前景色，亮区使用背景色，如图 11-48 所示。为了获得更逼真的效果，可以在应用滤镜之前，将前景色改为常用的炭精笔颜色，如黑色、深褐色等。要获得减弱的效果，可以将背景色改为白色，然后在白色背景中添加一些前景色，再应用滤镜。

8. 【图章】

【图章】滤镜可以简化图像，使之看起来像是用橡皮或木制图章创建的一样。该滤镜用于黑白图像时效果最佳，如图 11-49 所示。

图 11-48　【炭精笔】滤镜

图 11-49　【图章】滤镜

9. 【网状】

【网状】滤镜使用前景色和背景色填充图像，在图像中产生一种网眼覆盖的效果，使图像的暗色调区域呈结块化，高光区域呈轻微颗粒化，如图 11-50 所示。

10.【影印】

【影印】滤镜可以模拟影印图像的效果，如图 11-51 所示。使用【影印】滤镜后会把图像之前的色彩去掉，大的暗区趋向于只拷贝边缘四周，而中间色调要么是纯黑色，要么是纯白色。

图 11-50　【网状】滤镜

图 11-51　【影印】滤镜

11.3.4 【艺术效果】滤镜组

【艺术效果】滤镜组可以使图像呈现传统介质上的绘画效果。

1. 【壁画】

【壁画】滤镜使用短而圆的、粗犷涂抹的小块颜料，使图像产生类似壁画的效果，如图 11-52所示。

2. 【彩色铅笔】

【彩色铅笔】滤镜使用彩色铅笔在纯色背景上绘制图像，并保留重要边缘，外观呈粗糙阴影线，纯色背景色会透过比较平滑的区域显示出来，如图 11-53 所示。

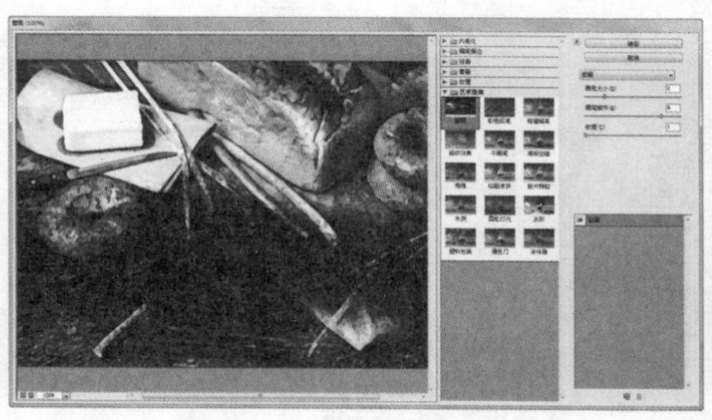
图 11-52 【壁画】滤镜

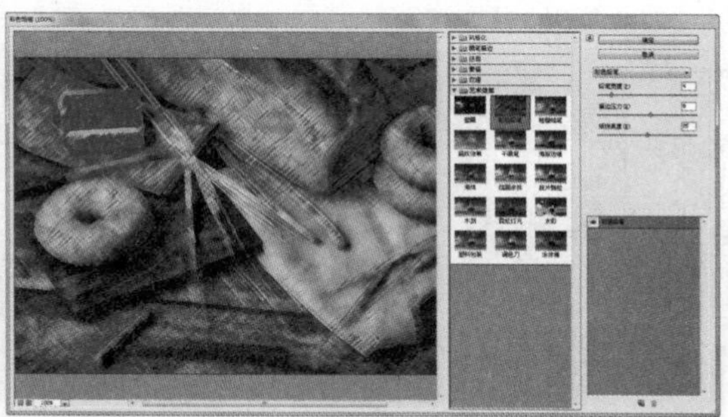
图 11-53 【彩色铅笔】滤镜

3. 【粗糙蜡笔】

【粗糙蜡笔】滤镜可以使图像产生类似蜡笔在纹理背景上绘图的纹理效果，如图 11-54 所示。

4. 【底纹效果】

【底纹效果】滤镜可以在带纹理的背景上绘制图像，然后将最终图像绘制在该背景上。它的【纹理】等选项与【粗糙蜡笔】滤镜的相同，都是根据所选的纹理类型使图像产生相应的底纹效果，如图 11-55 所示。

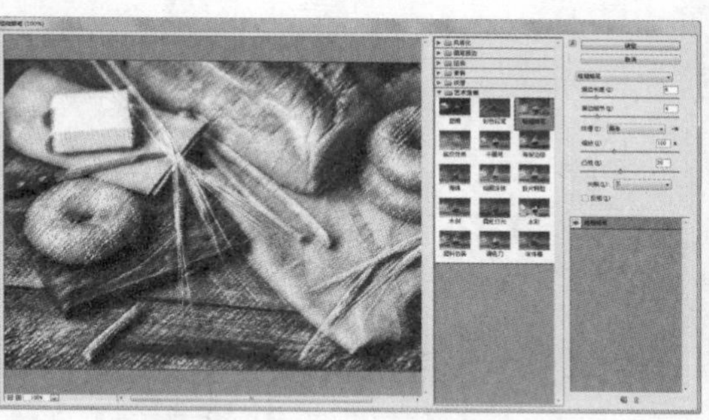
图 11-54 【粗糙蜡笔】滤镜

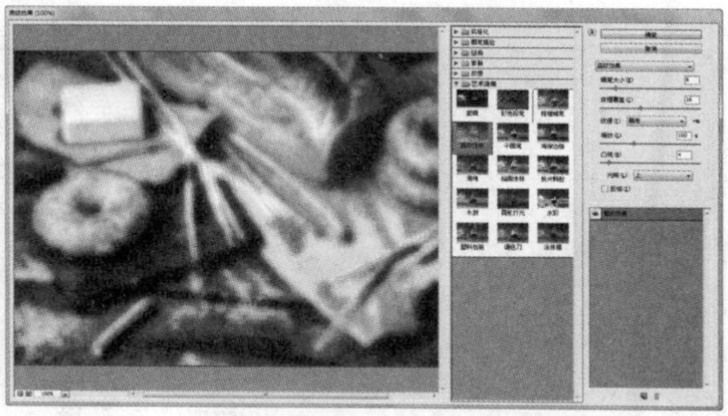
图 11-55 【底纹效果】滤镜

5. 【干画笔】

【干画笔】滤镜可以模拟干笔刷技术，通过减少图像的颜色来简化图像的细节，使图像产生一种不饱和、不湿润的油画效果，如图 11-56 所示。

6. 【海报边缘】

【海报边缘】滤镜可以按照设置的选项自动跟踪图像中颜色变化剧烈的区域，在边界上填入黑色的阴影，大而宽的区域有简单的阴影，而细小的深色细节遍布图像，使图像产生海报效果，如图 11-57 所示。

7. 【海绵】

【海绵】滤镜用颜色对比强烈、纹理较重的区域创建图像，可以使图像产生类似海绵浸湿的图像效果，如图 11-58 所示。

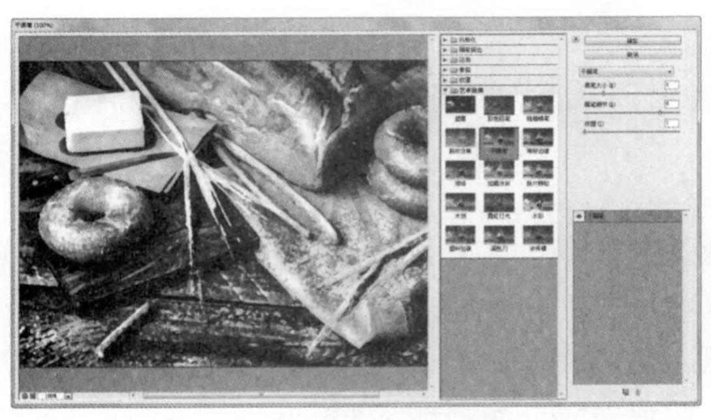

图 11-56 【干画笔】滤镜

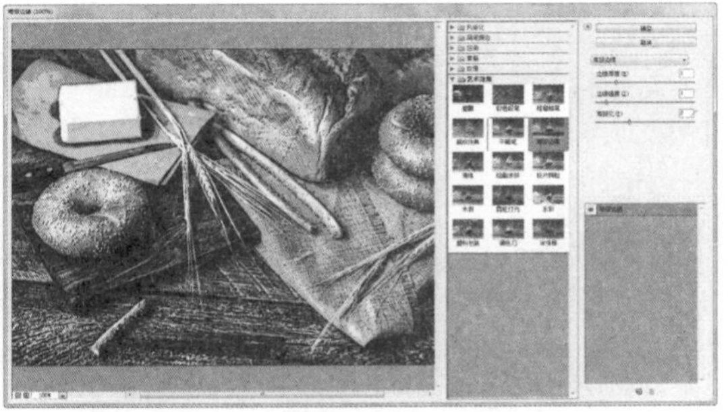

图 11-57 【海报边缘】滤镜

8. 【绘画涂抹】

【绘画涂抹】滤镜使用简单、未处理光照、宽锐化、宽模糊和火花等不同类型的画笔创建绘画效果，模拟手指在湿画上涂抹的模糊效果，如图 11-59 所示。

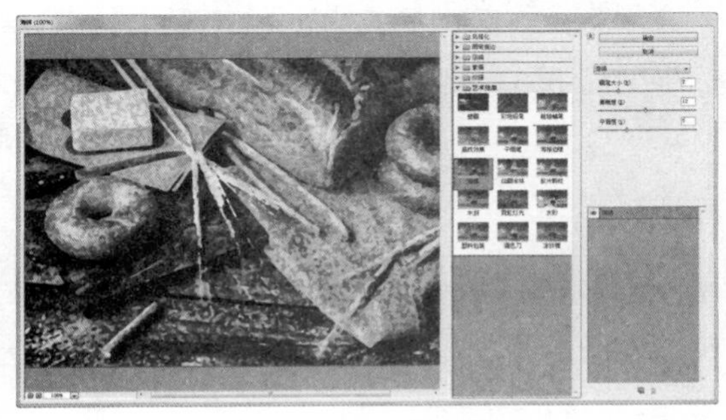

图 11-58 【海绵】滤镜

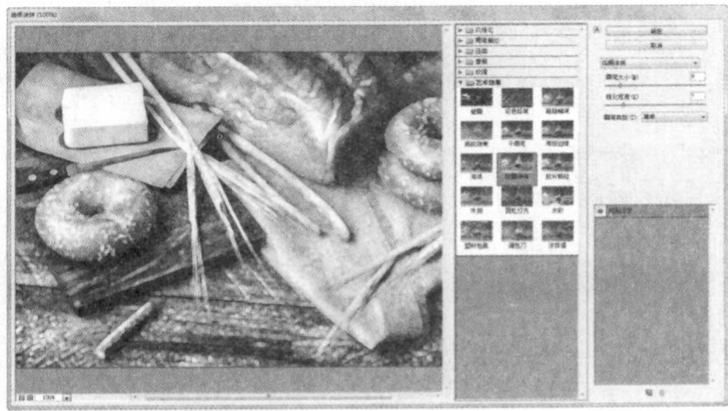

图 11-59 【绘画涂抹】滤镜

9. 【胶片颗粒】

【胶片颗粒】滤镜能够在图像上添加杂色的同时，调亮并强调图像的局部像素，它可以产生类似胶片颗粒的纹理效果，如图 11-60 所示。

10. 【木刻】

【木刻】滤镜利用版画和雕刻原理，将图像处理成由粗糙剪切彩纸组成的高对比度图像，产生剪纸、木刻的艺术效果，如图 11-61 所示。

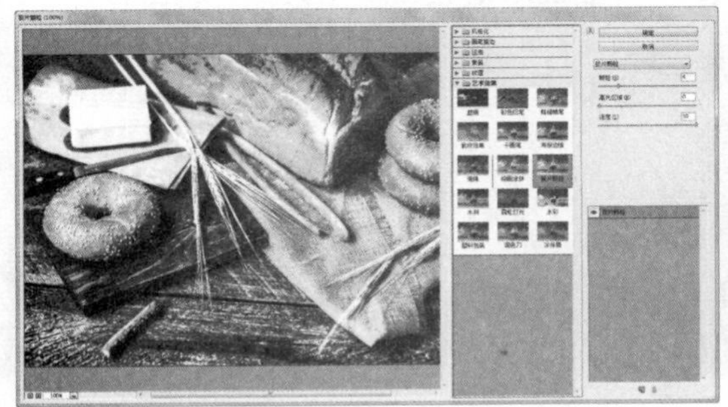

图 11-60 【胶片颗粒】滤镜

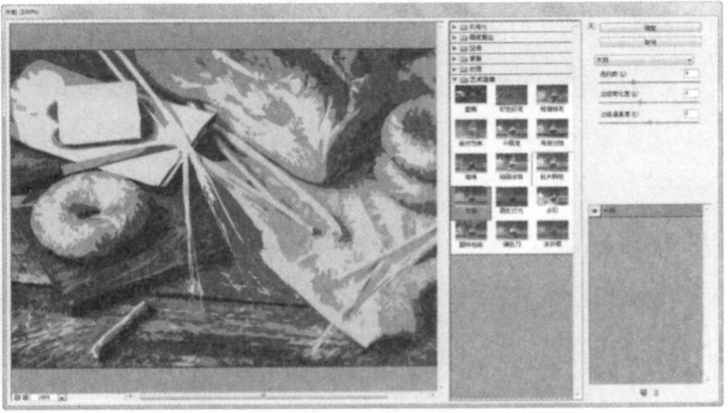

图 11-61 【木刻】滤镜

11.【水彩】

【水彩】滤镜能够以水彩的风格绘制图像，同时简化颜色，进而产生水彩画的效果，如图11-62所示。

12.【涂抹棒】

【涂抹棒】滤镜可以使图像产生一种涂抹、晕开的效果。它使用较短的对角线来涂抹图像的较暗区域，较亮的区域变得更明亮并丢失细节，如图 11-63 所示。

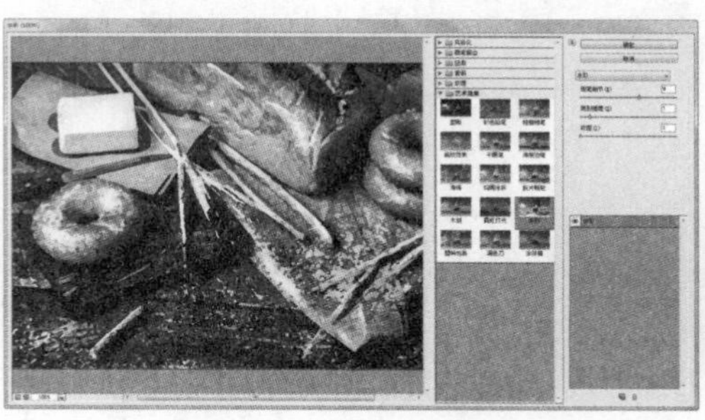
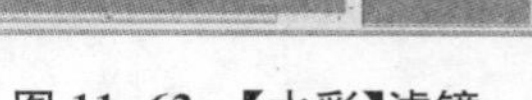

图 11-62 【水彩】滤镜

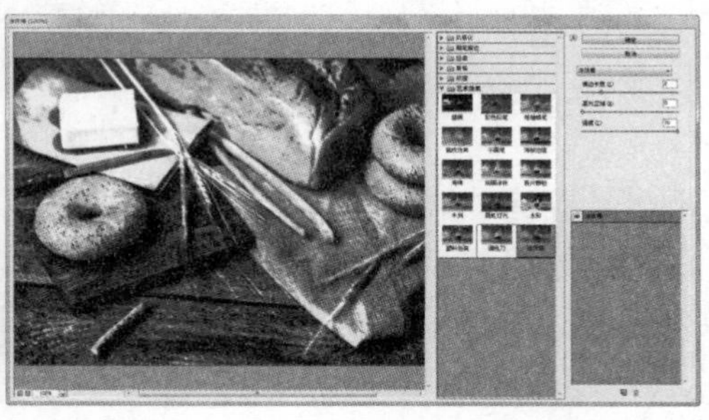

图 11-63 【涂抹棒】滤镜

11.4 【模糊】滤镜组

【模糊】滤镜组中的滤镜多用于不同程度地减少图像相邻像素间的颜色差异，使图像产生柔和、模糊的效果。

1.【动感模糊】滤镜

【动感模糊】滤镜可以对图像像素进行线性位移操作，从而产生沿某一方向运动的模糊效果，使静态图像产生动态效果，如图 11-64 所示。

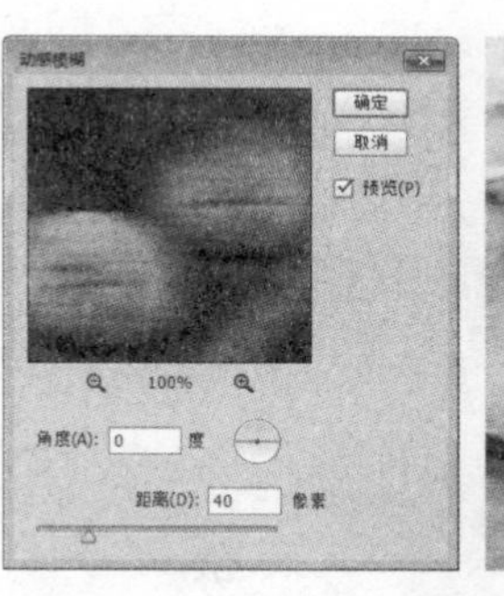

图 11-64 【动感模糊】滤镜

实用技巧

【模糊】和【进一步模糊】滤镜都可以对图像进行自动模糊处理。【模糊】滤镜利用相邻像素的平均值来代替相似的图像区域，从而达到柔化图像边缘的效果；【进一步模糊】滤镜比【模糊】滤镜效果更加明显。这两个滤镜都没有设置对话框，如果想加强图像的模糊效果，可以多次使用。

2.【高斯模糊】滤镜

【高斯模糊】滤镜可以在图像中以高斯曲线的形式进行选择性的模糊，产生一种朦胧效果，如图 11-65 所示。通过调整对话框中的【半径】值可以设置模糊的范围。它以像素为单位，数值越高，模糊效果越强烈。

3.【径向模糊】滤镜

【径向模糊】滤镜产生具有辐射性的模糊效果，模拟相机前后移动或旋转产生的效果，

如图 11-66 所示。在对话框的【模糊方法】选项栏中选中【旋转】单选按钮，产生旋转模糊效果；选中【缩放】单选按钮，产生放射模糊效果，该图像从模糊中心处开始放大。

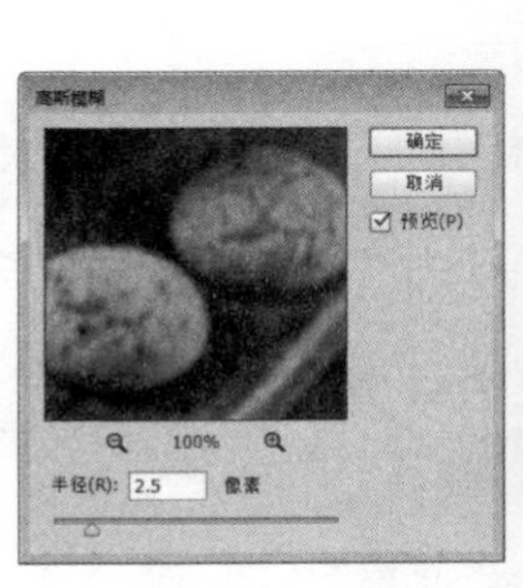

图 11-65　【高斯模糊】滤镜

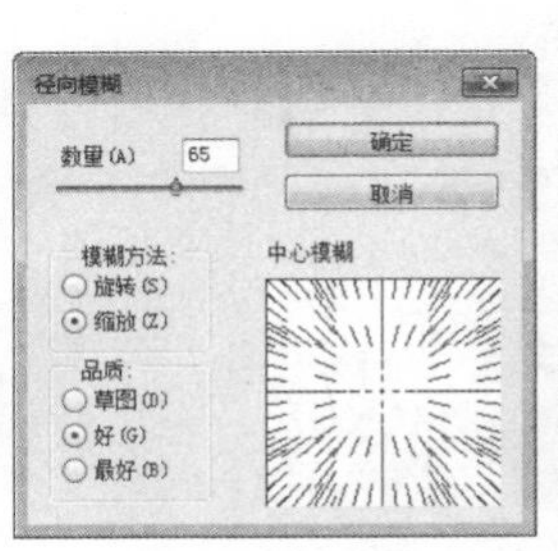

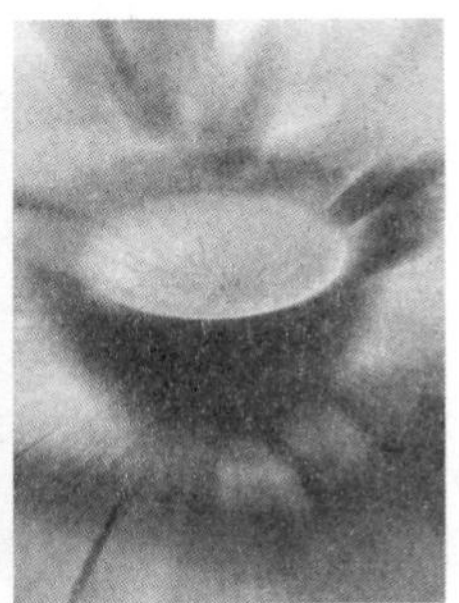

图 11-66　【径向模糊】滤镜

11.5 【模糊画廊】滤镜组

【模糊画廊】滤镜组中的滤镜通过模仿各种相机拍摄效果，模糊图像，创建景深效果。

1. 【场景模糊】滤镜

【场景模糊】滤镜通过创建一个或多个模糊中心，应用一致或渐变的模糊效果。选择【滤镜】|【模糊画廊】|【场景模糊】命令，可以打开【场景模糊】设置选项。

2. 【光圈模糊】滤镜

使用【光照模糊】滤镜可将一个或多个焦点添加到图像中，并可以通过拖动焦点位置控件，改变焦点的大小与形状、图像其余部分的模糊数量以及清晰区域与模糊区域之间的过渡效果。

选择【滤镜】|【模糊画廊】|【光圈模糊】命令，可以打开【光圈模糊】设置选项。在图像上单击拖拽控制点可调整【光圈模糊】参数，如图 11-67 所示。

3. 【倾斜偏移】滤镜

使用【倾斜偏移】滤镜可以创建移轴拍摄效果。选择【滤镜】|【模糊画廊】|【倾斜模糊】命令，可以打开【倾斜偏移】设置选项。在图像上单击可以创建焦点带应用模糊效果，如图 11-68 所示。

图 11-67　【光圈模糊】滤镜

图 11-68　【倾斜偏移】滤镜

4. 【路径模糊】滤镜

【路径模糊】滤镜可以创建运动模糊效果，还可以设置模糊的渐隐效果。选择【滤镜】|【模糊画廊】|【路径模糊】命令，可以打开【路径模糊】设置选项，如图 11-69 所示。

5. 【旋转模糊】滤镜

使用【旋转模糊】滤镜可以创建旋转模糊效果。选择【滤镜】|【模糊画廊】|【旋转模糊】命令，可以打开【旋转模糊】设置选项，如图 11-70 所示。

图 11-69 【路径模糊】滤镜

图 11-70 【旋转模糊】滤镜

11.6 【扭曲】滤镜组

【扭曲】滤镜组中的滤镜可以对图像进行扭曲，使其产生旋转、挤压和水波等变形效果。

1. 【波浪】滤镜

【波浪】滤镜可以根据用户设置的不同波长和波幅产生不同的波纹效果，如图 11-71 所示。

2. 【波纹】滤镜

【波纹】滤镜与【波浪】滤镜的工作方式相同，但提供的选项较少，只能控制波纹的数量和大小，如图 11-72 所示。

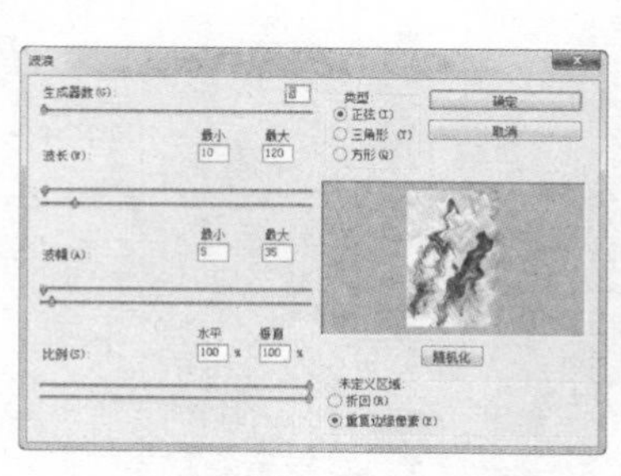

图 11-71 【波浪】滤镜

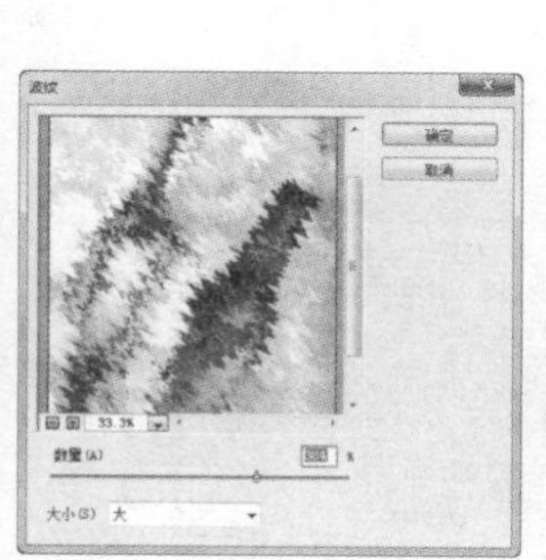

图 11-72 【波纹】滤镜

3. 【极坐标】滤镜

【极坐标】滤镜可以将图像从平面坐标转换到极坐标，或将从极坐标转换为平面坐标，以生成扭曲图像的效果，如图 11-73 所示。

4. 【挤压】滤镜

【挤压】滤镜可以将整个图像或选区内的图像向内或向外挤压。对话框中的【数量】文本框用于调整挤压程度，取值范围为−100%～100%，取正值时图像向内收缩，取负值时图像向外膨胀，如图 11-74 所示。

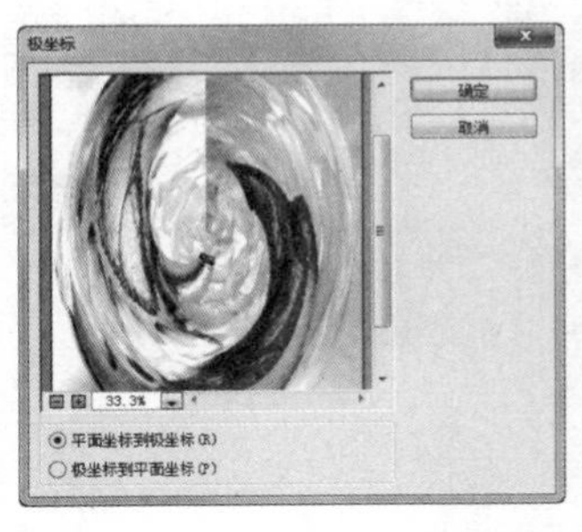

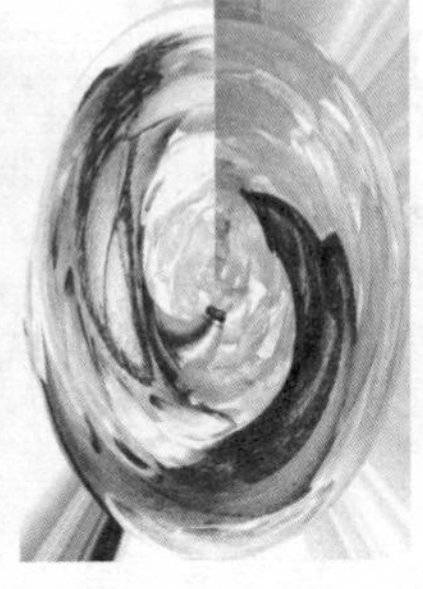

图 11-73 【极坐标】滤镜

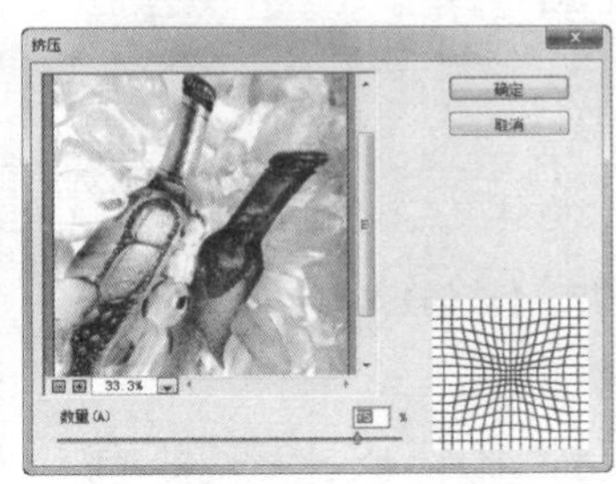

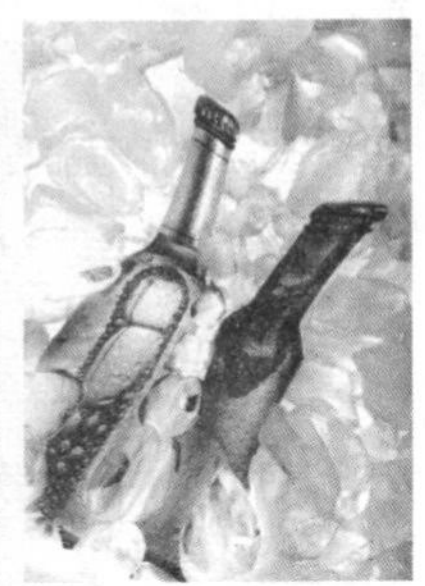

图 11-74 【挤压】滤镜

5. 【水波】滤镜

【水波】滤镜可根据选区中像素的半径将选区径向扭曲，制作出类似涟漪的图像变形效果。通过该滤镜的对话框中的【起伏】选项，可控制水波方向从选区的中心到边缘的反转次数，如图 11-75 所示。

6. 【旋转扭曲】滤镜

【旋转扭曲】滤镜可以使图像产生旋转的效果。旋转会围绕图像的中心进行，且中心的旋转程度比边缘的旋转程度大，如图 11-76 所示。

在对话框中设置【角度】为正值时，图像以顺时针旋转；为负值时，图像沿逆时针旋转。

图 11-75 【水波】滤镜

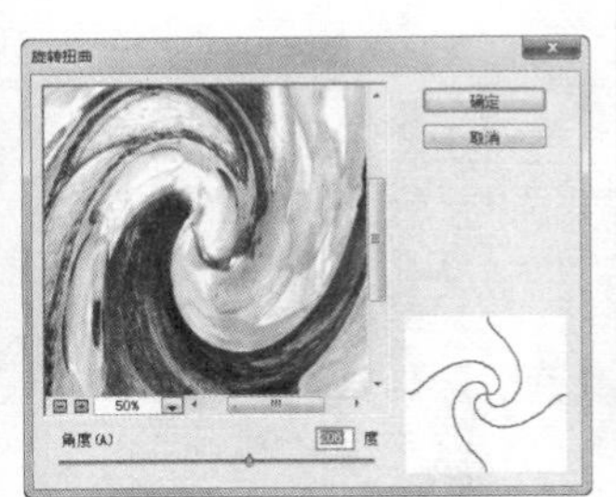

图 11-76 【旋转扭曲】滤镜

7. 【玻璃】滤镜

【玻璃】滤镜可以制作细小的纹理，使图像看起来像是透过不同类型玻璃观察的效果，如图 11-77 所示。

8. 【扩散亮光】滤镜

【扩散亮光】滤镜可以在图像中添加白色杂色，并从图像中心向外渐隐亮光，使其产生一种光芒漫射的效果，如图 11-78 所示。

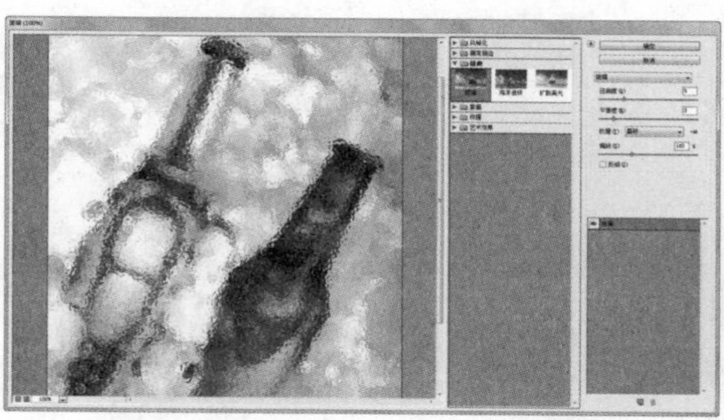

图 11-77 【玻璃】滤镜

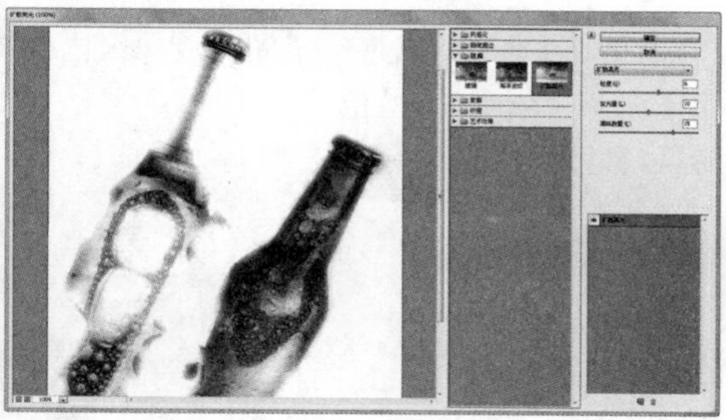

图 11-78 【扩散亮光】滤镜

11.7 【锐化】滤镜组

【锐化】滤镜组中的滤镜主要通过增强图像相邻像素间的对比度，使图像轮廓分明、纹理清晰，从而减弱图像的模糊程度。

1. 【USM 锐化】滤镜

【USM 锐化】滤镜是通过锐化图像的轮廓，使图像的不同颜色之间生成明显的分界线，从而达到图像清晰化的目的，如图 11-79 所示。在该滤镜的参数设置对话框中，用户可以设定锐化的程度。

- 【数量】文本框：设置锐化效果的强度。该值越高，锐化效果越明显。
- 【半径】文本框：设置锐化的范围。
- 【阈值】文本框：只有相邻像素间的差值达到该值才会被锐化。该值越高，被锐化的像素就越少。

图 11-79 【USM 锐化】滤镜

实用技巧

【锐化边缘】滤镜同【USM 锐化】滤镜类似，但它没有参数设置对话框，仅锐化图像的边缘轮廓，使不同颜色的分界更为明显，从而得到较清晰的图像效果，而且不会影响到图像的细节。

2. 【智能锐化】滤镜

【智能锐化】滤镜具有【USM 锐化】滤镜所没有的锐化控制功能。在该滤镜对话框中可以设置锐化算法，或控制阴影和高光区域中的锐化量，如图 11-80 所示。在进行操作时，可将文档窗口缩放到 100%，以便精确地查看锐化效果。

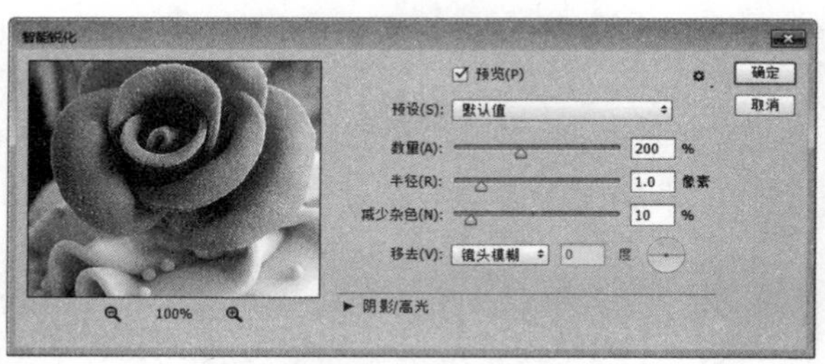

图 11-80　【智能锐化】对话框

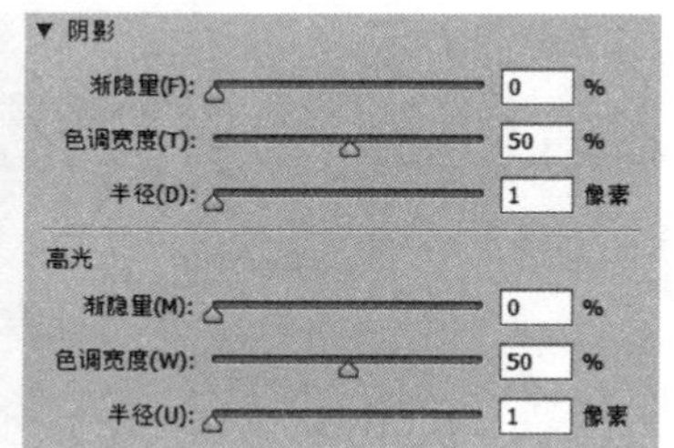

图 11-81　【阴影】/【高光】选项组

- 【数量】文本框：用来设置锐化数量，较高的值可以增强边缘像素之间的对比度，使图像看起来更加锐利。
- 【半径】文本框：用来确定受锐化影响的边缘像素的数量，该值越高，受影响的边缘就越宽，锐化的效果也就越明显。
- 【减少杂色】文本框：用来控制图像的杂色量，该值越高，画面效果越平滑，杂色越少。
- 【移去】下拉列表：在该选项下拉列表中可以选择锐化算法。选择【高斯模糊】，可使用【USM 锐化】滤镜的方法进行锐化；选择【镜头模糊】，可检测图像中的边缘和细节，并对细节进行更精确的锐化，减少锐化的光晕；选择【动感模糊】，可通过设置【角度】来减少由于相机或主体移动而导致的模糊。

在【智能锐化】对话框的下方单击【阴影/高光】选项左侧的三角图标，将显示【阴影】/【高光】参数设置选项，如图 11-81 所示，可分别调和阴影和高光区域的锐化强度。

- 【渐隐量】文本框：用来设置阴影或高光中的锐化量。
- 【色调宽度】文本框：用来设置阴影或高光中色调的修改范围的宽度。
- 【半径】文本框：用来控制每个像素周围的区域大小，它决定了像素是在阴影还是在高光中。向左移动滑块会指定较小的区域，向右移动滑块会指定较大的区域。

11.8　【像素化】滤镜组

【像素化】滤镜组中的滤镜通过将图像中相似颜色值的像素转化成单元格的方法，使图像分块或平面化，从而创建彩块、点状、晶格和马赛克等特殊效果。

1. 【彩色半调】滤镜

【彩色半调】滤镜可以将图像中的每种颜色分离，分散为随机分布的网点，如同点状绘画效果，将一幅连续色调的图像转变为半色调，使图像看起来类似印刷效果，如图11-82所示。

2. 【点状化】滤镜

【点状化】滤镜可以将图像中的颜色分散为随机分布的网点，如同点彩绘画效果，背景色将作为网点之间的画布区域，如图 11-83 所示。

3. 【晶格化】滤镜

【晶格化】滤镜可以使图像中相近的像素集中到一个多边形色块中，从而把图像分割成许多个多边形的小色块，产生类似结晶的颗粒效果，如图 11-84 所示。

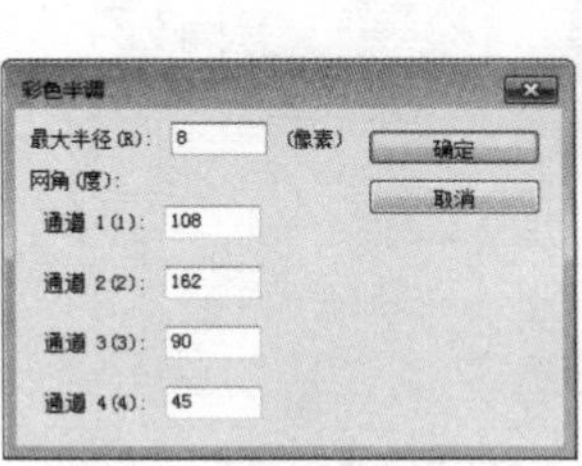

图 11-82 【彩色半调】滤镜

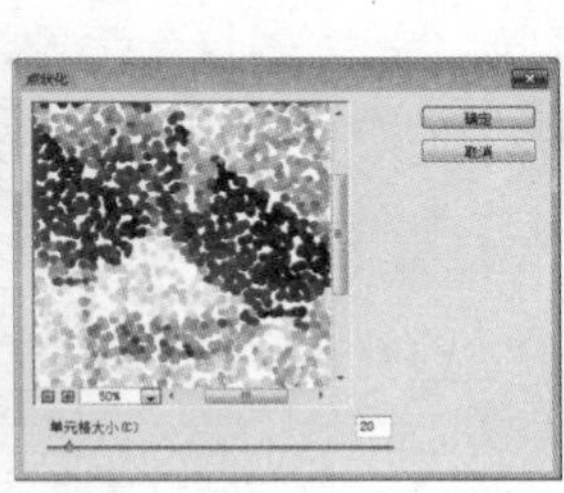

图 11-83 【点状化】滤镜

4. 【马赛克】滤镜

【马赛克】滤镜可以将图像分解成许多规则排列的小方块，实现图像的网格化，每个网格中的像素均使用本网格的平均颜色填充，从而产生类似马赛克的效果，如图 11-85 所示。

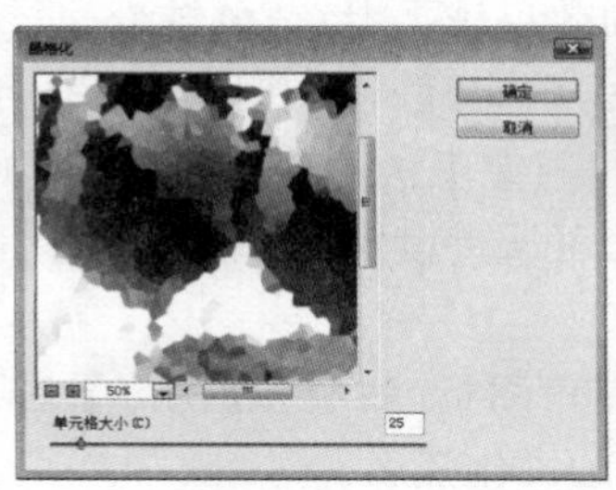

图 11-84 【晶格化】滤镜

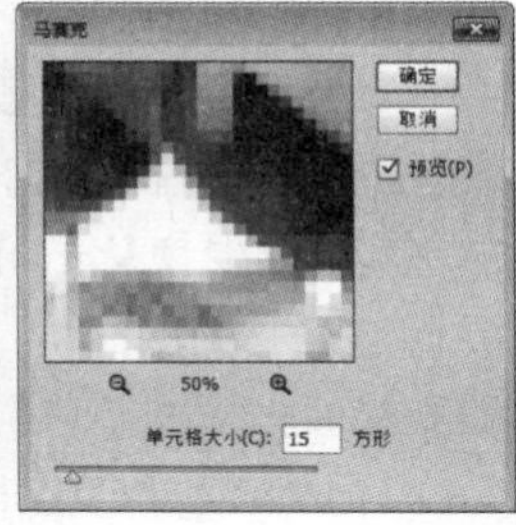

图 11-85 【马赛克】滤镜

5. 【碎片】滤镜

【碎片】滤镜可以把图像的像素复制 4 次，然后将它们平均位移并降低不透明度，从而形成一种不聚焦的重视效果，该滤镜没有参数设置对话框，如图 11-86 所示。

6. 【铜版雕刻】滤镜

【铜版雕刻】滤镜可以在图像中随机生成各种不规则的直线、曲线和斑点，使图像产生金属板效果，如图 11-87 所示。

图 11-86 【碎片】滤镜

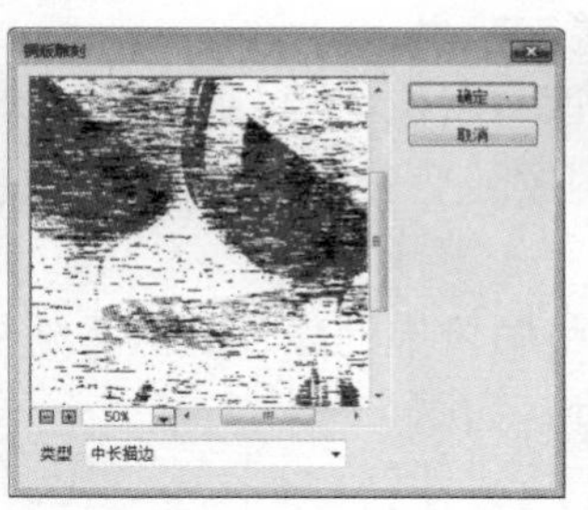

图 11-87 【铜版雕刻】滤镜

11.9　案例演练

本章的案例演练为制作图像画面水珠效果，用户通过该实例可以更好地掌握本章所介绍的滤镜相关知识。

【例 11-8】制作图像画面水珠效果。视频+素材

STEP 01 选择【文件】|【打开】命令，打开一个素材图像文件，并按 Ctrl + J 键复制【背景】图层，如图 11-88 所示。

STEP 02 在【图层】面板中，单击【创建新图层】按钮，新建【图层 2】图层。按 Alt + Delete 键使用前景色填充图层。选择【滤镜】|【渲染】|【云彩】命令，如图 11-89 所示。

图 11-88　打开图像文件　　图 11-89　应用【云彩】滤镜

STEP 03 选择【滤镜】|【其他】|【高反差保留】命令，打开【高反差保留】对话框。在对话框中，设置【半径】数值为 60 像素，然后单击【确定】按钮，如图 11-90 所示。

STEP 04 选择【滤镜】|【滤镜库】命令，打开滤镜库对话框。在对话框中，选中【素描】滤镜组中的【图章】滤镜，设置【明/暗平衡】数值为 40，【平滑度】数值为 28，然后单击【确定】按钮，如图 11-91 所示。

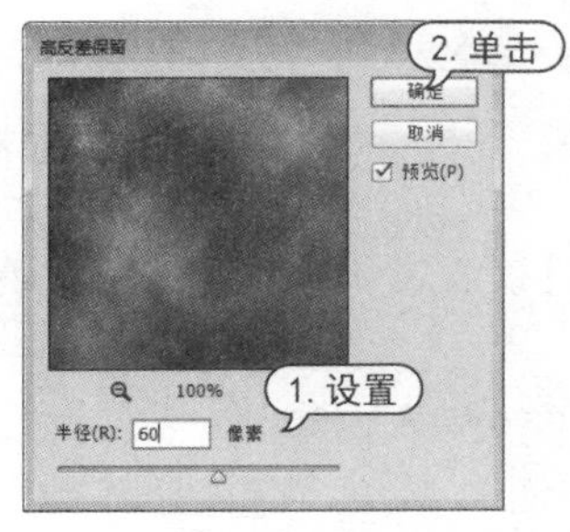

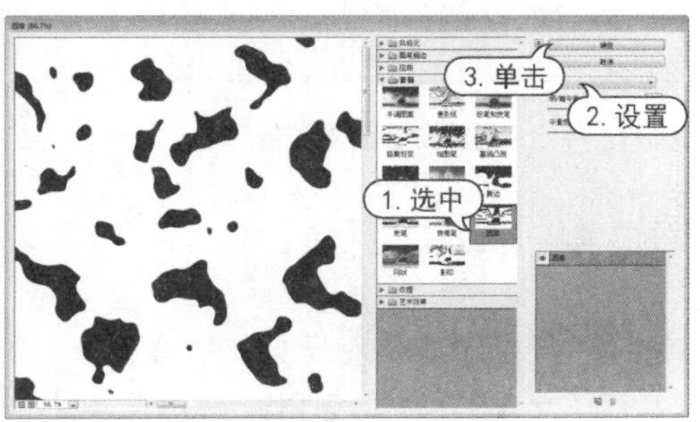

图 11-90　应用【高反差保留】滤镜　　图 11-91　应用【图章】滤镜

STEP 05 选择【魔棒】工具，单击图像白色区域，创建选区，按 Delete 键删除选区内图像，并按 Ctrl + D 键取消选区，如图 11-92 所示。

STEP 06 按 Ctrl + T 键应用【自由变换】命令，调整【图层 2】中图像大小，如图 11-93 所示。

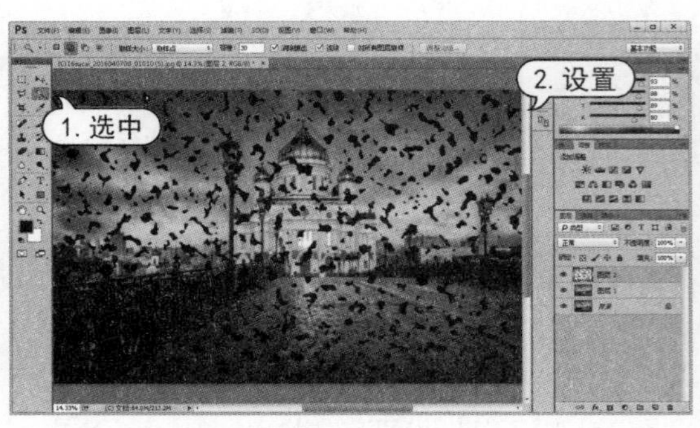

图 11-92　调整图像

图 11-93　应用【自由变换】命令

STEP 07 在【图层】面板中设置【填充】数值为 0%，并双击【图层 2】图层，打开【图层样式】对话框。在对话框中，选中【投影】选项，在【混合模式】下拉列表中选择【颜色加深】，设置【不透明度】数值为 15%，【角度】数值为 85 度，【距离】数值为 25 像素，【大小】数值为 50 像素，并在【等高线】下拉面板中单击【半圆】样式，如图 11-94 所示。

STEP 08 在对话框中，选中【斜面和浮雕】选项，设置【深度】数值为 460%，【大小】数值为 63 像素，【软化】数值为 16 像素，设置高光模式的【不透明度】数值为 100%，在【阴影模式】下拉列表中选择【实色混合】，单击右侧颜色色板，设置颜色为白色，设置【不透明度】数值为 35%，如图 11-95 所示。

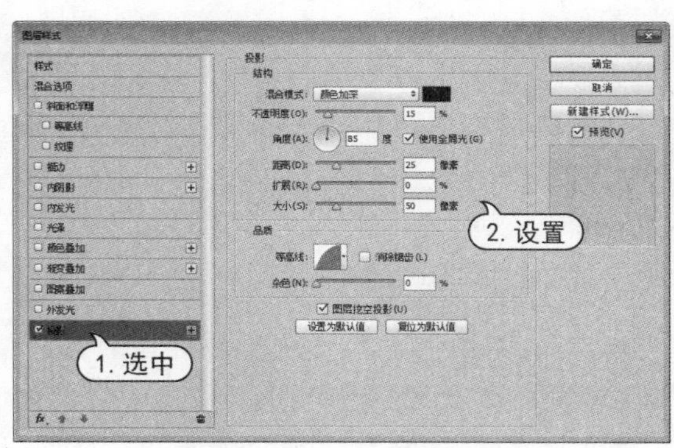

图 11-94　应用【投影】样式 1

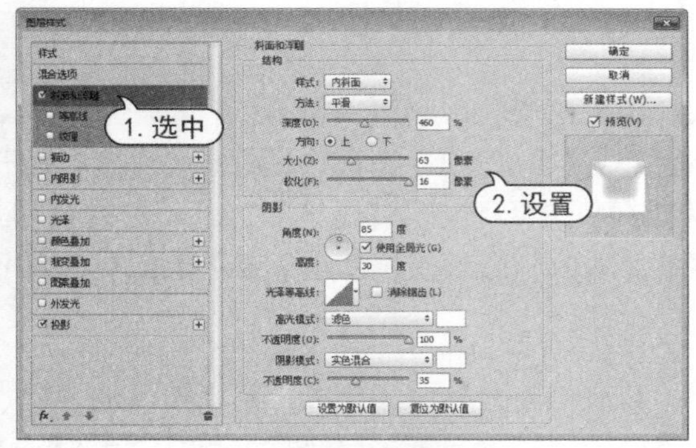

图 11-95　应用【斜面和浮雕】样式

STEP 09 在对话框中，选中【内阴影】选项，设置【不透明度】数值为 39%，【距离】数值为 4 像素，【大小】数值为 33 像素，如图 11-96 所示。

STEP 10 在对话框中，选中【内发光】选项，在【混合模式】下拉列表中选择【叠加】，设置【不透明度】数值为 30%，【大小】数值为 20 像素，然后单击渐变叠加色板，在弹出的【渐变编辑器】对话框中选中【前景色到透明渐变】样式。然后单击【确定】按钮，如图 11-97 所示。

STEP 11 选择【横排文字】工具在图像中单击，在选项栏中设置字体为“汉仪水滴体简”，字体大小为 250 点，然后输入文字内容，如图 11-98 所示。

STEP 12 在【图层】面板中，右击【图层 2】，从弹出的菜单中选择【拷贝图层样式】命令；再右击文字图层，从弹出的菜单中选择【粘贴图层样式】命令，如图 11-99 所示。

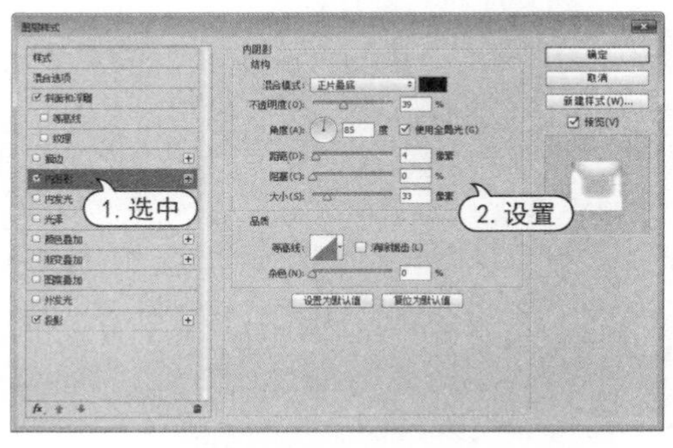

图 11-96　应用【内阴影】样式

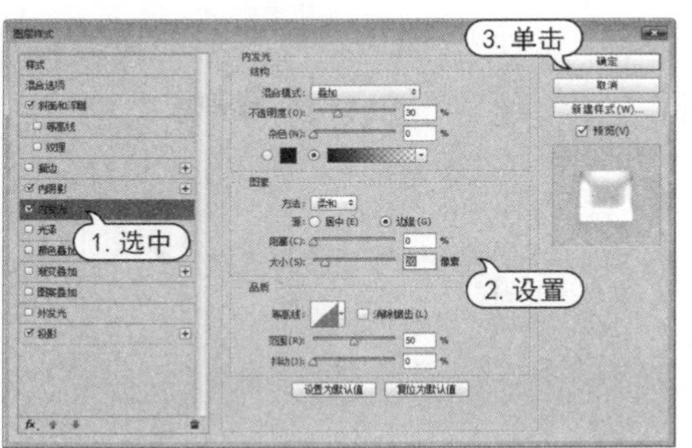

图 11-97　应用【内发光】样式

图 11-98　输入文字内容

图 11-99　拷贝、粘贴图层样式

STEP 13 在【图层】面板中，选中【图层 2】，单击【添加图层蒙版】按钮添加图层蒙版。选择【画笔】工具，在选项栏中设置画笔样式为硬边圆，然后使用【画笔】工具在图层蒙版中涂抹，调整水珠形状，如图 11-100 所示。

STEP 14 在【图层】面板中，右击文字图层，从弹出的菜单中选择【栅格化文字】命令，然后使用【画笔】工具调整文字图像的形状，如图 11-101 所示。

图 11-100　添加图层蒙版

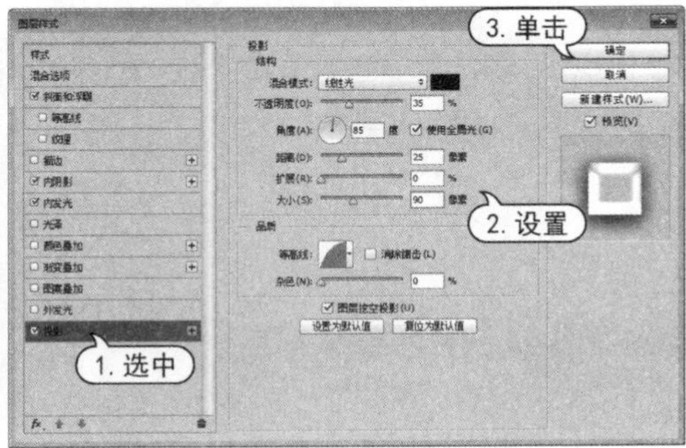

图 11-101　应用【投影】样式 2

STEP 15 在【图层】面板中，双击文字图层，打开【图层样式】对话框。在对话框中，选中【投影】选项，在【混合模式】下拉列表中选择【线性光】，设置【不透明度】数值为 35%，【大小】数值为 90 像素，然后单击【确定】按钮，如图 11-102 所示。

图 11-102　调整文字图像

STEP 16 在【图层】面板中，选中【图层 1】。选择【滤镜】|【模糊】|【高斯模糊】命令，打开【高斯模糊】对话框。在对话框中，设置【半径】数值为 20 像素，然后单击【确定】按钮，如图 11-103 所示。

STEP 17 在【图层】面板中，设置【图层 1】的【不透明度】数值为 80%，如图 11-104 所示。

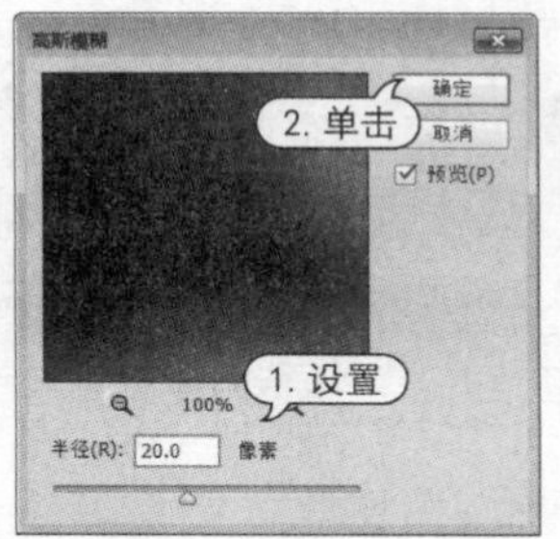

图11-103　应用【高斯模糊】滤镜

图 11-104　设置图层混合模式